Curiosity und Phobos Grunt

Die neuesten Marssonden

Besonderen Dank schulde ich Thomas Jakaitis und Ralph Kanig für das Korrekturlesen des Manuskripts. Die Bilder wurden der NASA zur Verfügung gestellt, sofern nicht eine andere Quelle angegeben wurde.

Bibliografische Information der Deutschen Nationalbibliothek. Die Deutsche Nationalbibliothek verzeichnet diese Publikation in der Deutschen Nationalbibliografie; detaillierte
bibliografische Daten sind im Internet über http://dnb.d-nb.de abrufbar.

Edition Raumfahrt
© 2012 Bernd Leitenberger
http://www.raumfahrtbuecher.de
Herstellung und Verlag: BoD - Books on Demand, Norderstedt
1.te Auflage 2012
ISBN-13: 978-3-8482-0895-1

Bernd Leitenberger

Curiosity und Phobos Grunt

Die neuesten Marssonden

Edition Raumfahrt

Inhaltsverzeichnis

Vorwort	6
Die Erforschung des Mars vor dem Raumfahrtzeitalter	7
Raumsonden unterwegs zum Mars	14
Rover auf dem Mars	47
Wie funktionieren die Instrumente?	50
Mars Science Laboratory	72
Projektgeschichte	73
Der Landeplatz	77
Die Raumsonde	82
Curiosity	91
Die Instrumente	115
Die Trägerrakete Atlas V	160
Himmelsmechanik und der geplante Flug	172
Die Mission	195
Die Landung	198
Phobos Grunt	207
Das Ziel: Marsmond Phobos	209
Projektgeschichte	220
Die Raumsonde	228
Mars Meteorological Lander (MML)	239
Yinghuo-1	243
Experimente	251
ESA Kooperation	270
Die geplante Mission	272
Die Trägerrakete Zenit-Fregat	280
Die kurze Reise von Phobos Grunt	286
Woran scheiterte die Mission?	290
Die nächsten Missionen	300
Die Frage nach dem Leben	304
Abkürzungsverzeichnis	313
Literaturempfehlungen	322

Vorwort

2011 starteten die seit langer Zeit anspruchsvollsten Marssonden: Phobos Grunt und Mars Science Laboratory (MSL). Leider scheiterte Phobos Grunt schon kurz nach dem Start. Dieses Buch soll ausführlich über die Raumsonden und die geplanten Missionen beider Projekte informieren. Es soll nicht nur für den schon vorgebildeten Leser, sondern auch für allgemein an der Raumfahrt interessierte Personen gut lesbar sein.

Das ist natürlich eine Gratwanderung und ein hoher Anspruch. Bücher über aktuelle Raumfahrtmissionen, die sich an die Allgemeinheit wenden, sind meist reich bebildert, während der erläuternde Text kaum Details enthält. Zu viele Daten und die Verwendung von Fachbegriffen mögen zwar Raumfahrtinteressierte erfreuen, verschrecken aber den nicht vorgebildeten Leser. Ich habe versucht, dieses Dilemma zu lösen, indem ich einige erläuternde Kapitel eingeschoben habe. Darin wird zum Beispiel erklärt, wie die Instrumente funktionieren oder ich habe bei den Raumsonden auch einige Erläuterungen zu Begriffen und Verfahrensweisen eingefügt. Abkürzungen werden im Abkürzungsverzeichnis am Ende des Buches erläutert. Der Umgang mit technischen Daten ist eine andere Sache: Ich will ein informatives Buch schreiben, aber auch ein leicht lesbares. So habe ich alle technischen Daten in Tabellen ausgelagert, die man auch gerne überspringen kann, und nur die wichtigsten Fakten im Fließtext erwähnt.

Es gibt zu den früheren Marsmissionen schon eine Reihe von Büchern auf dem Markt. Daneben gibt es auch einige gute Bücher über Planetologie im Allgemeinen und den Mars im Besonderen. Dies ist ein Buch über die beiden neuen Raumsonden und ihre Projektgeschichte. Leider gibt es ein deutliches Informationsgefälle. Seitens der Missionsplanung des JPL zu Curiosity und der Entwickler der Instrumente gibt es eine Fülle von Informationen. Etwas schlechter sieht es bei der Raumsonde selbst aus, die von der Industrie gebaut wird. Ganz anders ist dies bei Phobos Grunt: Es war äußerst mühsam, die Informationen aus verschiedensten Quellen zusammenzutragen und zu überprüfen. Leider konnten dabei nicht alle Lücken geschlossen werden. Das Kapitel ist daher deutlich knapper, auch weil es kaum Erklärungen, sondern oft nur nackte technische Fakten gab.

Das Scheitern der Phobos Grunt Mission kam fast zeitgleich mit der Fertigstellung der Rohfassung des Manuskripts. Es war zu spät, das entsprechende Kapitel umzuschreiben, insbesondere die Zeitform, da es ja nun nicht zu einer Landung kommen wird. Der Leser möge dies nachsehen und es als die Beschreibung einer Mission ansehen, die, wenn sie geglückt wäre, sicher in die Annalen der Marsforschung eingegangen wäre.

Die Erforschung des Mars vor dem Raumfahrtzeitalter

Der Mars hat schon immer die Menschen fasziniert. Schon bei den Griechen stand der Planet wegen seiner rötlichen Färbung für den Kriegsgott Ares, der später bei den Römern Mars genannt wurde. Die Erforschung der Planeten begann allerdings erst in der Renaissance. Vorher wurden die Planeten zwar jahrhundertelang beobachtet, um anhand ihrer Positionen Horoskope zu erstellen, doch die Astronomie als Wissenschaft kam erst im sechzehnten Jahrhundert auf. Der Erforschung des Mars verdanken wir, dass die Bewegung der Planeten verstanden werden konnte. Da der Mars eine elliptische Umlaufbahn hat, konnte Kepler nachweisen, dass sich die Planeten in elliptischen Bahnen um die Sonne bewegen, und nicht, wie noch Kopernikus annahm, in perfekten Kreisen. Die Umlaufbahn des Mars ist exzentrisch und verläuft in einer Entfernung von 206 bis 250 Millionen km von der Sonne. Das nötige Datenmaterial hatte Kepler allerdings nicht selbst gesammelt. Der dänische Astronom Tycho Brahe hatte es in nächtelanger Kleinarbeit über viele Jahre zusammengetragen, als er einen Sternkatalog erstellte und dabei auch die Bewegung der Planeten akribisch festhielt.

Doch mehr als das Intervall zwischen zwei Oppositionen — so bezeichnet der Astronom den Zeitpunkt, bei dem zwei Planeten den geringsten Abstand zueinander haben — von 687 Tagen oder rund 26 Monaten kannte man nicht vor der Erfindung des Teleskops. Weder wusste man, wie der Mars aussieht, noch wie groß er ist, noch wie seine Umlaufbahn genau verläuft. Für das bloße Auge ist er ein rötlich-orangefarbener Himmelskörper, der bei der Opposition heller wird, aber selbst dann ist er noch über hundertmal kleiner als der Mond und erscheint als roter Stern.

Als die ersten Fernrohre aufkamen, konnten die Beobachter auf der Oberfläche farbliche Nuancen ausmachen, die sich auch zeitlich veränderten. Einige der Gebiete erhielten bald poetische Namen, die bis heute noch gültig sind, so die Hellas-Ebene, die sich als ein riesiges Einschlagbecken auf der Südhalbkugel entpuppte oder die Chryse(Gold)-Ebene im Norden, in der Viking 1 landen sollte. Die erste überlieferte Zeichnung, die Oberflächendetails darstellt, stammt von Christiaan Huygens aus dem Jahr 1659. Sie zeigt schon die beiden hellen Polkappen. Allerdings war und ist der Mars kein dankbares Beobachtungsobjekt. Er ist im Teleskop viel kleiner als Venus, Jupiter und Saturn. Selbst auf Aufnahmen des Hubble Space Teleskops kann man nur wenige Details ausmachen.

Sehr bald erkannten die Astronomen, dass der Mars zwar kleiner als die Erde ist, aber in anderen physikalischen Parametern der Erde ähnelt. So konnte schon 1719 seine Rotationsperiode von Maraldi auf 24 Stunden und 40 Minuten bestimmt werden. Die Rotationsachse ist um 23,5 Grad zur Bahnebene geneigt — beides ist vergleichbar mit der Erde. Nachdem im 18. Jahrhundert die Entfernung der Erde von der Sonne durch die genaue Bestimmung der Zeit, welche die Venus braucht, um die Sonne zu passieren, berechnet werden konnte, war auch der Durchmesser des Mars bekannt. Er ist mit knapp 6.800 km nur etwa halb so groß wie die Erde.

Sehr schwierig war die Anfertigung von Karten. Wer einmal selbst den Mars durch ein Fernrohr beobachtet hat, weiß, dass er fast konturlos ist. Es dauert mehrere Minuten, bis die Augen sich angepasst haben, und nur kurz sieht man dann Details, auch weil die Luftunruhe diese gerne verschmiert. Das Zittern der Luft ist der Feind jedes Beobachters. Selbst in Gegenden mit stabilen Luftschichten, ohne Turbulenzen und auf Bergen kann man selten Details erkennen, die kleiner als eine Bogensekunde sind. Das ist etwa ein Zweitausendstel des Vollmonddurchmessers, aber nur ein Zwölftel des Marsdurchmessers bei einer sehr nahen Opposition.

Noch schwieriger zu beobachten sind die beiden Marsmonde Phobos und Deimos. Sie sind nur rund 20 km groß und befinden sich sehr nahe am Planeten. So dauerte es bis 1877, als Asaph Hall die beiden Monde entdeckte. 1877/78 gab es eine besonders günstige Opposition. Zusammen mit einem der größten Teleskope seiner Zeit, einem Linsenteleskop mit 67 cm Durchmesser, gelang Hall die Entdeckung der Monde. Er benannte die Monde nach den beiden Hunden, welche in der griechischen Mythologie den Streitwagen des Ares zogen. Durch die Monde konnten nun die Masse und Dichte des Mars berechnet werden, da die Umlaufsdauer von der Masse abhängt. Die Dichte des Mars ist mit 3,93 g/cm³ erheblich niedriger als bei der Erde. Er verfügt nur über einen kleinen Kern aus schweren Metallen.

Aufsehen erregte eine Karte, die bei derselben Opposition entstand. Sie wurde 1878 von Schiaparelli gezeichnet und zeigte erstmals lange, gerade Linien, die er „canali" nannte. Der Begriff selbst ist ein Kunstwort. Im Italienischen gibt es nur „Canale", was künstliche Wasserstraße oder auch Flusskanal bedeutet. Schiaparelli sah sie als Verbindungsweg zwischen den dunklen Gebieten an, die man damals als Meere interpretierte. Sie sollten die Meere durch das trockene, rötliche Land verbinden, so wie der Ärmelkanal oder die Magellanstraße. Schiaparelli hat sich nicht zu künstlichen Wasserläufen geäußert. Fast jeder andere Forscher interpretierte sie jedoch als genau das, vor allem, weil die Linien auf der Karte so schnurgerade verliefen.

Die Karte löste eine erste Marshysterie aus. Zwischen 1880 und 1905 erschienen zahlreiche populärwissenschaftliche Schriften über den Mars und seine möglichen Bewohner. Schnell fand man Erklärungen für die Kanäle. Sie sollten dazu dienen, Wasser zu verteilen. Die

Marsianer mussten sehr unter Trockenheit leiden und daher diese Kanäle gebaut haben. Schließlich war der ganze Planet rot — wie irdische Wüsten. Völlig unter den Tisch fiel, dass bei der Auflösung, die mit den damaligen Teleskopen möglich war, ein Kanal mindestens 50 bis 60 km breit sein musste. Selbst wenn man den Effekt berücksichtigt, dass feine Linien auch bei kleinerer Breite gut sichtbar sind, so mussten die Kanäle für irdische Verhältnisse enorm groß sein. Zum Vergleich: Der Suezkanal ist heute rund 300 m breit. Er war, als er 1869 eröffnet wurde, weitaus schmaler. Die Kanäle auf dem Mars mussten mindestens hundertmal größer als jede vom Menschen geschaffene künstliche Wasserstraße auf der Erde sein.

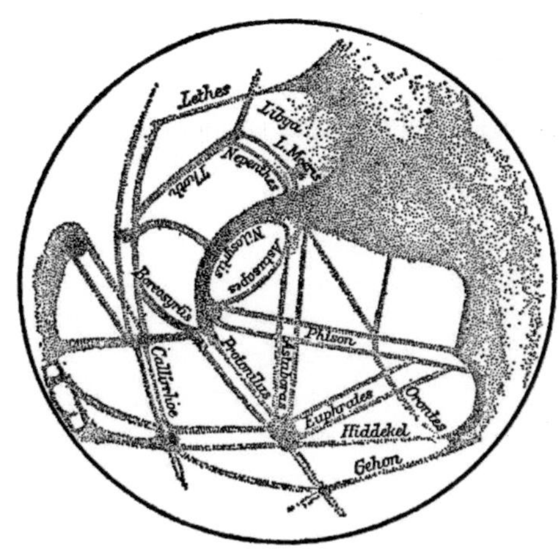

Abbildung 1: Karte der Marsopposition von 1877, gezeichnet von Schiaparelli

Die Vermutung, dass der Mars bewohnt sein könnte, war nicht neu, nur fehlten bisher die Beweise für Marsianer. Carl Friedrich Gauss schlug schon ein halbes Jahrhundert vorher vor, in Sibirien riesige Weizenfelder mit geometrischen Mustern anzulegen, um mit den Marsianern zu kommunizieren. Schon 1879 fertigte Schiaparelli eine neue Karte an. Sie zeigte nicht nur viel mehr Kanäle als die Erste. Ein Kanal von war nun schon doppelt aufgespalten. Er stellte klar, dass er sie als natürliche Wasserläufe ansah, wie den Ärmelkanal, den er als Vergleich heranzog. In der ersten Auflage hatte er sich noch nicht zu diesem Problem geäußert. Doch es kam zu spät — in anderen Sprachen steht „Kanal" für einen künstlichen Wasserlauf. Da sich zudem ein Kanal nun in zwei Kanäle aufgespalten hatte, erhielt die Spekulation über Marsianer neuen Auftrieb. Denn nun gab es zeitliche Veränderungen, was für eine heute noch aktive Zivilisation sprach.

Dabei war die Diskussion über die Oberfläche des Planeten noch nicht abgeschlossen. Während einige Experten meinten, die dunklen Gebiete seien Wasser, sahen andere sie als Vegetation an. Andere vertraten sogar die Ansicht, die Oberfläche sei gefroren, und wir würden nur den Staub auf dem Eispanzer sehen. Das wären die dunkeln Gebiete. Svante Arrhenius, der schon den Treibhauseffekt der Venus richtig erkannte, bewies schlüssig, dass es auf dem Mars aufgrund seiner Entfernung von der Sonne kein Wasser in flüssiger Form geben konnte. Arrhenius war einer der damals schon seltenen Universalgelehrten, der sich nicht nur mit Chemie beschäftigte, sondern auch mit Polarlichtern, Geologie und eben der

Astronomie. Er konnte daher auf sein Wissen in anderen Gebieten zurückgreifen und kam daher zur richtigen Einschätzung über die Oberflächentemperatur.

Einer der heftigsten Gegner von Arrhenius' These eines toten Mars war Percival Lowell. Lowell war Sohn einer reichen Patrizierfamilie in Massachusetts. Er beschloss, sein Vermögen für die Astronomie einzusetzen und verließ Boston, um ein Observatorium in Arizona aufzubauen. Nahe Flagstaff, in 2.100 m Höhe, einem Ort mit sehr klarer Luft, entstand 1893 eines der größten Teleskope seiner Zeit. Lovell fand bei seinen Beobachtungen immer mehr Kanäle. Von Zeichnung zu Zeichnung wurden es mehr, am Schluss fast hundert. Er schrieb zahlreiche populäre Schriften über die Marsianer und seine Beobachtungen. Sie fielen auf fruchtbaren Boden, denn damals waren die Leute überzeugt, es müsse Marsianer geben. Lowells Schriften wurden nicht nur in Amerika, sondern auch in Europa veröffentlicht. In derselben Periode, im Jahre 1898, erschien H.G. Wells' Roman „Krieg der Welten", der vierzig Jahre später bei einer Radioübertragung durch Orson Welles eine Massenhysterie auslöste. Er beschrieb ein Invasionsszenario durch die Marsianer, die schließlich von irdischen Bakterien „besiegt" wurden. Das Thema wurde seitdem mehrmals verfilmt, zuletzt 2006 mit Tom Cruise in der Hauptrolle.

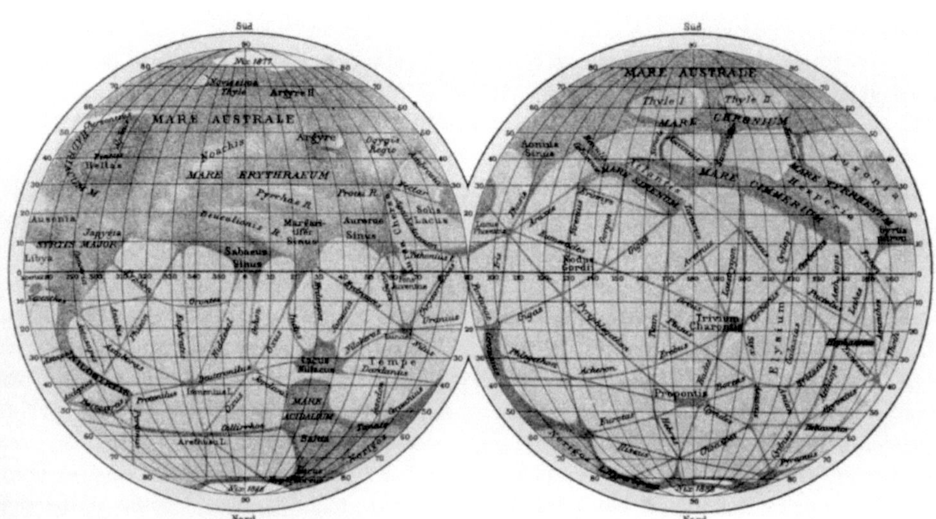

Abbildung 2: Lowells Karte des Mars

Lowell machte aber auch wichtige Beobachtungen für das Verständnis des Planeten. So beobachtete er, dass sich die Polkappen zeitlich veränderten — sie schmolzen ab und nahmen zu. Das bestätigte ihn in seiner Hypothese, dass die Kanäle Schmelzwasser dorthin leiteten, wo es benötigt wurde. Wie wir heute wissen, ist es aber nicht Wassereis, das abschmilzt, sondern Kohlendioxid, das im Winter an den Polen zu Trockeneis ausfriert. Er entdeckte auch erstmals einen Kanal in den dunklen Gebieten. Nun wandelte sich das Bild: Jetzt galt der Mars als trocken, ohne große Ozeane, und nur die dunklen Gebiete wiesen Vegetation auf. Der Rest der Oberfläche wurde als Wüste betrachtet. Das einzige Wasser wurde an den Polkappen vermutet, von wo es wahrscheinlich durch die Kanäle zu Bewässerungszwecken in die trockenen Regionen geleitet wurde. Ingenieure berechneten den Energieverbrauch, der benötigt worden wäre, um das Wasser dorthin zu pumpen. Es wurde sogar spekuliert, wo die Hauptstadt des Mars liegt!

Viele Astronomen hatten mit ihren Instrumenten aber gar keine Canali gesehen und bestritten schlichtweg ihre Existenz. Lowell galt als vermögender Laie und seine Beobachtungen wurden von der Fachwelt weitgehend ignoriert. Der Astronom Walter Maunder erkannte mit einem Experiment 1913 den Grund für diese Diskrepanz. 200 sehr gut sehende Studenten mussten Marskarten abzeichnen, so gut sie konnten. Die Marskarten waren nach Beobachtungsdaten angefertigt worden und mit zufälligen, geometrischen Kennzeichen versehen, aber ohne Kanäle. Die Schüler vorne im Saal konnten die Kennzeichen sehen und gaben ihre Form korrekt wieder. Die hinten sitzenden Schüler erkannten nur die groben Formen und gaben diese wieder — ihre Zeichnung glich vielen Marskarten. Die Schüler in der Mitte des Saals konnten zwar erkennen, dass da noch feine Details waren, sie konnten diese aber nicht mehr auflösen. Ihre Zeichnungen zeigten zahlreiche Linien. Es war eine optische Täuschung. Das Gehirn versucht, Linien und andere Strukturen zu erkennen, auch wenn es keine solchen gibt.

Die Frage der Marskanäle verlor im 20. Jahrhundert allmählich an Brisanz, auch weil nun die ersten Fotos vom Mars auftauchten und auf keinem dieser Bilder Kanäle zu sehen waren. Trotzdem erschienen noch bis 1930 zahlreiche Bücher über die Marsianer und ihre Kanäle. Die Temperaturmessungen, die ab Mitte der zwanziger Jahre des letzten Jahrhunderts möglich waren, zeigten bald, dass der Mars zu kalt für Wasser in flüssiger Form war. Die erste Messung von 1924 ergab Temperaturen von -45°C auf der Nachtseite bis 0°C mittags. Bessere Teleskope zeigten nun auch sehr ausgedehnte „Wolken", die allerdings unterschiedliche Farben hatten: Bläuliche, gelbliche und rötliche Wolken wurden gesehen. 1925 verdeckte ein globaler Staubsturm zeitweise den Planeten, sodass keine Details gesehen werden konnten. Seine Natur wurde aber erst Jahrzehnte später erkannt.

Der wissenschaftliche Stand 1960, vor dem Start der ersten Marssonden, war der, dass man wusste, dass der Mars trocken war. Er besaß helle Polkappen aus Wasser, das spektroskopisch nachgewiesen wurde. Er hatte eine Atmosphäre, deren Zusammensetzung man damals mit 98% Stickstoff, 1% Argon und 1% Kohlendioxid annahm. Es gab aber keine spektroskopischen Daten der Lufthülle. Der Druck sollte 60 bis 100 hPa betragen, das sind 6-10% des Atmosphärendrucks am Erdboden. Man identifizierte in den Oberflächenspektren das Mineral Magneteisenstein (Fe_2O_3). In der Atmosphäre sahen manche Beobachter auch Anzeichen von Acetaldehyd. Temperaturmessungen ergaben, dass der Mars viel kälter als die Erde ist. Nur am Äquator werden Temperaturen über dem Gefrierpunkt von Wasser erreicht. Immerhin wurde nicht mehr ausgeschlossen, dass auf dem Mars zumindest Bakterien existieren könnten. Bakterienkulturen überlebten bei Experimenten auf der Erde zumindest teilweise simulierte Marsbedingungen.

An Marsianer glaubte keiner mehr. Der deutsch-amerikanische Wissenschaftspublizist Willy Ley schrieb 1949: „Die Marskanäle existieren nicht!" Dafür war nach dem Zweiten Weltkrieg der Weltraum in greifbare Nähe gerückt. Schon 1952 veröffentlichte Wernher von Braun seinen ersten Plan für eine Marsmission. Bei dem Projekt sollte eine 50 Mann starke Besatzung auf drei Landefahrzeugen in der Nähe der Pole niedergehen und sich dann mit Fahrzeugen zum Äquator bewegen. Es war der erste Plan für eine Marsexpedition, dem bis heute viele weitere folgen sollten.

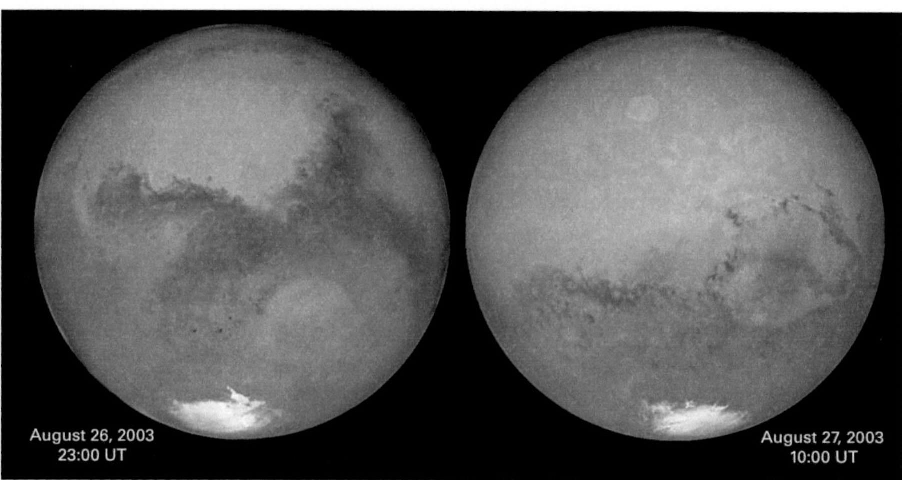

Abbildung 3: Die beste Marsaufnahme vom Weltraumteleskop Hubble

Vergleich Erde – Mars		
Parameter	**Mars**	**Erde**
Mittlerer Durchmesser:	6.782 km	12.742 km
Masse:	$6{,}419 \times 10^{23}$ kg	$5{,}976 \times 10^{24}$ kg
Mittlere Dichte:	3,933 g/cm³	5,155 g/cm³
Größte Abweichungen vom Null-niveau:	Valles Marineris: -10 km Olympus Mons: +26 km	Marianengraben: -11 km Mount Everest: +8,9 km
Neigung der Achse zur Ekliptik:	23,44 Grad	25,19 Grad
Schwerebeschleunigung:	3,69 m/s²	9,81 m/s²
Fluchtgeschwindigkeit:	5,03 km/s	11,19 km/s
Rotationsdauer:	24 h 37 min, 22 s	23 h 56 min 4 s
Albedo:	0,15	0,367
Mittlerer Bodendruck:	6,1 hPa	1013 hPa
Zusammensetzung der Atmosphäre:	95,3% Kohlendioxid 2,7% Stickstoff 1,6% Argon	78% Stickstoff 21% Sauerstoff 0,93% Argon
Mittlere Oberflächentemperatur:	-55°C	+15°C
Monde:	2	1
Umlaufbahn:	Perihel: 206,6 Millionen km Mittel: 228 Millionen km Aphel: 249,2 Millionen km Exzentrizität: 0,0935	Perihel: 147,1 Millionen km Mittel: 149,6 Millionen km Aphel: 152,1 Millionen km Exzentrizität: 0,0167
Umlaufdauer um die Sonne:	687 Tage	365 Tage
Neigung der Umlaufbahn zur Ekliptik:	1,85 Grad	0 Grad (per Definition)

Raumsonden unterwegs zum Mars

Sehr bald nach dem Start des ersten Satelliten, Sputnik 1, am 4.10.1957 bereitete die Sowjetunion einen Start zum Roten Planeten vor. Die USA planten kein Projekt. Obwohl die UdSSR sich also Zeit lassen konnte, ging sie mit großer Eile an die erste Mission, denn mit dem Start von Sputnik war ein Wettrennen im Weltraum angebrochen. Nach dem Start des ersten Satelliten und des ersten Lebewesens im Weltraum ging es nun darum, beim Mond und den Planeten der Erste zu sein.

Startfenster zum Mars wiederholen sich alle 26 Monate, wobei der Abstand zwischen Erde und Mars sehr stark schwankt. Bei einer Oppositionsstellung kann der Mars im einen Fall nur 56 Millionen km, im andern Fall aber auch 101 Millionen km weit entfernt sein. Entsprechend kann eine Reise nur sechs Monate, aber auch bis zu zehn Monate dauern. Besonders günstige Stellungen gibt es abwechselnd in einem Intervall von 15 und 17 Jahren. Die Besten seit Beginn des Raumfahrtzeitalters waren die von 1971, 1988 und 2003 mit einem minimalen Abstand von jeweils rund 56 Millionen km. Die nächste nahe Opposition wird 2018 mit einem Minimalabstand von 57,6 Millionen km sein, aber auch 2020 kommt der Mars bis auf 62,2 Millionen km an die Erde heran. 2012 ist er nahe seinen sonnenfernsten Punktes (Aphels). Die minimale Distanz zur Erde wurde am 5.3.2012 erreicht. Mars war 100,78 Millionen km von der Erde entfernt.

Aufgrund dieser Tatsache muss eine Raumsonde, wenn sie ein Startfenster versäumt, zwei Jahre warten, bis sie erneut eine Startchance hat. Die sowjetische Führung wollte nicht bis 1962 warten und befahl schon 1959 den Start einer Raumsonde zum Mars. Sputnik 1+2 hatten in der Öffentlichkeit wie eine Bombe eingeschlagen. Der Sowjetunion wurde die technologische Führung im Raketenbau zugesprochen, und ihr Ansehen stieg, vor allem in Staaten der Dritten Welt. Der sowjetische Premier Chruschtschow unterstützte daher alle Projekte, die einen propagandistischen Erfolg versprachen. Das waren vor allem Erstleistungen, wie die erste Raumsonde, die auf dem Mond aufschlug (Luna 1), die ersten Bilder der Mondrückseite (aufgenommen von Luna 3), und so sollte auch die erste Marssonde Bilder des Roten Planeten anfertigen. Die Zielsetzungen des Projektes „1M", wie es intern hieß, waren für die damalige Zeit durchaus ambitioniert:

- Untersuchung des interplanetaren Raums zwischen Erde und Mars
- Untersuchung, wie Experimente und Gerätschaften eine mehrmonatige Reise überstehen
- Fotografien des Mars

Die Raumsonde verfügte vor allem über Instrumente zur Untersuchung des interplanetaren Mediums. Dies waren ein Magnetometer, um das Magnetfeld der Sonne zu vermessen, ein Staubdetektor, um festzustellen, ob Staub Raumsonden gefährlich werden kann, sowie ein Zähler für Ionen und Elektronen. Nur zwei Instrumente sollten am Mars aktiv sein: eine Filmkamera und ein Spektrometer, das empfindlich in einem Spektralbereich war, in dem organische Substanzen Sonnenlicht absorbieren. Das letztere Instrument versagte aber bei einem Test und konnte in der kasachischen Steppe keinerlei Leben nachweisen, also demontierte man es wieder, um Gewicht einzusparen.

Was Russland jedoch noch nicht hatte, war eine einsatzbereite Trägerrakete. Damals erfolgten gerade die Testflüge der Wostok Version der R-7 Trägerrakete, und sie war noch sehr unzuverlässig. So gingen beide Raumsonden im Oktober 1960 bei Fehlstarts verloren. Von ihnen erfuhr man von offizieller Seite nichts. Gab es einen Fehlstart, so wurde er verschwiegen. Strandete eine Raumsonde in einem Erdorbit, gelang also der erste Teil des Starts, aber dann nicht die Zündung der letzten Stufe, um zum Mars aufzubrechen, so erhielt die Sonde eine Bezeichnung, die ihren wahren Charakter verbarg. Anfangs war dies eine laufende Nummer aus dem Sputnik-, später eine aus dem Kosmosprogramm. Bis in die achtziger Jahre war das gesamte sowjetische Raumfahrtprogramm hochgeheim und zumindest beim Mars darauf ausgerichtet, Erstleistungen vor den USA zu erbringen. Einen offiziellen Namen erhielten die beiden Raumsonden daher nie. Im Westen wurden sie als „Marsnik 1+2" oder „Mars 1960A/B" bezeichnet.

Zwei Jahre später wagten die Ingenieure einen neuen Versuch mit einer verbesserten Generation, intern genannt „2MV". Koroljow, der schon für die erste Generation verantwortlich war, schuf ein universelles Raumschiff. Es sollte sowohl zur Venus als auch zum Mars fliegen können, da es 1962 auch ein Startfenster zur Venus gab. Verglichen mit der ersten Generation konnte eine neue Version der R-7 Trägerrakete, genannt Molnija, eine deutlich schwerere Raumsonde starten.

Doch auch die Molnija hatte einen Designfehler, der erst Jahre später entdeckt werden sollte. Er konnte dazu führen, dass die letzte Stufe nach einer Freiflugphase falsch ausgerichtet war. Dann zündete der Autopilot das Triebwerk nicht. Zahlreiche Raumsonden strandeten in der Folge in einem Erdorbit. Von den drei Raumsonden zum Mars gelangten zwar alle in eine Parkumlaufbahn, aber nur „**Mars 1**" verließ auch die Erdumlaufbahn. Die beiden anderen wurden Sputnik 22 und 24 getauft und verglühten nach wenigen Tagen wieder.

Doch auch Mars 1 war das Glück nicht hold. Sehr bald nach dem Start verlor die Raumsonde ihren kompletten Vorrat an Druckgas. Mit ihm sollte die räumliche Lage verändert werden. Nun nutzten die Raumfahrttechniker dazu die Kreisel, die als Sekundärsystem an Bord waren. Sie waren jedoch weitaus weniger leistungsfähig als die Düsen. Am 21.3.1963, etwa auf halbem Weg zum Mars, ging der Funkkontakt verloren, als die Antenne von der Erde wegzeigte. Mars 1 vermaß bis zum Ausfall das interplanetare Magnetfeld, und zwei Meteoritenschauer wurden von der Sonde detektiert. Stumm passierte die Raumsonde den Mars am 19.6.1963 in 193.000 km Entfernung.

Darauf stellte die Sowjetunion die Erforschung des Mars vorerst ein, weil es den USA gelungen war, hier die Erstleistung zu erbringen.

Die beiden **Mariner 3+4** Raumsonden der USA wurden nach dem Vorbild der Mariner 1+2 Venussonden entworfen. Die NASA hatte lange gezögert, weil sie ursprünglich ein viel ambitionierteres Projekt geplant hatte. Doch die dafür notwendige Atlas Centaur Trägerrakete lag in der Entwicklung hinter dem Zeitplan zurück. Es war klar, dass sie für das Startfenster von 1964 nicht zur Verfügung stehen würde. Mit dem leistungsfähigsten verfügbaren Träger, der Atlas Agena D, war jedoch die Nutzlast auf 270 kg beschränkt. Zum Vergleich: Mars 1 wog mit 893 kg fast viermal soviel. So wurde die Nutzlast auf ein Minimum reduziert. Wie bei der „1M" Generation der Sowjets, war das einzige Experiment, das nur den Mars untersuchen sollte, eine kleine TV-Kamera. Die anderen sechs Experimente bestimmten geladene Teilchen, kosmische Strahlen oder zählten Staubeinschläge auf der Sonde. Auch die USA verloren eine der beiden Sonden durch einen Fehlstart. Eine neue, leichte Nutzlastverkleidung, die entworfen wurde, um die Nutzlast zu maximieren, schmolz beim Aufstieg durch die Reibungshitze. Sie verhinderte, dass Mariner 3 seine Solarpaneele entfalten konnte. Fieberhaft wurde dann die Trägerrakete für die Mariner 4 Sonde umgebaut und erhielt wieder die alte Nutzlastverkleidung aus Metall anstatt Fiberglas. Mariner 4 startete, kurz bevor sich das Startfenster schloss, und erreichte am 15.7.1965 den Mars.

Die Kamera machte 23 Bilder (wobei das Letzte schon nicht mehr komplett auf das Magnetband passte) und übermittelte sie in den nächsten Tagen zur Erde. Die Bilder waren sehr detailarm und hatten nur eine Auflösung von 200 × 200 Pixeln. Sie zeigten keine Canali, obwohl sich einige in dem fotografierten Gebiet hätten befinden müssen. Stattdessen sah man auf den Fotos zahlreiche Einschlagskrater. Es konnte kein Strahlungsgürtel, wie ihn die Erde aufweist, festgestellt werden und das Magnetfeld war unter der Nachweisgrenze des Magnetometers. Das bedeutete, dass der Mars kein oder nur ein sehr schwaches Magnetfeld besitzen musste.

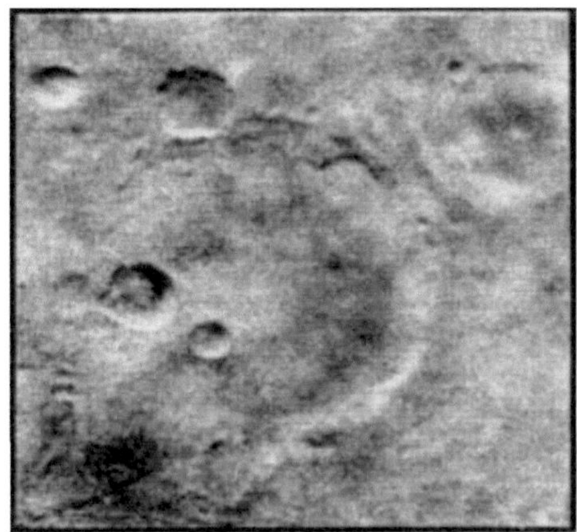
Abbildung 4: Ein Bild von Mariner 4

Die Krater, die gefunden wurden, führten zu einem gewissen Pessimismus. Es schien, als wäre der Mars geologisch genauso langweilig wie der Mond. Mariner 4 hatte aber nur 1,5% der Oberfläche erfasst und leider keinen sehr repräsentativen Ausschnitt. Was Mariner 4 nicht bestimmen konnte, war die Zusammensetzung der Atmosphäre und deren Temperatur und Druck. Es gab dazu keine Messinstrumente an Bord. So schwankten die Schätzungen über den Bodendruck nach dem Vorbeiflug zwischen 10 und 45 hPa, und die Zusammensetzung war weiterhin offen. Die meisten Wissenschaftler gingen allerdings von Stickstoff als Hauptbestandteil der Atmosphäre aus. Was Mariner 4 bestimmen konnte, war durch Bestimmung der Abschwächung des Radiosignals nach Passieren des Planeten eine Obergrenze für den Bodendruck. Dieser lag nun bei maximal 90 hPa.

Zeitgleich mit Mariner 4 startete die russische Raumsonde **Zond 2**. Sie stammte vom Nachfolgeprogramm 3MV. Die Sonden dieses Typs bestanden aus einem gemeinsamen Bus und einer davon unabhängigen Instrumentensektion oder alternativ einem kleinen Lander. Das Konzept war damit modularer als die Vorgängerversion. Während die ersten drei Sonden 1964 zur Venus aufbrachen, gab es aus bis heute ungeklärten Gründen Probleme bei den Marssonden. Von zwei Exemplaren wurde nur eines gestartet. Dieses wurde nach dem Start „Zond 2" getauft. Nach dem Start entfalteten sich die Solarzellen nicht vollständig, und so hatte die Raumsonde nur die Hälfte der geplanten Stromversorgung. Knapp vier Monate nach dem Start reichte die Leistung nicht mehr aus, um die wichtigsten Systeme der Sonde zu betreiben, und die Raumsonde verstummte für immer.

Das nächste Startfenster, das sich 1967 öffnete, wurde von keiner der beiden Supermächte genutzt. In Russland plante man eine neue Generation von Landegeräten. Da Mariner 4 als erste Sonde am Mars vorbeigeflogen war, ging Russland gleich zur nächsten Erstleistung über: Die Raumsonden sollten in eine Umlaufbahn um den Mars einschwenken und ein Landegerät absetzen. Für 1967 waren auf dem Design des 3MV Programms basierende Raumsonden geplant, doch gingen die Wissenschaftler in Russland von einem Bodendruck von 0,1 bis 0,3 bar aus, der schon damals nur von wenigen Experten vertreten wurde. Die Bestimmung des maximalen Bodendrucks auf maximal 0,09 bar durch Mariner 4 führte dazu, dass man die Entwicklung dieser Sondengeneration einstellte und eine Neue entwarf. Der Lander wäre bei dieser dünnen Atmosphäre auf dem Mars zerschellt. Die **Mars-69** Sonden nutzten Teile der gleichzeitig entwickelten schweren Luna Sonden. Sie wurden nun erstmals von Lawotschkin entwickelt. Vorher hatte Koroljows Kombinat OKB die Raumsonden gebaut. Doch Koroljow starb 1967. Diese neuen Raumsonden waren viermal schwerer als die letzte Generation. Das erlaubte es nicht nur, mehr und leistungsfähigere Instrumente mitzuführen, sondern auch eine kleine Kapsel. Sie sollte beim Abstieg durch die Atmosphäre deren Zusammensetzung und physikalische Parameter bestimmen. Diese Ergebnisse sollten genutzt werden, um 1971 Landesonden weich auf der Oberfläche niedergehen zu lassen.

Doch wieder war der UdSSR das Glück nicht hold. Die schweren Sonden wurden nun mit der Proton Trägerrakete gestartet. Wie die Molnija hatte jedoch auch die Proton ihre Kinderkrankheiten, und beide Raumsonden gingen beim Start verloren.

Zeitgleich bereiteten die USA die **Mariner 6+7** Mission vor. Nun stand die Centaur Oberstufe zur Verfügung. Damit konnte eine dreimal so schwere Raumsonde zum Mars entsandt werden. Da die Mariner 6+7 Sonden nur etwa 50% schwerer als das letzte Paar waren, war es möglich, sie mit dieser leistungsstarken Oberstufe auf eine Bahn zu senden, bei der sie den Mars nach nur fünf Monate passierten. Typisch ist eher eine Reisezeit von 7-10 Monaten. Dieser Rekord wurde bis heute nicht unterboten.

Instrumentell waren die Raumsonden viel besser ausgerüstet als die Vorgänger Mariner 3+4. So verfügten sie über Experimente, um die Marsatmosphäre zu untersuchen. Ein IR-Spektrometer untersuchte die Zusammensetzung der Marsatmosphäre, ein UV-Spektrometer die Ionosphäre. Ein Radiometer bestimmte die Oberflächentemperaturen, und je eine Weitwinkel- und eine Telekamera machten Aufnahmen.

Mariner 6+7 passierten im Juli/August 1969 den Mars und lieferten zusammen 200 Fotos. Der Großteil wurde aus großer Entfernung geschossen, doch es entstanden auch etwa 50 Aufnahmen aus der Nähe, welche etwa 20% der Südhalbkugel abdeckten. Auch wenn auf den Fotos vor allem Krater zu sehen waren, fand man doch erste geologische Formationen, die man vom Erdmond nicht kannte. So entdeckte man auf den Aufnahmen das sogenannte chaotische Terrain, das durch verschiedene Kräfte geformt ist (tektonische Verschiebungen, flüssiges Wasser, Eis). Mariner 6+7 bestimmten erstmals zuverlässig den Bodendruck und die Zusammensetzung der Marsatmosphäre. Diese Daten waren essenziell für die Viking Mission, die im selben Jahr genehmigt wurde. Sie waren notwendig für die Dimensionierung des Fallschirmsystems zur Landung sowie den benötigten Schub und Treibstoffvorrat. Auf einem der Fotos war auch der Schatten von Phobos zu sehen. So wurde die Größe und un-regelmäßige Form des Mondes erstmals bestimmt.

Nach dem erfolgreichen Vorbeiflug ging die NASA den nächsten Schritt. 1971 war ein be-sonders günstiges Startfenster zum Mars. Das bedeutete, dass die Nutzlast maximal war. Die Atlas Centaur konnte in diesem Jahr fast eine Tonne auf den Weg bringen. Das JPL plante daher, zwei Raumsonden in eine Umlaufbahn um den Mars einschwenken zu lassen. Da Mariner 6+7 so gut gearbeitet hatten, wurde dazu das Design dieser Sonden weitgehend unverändert übernommen. Es wurde nur um ein Triebwerk mit zwei Treibstofftanks er-weitert. Auch die Instrumente waren weiterentwickelte Mariner 6+7 Versionen. So waren die doppelt so schweren Raumsonden sogar noch preiswerter als ihre Vorgänger, da die Entwicklungskosten geringer waren.

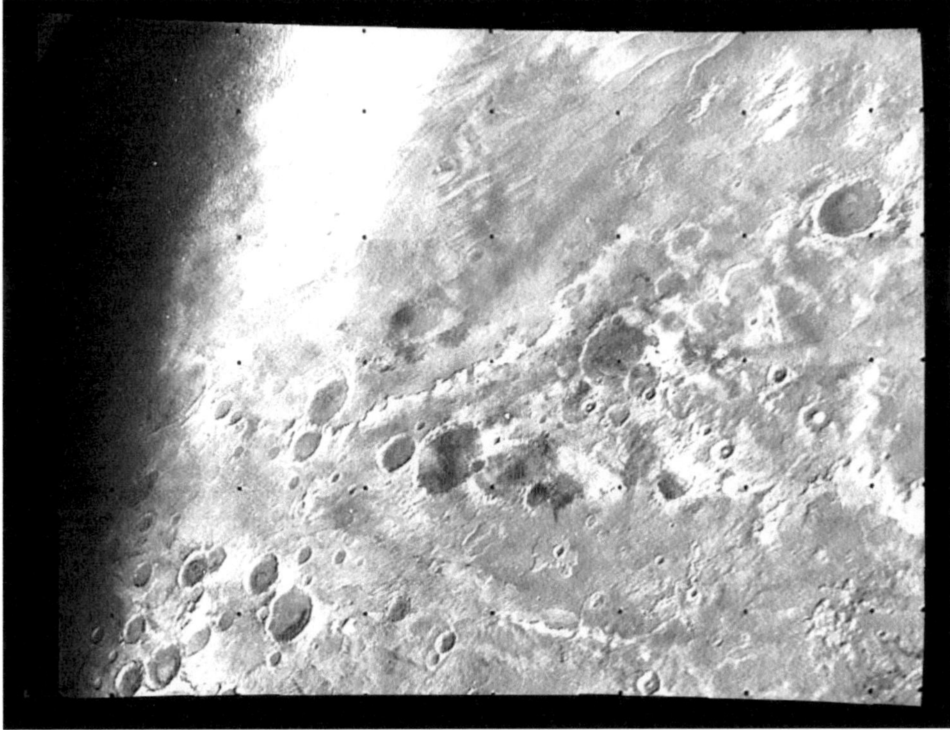

Abbildung 5: Mariner 7 Aufnahme von chaotischem Terrain

Vorgesehen war eine Arbeitsteilung: Mariner 8 sollte innerhalb von 90 Tagen 70% der Oberfläche in niedriger Auflösung erfassen und **Mariner 9** die restlichen 30%, die Mariner 8 aufgrund ihrer hochelliptischen Umlaufbahn nur aus größerer Entfernung fotografieren konnte. Weiterhin sollte Mariner 9 bestimmte Gebiete periodisch auf Veränderungen, vor allem atmosphärische Phänomene, untersuchen. Nachdem Mariner 8 durch einen Programmierfehler des Centaur Bordcomputers verloren ging, musste Mariner 9 beide Aufgaben erfüllen. Als sie am Mars ankam, gab es erst einmal gar nichts zu beobachten: Bei Erreichen des sonnennächsten Punktes ist die Gefahr groß, dass die Erwärmung der Marsatmosphäre Staub aufwirbelt. Ab und zu wird daraus ein globaler Staubsturm. So war es auch 1971. Nur die Spitzen der höchsten Vulkane ragten noch aus dem Staubsturm heraus. Nach einigen Wochen klang dieser ab, und Mariner 9 konnte endlich mit der Kartierung beginnen. Die Sonde arbeitete fast 11 Monate lang, danach war der Vorrat an Druckgas für die Lageregelung erschöpft. Über 7.000 Bilder wurden übertragen, die den ganzen Planeten mit 1-2 km und etwa 1-2 % der Oberfläche mit 100 m Auflösung zeigten.

Abbildung 6: Mariner 9 Aufnahme des Olympus Mons

Diese Differenz beruhte auf den unterschiedlichen Brennweiten der Kameras.

Zeitgleich bereitete auch die Sowjetunion den Start weiterer Sonden vor. Wie bei Mars-69 war eine Landung auf dem Mars geplant. Das günstige Startfenster ließ den Start eines Orbiters und eines

Abbildung 7: Mars 3 Orbiter mit dem oben angebrachten Landeapparat

wesentlich schwereren Landeapparates als bei der vorherigen Mission zu. Es fehlten aber die für die Landung notwendigen Daten der Atmosphäre. Daher entschloss man sich dazu, drei Sonden zu starten: Zwei mit den Landeapparaten und eine ohne, diese dafür mit mehr Treibstoff und auf einer schnelleren Bahn. Diese Sonde sollte zuerst gestartet werden und vor den beiden anderen Mars erreichen, in eine Umlaufbahn einschwenken und durch Fernerkundungsinstrumente die nötigen Daten für die Auslegung des Landekorridors und die Auslösung der Fallschirme liefern.

Unglücklicherweise ging genau diese Sonde verloren, als durch einen Programmierfehler die Oberstufe nicht zündete und die Sonde so in einem Erdorbit strandete. Sie wurde in Kosmos 419 umgetauft.

Der Start von **Mars 2+3** klappte, doch hatten sie nicht genügend Treibstoff, um mit dem Landeapparat in eine Umlaufbahn einzutreten. Er musste vorher abgetrennt werden. Die Wissenschaftler hofften nun, wenige Stunden vor dem Erreichen des Mars genügend Daten von den Instrumenten gewinnen zu können, um die Landesonden in einen sicheren Korridor absetzen zu können.

Beide Landesonden wurden auch abgesetzt. Der Landeapparat von Mars 2 gelangte aber durch einen Computerfehler auf eine falsche Bahn, die zu einem harten Aufschlag auf der Marsoberfläche führte.

Die Kapsel von Mars 3 landete dagegen erfolgreich, begann das erste Bild zu übermitteln, um nach wenigen Zeilen zu verstummen. Was passierte, ist bis heute ungeklärt. Es wurde spekuliert, dass der Staubsturm den Fallschirm über die Kapsel wehte oder es zu elektrischen Entladungen kam, welche die Sonde beschädigten. Beide Orbiter gelangten auf ungeplante Bahnen. Bei Mars 2 war der marsfernste Punkt zu nahe und bei Mars 3 zu fern. Auch hier waren Fehler in den Computerprogrammen die Ursache. Einige Instrumente fielen aus, andere lieferten nur wenige Daten, weil während der wenigen Wochen der Betriebszeit noch der Staubsturm auf dem Mars tobte. Da die Kameras Film verwendeten, waren sie nutzlos, nachdem dieser aufgebraucht war.

Insgesamt konnte die Sowjetunion mit den Ergebnissen von Mars 2+3 nicht zufrieden sein. So machte man sich zwei Jahre später an einen neuen Versuch. 1973 war das Startfenster jedoch weitaus ungünstiger. Es war nicht mehr möglich, einen Lander mitzuführen und in einen Orbit einzuschwenken. So starteten die Wissenschaftler vier Raumsonden. Zwei (**Mars 4+5**) waren reine Orbiter. Zwei weitere (**Mars 6+7**) sollten den Planeten nur passieren und

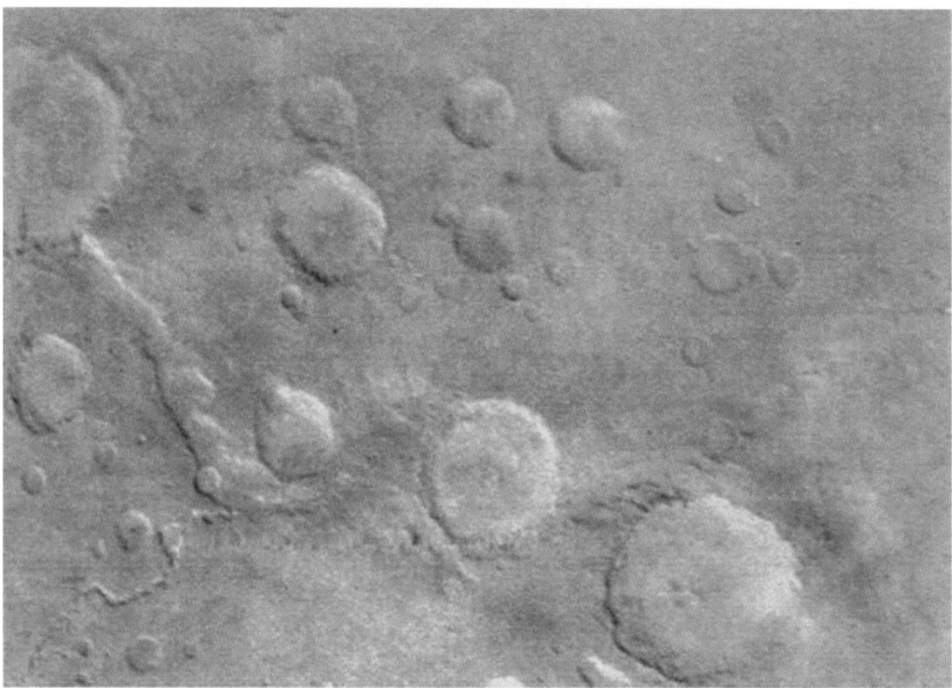

Abbildung 8: Eines der wenigen Bilder von Mars 5

dabei jeweils eine Landesonde absetzen. Die Raumsonden waren evolutionär verbesserte Versionen der Exemplare von 1971. Doch vier Monate vor dem Start entdeckte man bei Tests, dass bestimmte Transistoren zum Ausfall neigten. Ohne dass dies kommuniziert wurde, war die Produktion umgestellt worden. Die Transistoren hatten ursprünglich Goldkontakte. Dieses war durch Aluminium ersetzt worden, um sie billiger fertigen zu können. Die neuen Kontakte würden unter Weltraumbedingungen korrodieren und die Transistoren ausfallen. Eine Abschätzung zeigte, dass es nur eine 50%-Chance gab, dass eine Raumsonde funktionierend den Mars erreichen würde. Die Wissenschaftler plädierten für eine Verschiebung der Mission um zwei Jahre, um das Problem zu lösen. Doch das Politbüro, wohl wissend, dass für 1975 die Viking Mission der NASA geplant war, entschied sich dagegen.

So starteten im August 1973 vier Raumsonden zum Mars. Bei Mars 4 fiel schon auf dem Weg zum Mars der Computer durch defekte Transistoren aus. Eine Kurskorrektur und das Einschwenken in den Orbit entfielen daher. Die Sonde passierte den Mars, ohne in eine Umlaufbahn einzuschwenken. Es gelang, noch einige Messungen beim Vorbeiflug zu machen.

Bei Mars 6 führten die vorgeschädigten Transistoren bald zum Ausfall des Senders. Erstaunlicherweise absolvierte die Raumsonde trotzdem autonom ihren Auftrag und setzte den Landeapparat aus. Er verstummte jedoch bei der Landung, wahrscheinlich schlug er hart auf der Oberfläche auf. Einige Messungen der Atmosphäre gelangen, doch die meisten Daten wurden zwischengespeichert und gingen daher verloren.

Bei Mars 7 wurde der Lander auf eine falsche Bahn gelenkt, wahrscheinlich durch einen Ausfall der Elektronik im Landemodul. Er flog am Mars vorbei. Auch beim Bus gab es Ausfälle im Telekommunikationssystem.

Als einzige der vier Sonden war der Orbiter **Mars 5** von Ausfällen verschont geblieben. Er schwenkte in den richtigen Orbit ein, und man beeilte sich, das Forschungsprogramm schnell abzuwickeln, da natürlich auch hier der Ausfall drohte. Das Ende kam aber nicht durch die Elektronik, sondern die Raumsonde verlor Druckgas. Die Sowjets setzten ein sehr einfaches Verfahren ein, um die Temperatur im Inneren zu kontrollieren. Die Elektronik befand sich in einem Druckbehälter, und dieser war mit Stickstoff gefüllt. Wärme konnte so an die Atmosphäre abgegeben und diese mit Ventilatoren umgewälzt werden. Nun entstand ein Leck und die Elektronik überhitzte. Während 22 Umrundungen des Mars wurden Fotos gewonnen, das Magnetfeld vermessen und die Atmosphäre und die Kruste untersucht, dann verstummte auch Mars 5 für immer.

Abbildung 9: Panorama des Viking 2 Landeplatzes

Das **Viking**-Unternehmen ist gemessen an der Kaufkraft das teuerste Programm in der gesamten Planetenforschung. Primär handelte es sich um eine Landemission. Der komplexe Landeapparat führte zu einer Explosion der Kosten von 400 auf 914 Millionen Dollar. Die Orbiter verfügten nur über ein Kamerasystem sowie je ein Gerät zur Messung des Wasserdampfgehaltes der Marsatmosphäre und zur Messung der Oberflächentemperaturen.

Die Lander hingegen hatten selbst unter dem Bremsschild Experimente angebracht, welche die Ionosphäre und Atmosphäre beim Abstieg untersuchten, geladene Teilchen und Druck maßen und Gas analysierten. Alle Daten, die wir heute durch direkte Messungen von der Atmosphäre oberhalb der Oberfläche haben, stammen von den beiden Viking Landesonden.

Doch dort angekommen begann die Mission erst. Ein Greifer konnte Bodenproben nehmen. In einem Biolabor wurden sie mit Wasser, Nährstoffen oder einer künstlichen Atmosphäre versetzt. Der Greifer hob auch Gräben aus und bestimmte so die Oberflächeneigenschaften des Mars. Ein Röntgenfluoreszenzspektrometer untersuchte die Zusammensetzung von Bodenproben. Eine Meteorologiestation bestimmte Druck, Temperatur, Windrichtung und -stärke. Ein Seismometer suchte nach Marsbeben. Zwei Kameras bildeten die gesamte Umgebung stereoskop ab, und ein Gaschromatograph/Massenspektrometer untersuchte die Atmosphäre des Mars und die Atmosphäre über den Proben im Biolabors. Gemessen an dem damaligen Stand der Technik waren die Viking Lander mindestens so gut, wenn nicht besser instrumentiert, wie heute das MSL.

Die Raumsonden waren außerordentlich erfolgreich. Die Orbiter, die auch als Kommunikationsrelais für die beiden Lander dienten, arbeiteten bis Juli 1978 (Viking Orbiter 2) bzw. August 1980. Vorgesehen war nur eine sechsmonatige Mission. Limitierend war der Vorrat an Druckgas, mit dem die räumliche Ausrichtung der Raumsonden verändert wurde.

Viking Orbiter 2 verlor durch einen Mikrometeoritentreffer schneller Druckgas. Beide Orbiter funkten zusammen über 53.000 Aufnahmen zur Erde. Die globale Kartierung konnte auf 150 bis 300 m verbessert werden. Viele Gebiete wurden sogar mit 8 bis 40 m Auflösung erfasst. Die Orbiter veränderten mehrfach ihre Umlaufbahn, um unterschiedliche Gebiete in höherer Auflösung genauer zu erfassen und nahe Vorbeiflüge an den beiden Marsmonden Phobos und Deimos durchzuführen. Alle hochauflösenden Aufnahmen, die wir von Deimos heute besitzen, wurden von Viking Orbiter angefertigt.

Die Lander arbeiteten erheblich länger. Die tieferen Temperaturen am Viking 2 Landeplatz führten zu einer geringeren Lebensdauer der Batterie für den Spitzenstromverbrauch. Als sie ausfiel, schaltete man im April 1980 den Landeapparat ab. Viking Lander 1 ging verloren, als das Kontrollzentrum im November 1982 einen fehlerhaften Befehl zur Sonde sandte und dadurch die Kommunikationsantenne von der Erde weggedreht wurde. Er war zu diesem Zeitpunkt noch aktiv. Beide Lander sandten zusammen über 2.200 Aufnahmen zur Erde.

Abbildung 10: Aufnahme des Viking 1 Landeplatzes

Die Landesonden versuchten erstmals den Nachweis von Leben auf dem Mars. Das Biolabor bestand dabei aus einer Reihe von Inkubationskammern, die an den Gaschromatograph und das Massenspektrometer angeschlossen waren. Es gab drei grundlegende Experimente, die jeweils mit unterschiedlichen Proben und variablen Umgebungsbedingungen durchgeführt. wurden. Sie alle basierten darauf, dass Leben, so wie wir es kennen, seine Umwelt verändert. Um diese Veränderung zu bestimmen, wurde ein radioaktives Kohlenstoffisotop verwendet. Je nach Experiment steckte es in der Atmosphäre oder in den Nährlösungen. Organismen, so vermutete man, würden das Isotop aufnehmen oder aus der Nährlösung freisetzen, und dies konnte gemessen werden. Es gab drei Fragestellungen: Beim Photosyntheseexperiment wurde untersucht, ob Organismen radioaktiv markiertes Kohlendioxid aus der Atmosphäre aufnehmen, beim Stoffwechselexperiment, ob sie radioaktiv markierte organische Stoffe abbauen oder zum Wachstum aufnehmen und beim Gasaustauschexperiment, ob sie die Atmosphäre über der Probe verändern.

Die Ergebnisse waren überraschend und wurden bis vor wenigen Jahren noch kontrovers diskutiert. Das Photosyntheseexperiment war negativ. Das Stoffwechselexperiment war zuerst positiv, der Anstieg der Freisetzungsrate war sogar viel stärker als erwartet. Doch die folgenden Zugaben von weiterer Nährlösung reduzierten die Aktivität. Proben, die unter Steinen entnommen wurden, waren weitaus weniger aktiv als direkt von der Oberfläche entnommene. Das war verwirrend, schließlich waren diese geschützt vor der Sonnenstrahlung, die auf dem Mars ungefiltert zur Oberfläche gelangt.

Klarheit brachte das Gasaustauschexperiment. Auch hier stieg bei einer Zugabe von Nährlösung die Gasabgabe an. Abgegeben wurde nicht nur Kohlendioxid, welches beim Stoffwechselexperiment bestimmt wurde, sondern auch Sauerstoff. Dies war doch sehr seltsam. Auf der Erde gibt es keine Organismen, die Nährstoffe abbauen und dabei gleichzeitig Kohlendioxid und Sauerstoff freisetzen. Wasserzugabe reduzierte die Abgabe von Sauerstoff.

Die Erklärung für dieses Verhalten war, dass die Reaktion nicht auf Marsleben beruhte, sondern eine Folge der chemischen Zusammensetzung des Marsbodens war. Er musste Substanzen enthalten, die stark oxidierend wirken, wie Wasserstoffperoxid oder Perchlorate, die z.B. auch in WC-Reinigern verwendet werden. Die UV-Strahlung der Sonne konnte über Milliarden von Jahren diese Substanzen in der oberflächennahen Schicht bilden. Doch war diese Deutung nicht unumstritten. So wurde bemängelt, dass die Instrumente von Viking sehr unempfindlich waren. Nachbauten hatten ebenfalls Probleme, in Bodenproben von Wüstengebieten irdische Bakterien nachzuweisen.

Nach Viking kam in den USA eine Periode, in der es kaum neue Missionen zu den Planeten gab. Erst zwanzig Jahre später fanden die nächsten Schritte statt. Genügend Zeit für einen Neuanfang bei der Sowjetunion. 1988 wiederholte sich das günstige Startfenster von 1971. Die beiden **Phobos**-Raumsonden hatten nun die Aufgabe, den größeren der beiden Marsmonde genauer zu untersuchen. Sie waren die bisher größten Raumsonden und wogen 6.200 kg beim Start. Jede führte 27 Experimente sowie einen kleinen Landeapparat mit. Das Unternehmen war über Jahre vorbereitet worden. Erstmals wurden auch sehr viele Experimente von anderen Staaten (auch aus Westeuropa, wie von Frankreich und Deutschland) mitgeführt. Doch auch diesmal hatten die Sowjets kein Glück. Beide Raumsonden gingen durch fehlerhafte Kommandos verloren.

Phobos 1 verlor den Kontakt mit der Bodenkontrolle schon auf dem Weg zum Mars. Eine zur Sonde geschickte neue Software deaktivierte die Lageregelung, sodass die Sonde ihre Solarzellen von der Sonne wegdrehte und ohne Stromversorgung nach wenigen Stunden ausfiel.

Phobos 2 schwenkte dagegen in eine Marsumlaufbahn ein. Sie untersuchte dort zuerst den Mars. Nach knapp drei Wochen und mehreren Kurskorrekturen befand sie sich auf einer Bahn nahe der von Phobos und holte den Mond mit jedem Umlauf ein. Es gab schon Aufnahmen des Monds aus nur noch 200 km Entfernung. Nun drehte sich Phobos 2, um neue Aufnahmen anzufertigen. Dadurch zeigte die Antenne nicht mehr zur Erde. Danach sollte die Sonde die Antenne wieder auf die Erde ausrichten, doch dazu kam es nicht mehr. Auch hier wurde ein Fehler in dem Computerprogramm vermutet, die Ursache konnte aber nicht abschließend geklärt werden. Phobos 1+2 verfügten nicht über Routinen, welche die Raumsonde bei einer Fehlfunktion automatisch in eine stabile Lage brachten, in der die Solarzellen

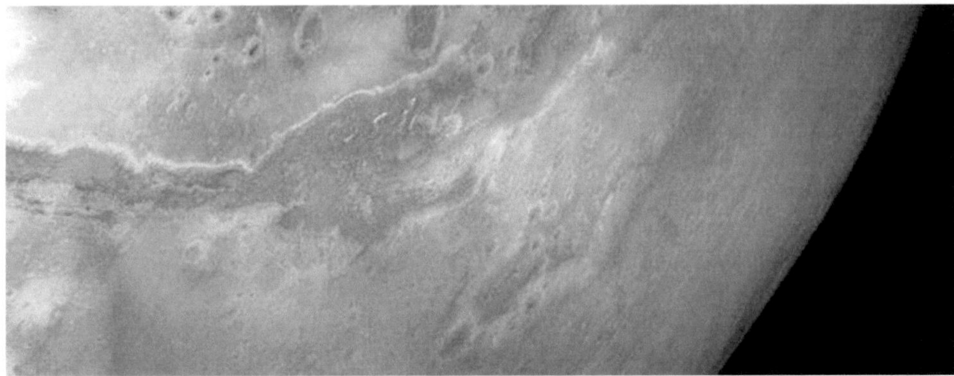

Abbildung 11: Aufnahme des Mars von Phobos 2

Abbildung 12: Der Mars Observer

beschienen wurden und die Sonde weder auskühlte noch überhitzte. So konnte schon eine kleine Unachtsamkeit den Totalverlust herbeiführen.

Vier Jahre später brachen die USA erneut zum Mars auf. Von den vielen Viking-Nachfolgeprojekten konnte sich nur ein kombinierter Geologie-Klimaorbiter durchsetzen. Über ein Jahrzehnt gab es aber auch für diese Sonde keine Finanzierung. Der **Mars Observer** (MO) hatte ambitionierte Ziele. Ein Kamerasystem sollte hochauflösende Aufnahmen machen, die erheblich besser als diejenigen der Viking Sonden waren. Dazu kam eine tägliche Gesamtaufnahme des Mars, um Wetterphänomene besser untersuchen zu können. Das Klima untersuchten Geräte, welche speziell den Gehalt an Kohlendioxid und Wasserdampf bestimmten. Die Zusammensetzung des Bodens sollte durch Gammastrahlen- und IR-Spektrometer bestimmt werden. Ein Laserhöhenmesser sollte das Relief bestimmen, und auch die Umgebung des Mars sollte mit einem Magnetometer untersucht werden.

Doch es kam anders als geplant: Erstmals verlor die NASA eine Raumsonde auf dem Weg zum Mars (Mariner 3 und 8 gingen noch beim Start verloren). Als der Mars Observer in die Marsumlaufbahn einschwenken sollte, verstummte er für immer. Die Ursache konnte niemals restlos geklärt werden. Eine Verpuffung von Treibstoffresten bei der Vorbereitung der Zündung des Haupttriebwerks galt als wahrscheinlichste Ursache.

Inzwischen wehte auch ein neuer Wind bei der NASA. Die neue Politik war es nun, Missionen schneller auf den Weg zu bringen. Der Mars Observer war eine typische „große" Planetenmission. Von der Genehmigung bis zum Start vergingen über acht Jahre, und die Gesamtkosten betrugen 980 Millionen Dollar. Neue Missionen sollten schneller (Start drei bis fünf Jahre nach Genehmigung) und billiger sein (anfangs gab es eine Obergrenze von 300 Millionen Dollar, später wurde diese noch herabgesetzt) und mehr Wissenschaft pro Dollar einbringen. Im neuen NASA Jargon hieß dies „Faster, Cheaper and Better", und das dazugehörige Programm bekam den Namen „Discovery Program".

Eine der ersten Raumsonden war **Pathfinder**. Wie der Name aussagt, war die Raumsonde als ein Pfadfinder gedacht, um neue Technologien zu erforschen, welche zukünftige Missionen preiswerter machen sollten. So gab es keinen Orbiter – eine kleine „Cruise Stage" mit den nötigsten Bestandteilen, um die Raumsonde mit Strom zu versorgen, den Kurs zu verändern und die Kommunikation mit der Erde zu ermöglichen, war für den Weg zum Mars ver-antwortlich. Dort angekommen, landete Pathfinder direkt, und die Cruise Stage verglühte in der Atmosphäre. Der Treibstoff um in eine Umlaufbahn einzuschwenken wurde so ein-gespart. Ebenfalls erprobt wurde der Einsatz von Airbags anstatt Triebwerken. Ein experimenteller kleiner Rover mit dem Namen „Sojourner" wurde ebenfalls erprobt. Er musste bei Pathfinder noch in Sichtweite der Hauptsonde verbleiben, weil er über WLAN mit der Sonde kommunizierte.

Pathfinder landete am 4.Juli 1997, dem Unabhängigkeitstag der USA. Erstmals konnte die Öffentlichkeit die Fortschritte live verfolgen – das JPL stellte die Bilder und Wetterberichte der Raumsonde ins Internet. Das Publikumsinteresse war so groß, dass die Server kaum die Anfragen bewältigen konnten. Die wissenschaftliche Ausbeute war dagegen mager. Die Sonde selbst verfügte nur über eine Stereokamera und eine Meteorologiestation. Der kleine

Abbildung 13: Panorama vom Landeplatz Pathfinders

Abbildung 14: Der erste Rover auf dem Mars: Sojourner neben dem etwa 1 m hohen Felsen "Yogi"

Rover trug ein in Mainz gebautes Alphateilchenspektrometer, mit dem die chemische Zusammensetzung von Felsbrocken untersucht werden konnte. Drei Monate nach der Landung machte die Batterie zunehmend Probleme, und Pathfinder verstummte. Pathfinder war eine Technologiesonde und als solche erfolgreich. Sie erprobte die direkte Landung, ohne vorher in einen Orbit einzuschwenken, die Nutzung von Airbags anstatt Triebwerke für den Landevorgang, die alleinige Stromversorgung mit Solarzellen und die Funkverbindung über einen Orbiter mit UHF-Sendern und Empfängern. Darüber erlaubte der kleine Rover Sojourner auch erste Tests der Steuerung und Navigation für künftige und viel leistungsfähigere Modelle.

Die zweite Sonde, welche die USA im selben Jahr starteten, war der **Mars Global Surveyor** (MGS). Er entstand aus Ersatzteilen des Mars Observers und führte auch einen Teil seiner Experimente mit. So konnte dessen Mission doch noch nachgeholt werden. Weitere Experimente vom Mars Observer sollten mit den nächsten beiden Sonden folgen, da die neuen Raumsonden viel kleiner waren. Die Zuladung an Nutzlast war dadurch beschränkt. Durch eine neue Technologie, dem Aerobraking, bei dem die Raumsonde in die oberste Atmosphärenschicht eintaucht, sich dabei erhitzt und an Geschwindigkeit verliert, sparte der MGS Treibstoff ein. Um in die endgültige Umlaufbahn zu gelangen, benötigte der MGS nur die Hälfte des Treibstoffs, den noch der MO dafür gebraucht hätte. Damit reichte für den Start auch eine viel kleinere Rakete, die nur ein Fünftel der Titan kostete, die der MO noch benötigte. Als Preis dafür verlängerte sich die Zeit, bis die endgültige Umlaufbahn erreicht wurde, um mehrere Monate bis ein halbes Jahr.

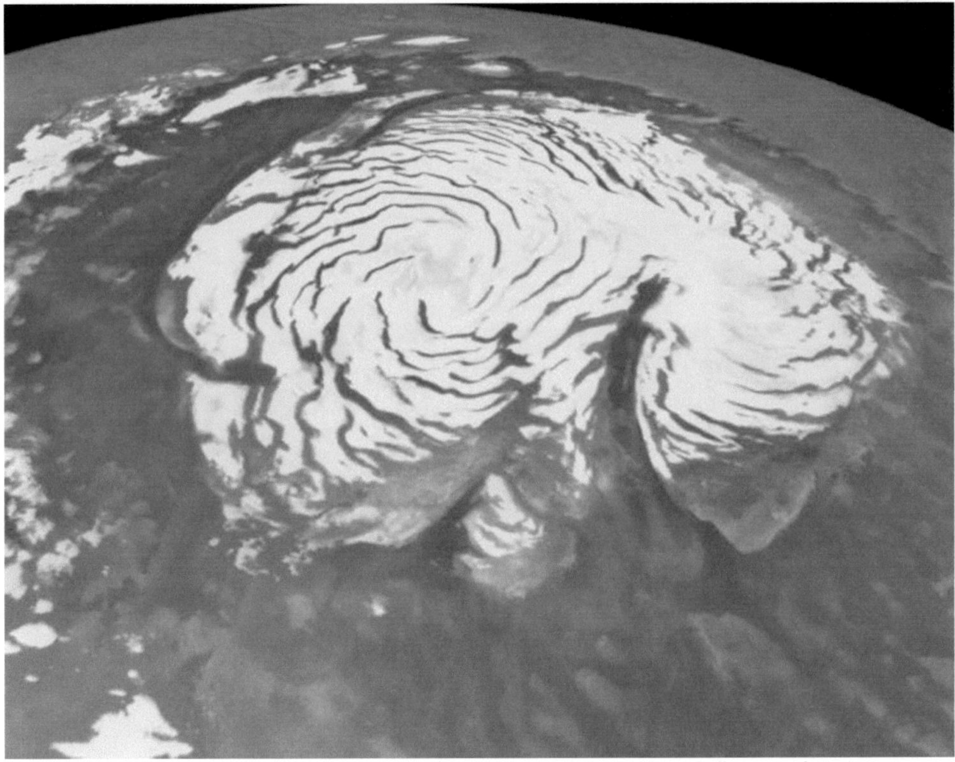

Abbildung 15: Die Nordpolkappe des Mars, aufgenommen mit der Weitwinkelkamera des MGS

MGS wurde zu einer sehr erfolgreichen Sonde, auch wenn es zunehmend Alterungs-
probleme gab und Experimente ausfielen. Nachdem 2001 der nächste Orbiter am Mars ankam, wurde sein Forschungsprogramm stark reduziert. Er war jedoch weiterhin als Funkrelais
vorgesehen. Bis zum November 2006, während mehr als neun Jahren im Orbit, sandte der
Roboter über 240.000 Aufnahmen zur Erde. Dann fiel er durch eine falsche Befehlssequenz
aus. Die Sonde drehte die Kommunikationsantenne von der Erde weg und dies führte zum
Überhitzen der Batterien, die sich, da sie nun auch schon ein beträchtliches Alter aufwiesen,
rasch entluden. MGS hatte zwar Programme für solche Notfälle, doch die Entladung der
altersschwachen Batterien verlief zu schnell für diese „Fail-safe" Routinen, die aktiv wurden,
wenn es zu lange keine Funkverbindung zur Erde gab.

Auch Russland brachte 1996 eine Raumsonde auf den Weg. **Mars 96** war schon um zwei
Jahre verschoben worden, weil die Finanzierung unsicher war. Schließlich finanzierte die
ESA das Projekt mit, auch weil zur instrumentellen Ausrüstung die fortschrittlichsten
Spektrometer und Kameras gehörten, die zum damaligen Zeitpunkt entwickelt worden
waren. Sie stammten aus den ESA-Mitgliedsstaaten. Basierend auf dem Bus der Phobos
Raumsonden, war Mars 96 eine Raumsonde von über 6 t Masse. Alleine die Instrumente
wogen mehr als MGS ohne Treibstoff. Dazu kamen zwei Penetratoren – Eintauchsonden,
die wie Pfeile in die Marsoberfläche eintauchen und dort Messungen durchführen sollten,
sowie zwei kleine Landeapparate. Würde die Mars 96 Mission gelingen, so hätte sie die
beiden US-Missionen in den Schatten gestellt.

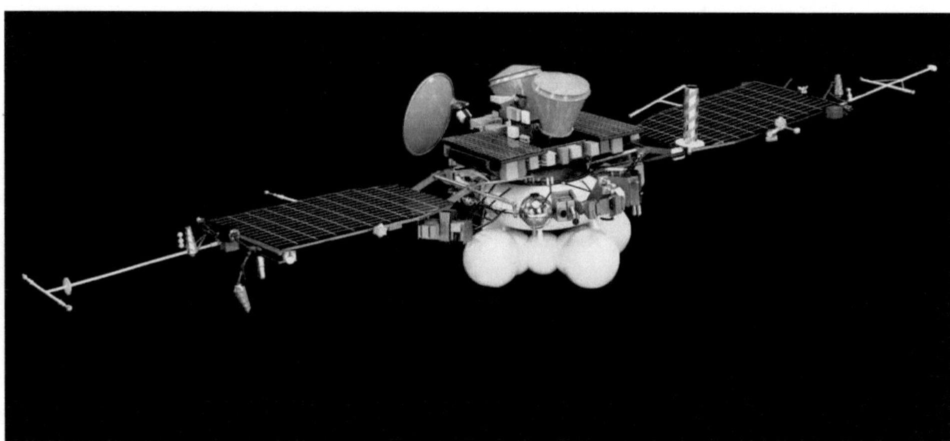

Abbildung 16: Mars 96 ©: Akademie der Wissenschaften IKI

Doch wiederum blieb Russland glücklos. Der Start in eine Parkbahn gelang noch. Doch die folgende Zündung der Oberstufe blieb aus. Der Bordcomputer trennte trotzdem zum vorgegebenen Zeitpunkt die Raumsonde ab und zündete nun den eigenen Antrieb. Dies war nötig, weil die Oberstufe alleine die überschwere Marssonde nicht auf den Kurs bringen konnte. Da sich die Raumsonde aber nun noch in einer erdnahen Umlaufbahn befand, resultierte daraus ein exzentrischer Orbit, der nach drei Umläufen zum Verglühen über den Anden führte. Es sollte 15 Jahre dauern, bis Russland erneut eine Raumsonde auf den Weg bringen würde.

Doch Russland hatte nicht alleine das Pech abonniert. Das sollte die NASA bei den nächsten beiden Sonden feststellen. Im Jahre 1998 startete sie erneut eine Landesonde und einen Orbiter. Diese waren noch preiswerter als Pathfinder und MGS. Die Landesonde Mars Polar Lander (MPL) sollte nahe des Südpols niedergehen. Der lange Sommer dort sollte ihr eine Missionsdauer von über drei Monaten ermöglichen, obwohl die Raumsonde zur Energie-

Abbildung 17: Künstlerische Darstellung des MCO über dem Mars. Dort sollte er nie ankommen.

versorgung mit Solarzellen ausgestattet war. Der **Mars Climate Orbiter** (MCO), sollte weitere Instrumente des Mars Observers mitführen, die vor allem das Klima und die Atmosphäre des Mars untersuchen sollten.

Als der MCO in eine Umlaufbahn einschwenken sollte, verstummte er. Was folgte, klang nach einem Possenspiel. Als Fehlerursache wurde eine Verwechslung von Einheiten dingfest gemacht. Die USA sind zusammen mit Liberia und Myanmar die letzten Länder, welche das SI-System für Maßeinheiten nicht eingeführt haben. Allerdings ist es im universitären Betrieb der Standard und die NASA arbeitet intern damit. Anders sieht es bei den Raumfahrtfirmen aus. Der Hersteller der Raumsonde, Lockheed Martin, benutzte das imperiale System. In diesem wurde Kraft durch „lbf" (pounds of force) gemessen, im SI-System dagegen mit der Einheit Newton. Die Raumsonde musste regelmäßig ihre Triebwerke betätigen, um Störungen auszugleichen. Die Sonde wurde wegen ihrer Form (nur ein Solarpanel) durch die Sonnenstrahlung leicht gedreht, und beim Abbremsen der Reaktionsschwungräder wurde ebenfalls eine Drehung erzeugt. Die Korrektur dieser Bewegungen führte zu einer kleinen Kursabweichung, die kompensiert werden musste. Dazu gab es eine vom Hersteller der Raumsonde gestellte Excel-Tabelle, in der die induzierten Kräfte aufgeführt wurden. Diese wurde genutzt, um die Gegenaktionen zu berechnen.

Das Dumme war nur: Die Kräfte waren in lbf angegeben, und das JPL rechnete mit Newton. Dabei entsprechen 4,5 N einem lbf. Es wurde dadurch überkorrigiert. Als Folge näherte sich der MCO dem Mars viel stärker als vorgesehen. Die minimale Entfernung sollte bei 226 km liegen. In Wirklichkeit kam er aber bis auf 57 km an den Mars heran. In dieser Höhe war die Atmosphäre schon so dicht, dass die Raumsonde zerstört oder zumindest stark beschädigt wurde. Eine Untersuchung ergab die Ursache noch am selben Tag, ja es gab seitens der Ingenieure, welche den Kurs überwachten, sogar Warnungen über eine Kursabweichung. Sie wurden vom völlig überlasteten Management aber ignoriert. Während man in den USA noch den Kopf schüttelte, konnte sich der Rest der Welt eine gewisse Häme nicht verkneifen. Selbst Zeitungen, die sonst wenig mit Raumfahrt am Hut hatten, machten sich über die NASA lustig. Schließlich sind die USA das einzige industrialisierte Land, das nicht das SI-System allgemein eingeführt hat, dessen Nutzen — die weltweit gleichen Einheiten — alle anderen Staaten erkannt haben, darunter selbst Staaten wie England, die sehr stolz auf ihr historisch gewachsenes Einheitensystem waren.

Abbildung 18: Künstlerische Darstellung des MPL auf der Marsoberfläche

So ruhten die Hoffnungen nun auf der zweiten Raumsonde, dem **Mars Polar Lander** (MPL). Gegenüber Pathfinder war die Sonde erheblich preiswerter, aber sehr viel besser instrumentiert worden. Sie konnte Bodenproben untersuchen, die Marsatmosphäre analysieren und mit einem Laserstrahl durchleuchten. Doch auch der Mars Polar Lander verstummte, ebenso wie zwei gleichzeitig abgesetzte Penetratoren. Diesmal tappte die NASA allerdings im Dunkeln. Der Lander hatte beim Abstieg keinen Funkkontakt, und so gab es keine Messwerte vom Abstieg und keine Daten, was schief gelaufen sein könnte.

Erst einige Monate später kam bei einem Test der weitgehend baugleichen Nachfolgesonde „Mars Surveyor 2001 Lander" die Ursache heraus. Ein Sensor an den Beinen sollte den Bodenkontakt signalisieren. Er bewirkte dadurch das Abschalten der Triebwerke. Bei dem Test gab der Sensor aber auch ein Signal ab, wenn die Beine ausgefahren wurden. Als er vom Bordcomputer abgefragt wurde, bewirkte das Signal ein Abschalten der Triebwerke. Das Raumfahrzeug wurde bei dem Sturz aus 40-80 m Höhe beschädigt oder zerstört. Bei

Abbildung 19: Schrägansicht vom Themis Chasma, erstellt aus dem Daten des THEMIS Instruments von Odyssey

einer Untersuchung vor dem Start waren bei den Sensoren des MPL Verkabelungsfehler entdeckt und beseitigt worden. Doch danach waren die Sensoren nicht erneut getestet worden, sodass der MPL mit diesem Designfehler startete. Das Bittere war, dass es ausreichte, den Sensor erst nach dem Ausfahren der Landebeine zu initialisieren, und er gab das fehlerhafte Signal nicht erneut ab. Ein einfaches Softwareupdate, das man bis wenige Stunden vor der Landung zur Sonde hätte schicken können, hätte also das Problem gelöst.

Die NASA untersuchte nun das Discovery Programm und stellte fest, dass beide Fehler vermeidbar gewesen waren. Die Fehler resultierten aus dem Sparzwang, aufgrund dessen viele Tests wegfielen. Die Missionskontrolle war personell unterbesetzt und überfordert und konnte sie so nicht verhindern. Als im folgenden Jahr eine weitere Raumsonde verloren ging, führte dies dazu, dass das Discovery Programm eingestellt wurde. Damit 2001 nicht nochmals dasselbe passieren würde, wurde die schon weitgehend fertiggestellte Landesonde eingelagert, und die frei werdenden Mittel wurden genutzt, um die Orbitermission zu einem Erfolg zu führen.

Der Orbiter, der in Reminiszenz an Stanley Kubricks Film „**2001 Mars Odyssey**" genannt wurde, profitierte davon und ist bis heute aktiv. Er trägt nur drei Experimente: Ein Gammastrahlenspektrometer, das die Verteilung der Elemente Kalium, Uran und Thorium misst, aber auch Wasser in tieferen Bodenschichten nachweisen kann. Es war das letzte der Mars Observer Experimente, das nun doch noch zum Mars gelangte. Dazu kommt eine Kamera

Abbildung 20: Panorama von Spirits Landeplatz

für Aufnahmen im infraroten Spektralbereich und ein Strahlenmessgerät, welches Daten für die Beurteilung der Strahlenbelastung bei einem bemannten Marsflug liefern soll. Die Mission wurde mehrfach verlängert. Am 15.12.2010 übertraf Mars Odyssey den Rekord von MGS und ist seither der Orbiter mit der längsten Betriebsdauer im Marsorbit.

Der Wandel in der NASA-Politik zeigte sich 2003, als die Raumfahrtbehörde gleich zwei Rover auf der Marsoberfläche absetzte. Die Raumfahrzeuge konnten nun mit einem mehr als doppelt so hohen Etat gebaut werden und durchliefen zahlreiche Tests. Viele Fehler wurden so rechtzeitig erkannt, wie die fehlerhafte Auslösung des Fallschirmsystems, das unter simulierten Marsbedingungen zu einem Verheddern der Leinen führte.

Die **Mars Exploration Rover** des Jahres 2003, die „Spirit" und „Opportunity" getauft wurden, können als Kinder von Pathfinder angesehen werden. Technologien, die durch Pathfinder erprobt worden waren, wurden bei diesen Rovern nun praktisch eingesetzt, so z.B. die Landung mit Airbags statt Triebwerken. Spirit und Opportunity setzten die beim kleinen Sojourner gewonnenen Erkenntnisse um. So führten sie wie dieser ein Alphateilchenspektrometer zur Gesteinsanalyse mit. Da die Messungen bei Sojourner aber durch Staub verfälscht worden waren, welcher die Felsen bedeckte, gab es nun einen Bohrer, der die Oberfläche abfräste und frisches Gestein freilegen konnte. Die instrumentelle Ausrüstung der Rover war allerdings beschränkt. Von dem Startgewicht von mehr als einer Tonne entfielen nur rund 180 kg auf den Rover und nur wenige Kilogramm auf die Experimente. Die Wahl der Instrumente musste daher gut überlegt sein. Das JPL entschied sich für eine Stereokamera und ein abbildendes Infrarotspektrometer für die Fernerkundung auf dem Roverdeck. An einem Arm waren ein Alphateilchenspektrometer, ein Mößbauerspektrometer und eine Mikroskopkamera angebracht. Diese Instrumente untersuchten den Boden und Felsen direkt.

Ursprünglich waren die Rover nur für einen Betrieb über drei Monate ausgelegt, doch übertrafen beide diese Frist bei Weitem. Neben der konservativen Erwartungshaltung, die allen Raumsonden eigen ist (auch die Orbiter sind nur für eine Primärmission von einem Marsjahr ausgelegt, das sind 687 Tage), war vor allem die Energieversorgung vorher als weitaus problematischer angesehen worden, als sie dann tatsächlich war. Bei Pathfinder ging die verfügbare Leistung innerhalb von drei Monaten deutlich zurück, weil sich Staub auf die

Abbildung 21: Der Rand des Victoria Kraters, aufgenommen von Opportunity

Solarpaneele legte. Dies wurde auch bei den Missionen der neuen Späher zugrunde gelegt, aber diese Prognose erwies sich als falsch. Staubteufel, so die Bezeichnung für kleine Windhosen, reinigten immer wieder die Solarpaneele, sodass die Einbußen viel geringer als befürchtet waren. Zudem sind beide Gefährte durch die Landung nahe am Äquator weniger von den jahreszeitlichen Schwankungen der Sonneneinstrahlung betroffen, als dies bei Pathfinder der Fall war. Diese Sonde landete in mittleren Breiten.

Spirit landete im Gusev Krater. Dieser Ort erwies sich als der abwechslungsreichere der beiden Landeplätze, bei dem es auch Hügel und zahlreiche Steine gab, welche die Sonde inspizieren konnte. Spirit fuhr auf eine Hügelkette, um diese genauer zu untersuchen. Aber Spirit war auch deutlich stärker von den Jahreszeiten betroffen. Er musste in jedem Marswinter seine Forschungsaktivitäten einstellen. Dazu wurde er in einen Schlafmodus versetzt, bei dem er zur Sonne ausgerichtet war, um möglichst viel Licht zu erhalten und eine zu starke Entladung der Batterie zu vermeiden. Trotzdem häuften sich gerade bei diesem Fahrzeug die Probleme. Räder blockierten oder fielen ganz aus, Spirit versank zeitweise in einer Art Treibsand und litt auch stärker unter staubbedeckten Solarpaneelen. Am 22.3.2010 fiel er in einen Modus, in dem er jede Kommunikation einstellte, um die Batterien aufzuladen. Danach hätte er erneut eine Kontaktaufnahme beginnen sollen, doch dazu kam es nie. Versuche, Spirit über einen der beiden amerikanischen Orbiter zu kontaktieren, verliefen erfolglos, sodass die NASA die Mission für beendet erklärte.

Opportunity landete in einer viel „langweiligeren" Gegend. Es gab fast keine Steine und Hügel. Es handelte sich um ein ehemaliges Flussbett oder Überschwemmungsgebiet. So war es relativ schwierig, genügend Objekte zu finden, welche detaillierter untersucht werden konnten. Die Armut an Marsgestein wurde aber durch Meteoriten ausgeglichen, die in der Sandwüste leicht auszumachen waren. Die Missionsleitung schickte Opportunity von einem Einschlagkrater zum nächsten, denn diese Krater rissen das Oberflächengestein auf. An ihrem Rand konnte es dann untersucht werden. Dabei galt es, sehr präzise zu manövrieren, um nicht in den Krater abzurutschen. Bei jedem Krater stand eine mehrmonatige Untersuchung an. So verwundert es nicht, dass Opportunity Mitte 2011 schon über 30 km zurückgelegt hatte, während es bei Spirit bis zum Ausfall insgesamt nur 7,73 km waren.

Die günstige Marsopposition von 2003 wurde von der ESA genutzt. **Mars Express**, der europäische Beitrag, entstand aus der gescheiterten Mission von Mars 96. Alleine die Investitionen Deutschlands, Frankreichs und Italiens in ihre Experimente überstiegen einen dreistelligen Millionenbetrag. So suchten die für die Experimente Verantwortlichen, die „PI" (Principal Investigators), nach einer Möglichkeit, diese doch noch zum Mars zu schicken. Weil damit die drei Hauptbeitragszahler der ESA im Boot waren, gab es relativ zügig die Genehmigung für die Raumsonde. Mars Express, so der Name der neuen Sonde, konnte recht preiswert gebaut werden, da man auf schon für Rosetta gemachte Entwicklungen zurückgriff. Damit ergab sich für die wichtigsten europäischen Instrumente eine zweite Fluggelegenheit, wenn auch nicht für alle, weil Mars Express dann doch viermal leichter als Mars 96 war. So musste die deutsche Weitwinkelkamera am Boden bleiben. Sie wurde später im Satelliten BIRD eingesetzt. Mars Express umkreist seit Dezember 2003 den Planeten und trägt sieben Experimente. An Bord befindet sich die deutsche Kamera HRSC, welche als erstes Kamerasystem dreidimensionale Bilder erstellen kann. Dies geschieht dadurch, dass die Detektorzeilen der Kamera die Oberfläche unter verschiedenen Winkeln sehen. Wenn diese unter der Kamera vorüberzieht, entsteht ein Bild aus fünf Blickwinkeln. Dies ermöglicht es, dreidimensionale Abbildungen und ein Höhenmodell mit einer Auflösung von 10 m zu erstellen. Ganz nebenbei macht die Kamera auch hervorragende Farbaufnahmen.

Abbildung 22: Echus Chasma aufgenommen von der deutschen HRSC Kamera

Zwei Spektrometer gewinnen zum einen hochauflösende Spektren von einzelnen Punkten (PFS). Zum andern entstehen mit dem Omega-Instrument Karten des Mars in einzelnen Spektralkanälen, und zwar mit einer höheren räumlichen, dafür aber geringeren spektralen Auflösung als mit PFS.

Das Radar MARSIS schaut unter die Oberfläche. Da es Sorgen gab, dass die Antennen beim Entfalten die Raumsonde beschädigen könnten, wurde es erst 2005 aktiviert. Ein UV-Spektrometer untersucht die obere Atmosphäre des Mars und ein Teilchendetektor bestimmt die geladenen Partikel der Ionosphäre. Mars Express leidet darunter, dass nach dem Start (wahrscheinlich durch einen Verkabelungsfehler) nur 70% der Solarzellen Strom an das Bordnetz lieferten. Das führte zwar nicht zum Ausfall der Sonde, doch mit der kleineren Strommenge dauert nun alles etwas länger. Während der Umrundungen des Mars können entweder nur Daten gesendet werden oder es kann nur der Planet beobachtet werden. Beides gleichzeitig ist nicht mehr möglich. Weitere Flugphasen dienen nur dazu, die Batterien aufzuladen. Die Nettodatenrate ist daher deutlich reduziert. Da die Mission mittlerweile bis Ende 2014 verlängert wurde, wird Mars Express seine Ziele dennoch erreichen.

Ein völliger Fehlschlag war hingegen der mitgeführte Miniaturlander **„Beagle 2"**. Er wurde von einem britischen Konsortium entwickelt und sollte mit den unterschiedlichsten Sensoren die Umgebung der Sonde untersuchen, darunter Kameras und Spektrometer. Erstmals seit Viking verfügte ein Marslander wieder über ein Labor zur chemischen Untersuchung von Bodenproben auf Lebensspuren. Nach der Abtrennung von Mars Express übermittelte der Lander wie auch der MPL keine Daten bis zur Landung. So teilte er

Abbildung 23: Nozomi über dem Mars © des Bildes JAXA

dessen Schicksal – er verstummte für immer und niemand wusste, woran das lag. Eine Untersuchung nach diesem Fehlschlag stellte fest, dass Beagle 2 nicht hätte starten dürfen. Das Testprogramm war ungenügend gewesen, die Missionsbetreuung war überfordert und es gab schwere Managementfehler. So waren Firmen abgesprungen, die wichtige Landesysteme entwickeln sollen, und ob die Ersatzsysteme korrekt funktionierten, wurde nur unzureichend getestet.

Genauso viel Pech hatte die japanische Raumsonde **Nozomi**, was übersetzt „Hoffnung" bedeutet. Obwohl Nozomi weniger als halb so schwer wie Mars Express war, fehlte Japan eine leistungsfähige Trägerrakete für den Transport. Die Raumsonde wurde schon 1998 gestartet. Sie sollte bei zwei Vorbeiflügen am Mond Schwung holen, um zum Mars zu gelangen, wobei beim zweiten Mondvorbeiflug das eigene Triebwerk die Geschwindigkeit zusätzlich erhöhte.

Doch diese Zündung verzögerte sich beim Vorbeiflug. So gelangte Nozomi in eine falsche Bahn. Ein Alternativplan wurde ausgearbeitet. Anstatt 1999 würde die Raumsonde erst 2003 den Mars erreichen, und zwei Vorbeiflüge an der Erde würden die fehlende Geschwindigkeit aufbringen. Doch während dieser Extrarunden rund um die Sonne wurden Stromver-

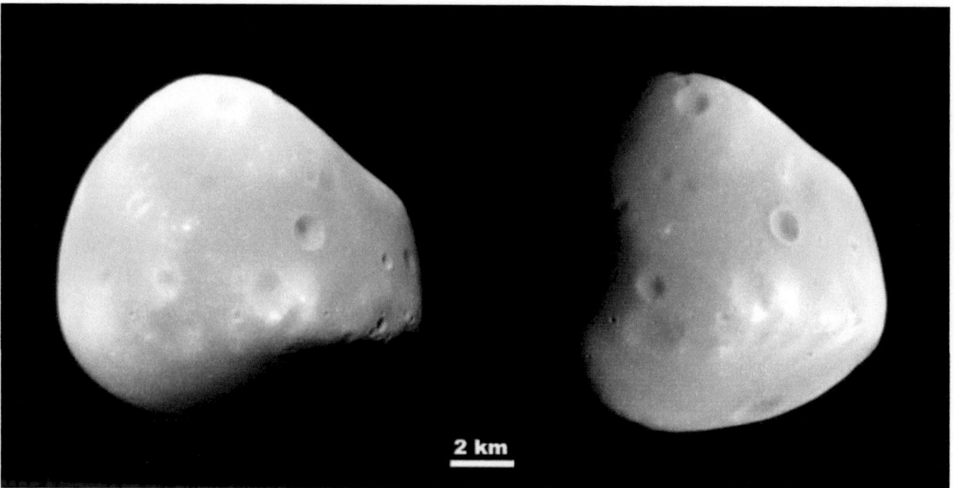

Abbildung 24: Aufnahme von Deimos mit der hochauflösenden HiRISE Kamera des MRO. Deimos ist rund 20.000 km von dem Orbiter entfernt und nur maximal 16 km groß.

sorgung und Bordcomputer durch einen Sonnensturm dauerhaft beschädigt. Kurz vor Erreichen des Mars gab die japanische Raumfahrtagentur JAXA die Raumsonde auf.

Während 2003 vier Sonden am Mars ankommen sollen, war es 2005 nur eine. Der **Mars Reconnaissance Orbiter** (MRO) war die bisher leistungsfähigste US-Raumsonde, welche in eine Umlaufbahn einschwenkte. Dreimal so schwer wie Odyssey, führt er eine ganze Instrumentensuite mit sich, darunter drei Kamerasysteme mit Auflösungen von 40 cm bis 1.000 m. Eine Kamera macht tägliche Wetteraufnahmen. Ein abbildendes Spektrometer untersucht den ganzen Planeten in nicht weniger als 560 Spektralkanälen. Andere Instrumente bestimmen die Temperatur und den Wasserdampfgehalt der Atmosphäre oder suchen mit einem Radar nach Wasser unter der Oberfläche. Durch sein leistungsfähiges Kommunikationssystem liefert der MRO seitdem eine Fülle von Daten vom Mars, und zwar bereits im ersten halben Jahr seines Betriebs genauso viele, wie alle früheren Missionen zusammen!

Getreu dem Wechsel zwischen Orbiter- und Landemissionen folgte dann 2007 eine weitere Landesonde. **Phoenix** war die im Jahre 2000 eingelagerte Landesonde, die ursprünglich zusammen mit Odyssey hätte starten sollen. Dazu passt auch der Name, denn Phoenix ist in der griechischen Mythologie ein Vogel, der verbrennt, um aus seiner Asche neu zu entstehen. Phoenix wurde an den aktuellen Stand der Technik angepasst, und die Experimente wurden teilweise mit moderneren Sensoren ausgestattet. Wie der MPL untersuchte Phoenix

Abbildung 25: Panorama des Landeplatzes von Phoenix

die polnahen Gebiete. Neben dem obligaten Kamerasystem verfügte die Raumsonde über ein Labor, das auch chemische Analysen des Bodens durchführen konnte. Erstmals konnten Mikroskopaufnahmen des Bodens angefertigt werden. Fühler führten physikalische Untersuchungen der Oberfläche durch. Ein Gaschromatograph untersuchte die Atmosphäre, und ein LIDAR bestimmte die Staubkonzentration und den Wasserdampfgehalt über der Sonde. Phoenix konnte Perchlorate im Marsboden nachweisen und damit das Rätsel der positiven Ergebnisse des Viking Biolabors aufklären. Da die Raumsonde nahe am Marsnordpol landete, war ihre Betriebsdauer begrenzt, denn wie ihre Vorgänger bezog sie ihre Energie aus Solarpaneelen. Neigt sich der Sommer auf dem Mars dem Ende zu, erhalten diese zu wenig Leistung für den Betrieb. Geplant war eine Primärmission von 90 Marstagen. Nach 160 Tagen lagerte ein Staubsturm Staub auf den Solarpaneelen ab. Die Raumsonde ging in einen Stromsparmodus, um nach wenigen Tagen völlig zu verstummen. Zwei Jahre später, als die Sonne wieder über dem Horizont erschien, versuchte das JPL die Sonde zu reaktivieren, sie blieb jedoch stumm. Eine Aufnahme des MRO deutet darauf hin, dass sie beschädigt wurde, denn eines der beiden Solarpaneele fehlt auf der neueren Aufnahme.

2009 startete keine Raumsonde um Mars, da sowohl das MSL wie auch Phobos Grunt nicht rechtzeitig fertig wurden. Insgesamt sind im Laufe der Jahre 40 Raumsonden zum Mars aufgebrochen. Russland und die USA haben bis Ende 2011 jeweils 19 Raumsonden gestartet. Je ein Start entfiel auf Europa und Japan.

Betrachtet man die Erfolgsstatistiken, die auch von der NASA vor jedem Start bemüht werden, so scheiterten schon elf Missionen beim Start oder erreichten nur eine Erdumlaufbahn. Weitere zwölf gingen auf dem Weg zum Mars verloren oder fielen dort vorzeitig aus. Demnach waren nur 40% aller Missionen erfolgreich. Die NASA macht es sich aber leicht, da sie alle Missionen als Basis nimmt – von den neunzehn russischen Raumsonden war keine wirklich erfolgreich. Beschränkt man sich nur auf die US-Missionen, so sind 14 von 19 (73%) geglückt. Die meisten Missionen haben ihre geplante Betriebsdauer sogar weit überschritten. Von den acht US-Landesonden scheiterte sogar nur eine (87% Erfolgsquote).

Name	Start	geplante Ankunft	Mission	Start-gewicht	Kommentar
Mars 1960A	10.10.1960	?	Vorbeiflug	650 kg	Fehlstart
Mars 1960B	14.10.1960	?	Vorbeiflug	650 kg	Fehlstart
Sputnik 22	24.10.1962	17.6.1963	Vorbeiflug	893 kg	Kein Verlassen der Parkbahn
Mars 1	1.11.1962	19.6.1963	Vorbeiflug	893 kg	Unzureichende Stromversorgung, Ausfall am 21.3.1963
Sputnik 24	4.11.1962	23.6.1963	Vorbeiflug	893 kg	Kein Verlassen der Parkbahn
Mariner 3	5.11.1964	Circa 7/1965	Vorbeiflug	261 kg	Nutzlastverkleidung trennt sich nicht ab, Sonde erreicht Sonnenumlaufbahn.
Mariner 4	28.11.1964	15.7.1965	Vorbeiflug	261 kg	21 Bilder, Vermessung der Marsatmosphäre, Messungen des interplanetaren Raums.
Zond 2	30.11.1964	5.8.1965	Vorbeiflug	996 kg	Fällt am 18.12.1964 aus.
Mariner 6	24.2.1969	31.7.1969	Vorbeiflug	413 kg	92 Aufnahmen bei der Passage
Mariner 7	27.3.1969	5.8.1969	Vorbeiflug	413 kg	126 Aufnahmen bei der Passage
Mars 1969A	27.3.1969	11.9.1969	Orbiter	3.824 kg	Fehlstart
Mars 1969B	2.4.1969	15.9.1969	Orbiter	3.824 kg	Fehlstart
Mariner 8	8.5.1971	circa 11/1971	Orbiter	974 kg	Fehlstart
Kosmos 419	10.5.1971	Ende 11/1971	Orbiter	4.549 kg	Kein Verlassen der Parkbahn
Mars 2	19.5.1971	27.11.1971	Orbiter+ Lander	4.650 kg	Orbiter erreicht Umlaufbahn, Lander schlägt hart auf.
Mars 3	28.5.1871	2.12.1971	Orbiter+ Lander	4.650 kg	Lander verstummt 20 s nach der weichen Landung, Orbiter erreicht unplanmäßige Bahn.
Mariner 9	30.5.1971	14.11.1971	Orbiter	996 kg	Arbeitet bis zum 27.10.1972. Über 7.300 Fotos und 54 GBit Daten übermittelt.
Mars 4	21.7.1973	10.2.1974	Orbiter	3.440 kg	Orbiter verpasst Mars um 1.844-2.200 km.
Mars 5	25.7.1973	12.2.1974	Orbiter	3.440 kg	Orbiter arbeitet 16 Tage im Orbit bis zum 28.2.1974.
Mars 6	5.8.1973	12.3.1974	Vorbeiflug + Lander	3.250 kg	Lander verstummt kurz vor der Landung.
Mars 7	9.8.1973	9.3.1974	Vorbeiflug + Lander	3.250 kg	Lander verpasst Mars um 1.300 km.

Name	Start	geplante Ankunft	Mission	Start-gewicht	Kommentar
Viking 1	20.8.1975	19.6.1976	Orbiter + Lander	3.530 kg	Lander arbeitet bis zum November 1982 Orbiter bis zum 7.8.1980.
Viking 2	9.9.1975	7.8.1976	Orbiter + Lander	3.530 kg	Lander arbeitet bis zum 11.4.1980. Orbiter bis zum 27.7.1978
Phobos 1	7.7.1988	23.1.1989	Orbiter	6.200 kg	Ausfall durch Fehlprogrammierung am 2.9.1989
Phobos 2	12.7.1988	29.1.1989	Orbiter	6.200 kg	Ausfall am 27.3.1989 kurz vor der Begegnung mit Phobos.
Mars Observer	25.9.1992	24.8.1993	Orbiter	2.573 kg	Ausfall kurz vor Einschwenken in den Marsorbit.
Mars Global Surveyor	7.11.1996	12.9.1997	Orbiter	1.060 kg	Arbeitet über neun Jahre im Orbit bis zum 2.11.2006.
Mars 96	16.11.1996	12.9.1997	Orbiter + Lander	6.220 kg	Zündung der Oberstufe unterbleibt. Raumsonde verglüht nach 3 Umläufen in der Erdatmosphäre.
Mars Path-finder	4.12.1996	4.7.1997	Lander + Rover	895 kg	Arbeitet bis zum 27.9.1997. Rund 16500 Aufnahmen der Umgebung.
Nozomi	3.7.1998	11.10.1999/ 14.12.2003	Orbiter	541 kg	Verzögerungen führen zu Schädigungen der Elektronik und schließlich Ausfall am 9.12.2003.
Mars Climate Orbiter	11.12.1998	23.9.1999	Orbiter	629 kg	Verglüht, als er sich Mars bis auf 57 km, statt 140 km nähert.
Mars Polar Lander	3.1.1999	3.12.1999	Lander + Rover	576 kg	Schaltete durch einen Softwarefehler Triebwerke zu früh ab und zerschellt auf der Oberfläche.
2001 Mars Odyssey	7.4.2001	24.10.2001	Orbiter	725 kg	Bislang längste operationelle Marsraumsonde. Ist im August 2012 noch in Betrieb.
Mars Ex-press	2.6.2003	25.12.2003	Orbiter + Lander	1.122 kg	Ist im August 2012 noch in Betrieb. Marslander Beagle 2 ging verloren.
Spirit	10.6.2003	5.1.2004	Rover	1.062 kg	Fällt am 22.3.2010 aus.
Opportunity	8.7.2003	25.1.2004	Rover	1.062 kg	Ist im August 2012 noch aktiv.
Mars Reconnaiss ance Orbiter	12.8.2005	10.3.2006	Orbiter	2.180 kg	Ist im August 2012 noch aktiv. Bisher der am besten ausgestattete Orbiter mit sehr hoher Datenrate.

Name	Start	geplante Ankunft	Mission	Start-gewicht	Kommentar
Phoenix	4.8.2007	26.5.2008	Lander	643 kg	Staubstürme und niedriger Sonnenstand führen zum Verlust der Stromversorgung am 2.11.2008.
Phobos Grunt	8.11.2011	29.8.2012	Orbiter+ Bodenpro benent- nahme	13.500 kg im Erd-orbit	Zündung des eigenen Antriebs nach Ab-trennung von der Trägerrakete bleibt aus. Alle Kontaktaufnahmen scheitern. Verglüht am 15.1.2012 in der Erd-atmosphäre.
MSL	26.11.2011	6.8.2012	Rover	3.402 kg	Erfolgreich gelandet.
Maven	18.11.2013		Orbiter	2.550 kg	

Abbildung 26: Viking Lander 1 zusammen mit Carl Sagan, (1934-1996) einem prominenten US-Planetenforscher der vehement für dieses Projekt eintrat und es förderte

Rover auf dem Mars

Die ersten Rover der Raumfahrtgeschichte landeten nicht auf dem Mars, sondern auf dem Mond. Schon 1970 und 1973 landeten zwei sowjetische Fahrzeuge auf dem Mond. Lunochod 1 war 322 Tage aktiv und fuhr in dieser Zeit 10,54 km weit. Lunochod 2 legte sogar 37 km zurück, obwohl der Rover nur fünf Monate in Betrieb war. Die im Vergleich zur aktuellen Rovergeneration sehr hohe Fahrtstrecke erklärt sich durch die Nähe des Mondes zur Erde. Die **Lunochods** wurden von einem kleinen Team ferngesteuert, welches Bilder der TV-Kameras nutzte, um die Route zu planen. Ein Funksignal vom Mond zur Erde benötigt rund 1,5 s. Reagiert die Bodenmannschaft sofort, so beträgt die maximale Verzögerung 3 s. Diese Reaktionszeit ist bei einer langsamen Fahrt durchaus akzeptabel. Beim Mars ist aufgrund seiner größeren Distanz zur Erde eine Fernsteuerung leider nicht möglich.

Mars 2+3 führten ebenfalls einen Rover mit. Das nur 4,5 kg schwere Gerät mit der Bezeichnung „**Prop-M**" hing aber an einer 15 m langen Nabelschnur und sollte lediglich Oberflächenuntersuchungen mit einem Messfühler durchführen.

1976 landeten die beiden Viking Lander auf dem Mars, ohne einen Rover mitzuführen. Die Suche nach Leben auf dem Mars war ihre Hauptaufgabe. Sie fanden keines, auch wenn die Ergebnisse ihres Biolabors noch jahrzehntelang diskutiert wurden.

Es stellte sich die Frage, was als Nächstes folgen sollte. Schon damals wurde diskutiert, ob Viking vielleicht hätte Leben nachweisen können, wenn man die Proben woanders entnommen hätte. Es wurde vorgeschlagen, das dritte Flugexemplar eines Viking Landers mit drei Raupenantrieben auszustatten und ihm damit Mobilität zu verleihen. Verglichen mit heute plante man sehr optimistisch: Dieser Rover sollte in sechs Monaten 150 km und in zwei Jahren 500 km zurücklegen. Dies sollte mit der Computertechnik der späten siebziger Jahre erreicht werden! Ein eigens entwickelter, größerer Rover hätte sogar eine wissenschaftliche Instrumentierung von 100 kg aufgewiesen. Damals plante sogar MBB in Deutschland einen kleinen Marsrover. Es war der Erste mit einem Radantrieb. Er war in etwa so groß und schwer wie Spirit und Opportunity. Die Kosten für den Rover alleine wurden damals auf 60 Millionen DM geschätzt – wahrscheinlich wäre er aber erheblich teurer geworden. Schon damals stellte sich die Steuerung als ein Problem dar. Eine Berechnung der Route war an Bord nicht möglich. In der Missionskontrolle war dies nur mit den leistungsstärksten Großcomputern machbar. Der Roboter selbst hätte nur eine bescheidene Intelligenz gehabt, die verhindert, dass er umfällt oder in andere Gefahrensituationen gerät.

Es kam jedoch im politischen Klima der Nach-Viking Zeit nicht zu einem neuen Marsprojekt. Weder unter der Regierung Carter noch unter Reagan gab es ein Interesse an neuen Marssonden. Zwar wurden Ende der achtziger Jahre Ankündigungen gemacht, die Sowjetunion plane ein „Marsochod" abzusetzen, doch der Zerfall der UdSSR setzte diesen Träumen ein Ende.

Neue Entwicklungen gab es erst mit dem Discovery Programm. Pathfinder sollte – wie der Name schon sagt – den Pfad für weitere Raumsonden ebnen. Mit der Raumsonde selbst wurde ein kleiner, nur schuhkartongroßer Rover, der Sojourner, mitgeführt. Der Fokus hatte sich von großen, autonomen Gefährten zu kleinen, von der Erde aus ferngesteuerten Rovern verschoben, welche nur noch beschränkte Aufgaben wahrnahmen. Sojourner sollte grundlegende Basistechnologien erproben. Er übertraf seine geplante Betriebsdauer von sieben Tagen um das Elffache. Der Sojourner war noch aktiv, als Pathfinder selbst ausfiel. Da dieser aber als Kommunikationsrelais fungierte, war auch für Sojourner nach drei Monaten die Mission beendet.

Doch Sojourner zeigte, was schon dieser kleine Rover, nur ausgestattet mit einem APXS und einigen Kameras und der Steuerung auf der Basis eines schon damals völlig veralteten 8085 8-Bit-Mikroprozessors leisten konnte. Als Folge entstanden die beiden Rover Spirit und Opportunity, die beide ihre geplante Lebensdauer deutlich übertroffen haben. Ihre größte Einschränkung ist die Leistung ihrer Solarpaneele und die geringe Experimentzuladung. Schon vor ihrem Start wurde daher der nächste Schritt festgelegt; ein größeres Labor mit nuklearer Energieversorgung, das MSL.

Wie geht es danach weiter? Nach zwei Dekaden wird die Marsforschung nach MSL kürzertreten. Fortgesetzt wird aber die Forschung an den Antriebskonzepten. Obwohl alle Rover bisher Räder einsetzten (mit Ausnahme von Prop-M, der von Raupen angetrieben wurde), wird der beste Antrieb weiterhin gesucht. Auf unwegsamen Gelände sind Raupen tendenziell geeigneter als Räder. Mit Raupen kann man größere Gräben überfahren und höhere Steigungen überwinden. Nicht umsonst setzen Panzer und Bulldozer Raupen ein. Noch besser mit unwegsamem Gelände kommen Laufroboter zurecht, die sich an Lebewesen orientieren und sich mit vier oder sechs Beinen fortbewegen. Sie sind noch beweglicher und können Hindernisse übersteigen. Doch erfordern sie immer, auch wenn der Roboter ruht, eine aktive Steuerung, sonst würden sie umkippen. An derartigen Robotern wird vor allem im militärischen Bereich geforscht. Einige Konzepte sind schon sehr weit gediehen, hinsichtlich Größe und Energiebedarf aber noch nicht für den Einsatz auf dem Mars geeignet. Die NASA untersucht allerdings weiterhin vorwiegend radangetriebene Fahrzeuge.

Ein weiterer Rover ist von der NASA aber derzeit nicht geplant. Die europäische Exomarsmission beinhaltet auch einen Rover, aber eher in der Klasse der MER.

Seit mehr als einem Jahrzehnt wird auch als langfristiges Ziel die Bodenprobenentnahme und Rückführung zur Erde geplant. Auch sie benötigt einen Rover, denn das Projekt würde wenig Sinn machen, wenn es nicht möglich wäre, selektiv eine oder mehrere Proben zu sammeln. Doch dieses Vorhaben wird seit zwanzig Jahren nur als „zukünftiges" Projekt angesehen. Angesichts der letzten Schätzung der Kosten auf 8,5 Milliarden Dollar ist dies auch verständlich.

Dasselbe gilt für eine bemannte Marsexpedition. Auch sie wird seit Jahrzehnten als nächstes Ziel nach dem Mond angegeben – nur angehen will sie keiner. Auch für sie wird ein Marsauto benötigt. Dieses muss dann nicht mehr so viel Intelligenz aufweisen, da es die Besatzung steuert, dafür erheblich leistungsfähiger und mobiler als die bisherigen Gefährte sein.

Abbildung 27: Größenvergleich der letzten drei "Marsautos" mit Originalmodellen

Wie funktionieren die Instrumente?

An dieser Stelle eine kleine Einführung, wie die Instrumente funktionieren und was man mit ihnen messen kann.

Kameras

Eigentlich muss man bei Kameras nicht sehr viel erklären. Im Grundprinzip arbeiten sie wie eine Digitalkamera oder ein Flachbettscanner, also Geräte, die jeder kennt. Ein optisches Instrument bündelt das Licht auf einen Brennpunkt, in dem ein CCD-Sensor sitzt. Dieser wandelt das Licht in elektrische Ladungen um. Die Intensität des Lichts korreliert mit der Ladung und diese kann gemessen werden. Doch betrachten wir dies genauer.

Das Auflösungsvermögen, d.h. wie kleine Details abgebildet werden können, hängt von der Öffnung der Optik ab, also wie groß der Durchmesser der Frontlinse ist. Bei größeren Instrumenten setzt man Spiegel zum Bündeln des Lichts ein, doch auch hier ist deren Durchmesser für die Auflösung ausschlaggebend. Aufgrund physikalischer Gesetze ist diese limitiert. Sie wird normalerweise als Winkelmaß angegeben, da dann durch einen Dreisatz einfach berechenbar ist, wie kleine Einzelheiten in einer bestimmten Entfernung noch unterschieden werden können. Es gilt im sichtbaren Spektralbereich:

- Ein Detail mit einem Winkeldurchmesser von 1 Bogensekunde kann mit einem Instrument mit einer Öffnung von mindestens 120 mm Durchmesser aufgelöst werden.

- 1 Bogensekunde entspricht einer Auflösung von 1 m in rund 200 km Entfernung.

So ist klar, dass man ein großes Teleskop benötigt, wenn man kleinere Einzelheiten auflösen will. Die Kamera HiRISE des Mars Reconnaissance Orbiter hat z.B. ein Teleskop von 70 cm Durchmesser, um nur noch 30 cm große Details erfassen zu können. Bei dem Vorgängermodell MOC an Bord des MGS war es noch ein Teleskop mit 35 cm Durchmesser. Diese Kamera erfasste nur 1,4 m große Details (auch weil der MGS sich auf einer höheren Umlaufbahn befand).

Das Gesichtsfeld kann bei kleinen Öffnungswinkeln, also der Telebrennweite, einfach durch Multiplikation der Auflösung mit der Anzahl der Elemente des Sensors berechnet werden. Beispiel: ein CCD Sensor hat 1024 × 1024 Pixel. Jedes Pixel hat eine Auflösung von 1 Bogensekunde. So beträgt das Gesichtsfeld 1024 Bogensekunden oder 17 Bogenminuten (60 Bogensekunden sind eine Bogenminute) oder 0,284 Grad (3600 Bogensekunden oder

60 Bogenminuten sind ein Grad). Das ist ein sehr kleines Gesichtsfeld. Der Mond hat als Vergleich eine Größe von rund 0,55 Grad. Bei großen Gesichtsfeldern oder gar Weitwinkelaufnahmen gilt dieser einfache Zusammenhang nicht mehr. Es kommt nun eine zunehmende Bildfeldwölbung zum Tragen. Dies wird verständlich, wenn man sich klar macht, dass eine 180-Grad-Kamera den Himmel, der eine Kugelfläche ist, auf einem quadratischen Bild wiedergibt. Es kommt zu gleichartigen Verzerrungen, wie wenn man die Erdoberfläche auf einer Weltkarte wiedergibt. Wer ein Weitwinkelobjektiv hat, bemerkt diesen Effekt an Linien, die jenseits der Bildmitte gebogen sind. Ein Fischaugenobjektiv, das bis zu 180 Grad abbildet, verzerrt dann die Abbildung jenseits der Bildmitte sehr deutlich. Auch bei den MARDI-Aufnahmen ist dieser Effekt zu erkennen.

Unser Auge ist nicht gut als Vergleich mit einem optischen System geeignet, weil wir nur einen kleinen Ausschnitt scharf wahrnehmen. Wir konzentrieren uns beim Sehen nur auf diesen Bereich. Erregt etwas anderes unsere Aufmerksamkeit, so bewegen wir die ganze Pupille oder unseren Kopf. Das nehmen wir aber nicht gewusst wahr. Zudem haben wir zwei Augen, weswegen der wahrgenommene Bereich in der Horizontalen größer als der in der Vertikalen ist. So ist es schwer zu definieren, was die „physiologische Normalbrennweite" ist, also wie ein Foto aussehen würde, welches genau den Ausschnitt wiedergibt, den man sieht, ohne Kopf oder Pupille zu bewegen. Üblicherweise definiert man in der Optik als Normalbrennweite die Diagonale des Bildformates. Es gilt dann: Die Normalbrennweite ist gegeben, wenn die Brennweite der Diagonale des Sensors/Films entspricht. Diese beträgt beim 35-mm-Film (35 x 24 mm Bildgröße) beispielsweise 43 mm. Höhere Brennweiten (>43 mm) geben nur einen Ausschnitt der Normalbrennweite wieder, entsprechen also einer Vergrößerung. Dies ist bei Teleobjektiven der Fall. Kleinere Brennweiten bilden mehr von der Umgebung ab und werden als Weitwinkel bezeichnet.

Auch bei der Auflösung ist ein Vergleich mit dem Auge nur bedingt sinnvoll. Diese hängt beim menschlichen Auge sehr stark von der Helligkeit und dem Kontrast ab. Genannt werden oft Werte von 60 bis 120 Bogensekunden oder 1-2 Bogenminuten. Anders als bei einem optischen Instrument erkennen wir aber nur in einer kleinen Zone so scharfe Details, nach außen hin nimmt das Auflösungsvermögen rasch ab.

Bei kleinen Instrumenten werden Linsensysteme verwendet, so bei den Kameras an Bord von MSL und Phobos Grunt. Bei größeren Instrumenten werden dagegen Spiegelteleskope eingesetzt. Sie sind leichter und es ist einfacher, große Spiegel herzustellen, als große Linsen.

Die Detektoren sind CCD-Sensoren. Bei einem CCD-Sensor schlägt das Licht aus einer oberen Schicht durch den photoelektrischen Effekt Elektronen aus dem Halbleitermaterial.

Sie werden durch eine angelegte Spannung in eine darunter liegende Speicherschicht gezogen. Bedingt durch die Spannung und durch eine dazwischen liegende dünne Isolationsschicht, verbleiben sie dann dort. Die Anzahl der Elektronen korrespondiert mit der
Lichtintensität. CCD-Sensoren aus Silizium können Wellenlängen zwischen Ultraviolett bis
zum nahen Infrarot wahrnehmen. Für CCD-Sensoren, die im infraroten Wellenbereich
empfindlich sind, werden andere Halbleitermaterialien eingesetzt.

Zwei unterschiedliche Prinzipien werden in der Raumfahrt angewendet. Zum einen ein
flächiger, meist quadratischer CCD-Sensor, wie man ihn von der Digitalkamera kennt. Von
diesem unterscheiden ihn Größe und Empfindlichkeit. Wer schon mehrere Digitalkameras
unterschiedlicher Generationen sein eigen nannte, kennt vielleicht das folgende Phänomen:
Eine neue Kamera hat zwar mehr Megapixel als ein älteres Modell, aber bei schlechten
Lichtverhältnissen sind die Aufnahmen verrauscht, oder die Belichtungszeit für gut belichtete
Fotos steigt an. Das liegt daran, dass die Größe der Chips gleich geblieben ist, die Zahl der
Pixel aber ansteigt.

In Consumermodellen werden Chips mit Abmessungen zwischen 1/2.5" (5,8 × 4,2 mm) und
1/1,8" (7,2 × 5,3 mm) eingesetzt. Bei einer 14-Megapixelkamera mit einem 1/1,8" Sensor ist
ein einzelnes Pixel nur noch 1,6 µm × 1,6 µm groß. Für ein gut ausbelichtetes Bild müssen
aber viele Lichtteilchen (Photonen) auf diese Fläche treffen und Elektronen aus der lichtempfindlichen Schicht schlagen. Wird nun die Fläche eines Pixels kleiner, so entfallen pro
Zeiteinheit immer weniger Photonen auf ein Pixel. Dadurch sinkt der Kontrast, da die absolute Helligkeit abnimmt. Vor allem ist aber der Anteil des Eigenrauschens höher. Dieses
entsteht, weil aus dem Halbleitermaterial schon durch thermische Effekte und durch den
Spannungsunterschied zur Speicherschicht Elektronen freigesetzt werden.

Professionelle Kameras setzen daher größere Sensoren ein. Analog werden auf Raumsonden
sehr große Chips mit verhältnismäßig wenig Pixeln eingesetzt. Die Pixelgröße bei den derzeit auf dem Mars eingesetzten Kameras liegt bei 5 – 12 µm Kantenlänge. Derartige
Sensoren sind 9 bis 50-mal empfindlicher als der 14 Megapixel Sensor im obigen Beispiel.
Dabei muss auch berücksichtigt werden, dass auf dem Mars aufgrund der größeren Sonnenentfernung die Belichtungszeiten ansteigen. Denn selbst, wenn der Planet am sonnennächsten Punkt seiner Bahn angekommen ist, erhält er nur die Hälfte des Lichts wie die Erde.

Ein weiterer Unterschied zu handelsüblichen Kameras ist, wie Farbaufnahmen gewonnen
werden. Bei Consumerkameras gibt es eine Maske über dem Chip. Über je vier Pixel in
einem Quadrat stecken eine blaue, eine rote und zwei grüne Masken. Die Farbinformation

wird also aus vier Pixeln gewonnen, während die Helligkeitsinformation aus jedem einzelnen Pixel stammt.

Astronomische Kameras haben dagegen ein oder mehrere Filterräder im Strahlengang. Das ist eine Kreisscheibe, bei der im äußeren Bereich der Kreisfläche sechs bis zwölf Filter untergebracht sind. Vor jeder Aufnahme wird es so gedreht, dass sich der gewünschte Filter im Strahlengang befindet. Die Filter lassen nur Licht einer bestimmten Wellenlänge passieren. Mehrere Aufnahmen durch unterschiedliche Filter müssen dann zu einer Farbaufnahme kombiniert werden. Der Vorteil ist, dass nicht nur drei Spektralfarben, sondern viel mehr Farben möglich sind, darunter auch Aufnahmen im nahen Ultraviolett und Infrarot. Die wissenschaftliche Aussagekraft solcher Falschfarbenaufnahmen ist höher als bei einfachen Farbaufnahmen. Der Nachteil ist, dass sich zwischen den Aufnahmen die Sonde relativ zum beobachteten Objekt bewegt haben kann, was eine aufwendige Nachbearbeitung der Farbaufnahmen notwendig macht.

Alternativ kann auch ein Chip mit mehreren Filterstreifen bedeckt werden, wobei jeder Streifen nur einen Teil der Fläche bedeckt. Dies wurde z.B. beim THEMIS-Instrument von Mars Odyssey so gemacht. Ein komplettes Bild entsteht dann durch die Bewegung der Sonde über die Marsoberfläche, sodass ein Bildausschnitt nacheinander alle mit einem Filter bedeckten Bereiche passiert.

Dies leitet über zu der zweiten Sorte von Kameras, die eine Scanzeile einsetzen. Scanzeilen kennen Sie vom Flachbettscanner, aber auch von der Supermarktkasse. Sie werden meist auf Orbitern eingesetzt. Ihr Prinzip ist sehr einfach: Die Kamera wird nicht bewegt und schaut fest von der Raumsonde nach unten. Während nun die Raumsonde den Mars umrundet, zieht unter der Kamera die Oberfläche vorbei. Eine Zeile nimmt nun immer einen Streifen auf, wobei die Zeilen synchron zur Bewegung ausgelesen werden. Als Aufnahme erhält man dann kein quadratisches Bild, sondern einen langen Streifen. Für Missionen, deren wichtigste Aufgabe es ist, globale Karten anzufertigen, sind natürlich solche Kameras besser geeignet als die Kombination vieler Einzelaufnahmen zu einem größeren Mosaik. Weiterhin ist es viel einfacher, eine sehr lange Scanzeile herzustellen als einen quadratischen Chip mit derselben Kantenlänge, weil die Gefahr von Ausschuss kleiner ist. Ein Staubteilchen oder eine Verunreinigung kann bei der Herstellung einen Chip unbrauchbar machen. Sehr große CCD sind auch deswegen so teuer, weil die Produktionsausbeute sehr gering ist. Die Fläche einer Scanzeile ist dagegen kleiner, obwohl die Länge von Zeilen-CCD die Kantenlänge von flächigen CCD übertrifft, also ein viel größerer Streifen abgebildet werden kann. Die Herausforderungen liegen darin, das Auslesen mit der Bewegung der Oberfläche zu synchronisieren und Störungen zu entfernen. Ersteres ist durchaus komplex, wenn, wie bei

Mars Express, die Raumsonde sich auf einer elliptischen Umlaufbahn befindet, die Geschwindigkeit relativ zur Oberfläche und der Abstand sich also laufend ändern. Das zweite Problem liegt darin, dass ein quadratischer CCD-Sensor aufgrund der Belichtung aller Pixel gleichzeitig weniger empfindlich auf Erschütterungen und Bewegungen der Sonde reagiert, z.B. durch die Drallräder oder Motoren, welche die Antenne oder Solarzellen nachführen.

Die Kameras an Bord der Orbiter wie die HRSC, HiRISE oder die MOC setzen alle Zeilen-CCD ein. Bei den Landesonden wurden bisher flächige CCD-Sensoren verwendet.

Eine Zwischenform zwischen beiden Bauweisen sind TDI-Sensoren (Time delay and Integration). Dies sind Scanzeilen-CCD mit 16 bis 128 Zeilen. Neben der Möglichkeit, einzelne Zeilen mit Filtern zu belegen und so Aufnahmen in mehreren Spektralbereichen anzufertigen, haben TDI-Sensoren eine besondere Eigenschaft. Ausgelesen werden nur bestimmte Zeilen. Die anderen übertragen in einem festgelegten Takt die Ladung jeweils auf die nächsthöhere Zeile. Der Effekt ist, dass ein Oberflächenmerkmal, wenn es z.B. über 16 Zeilen wandert, die 16 Pixel einer Spalte nacheinander belichtet und diese Belichtung aufsummiert wird. Dadurch wird praktisch die Belichtungszeit um den Faktor 16 verkürzt, und erst bei der letzten Zeile angekommen, wird diese ausgelesen. Solche Sensoren sind notwendig, wenn für eine scharfe Abbildung eine extrem kurze Belichtungszeit notwendig ist, diese aber bei den Sensoren nur stark verrauschte und kontrastarme Aufnahmen produzieren würde.

TDI-Sensoren findet man in der Industrie, um auf Fertigungsstraßen Flaschen auf Fehler zu durchleuchten, während sie mit hoher Geschwindigkeit auf dem Fließband am Sensor vorbeiziehen. Bei der Erkundung der Planeten werden sie eingesetzt, wenn sehr kleine Details abgebildet werden müssen, aber wegen der hohen Relativgeschwindigkeit der Sonde die Belichtungszeit sehr kurz wäre. So hat der MRO eine Geschwindigkeit von 3500 m/s relativ zur Marsoberfläche. Die Kamera soll aber noch Details von 0,3 m aufnehmen. In weniger als einer Zehntausendstel Sekunde (0,3 m / 3500 m/s = 0,00085 s) ist ein Detail dann durchs Blickfeld gezogen. HiRiSE fasst daher bis zu 32 Linien zusammen und erhöht so die Belichtungszeit auf rund 1/400 s. Auch auf Erderkundungssatelliten mit hoher Auflösung, wie Worldview und Ikonos, werden solche Sensoren eingesetzt.

Spektrometer

Wenn Sie eine CD mit der Unterseite schräg ins Licht halten, sehen Sie einen schillernden Farbenbogen. Denselben Effekt kennen Sie vom Regenbogen oder einer dünnen Ölschicht. In allen Fällen wird das Licht in seine Spektralfarben aufgespalten. Einen solchen Farbbogen nennt man auch **Spektrum**. Licht besteht aus Teilchen, Photonen genannt, mit unterschiedlicher Energie. Farben entstehen in unserem Gehirn, weil Rezeptoren im Auge Photonen einer bestimmten Energie der Farbe „blau" zuordnen, andere sind empfindlich für andere Farben. Ein Spektrometer ist nun ein Instrument, das Licht so aufspaltet, dass ein Spektrum entsteht und die Intensität jeder Farbe misst. Es entsteht dabei ein X/Y-Liniendiagramm, welches **Spektrogramm** genannt wird. In der X-Achse wird die Wellenlänge aufgetragen und in der Y-Achse die gemessene Intensität dieser Wellenlänge.

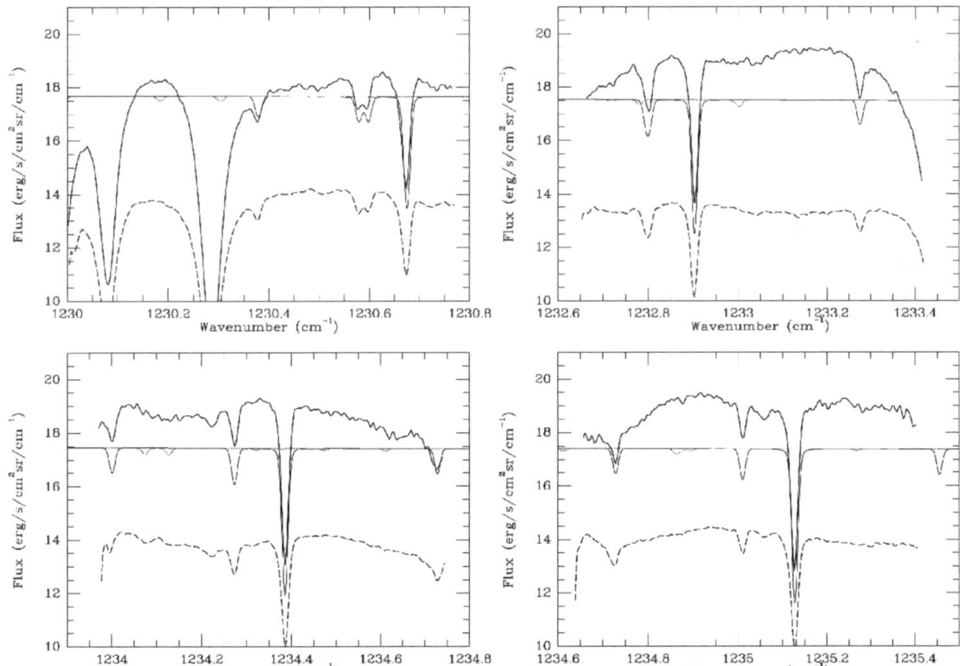

Abbildung 28: Ausschnitt eines IR Spektrums der Marsatmosphäre bei 8-8,2 μm Wellenlänge. Der Peak bei 1233 cm⁻¹ beruht auf der Absorption von Octosilikaten (Staub) in der Atmosphäre.

Im weiteren muss man zwischen einem Absorptions- und einem Emissionsspektrum unterscheiden. Ein **Absorptionsspektrum** entsteht, wenn Licht auf eine Substanz fällt und ein Teil des Spektrums absorbiert wird, um chemische Bindungen anzuregen. Als Folge gibt es Einbrüche im Spektrum, d.h. es fehlen Farben. So sind Blätter grün, weil das Chlorophyll den roten und blauen Anteil des Spektrums absorbiert. Wo und wie stark Licht absorbiert wird, ist für jede Substanz charakteristisch. Dadurch kann ein Spektrometer die chemische Zusammensetzung von Oberflächen feststellen. Das Gegenteil ist ein **Emissionsspektrum**. Hier sendet ein Objekt selbst Licht aus. Anders als die Sonne, die ein kontinuierliches Spektrum (alle Spektralfarben) aussendet, sind die meisten anderen Emissionsspektren in der Natur diskret, d.h. nur bestimmte Wellenlängen kommen vor. So sind die orangen Straßenlampen Natriumdampflampen. Wird Natriumdampf angeregt, so wechseln Elektronen in höhere Bahnen. Da der Energieunterschied zwischen zwei Bahnen konstant ist, senden Natriumdampflampen nur Licht mit einer Wellenlänge von 589 nm (im Orangen) aus. Emissionsspektren gewinnt man von der Hochatmosphäre, wo die komische Strahlung Atome anregt, die dann bei der Rückkehr der Elektronen in den Grundzustand Licht nur von wenigen Wellenlängen aussenden. Das LIBS-Instrument an Bord von Curiosity wird das Erste auf dem Mars sein, das Emissionsspektren nutzt, um die chemische Zusammensetzung von Felsen zu ermitteln.

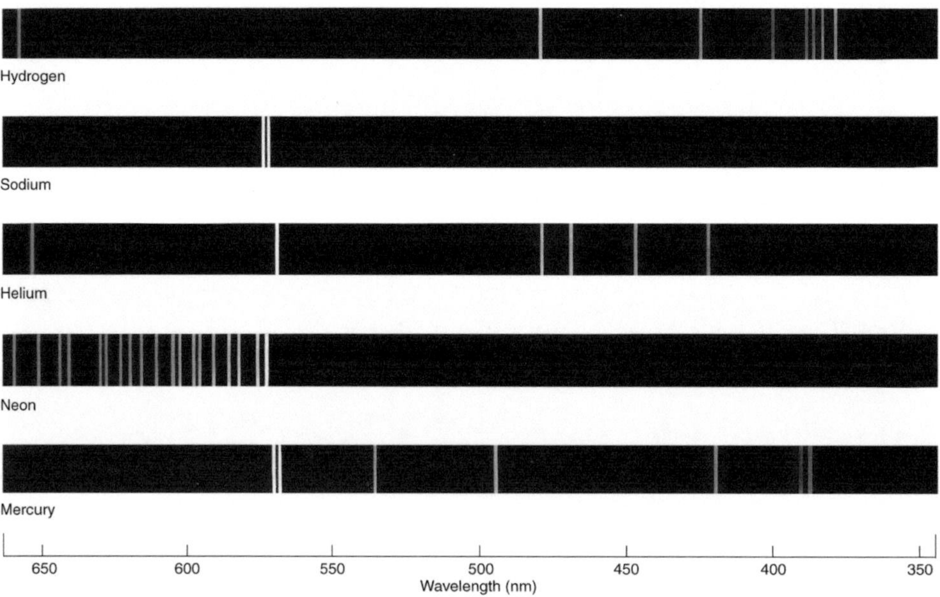

Abbildung 29: Emissionsspektrum einiger Elemente

Ein Spektrometer besteht aus mehreren Teilen. Da ein Spektrum sehr viele Messpunkte umfasst, kann man beim Einsatz einer Scanzeile nur das Spektrum eines Punktes anfertigen. Beim Einsatz eines quadratischen Sensors ist die Anfertigung des Spektrums einer Spalte möglich. Über die Zeilen erstreckt sich dann das Spektrum. Daher steckt vor der Optik eine Blende, die nur einen Spalt offen lässt und das Blickfeld begrenzt. Ohne diese Blende würde das Spektrometer die Spektren von verschiedenen Stellen des Blickfeldes zusammen aufnehmen. Dahinter folgt die Optik wie bei einer Kamera. Diese fokussiert das Licht auf einen Punkt, wo ein Element das Licht in ein Spektrum auffächert. Das kann durch optische Elemente wie Prismen bewerkstelligt werden. Heute geschieht dies aber meistens durch Gitter oder streifende Reflexion an gefurchten Oberflächen. An ihnen werden die einzelnen Wellenlängen unterschiedlich gebrochen. Sie kennen diesen Effekt vielleicht von einer CD. Hält man die Unterseite schräg zum Licht, so sieht man einen Regenbogen – das Licht wird in die einzelnen Spektralfarben aufgetrennt. Jede CD speichert die Information in kleinen Vertiefungen auf der Oberfläche.

Alle Methoden zur Lichtbrechung arbeiten auf der Grundlage, dass Lichtwellen unterschiedlicher Wellenlänge unterschiedliche Strecken zurücklegen. So fächert sich das Licht auf: Aus einem Lichtstrahl wird dann ein Band in den Regenbogenfarben, das Spektrum.

Das Spektrum wird nun auf einen Sensor projiziert. Dort befindet sich eine Reihe von lichtempfindlichen Elementen oder eine Scanzeile. Jedes Element der Zeile bestimmt die Intensität des Lichts einer bestimmten Wellenlänge. Die **spektrale Auflösung** ist dabei wichtig. Es ist ein Unterschied, ob man das Spektrum des sichtbaren Lichts (zwischen 380 und 780 nm Wellenlänge) z.B. mit 10 Elementen oder mit 100 misst. Im einen Fall steht ein Element für einen Bereich von 40 nm Breite, im anderen von nur 4 nm. Der Begriff spektrale Auflösung steht also dafür, wie fein man messen kann, d.h. welchen Wellenlängenbereich ein Messpunkt abdeckt. Je feiner die Auflösung ist, desto mehr unterschiedliche Substanzen kann man voneinander unterscheiden.

Klassische Spektrometer gewinnen ein Spektrum eines Punktes auf der Oberfläche. Derartige Spektrometer wurden bereits auf vielen Marsmissionen eingesetzt, das leistungsfähigste dieser Instrumente ist PFS (**P**lanetary **F**ourier-**S**pectrometer) an Bord von Mars Express. Es erstellt ein Spektrum zwischen 1,2 und 50 µm Wellenlänge im Infrarotbereich. Dabei werden 10.000 Messpunkte gewonnen. Allerdings misst das Spektrometer die Strahlung einer Fläche von 12 × 20 km auf dem Marsboden. Dies liegt an der Methode: Je mehr Messpunkte es gibt, desto höher ist die spektrale Auflösung und desto höher auch der Informationsgehalt des Spektrums. So können verschiedene Substanzen mit ähnlichen spektralen Eigenschaften besser unterschieden werden. Allerdings entfällt auf jeden Messpunkt auch ein kleiner Anteil des Spektralbereichs, und um eine hohe Empfindlichkeit zu erreichen, muss die Detektorfläche groß sein. Das wiederum korrespondiert mit einer geringen Bodenauflösung, jeder Messpunkt bildet ein großes Gebiet auf der Marsoberfläche ab.

Eine Abwandlung dieses Prinzips ist ein abbildendes Spektrometer. Damit ist gemeint, dass diese Spektrometer wie Kameras Aufnahmen der Oberfläche anfertigen können, nur eben in Hunderten von Spektralbereichen gleichzeitig. Es ist zwar möglich, aus vielen Messungen eine Abbildung der Marsoberfläche mit einem klassischen Spektrometer anzufertigen, aber sie wird doch relativ grob auflösend sein. Die einzelnen Messpunkte stammen zudem von unterschiedlichen Aufnahmezeiten und damit verschiedenen Beobachtungsbedingungen. Die abbildenden Spektrometer erreichen eine höhere räumliche Auflösung auf Kosten der spektralen Auflösung.

Die wichtigste Änderung ist, dass man statt einer Scanzeile einen quadratischen oder rechteckigen CCD-Chip verwendet. Jede Zeile des Sensors nimmt das Spektrum eines Punktes in einem Spalt auf, der sich vertikal in die Höhe erstreckt. Bewegt man nun den Spalt über das Beobachtungsobjekt, so erhält man ein zweidimensionales Bild in Hunderten von Spektralkanälen. Man kann die Spektren jedes Punktes einzeln auswerten oder Falschfarbenaufnahmen aus verschiedenen Spektralbereichen erstellen.

Als Preis ist die Datenmenge viel größer als bei konventionellen Spektrometern. Durch die dritte Dimension steigt sie in der dritten Potenz an. So erzeugt ein Chip mit nur 256×256 Elementen die gleiche Datenmenge wie eine Kamera mit 4.096×4.096 Pixeln ($256^3 = 4096^2$). Sehr oft wird daher die Datenmenge verkleinert, indem z.B. kein vollständiges Spektrum gewonnen wird oder die Werte benachbarter Pixel zusammengefasst werden (Binning). Das derzeit leistungsfähigste Gerät dieser Art ist CRSIM an Bord von Mars Express. Es nimmt gleichzeitig das Spektrum von 600 Messpunkten auf, wobei pro Messpunkt eine Zeile von 544 Pixels Länge eingesetzt wird.

Eine weitere Einschränkung ist, dass die benötigten CCD-Array Sensoren für diese Instrumente derzeit nur im sichtbaren und nahen IR herstellbar sind. Das begrenzt den nutzbaren Wellenlängenbereich. Für die Untersuchung von Atmosphären sind sie nicht geeignet. CRISM kann z.B. bis zu einer Wellenlänge von 3,92 μm messen.

Üblicherweise unterscheidet man Spektrometer nach dem untersuchten Spektralbereich. So gibt es UV-Spektrometer, Spektrometer im sichtbaren Licht und im infraroten Spektralbereich. Diese Unterteilung erfolgt zum einen wegen der Bauart und zum anderen wegen der unterschiedlichen Aspekte, die man untersucht.

UV-Spektrometer spalten UV-Licht auf. UV-Licht ist viel energiereicher als sichtbares Licht, und die meisten Substanzen absorbieren es. Daher kann man keine Linsen oder Prismen einsetzen, sondern muss für die Optiken Spiegel einsetzen und zum Aufspalten des Lichts Gitter. Die energiereiche UV-Strahlung spaltet Atombindungen oder führt dazu, dass Elektronen in höhere Orbitale angehoben werden. Die Atome emittieren beim Rückfall der Elektronen auf das Basisniveau dann UV-Strahlung einer bestimmten Wellenlänge. Mit UV-Spektrometern kann so die obere Atmosphäre oder die Lichtabgabe von angeregten Atomen auf der Nachtseite beobachtet werden. Die Spektren lassen Rückschlüsse über die Zusammensetzung der Ionosphäre zu, und damit kann ermittelt werden, welche Gase von einem Planeten in den Weltraum abgegeben gehen. UV-Spektrometer nehmen wegen der energiereichen Strahlung üblicherweise Emissionsspektren auf.

Im **sichtbaren Spektralbereich** absorbieren zahlreiche Moleküle das Licht in verschiedenen Wellenlängen, deswegen ist die Welt um uns farbig. Spektrometer erlauben es, die chemische Zusammensetzung von Gesteinen festzustellen. So können zwei für uns grau wirkende Mineralien eine unterschiedliche chemische Zusammensetzung besitzen. Ein Spektrometer kann sie anhand der Absorptionsspektren unterscheiden.

Im **infraroten Spektralbereich** reicht die Energie meistens nicht mehr aus, um die Molekül-bindungen von Feststoffen anzuregen. Doch Gase absorbieren Infrarotstrahlung, da die Moleküle leicht in Schwingungen geraten können. Auf dieser Eigenschaft beruht der Treib-hauseffekt in der Erdatmosphäre: Kohlendioxid, Wasserdampf, Lachgas und Methan ab-sorbieren Infrarotstrahlung, welche von der Erdoberfläche abgestrahlt wird. Aufgrund dieses Effekts kann ein Infrarotspektrometer die Zusammensetzung der Atmosphäre bestimmen. Körper, welche die Oberflächentemperatur von Mars und Erde aufweisen, geben die meiste Strahlung im infraroten Spektralbereich ab. Dadurch kann ein Infrarotspektrometer auch die Temperaturen der Oberfläche bestimmen. Auf dieser Basis arbeiten auch Thermometer in der Humanmedizin, die berührungslos die Temperatur z.B. des Innenohrs messen.

Sowohl Phobos Grunt als auch Curiosity setzen erstmals bei einer Raumsonde ein neues Analysenverfahren ein, genannt TLAS (**t**unable **L**aser-**A**bsorptions**s**pektrometrie). **TLAS** ist ein Messverfahren für die direkte Analyse von Proben, das ebenfalls ein Spektrometer einsetzt. Das Grundprinzip ist dasselbe wie bei Fernerkundungsinstrumenten: Gase absorbieren Licht, und die Lichtabsorption wird bestimmt. Der wesentliche Unterschied ist, dass die Lichtquelle vom Instrument selbst gestellt wird, indem eine Diode Laserlicht aussendet. Das Licht eines Lasers ist monochromatisch, enthält also nur Photonen einer Wellenlänge. Die Diode wird so gewählt, dass die Emissionswellenlänge der Absorptionswellenlänge eines Moleküls ent-spricht, das man finden möchte. So kann man dieses mit hoher Präzision bestimmen. Die

Bezeichnung „tunable" weist auf einen zweiten Vorteil hin. Auch wenn der Laser nur monochromatisches Licht aussendet, so kann die Wellenlänge durch die Stromstärke und Temperatur in Grenzen verändert werden. Das reicht nicht aus, um ein ganzes Spektrum zu messen, aber man kann sie ein bisschen in den länger- oder kürzerwelligen Bereich verschieben.

Viel ist es nicht, bei Phobos Grunt beträgt die Differenz zwischen kleinster und größter Wellenlänge bei einer Laserdiode nur 3,5 nm. Dies ist nur ein Bruchteil der Wellenlänge von 2014 nm, bei der gemessen wird. Ziel ist es auch nicht, ein ganzes Spektrum zu untersuchen, sondern eine gute Differenzierung bei einer Wellenlänge zu erhalten. So sind für die Absorption bei Methan die Schwingungen zwischen C- und H-Atom verantwortlich. Bei fast derselben Wellenlänge absorbieren aber auch andere Moleküle, die ähnlich aufgebaut sind, bei denen also auch ein H-Atom an ein C-Atom gebunden ist. Verschiebt man die Messwellenlänge, so kann man auch den Gehalt an anderen Alkanen bestimmen. Eine zweite Anwendung beruht darauf, dass diese Absorption abhängig von der Atommasse ist. Enthält das Molekül nun verschiedene Isotope, so befindet sich das Absorptionsmaximum bei leicht unterschiedlichen Wellenlängen. Somit kann man die Isotopenzusammensetzung bestimmen. Zur Anwendung im letzten Kapitel mehr.

In jedem Falle benötigt man pro untersuchter Wellenlänge eine Laserdiode. Bisher haben Instrumente nur wenige Dioden, um bestimmte Moleküle zu vermessen. TLAS ist eine Methode zur direkten Messung, d.h. die gasförmige Probe muss in die Messkammer gebracht werden, die zwischen Laser und Sensor liegt. Sie eignet sich nicht für die Fernerkundung wie klassische IR-Spektrometer. Daher haben auch beide Landesonden, um die es in diesem Buch geht, TLAS Instrumente an Bord.

Spektrometer gibt es nicht nur im Bereich des sichtbaren Lichts und daran anschließend am UV oder Infrarot. Spektrometer gibt es auch in anderen Energiebereichen und bei Teilchen. Etabliert haben sich noch Spektrometer für energiereiche Partikel oder sehr energiereiche Strahlung wie Röntgen- oder Gammastrahlen.

Der Mars wird ständig von kosmischer Strahlung bombardiert, zumeist Protonen hoher Energie. Sie gelangen bis zur Oberfläche, da der Planet fast kein Magnetfeld aufweist und die dünne Atmosphäre viele Teilchen passieren lässt. Die Protonen wechselwirken mit der Oberfläche. Bei diesen Kernreaktionen entstehen Neutronen, die wiederum mit umgebenden Atomkernen zusammenstoßen. So geraten diese in einen angeregten Zustand, fallen nach kurzer Zeit wieder in den Grundzustand zurück und senden dabei Gammastrahlung aus. Diese kann man aus dem Orbit bestimmen, da die Atmosphäre sehr dünn ist.

60

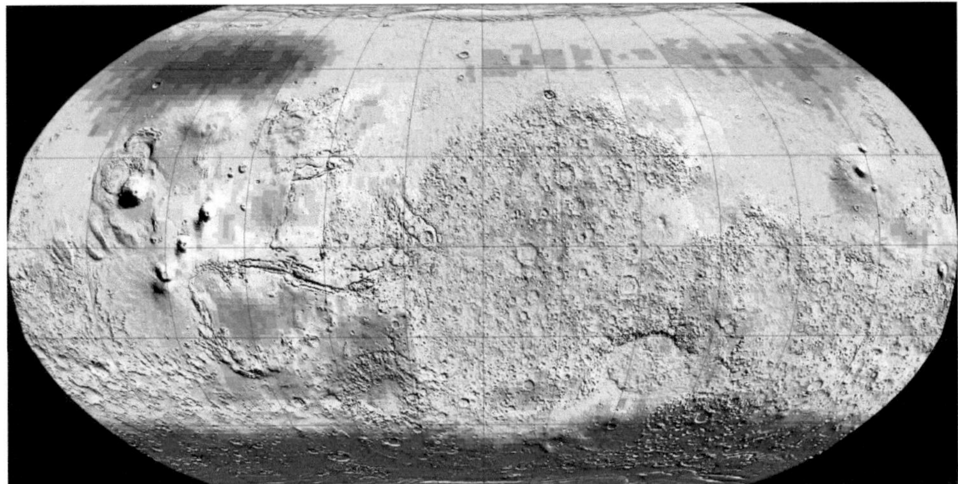

Abbildung 30: Karte der Menge an epithermalen Neutronen aufgenommen von HEND an Bord von Odyssey. Dunkle Gebiete (unten, rechts oben) haben mehr thermale Neutronen, dort vermutet man mehr Wasser im Untergrund.

Ein Gammastrahlenspektrometer befindet sich an Bord von Mars Odyssey, und auch Phobos Grunt hat eines an Bord.

Das ist aber noch nicht alles. Die Neutronen sind anfangs sehr schnell. Aber wenn sie mit Wasserstoffkernen = Protonen zusammenstoßen, die praktisch dieselbe Masse wie Neutronen haben, werden sie stark verlangsamt und „thermisch" genannt. Stoßen sie mit anderen Atomkernen zusammen, so werden sie nur wenig verlangsamt und heißen dann „epithermal". Je mehr Wasserstoff es im Marsboden gibt, desto mehr thermische relativ zu epithermalen Neutronen sind unter den rückgestreuten Neutronen zu erwarten. Bestimmt man nun die thermischen und epithermalen Neutronen, so erhält man Informationen über den Wassergehalt im Boden und dessen Zusammensetzung. Dazu braucht man ein Neutronenspektrometer, welches den Energiegehalt von Neutronen bestimmt. Sowohl Phobos Grunt als auch Curiosity führen derartige Instrumente mit, um den Marsboden oder die Oberfläche von Phobos auf seine chemische Zusammensetzung und den Wassergehalt zu untersuchen.

Zum Zweiten werden auch Teilchen von der Oberfläche selbst emittiert. Die Elemente Kalium, Thorium und Uran haben radioaktive Isotope mit so langen Halbwertszeiten, dass diese noch heute zerfallen. Die dabei freiwerdende Gammastrahlung und auch beim Zerfall abgegebene Neutronen sind bei der dünnen Marsatmosphäre noch im Orbit nachweisbar.

So ist feststellbar, wo diese Elemente vorkommen. Die durch kosmische Strahlung induzierten Neutronen kommen dazu und verraten, wo sich große Wasservorkommen unter der Oberfläche befinden.

Derartige **Neutronen- und Gammastrahlenspektrometer** haben schon wegen der unterschiedlichen Natur der Teilchen einen anderen Aufbau als optische Spektrometer. Die Einfallsrichtung von Gammastrahlen und Neutronen ist nicht beeinflussbar. Das Gesichtsfeld von Gammastrahlenspektrometern wird begrenzt, indem der Detektor rundum abgeschirmt wird und eine Röhre nur das Eindringen von Strahlen parallel zur Öffnung ermöglicht. Neutronen kann man durch borierten Kunststoff an der Seite abschirmen. Bor, wie auch im Kunststoff enthaltener Wasserstoff, verlangsamen Neutronen, bzw. fangen sie zum Teil ein. Die Abschirmung von Gammastrahlen geschieht oft durch Cadmium. Es gibt aber in beiden Fällen kein optisches System zur Fokussierung.

Gemessen wird die Energie eines Teilchens. Dazu gibt es unterschiedliche Detektoren, wie Festkörperdetektoren aus Silizium, in denen ein energiereiches Teilchen zahlreiche Elektronen herausschlägt, welche einen messbaren Strom erzeugen. Über die Eindringtiefe kann man weitere Informationen über Art des Teilchens und auch Richtung erhalten, von der es kam.

Eine andere Methode ist es, einen großen Einkristall als Detektor zu benutzen. Energiereiche Strahlen führen dazu, dass die Kristallstruktur kurzzeitig gestört wird. Dabei werden Atome angeregt. Wenn sie auf ihr normales Energieniveau zurückfallen, dann senden sie Licht im sichtbaren Bereich aus, dass man wiederum mit lichtempfindlichen Detektoren verstärken kann. Sehr verbreitet ist hierfür das Material Cäsiumiodid.

Gammastrahlenspektrometer bestimmen daher den Gehalt der natürlichen radioaktiven Elemente (Kalium, Uran und Thorium), während Neutronenspektrometer genutzt werden, um Wasser zu detektieren.

Auch für die Analyse von Gestein durch direkte Messung werden Spektrometer eingesetzt, die energiereiche Strahlung detektieren. Allerdings stammt hier die energiereiche Strahlung von einer eigenen Strahlenquelle. Seit Pathfinder führen die US-Raumsonden **Alphateilchen-Röntgenstrahlenspektrometer (APXS)** mit.

Das Grundprinzip des APXS ist es, dass ein radioaktives Element Alphateilchen aussendet. Diese prallen auf die Materialprobe und induzieren eine Sekundärstrahlung, die gemessen wird.

Einige Alphateilchen prallen auf die Atomkerne und werden direkt zurückgeworfen. Sie verlieren dabei Energie, und aufgrund dieses Energieverlustes kann das Instrument dann messen, auf was für einen Kern das Alphateilchen geprallt ist. Allerdings ist der Prozentsatz dieser direkten Kollisionen sehr klein. Daher muss eine Materialprobe sehr lange, typischerweise mehrere Stunden, mit Alphateilchen bestrahlt werden, um eine hinreichend genaue Aussage über die Zusammensetzung des Gesteins zu treffen.

Ein zweiter Effekt ist, dass die Alphateilchen auch in Kerne eindringen können und diese dann Protonen aussenden. Dies geschieht vor allem bei leichten Elementen. Die Wahrscheinlichkeit für das Aussenden von Protonen ist allerdings noch kleiner als die eines direkten Zusammenstoßes mit dem Kern. Daher sind APXS normalerweise nur empfindlich für schwere Elemente. Die für die Bestimmung leichter Elemente nötige Messzeit steht üblicherweise nicht zur Verfügung.

Der häufigste Fall ist, dass die Alphateilchen keinen Kern treffen. Er macht schließlich nur $^1/_{100.000}$-stel des Atomdurchmessers auf. Viel häufiger ist, dass sie auf Elektronen der inneren Schalen um den Atomkern prallen. Diese werden durch die übertragene Energie aus dem Atom herauskatapultiert, und Elektronen aus den höheren Schalen ersetzen sie. Sie senden dabei Röntgenstrahlen aus, wenn sie auf die tiefer liegenden Schalen „fallen". Diese Methode ist besonders sensitiv für Elemente mit höheren Ordnungszahlen mit ausgedehnteren Elektronenhüllen.

Alphateilchen sind nicht sehr durchdringend. Die Eindringtiefe beträgt nur wenige Mikrometer, weshalb es wichtig ist, die Oberfläche von Staub zu befreien. Will man tiefer schauen, so kann man diese Untersuchung durch die **Röntgenfluoreszenzanalyse** ergänzen.

Bei der Röntgenfluoreszenzanalyse werden Röntgenstrahlen ausgesendet, die deutlich tiefer in die Probe eindringen. Auch sie schlagen Elektronen aus den Schalen heraus, die bewirken, dass Elektronen höherer Schalen ihre Plätze einnehmen und dabei eine Fluoreszenzstrahlung mit charakteristischer Wellenlänge aussenden. Diese Analyse wird sehr oft in der Metallurgie eingesetzt, um die Zusammensetzung einer Materialprobe zu bestimmen. Strahlenquelle kann eine kleine Menge eines radioaktiven Elements sein oder Röntgenröhren, die viel mehr Strahlung pro Zeiteinheit erzeugen können.

Sowohl APXS wie Röntgenfluoreszenzspektrometer bestimmen im Gestein vorhandene Elemente, sie können aber nicht die Mineralien ermitteln, aus denen das Gestein besteht.

RADAR

Radargeräte werden noch nicht lange in der Marsforschung eingesetzt. Das erste seiner Art war MARSIS auf Mars Express, das Zweite ist Sharad auf dem MRO. Es handelt sich dabei um Geräte, die langwellige Radiowellen aussenden und mit langen Stabantennen deren Echo empfangen. Langwellige Radiowellen mit Frequenzen von 1 bis 25 MHz dringen tief in den Erdboden ein. Wasser schwächt Radarwellen dagegen sehr stark ab. So kann aus der Vermessung des reflektierten Echos festgestellt werden, ob sich Wasser unter der Oberfläche befindet. Das MARSIS Radar, das zwischen 1,8 und 5 MHz arbeitet, kann Wasser noch in 200 m Tiefe aufspüren. Sharad arbeitet mit höheren Frequenzen von 15 bis 25 MHz. Es erreicht damit eine Tiefe von maximal 70-100 m. Dafür besitzt Sharad durch die höhere Frequenz eine bessere räumliche Auflösung. Bei beiden Instrumenten liegt diese aber immer noch im Bereich von mehreren Kilometern pro Messung. Phobos Grunt hätte ein noch kurzwelligeres Radar, das bei 150 MHz arbeitet zur Durchleuchtung von Phobos eingesetzt. Da der Mond klein und die Umlaufbahn der Sonde um den Mond sehr niedrig ist, erhoffte man sich trotzdem eine ausreichende Eindringtiefe bei hoher Auflösung.

Mit noch höheren Frequenzen arbeiten abbildende Radargeräte. Diese senden Radarwellen von 1 GHz oder noch höherer Frequenzen aus. Radarwellen dieser Frequenz dringen kaum noch in den Boden ein und werden meist schon von der Oberfläche reflektiert. Dafür benötigt man nur eine kleine Antenne, um das Signal zu empfangen. Kombiniert man sehr viele kleine Empfangsantennen, so kann man mit derartigen Radargeräten ein Bild wie mit einer Kamera anfertigen. Zusätzlich kann man die Signallaufzeit bestimmen und so ein Höhenrelief erstellen. Die empfangenen Signale liefern auch Informationen über die Oberflächenrauigkeit und Reflexionsfähigkeit im Bereich der beobachteten Wellenlänge von einigen Zentimetern bis etwa zu 30 Zentimetern und über die dielektrischen Eigenschaften des Bodens. In der Marsforschung wurde im Unterschied zur Untersuchung der Venus und des Mondes bisher noch kein solches Radargerät eingesetzt. Mit solchen abbildenden Radargeräten war die Wolkendecke der Venus kein Hindernis bei der Beobachtung, und man konnte auch die Polregionen des Erdmonds erkunden, die permanent im Schatten liegen. Beim Mars gibt es hingegen keine solchen Regionen, auch ist die Atmosphäre kein Beobachtungshindernis, sodass es bisher noch keinen Einsatz eines abbildenden Radars auf einer Marssonde gab.

Gaschromatograph / Massenspektrometer

Obwohl es sich um verschiedene Instrumente handelt, werden sie meistens zusammen eingesetzt. Zusammen trennen sie ein Stoffgemisch auf und bestimmen dessen chemische Zusammensetzung. Es handelt sich um Instrumente zur direkten Analyse. Sie werden daher auf Landesonden eingesetzt.

Ein **Gaschromatograph** besteht im wesentlichen aus einem Probeneinlass, einer dünnen Glaskapillare (einer langen, hohlen Glasfaser, die meistens aufgerollt ist) und einem Detektor am Ende. Die Probe muss zuerst in den gasförmigen Zustand überführt werden, sofern es sich nicht schon um ein Gas handelt. Ein Gasstrom führt vom Probeneinlass zum Detektor. Die Probe wird von einem Trägergas durch die Kapillare „gespült". Die Wand der Glaskapillare ist mit einem Material ausgekleidet, das eine große Oberfläche hat und dessen chemische Natur bestimmte Moleküle bindet, die man untersuchen möchte. Die verdampfte Probe wird von dem Gasstrom durch die Kapillare getrieben. Für jede Substanz in dem Gemisch geschieht dies unterschiedlich schnell, da Moleküle mit einer großen Affinität zu der Oberfläche an dieser kurzzeitig gebunden werden, bis der Strom der Gase sie wieder loslöst. Als Folge trennt ein Gaschromatograph ein Gemisch von unterschiedlichen Stoffen auf. Die einzelnen Komponenten kommen dann nacheinander am Detektor an. Im Allgemeinen kommen polare Moleküle später an als unpolare und größere Moleküle später als kleine. Steuerbar ist dieser Vorgang durch die Temperatur. Die Kapillare befindet sich daher in einem beheizten Raum. Ein Temperaturprofil erlaubt die Anpassung an unterschiedliche Substanzen. Moderne Geräte haben unterschiedliche Säulen (Glaskapillaren) zur Auswahl, zwischen denen umgeschaltet werden kann.

Der Detektor kann nun die Substanzen detektieren. Dies kann durch physikalische Veränderungen des Trägergases, wie der Wärmeleitfähigkeit, erfolgen oder aber, indem chemische Eigenschaften des Gases untersucht werden. Man erhält im Ergebnis ein **Chromatogramm**. In der Y-Achse wird die Intensität des Signals zu einem bestimmten Zeitpunkt aufgetragen, in der X-Achse die Zeit. Die Menge ist proportional zur Fläche eines Peaks, der selten scharf ist, sondern oft eine breite Kurve darstellt. Zur Bestimmung der Konzentration wird die Fläche eines Peaks herangezogen.

Bedingt durch das Messprinzip kann ein Gaschromatograph nur gasförmige Substanzen analysieren. Die Methode kann nicht genutzt werden, um Gesteine zu analysieren, diese haben einen viel zu hohen Siedepunkt. Bei den Marsrobotern ist es so, dass die Proben zuerst in den Probenbehältern auf etwas höhere Temperaturen als im Marsboden erhitzt werden, also etwa auf Zimmertemperatur. Das reicht aus, um darin enthaltene gebundene

Gase wie Methan oder Kohlenmonoxid aus Eis freizusetzen, das dann schmilzt. In einem zweiten Schritt wird die Probe stärker erhitzt, z.B. auf 100°C. Dann verdampft Wasser und bestimmte Substanzen zerfallen. Bei diesen Temperaturen kommt es auch zu Reaktionen zwischen Substanzen wie Peroxiden oder Perchloraten, die man im Marsboden vermutet. Zuletzt wird die Kammer pyrolysiert, also soweit erhitzt, dass jede organische Substanz verbrennt. Alle organische Substanzen, wozu auch Marsmikroben zählen, würden dann zu Kohlendioxid, Stickstoffverbindungen und Schwefeloxiden zerfallen. Diese gasförmigen Produkte kann man detektieren.

Die Feststellung, welches chemische Element sich hinter einem Peak verbirgt, ist nicht einfach. Die wichtigste Methode ist es, die Messung nachzustellen, also eine Probe mit der erwarteten Zusammensetzung mit einer Kopie des Instruments auf der Erde zu analysieren. Zusätzlich kann man Gemische bekannter Zusammensetzung oder bestimmte Substanzen

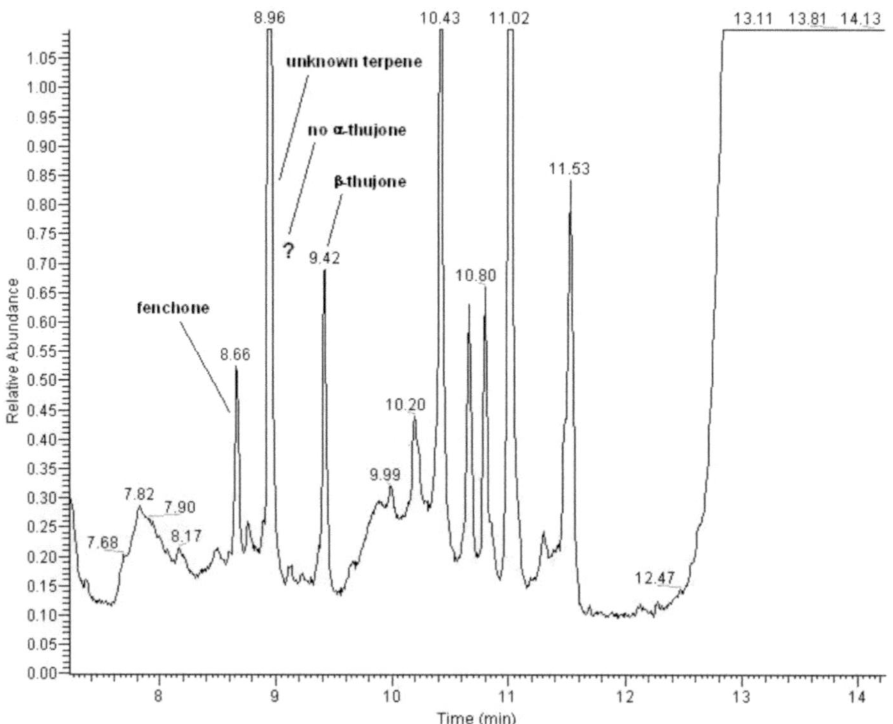

Abbildung 31: Gaschromatogramm (eines Terpengemisches)

66

zur Probe hinzugeben und die Chromatogramme mit und ohne Zugabe vergleichen. Da man die zugegebenen Substanzen kennt, sind so Rückschlüsse auf die unbekannten Substanzen möglich. Das MSL hat dafür beispielsweise fluorierte Verbindungen an Bord, die in der Natur nicht vorkommen.

In der Regel wird ein Gaschromatograph mit einem **Massenspektrometer** als Detektor kombiniert. Dieses kann allerdings auch alleine arbeiten. Ein Massenspektrometer ionisiert eine Probe durch Bombardierung mit Elektronen. Die dabei entstehenden Ionen werden durch elektrische und/oder magnetische Felder nach der Atommasse und elektrischer Ladung aufgetrennt. Ein Detektor registriert die auftreffenden Ionen, wobei diese je nach Masse und Ladung an einem anderen Ort auftreffen. Es gibt zahlreiche Bauvarianten, die sich in Ionisierungs- und Trennmethode sowie Detektoren unterscheiden.

Ein Massenspektrometer liefert ein Massenspektrum, das heißt, wie viele Ionen mit einer bestimmten Masse oder einem bestimmten Masse/Ladungsverhältnis wurden gezählt. Die X-Achse entspricht den Atommassen, die Y-Achse den gezählten Ionen mit dieser Atommasse in der Probe. Diese entsprechen der Konzentration in der Probe. Wenn man ein Massenspektrometer als Detektor für einen Gaschromatographen nutzt, kann man dessen Nachteil — er kann nicht feststellen, woraus ein Peak besteht — zumindest teilweise ausgleichen.

Der Vorteil eines Massenspektrometers besteht darin, dass es sehr genau die chemische Zusammensetzung der Probe feststellen kann. Je nach chemischer Natur gibt es neben dem Hauptpeak noch Nebenpeaks, je nachdem wie viele Elektronen die Substanz durch die Ionisation verliert. Dieses Verhältnis ist charakteristisch für jede Verbindung, und so können auch Moleküle mit gleicher Atommasse unterschieden werden. In der Marsatmosphäre kommen z.B. Stickstoff und Kohlenmonoxid vor. Beide weisen die Atommasse 28 auf. Durch die unterschiedlichen Nebenpeaks kann so festgestellt werden, ob es sich bei einem Massenspektrum um das von Stickstoff oder Kohlenmonoxid handelt.

Massenspektrometer gehören zu den empfindlichsten heute verfügbaren Analyseinstrumenten. Sie können Substanzmengen von unter einem Femtogramm (10^{-15} g) bestimmen und auch bei kleinen Spuren ihre Menge quantifizieren. Sie sind so empfindlich, dass nur ein kleiner Teil des Gasstroms analysiert werden kann, da die Ionisierung nur im Fast-Vakuum möglich ist. Deswegen können Massenspektrometer auch eingesetzt werden, um die obere Atmosphäre von Planeten zu untersuchen. Der nächste Orbiter, MAVEN wird mit einem Massenspektrometer direkte Messungen in der Marsionosphäre durchführen.

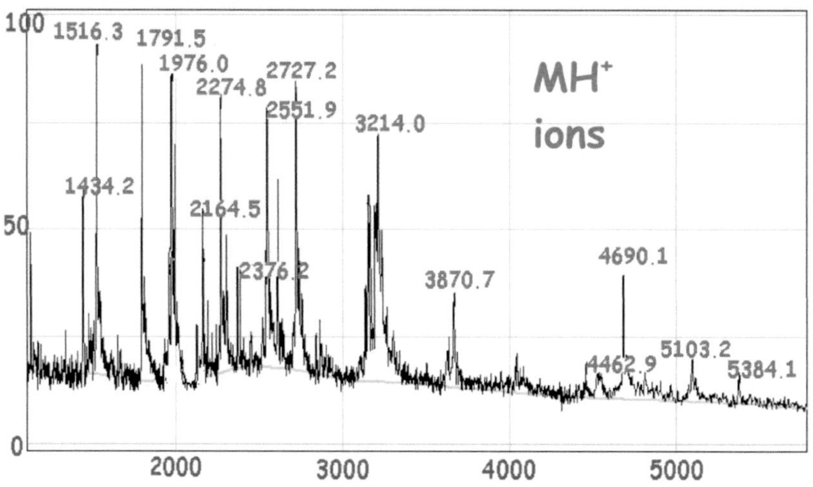

Abbildung 32: Ein Massenspektrum von einfach ionisierten Substanzen.

Derartige direkte Messungen gab es schon bei Venus, Titan und verschiedenen Kometen. Bei Phobos Grunt soll ein Laser etwas Material von der Oberfläche verdampfen, und die entstehenden Atome werden dann von einem Massenspektrometer detektiert. Auf Phobos ist der Betrieb im Vakuum sogar von Vorteil. Gaschromatograph und Massenspektrometer kamen schon bei Viking zum Einsatz. Allerdings wurde seither die Empfindlichkeit der Geräte enorm gesteigert. Das MSL ist nach Viking und Phoenix der dritte US-Lander, welcher ein GC/MS einsetzt.

Radio Science

Ein „Instrument", das auf einer Raumsonde immer vorhanden ist, ist ihr Kommunikationssystem. Es kann neben der Datenübertragung auch für Messungen benutzt werden. Dabei werden verschiedene Phänomene ausgenutzt, etwa der Dopplereffekt. Sendet eine Raumsonde ein Signal aus und bewegt sie sich auf den Empfänger zu, so wird die Frequenz des Signals höher. Entfernt sie sich vom Empfänger, so nimmt die Frequenz ab. Dieses Phänomen ist als Dopplereffekt bekannt. Sie kennen es vielleicht, wenn ein Krankenwagen an Ihnen vorbeifährt: Wenn er auf Sie zukommt, klingt sein Horn heller, als wenn er sich von Ihnen entfernt.

Diese Dopplerverschiebung kann man messen. Sie ist ein Maß für die relative Geschwindigkeit der Raumsonde zum Empfänger. Ergänzt wird es durch Messungen des Abstands. Dafür sendet die Station auf der Erde ein Signal zur Sonde, in das ein Zeitcode eingebettet ist. Diese sendet das Signal auf einer abgeleiteten Frequenz (erreicht durch Multiplizieren der Empfangsfrequenz) zurück. Wenn das Signal dann empfangen wird, wird die Laufzeit bestimmt. Da diese vom Abstand der Raumsonde von der Station abhängt, ist so die Entfernung genau bestimmbar.

Der Dopplereffekt informiert zuerst einmal nur über die relative Geschwindigkeit der Sonde zur Empfangsstation. Doch diese hängt nicht nur von der Geschwindigkeit der Raumsonde ab. So bewegt sich der Mars relativ zur Erde, und die Erde (und damit die Empfangsstation), dreht sich um ihre eigene Achse. Zieht man diese bekannten Geschwindigkeiten ab, so hat man die Geschwindigkeit der Sonde um den Planeten, bzw. auf ihrem Flug zum Planeten. Um die Fehler zu reduzieren und die Bahn genauer zu bestimmen, kombiniert man mehrere Bestimmungen über einige Tage. Dadurch kann auch die Bahn genauer bestimmt werden, da aufgrund der Bahngesetze sich die Geschwindigkeit auf einer elliptischen Umlaufbahn laufend ändert. Die Abnahme korrespondiert mit den Bahnparametern. So weiß man auf dem Flug zum Mars nicht nur, wo die Raumsonde gerade ist. Man kann auch berechnen, wann und wo sie den Mars erreicht. Wenn sie den Mars umkreist, so kann man Veränderungen ihrer Bahn bestimmen. Diese können durch Störeinflüsse wie die Atmosphäre oder lokal unterschiedlich starke Gravitationsfelder entstehen und liefern so weitere Erkenntnisse über das Himmelsobjekt.

Wenn eine Raumsonde an einem Himmelskörper vorbeifliegt, so beeinflusst dieser durch seine Gravitation ihre Bahn. Auch hier ist die Geschwindigkeitsänderung als Dopplerverschiebung messbar. Auf dieser Grundlage kann die Masse des Himmelskörpers bestimmt werden. Wenn dies mehrmals erfolgt, kann sogar auf seinen inneren Aufbau geschlossen werden, d.h. wie ist die Masse verteilt – gibt es einen dichten Kern oder ist die Dichte überall gleich?

Steigerbar ist die Genauigkeit über das delta-DOR (delta – **D**ifferential **O**ne-way **R**ange) Verfahren. Dafür wird die Raumsonde mit zwei Antennen verfolgt, die idealerweise eine möglichst große Entfernung zueinander aufweisen. Wird nun das Signal von beiden Stationen empfangen, so kann man die Zeitdifferenz bilden. Dies ähnelt der Art, wie wir mit unseren Augen sehen. Dadurch, dass wir zwei Augen haben, können wir Entfernungen wahrnehmen, weil wir ein Objekt aus zwei unterschiedlichen Blickwinkeln sehen. Hier ersetzt die Zeitdifferenz den Blickwinkel. Was einfach klingt, ist allerdings sehr aufwendig. Denn damit es wirklich genau wird, muss die Bewegung beider Bodenstationen relativ zur Raumsonde herausgerechnet werden. Die Erde dreht sich aber in 24 Stunden und bewegt sich innerhalb eines Jahres um die Sonne. Da die Erdachse noch dazu zur Bahnebene geneigt ist, ist die relative Bewegung der Erdoberfläche durchaus eine komplexe Größe. Weiterhin müssen beide Stationen auch eine gemeinsame, sehr präzise Zeitreferenz haben, schließlich verändert sich die Distanz zur Sonde laufend. Dazu nimmt man Quasare als punktförmige Signalquelle als Referenz – ihr Signal wird durch dieselben Einflüsse verändert und so können diese bestimmt werden.

Delta-DOR liefert den genauen Winkel der Raumsonde zur Bodenstation und damit mehr Informationen über die Position der Sonde. Die Genauigkeit liegt bei $5\text{-}10 \times 10^{-9}$ der Distanz, also bei 1-2 km bei 200 Millionen km Entfernung.

Die Raumsonde selbst benötigt für alle Verfahren nur eine kleine Erweiterung des Senders, einen **u**ltra**s**tabilen **O**szillator (USO). Dies ist ein Gerät, das eine Frequenz erzeugt. Da die Abweichung der Empfangsfrequenz von der Sendefrequenz bestimmt wird, ist es wichtig,

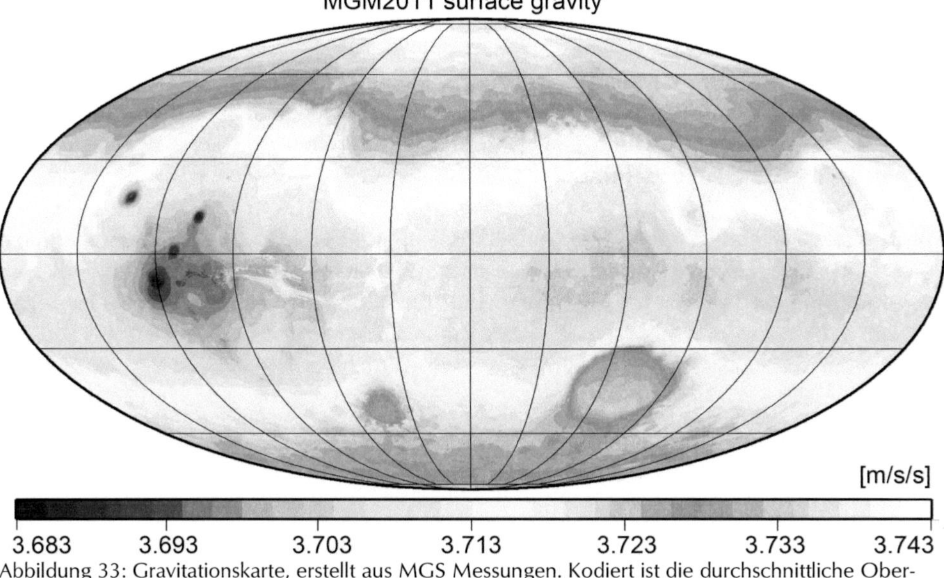

Abbildung 33: Gravitationskarte, erstellt aus MGS Messungen. Kodiert ist die durchschnittliche Oberflächenbeschleunigung.

dass diese sehr stabil ist und es an ihr keine oder nur sehr geringe Veränderungen durch Umgebungseinflüsse wie Temperaturschwankungen gibt. Verwendet werden zu diesem Zweck Quarzkristalle, die eine charakteristische Resonanzfrequenz haben, welche weitgehend unabhängig von äußeren Einflüssen ist. Eine derartige Erweiterung des Sendesystems ist bei US-Raumsonden seit Voyager Standard. Ein USO wiegt typischerweise nur 1-2 kg und verbraucht wenige Watt Leistung.

Beim Mars wurde durch die Vermessung der Radiosignale der Viking Orbiter beim Vorbeiflug die Masse und Dichte von Phobos und Deimos bestimmt. Die Werte des Mars waren schon vorher aufgrund der Umlaufbahnen der Monde bekannt. Die Vermessung der Bahn der Marsorbiter MGS, MRO und Odyssey führte zu der abgebildeten Gravitationskarte. Es ist eine Karte, bei der die Abweichungen der Anziehungskraft vom Mittelwert eingezeichnet sind.

Eine weitere Nutzung der Funkverbindung liegt im „Durchleuchten" der Atmosphäre. Passiert eine Raumsonde (von der Erde aus gesehen) diese, so durchquert das Signal ihre Luftschichten und wird dabei abhängig vom Atmosphärendruck, ihrer Temperatur und Zusammensetzung sowie der verwendeten Funkfrequenz abgeschwächt. So absorbieren im K-Band, das heute mehr und mehr genutzt wird, zahlreiche Gase Radiowellen. Das ist auch ein Grund, warum der Einsatz dieses neuen Frequenzbandes bei Raumsonden so zögerlich voranschreitet. So absorbieren schon geringe Spuren von Wasserdampf effektiv die Signale, sodass die Verfügbarkeit des Bandes viel geringer als beim X-Band ist.

Schon bei der ersten Raumsonde Mariner 4, die den Mars passierte, wurden aufgrund dieses Verfahrens der ungefähre Bodendruck und die grobe Zusammensetzung der Marsatmosphäre bestimmt. Heute ist diese Methode bei der Marsforschung durch genauere direkte Bestimmungen abgelöst, wird aber bei Vorbeiflugmissionen an anderen Himmelkörpern immer noch genutzt.

Yinghuo-1 hätte diese Methode zur Untersuchung der Ionosphäre (der äußerste Teil der Marsatmosphäre), die aus geladenen Teilchen besteht, genutzt. Der Empfänger wäre in diesem Falle aber nicht die Erde, sondern die viel nähere Phobos Grunt Muttersonde gewesen.

Mars Science Laboratory

Das Mars Science Laboratory (MSL) ist die bisher komplexeste Marsmission. Praktisch in allen Bereichen setzt diese Raumsonde neue Maßstäbe. Der Rover ist der bisher schwerste und am besten instrumentierte Besucher des Mars. Er kann auf der Oberfläche eine größere Strecke zurücklegen als alle seine Vorgänger. Zugleich ist diese Mission ist auch die bisher teuerste einzelne Marssonde — zumindest in realen Dollar. Berücksichtigt man die Inflationsrate, so sind die Kosten des Viking Projektes von 914,5 Millionen Dollar, die in den frühen siebziger Jahren anfielen, noch höher als die von MSL. Dies wären heute 3,2 Milliarden Dollar. MSL soll „lediglich" 2476,5 Millionen Dollar kosten. Allerdings startete das JPL bei Viking zwei Orbiter und zwei Lander, und eine dritte Kombination wurde als Reservegerät und für Tests gebaut.

Das MSL besteht aus mehreren Teilen. Da ist der eigentliche Rover, der „Curiosity" getauft wurde. Er ist unter der Abstiegsstufe befestigt, welche für die Landung verantwortlich ist. Beide sind umgeben von der Aeroshell (hintere Verkleidung) und dem Hitzeschutzschild (vordere Verkleidung). Dahinter schließt sich die scheibenförmige Cruise Stage an. Während des Fluges zum Mars kann nur über sie mit dem Rover kommuniziert werden, da dessen Antennen noch nicht entfaltet sind. Sie ist auch für die nötigen Kurskorrekturen während der Reise verantwortlich.

Der Rover Curiosity wiegt bei der Landung nur 900 kg. Das klingt zunächst wenig, bezogen auf die Startmasse von fast 4 t, er ist aber fünfmal schwerer als Spirit und Opportunity. Bei den beiden Fahrzeugen wog die Landeplattform, die nur die Aufgabe hatte, die Rover weich aufzusetzen, mehr als diese selbst. Um diese Masse einzusparen, wird Curiosity ohne eine solche Plattform landen. Stattdessen wird er an Seilen zur Oberfläche herabgelassen. Diese neue Technik bezeichnet das JPL als „Sky Crane" (Himmelskran).

Den Namen erhielt der Rover von Clara Ma, einer damals zwölfjährigen Schülerin. „Curiosity" (Neugier, Wissbegier) wurde im Rahmen eines Wettbewerbs aus 9.000 Einsendungen von Schülern ausgewählt.

Projektgeschichte

Die Ursprünge des MSL gehen bis ins Jahr 2000 zurück. Damals begann die Entwicklung der beiden Rover Spirit und Opportunity. Das MSL wurde als Nachfolgeprojekt geplant. Das nächste Labor sollte viel größer und leistungsfähiger sein, genauso wie die beiden Mars Exploration Rover zehnmal schwerer waren als ihr Vorgänger, der Sojourner. Die Kostenschätzungen gingen damals von 600 Millionen Dollar aus. Der Rover sollte rund 300 kg wiegen und sieben Experimente im Gesamtgewicht von 20 bis 70 kg mitführen. Aber er war damals noch deutlich kleiner als Curiosity heute.

Raumfahrtprojekte durchlaufen mehrere Phasen, an deren Ende Meilensteine stehen, bei denen die Arbeit bewertet und zusammengefasst wird und die Entscheidung über den Beginn der nächsten Phase fällt. Es ist auch möglich, dass ein Projekt am Ende einer solchen Phase eingestellt wird, weil es zu teuer erscheint, zu ambitioniert ist oder sich einfach die politische Landschaft verschoben hat. Diese Phasen sind:

- A: Konzeptionsphase: Was wollen wir, ist es überhaupt umsetzbar?

- B: Definitionsphase: Festlegung der genauen Anforderungen (der Hardware, der Experimente und aller Spezifikationen, Festlegung des finanziellen Rahmens).

- C: Entwurfsphase: Entwurf und Entwicklung der Hardware.

- D: Produktionsphase: Zusammenbau der Raumsonde.

- E: Betrieb: Die eigentliche Mission. Sie beginnt mit dem Start.

In vielen Projekten sind die Phasen oft verzahnt. So ist es nur schwer möglich, etwas zu entwerfen, ohne zugleich Prototypen für Tests zu entwickeln. Daher werden oft Phase A+B und C+D zusammengefasst. Die meisten Mittel werden für Phase C+D benötigt. Auch das MSL durchlief nacheinander diese Phasen. Dabei veränderte sich das Projekt und wurde deutlich kostspieliger als ursprünglich geplant.

Als es im Oktober 2003 mit der Phase A an den Beginn der Entwicklung ging, war noch von einem Kostenziel von 750 Millionen Dollar für die Mission (ohne den Start) die Rede. Der Rover war noch deutlich kleiner (er sollte nur 550 kg wiegen), und als Trägerrakete war eine Atlas 401 vorgesehen.

Der Phase A ging von 2002 bis 2004 ein zweijähriges begleitendes Technologieforschungs-
programm voraus. Es sollte klären, ob grundlegende Designentscheidungen, wie die präzise
Landung, das neue SkyCrane Verfahren, aber auch neue Technologien, wie die Probennahme und Zerkleinerung für die Analyse vor Ort, funktionieren würden, bzw. bis 2009 zur
Einsatzreife entwickelt werden können.

Im September 2004 ging das Projekt in die Designphase (B), die bis August 2006 dauerte.
Als die Phase A abgeschlossen war, waren die Missionskosten inklusive Start schon auf
1.409 Millionen Dollar angestiegen. Dies bezog aber auch die Kosten für die Entwicklung
des MMRTG mit ein, die alleine bei 171 Millionen Dollar inklusive der Fertigung zweier
Flugexemplare lagen. Nun reichte auch die Atlas 401 als Träger nicht mehr aus, wodurch die
Kosten weiter anstiegen.

Die Kosten stiegen aber noch weiter an. Als im September 2006 die Entwicklungsphase (C)
begann, lagen sie bereits bei 1.600 Millionen Dollar. Im Juni 2009 ging das Projekt nach
Verzögerungen in die Produktionsphase (D), nun mit geschätzten Kosten von 2.400
Millionen Dollar.

Kostenabschätzung Oktober 2003	Kosten [Mill. Dollar]
Technologieprogramm 2003-2005:	77
Trägerrakete:	152
Operation:	115
RTG Adaptionskosten:	24
RTG Produktions- und Entwicklungskosten:	171
Entwicklungs- und Produktionskosten:	870
Gesamt:	1.409 Millionen Dollar (real) = 1.200 Millionen im Wert von 2003

Im Laufe des Jahres 2008 verschärfte sich die Situation. Im April 2008 war die Raumsonde
schon 235 Millionen Dollar teurer als geplant, eine Überschreitung des Budgets um 24%
war absehbar. Die NASA hatte nun schon 1.630 Millionen Dollar für das MSL ausgegeben.
Als Folge wurde der Start der nächsten Raumsonde zum Mars, MAVEN, von 2011 auf 2013
verschoben, um Gelder aus diesem Programm freizugeben. Im Oktober 2008 waren es
schon 30% mehr als geplant, und die Finanzknappheit wirkte sich auf das Programm aus. Im

Januar 2009 wurde beschlossen, den Start von 2009 auf 2011 zu verschieben. Bedingt durch die fehlenden Mittel, aber auch durch Verzögerungen bei der Entwicklung, gab es zu wenig Zeit für die notwendigen Tests der Sonde, um den Starttermin im September/Oktober 2009 zu halten. Zudem lagen drei Instrumente deutlich im Zeitplan zurück. Bis zu diesem Zeitpunkt war MSL 1.900 Millionen Dollar teuer, 300 Millionen mehr als geplant (in realen Dollars, die Projektkosten gingen vom Wert von 2003 aus).

Diese Verzögerung machte das Projekt noch teurer, nur durch die zweijährige Startverzögerung um weitere 400 Millionen Dollar. Die Gesamtkosten für die Mission stiegen nun von 1.600 auf 2.200 Millionen Dollar. Dazu kommen noch die Aufwendungen des Ministeriums für Energie (DOE) für die Entwicklung des RTG.

Kosten vor dem Start	Planung nach Phase B	Aktuell
Raumsonde	969	1.800
Missionskosten	1.600	2.497

Alleine die Entwicklung der Raumsonde wurde um 660 Millionen Dollar oder 68% teurer als geplant. Weitere 81,6 Millionen waren 2011 notwendig. Insgesamt erreichten die Kosten im Juni 2011 nun schon fast 2,5 Milliarden Dollar. Wäre eine erneute Verschiebung um weitere 26 Monate nötig geworden, so wären die Projektkosten um weitere 570 Millionen Dollar angestiegen. Das war das Ergebnis eines Berichtes, der vor dem Start veröffentlicht wurde.

Phasen	Planung	Real (Juni 2011)
Formulierung und Design (A+B)	515,1 Millionen Dollar	515,5 Millionen Dollar
Entwicklung und Produktion (C+D)	968,6 Millionen Dollar	1802,1 Millionen Dollar
Betrieb (E)	158,5 Millionen Dollar	158,8 Millionen Dollar

Eine Untersuchung ergab, dass der Hauptkostentreiber die zweijährige Startverzögerung war, die aber praktisch nur bei den Entwicklungs- und Produktionskosten zuschlug. Allerdings gab es im Februar 2011, als die Integration des Rovers sich dem Abschluss näherte, noch über 1.200 offene Punkte, die vor dem Start zu klären waren. Die Verzögerung war also dringend notwendig.

Zeitpunkt	Budget	Für ...
Planung 2000	600 Millionen Dollar	Gesamtkosten
Beginn Phase A, Oktober 2003	750 Millionen Dollar	Nur Raumsonde und Mission, ohne Trägerrakete und RTG
Beginn Phase B, 2004	1.409 Millionen Dollar	Gesamtkosten
Beginn Phase C, September 2006	1.600 Millionen Dollar	Gesamtkosten, davon 969 Millionen für die Raumsonde und Experimente
April 2008	1.635 Millionen Dollar	Gesamtkosten
Januar 2009	1.900 Millionen Dollar	Ohne RTG
Januar 2009	2.200 Millionen Dollar	Gesamtkosten
Beginn Phase D, Juni 2009	2.300 Millionen Dollar	Gesamtkosten
Januar 2010	2.400 Millionen Dollar	Gesamtkosten
Juni 2011	2.497 Millionen Dollar	Gesamtkosten, davon 1,8 Milliarden für die Raumsonde und ihre Experimente

Sehr oft leistet sich die NASA nicht solche Missionen. Das MSL ist eine Flagship-Mission. Die letzte derartige war die Planetensonde Cassini, die 1997 startete. Sie ist fünfmal teurer als die anderen Marsmissionen im Rahmen des Mars Scout Programms. So kostet MAVEN nur 4865 Millionen Dollar, Phoenix 420 Millionen Dollar. Die Entscheidung für die nächste Flagship Mission wurde wegen der Kürzungen im NASA-Haushalt bisher noch nicht getroffen.

Während der langen Bauzeit hat man so unfreiwillig genügend Gelegenheit gehabt, alles zu testen, vor allem natürlich die missionskritische Landung. So wurde das Landeradar mit Hubschraubern und einem Kampfflugzeug vom Typ F/A-18 getestet. Die Hubschrauber simulierten das langsame Niedergehen kurz vor dem Aufsetzen. Mit der F/A-18 erfolgte der Test des Betriebs in größer Höhe. Die F/A-18 stieg zuerst auf 14 km Höhe. Danach ging sie in einen kontrollierten Sturzflug, um die Phase nachzubilden, in der das Radar aktiviert wird und das Raumschiff sich noch mit hoher Geschwindigkeit der Oberfläche nähert. Trotz der Explosion der Projektkosten war das MSL nie in Gefahr, gestrichen zu werden. Die Wissenschaftler argumentierten, der Rover wäre um eine Zehnerpotenz leistungsfähiger als sein Vorgänger, und dies würde die Aufwendungen rechtfertigen.

Der Landeplatz

Eine Raumsonde nach einer Reise über mehr als 300 Millionen Kilometer genau zu landen ist nicht einfach. Die Technologie, um die Position von Raumsonden festzustellen, hat in den letzten Jahrzehnten enorme Fortschritte gemacht. Doch für die Mission von Curiosity sind trotzdem die Herausforderungen groß. Die Sonde soll einerseits sicher landen, andererseits soll sie ein Gebiet „treffen", in dem es viel zu untersuchen gibt. Das sind Zielkonflikte. Eine sichere Landung, das heißt für die Missionsplaner, der Landeplatz soll eben sein. Es soll dort keine größeren Krater und Felsbrocken geben, die der Sonde gefährlich werden könnten. Sie könnte beim Aufsetzen auf einem Felsen umfallen oder aus einem Krater nicht mehr heraus kommen. Aus denselben Gründen scheiden Hügel, Gräben oder die Flanken der Vulkane aus. Zudem sollte der Landeplatz möglichst tief liegen, damit der Fallschirm die Sonde effektiv abbremsen kann.

Bisher waren Landeellipsen relativ groß, etwa 100 km lang und 20 km breit (die ellipsenförmige Gestalt kommt vom schrägen Eintritt in die Atmosphäre). Das bedeutete, die Missionsplanung musste ein Gebiet dieser Größe finden, das den Anforderungen genügte. Es bedeutete aber auch, dass es in einem Gebiet dieser Größe kaum Hügel gibt, kaum Gesteinsbrocken zur Untersuchung. Betrachtet man sich die aufgenommenen Fotos von Spirit, Opportunity und Phoenix, so fällt auf, dass an deren Landeort praktisch keine größeren Steine oder Erhebungen zu sehen sind. Nur bei Spirit lag in einigen Kilometern Entfernung eine kleine Hügelkette. Opportunity fuhr deswegen viermal weiter als Spirit, weil sie von einem Krater zum nächsten fahren musste, um an der Oberfläche liegendes Gestein untersuchen zu können. Dies ist natürlich nicht wünschenswert. Daher hat man sich bei der Mission des MSL viel Mühe gegeben, die Landeellipse auf 20 km in der größeren Achse zu verkleinern. Das erlaubt, schnell diese sichere Zone zu verlassen und geologisch interessante, aber eben auch riskantere Ziele zu erreichen.

Rückblickend muss man sagen, dass die USA bisher viel Glück bei ihren Landungen hatten. Vor der Landung von Spirit und Opportunity gab es vom Mars nur grob aufgelöste Aufnahmen. Bei den Viking Landesonden bestand das verfügbare Datenmaterial aus Aufnahmen der Orbiter mit einer Auflösung von rund 80 m. Es wurde ergänzt durch Radaruntersuchungen von der Erde aus, die Rückschlüsse über die Oberflächenrauigkeit im Bereich einiger Meter zuließen. Bei Pathfinder konnte das JPL auf höher auflösende Viking Orbiteraufnahmen zurückgreifen, die von einigen Gebieten mit 8 m Auflösung gab. Trotzdem war dies für eine Raumsonde mit nur etwa 2 m Größe noch zu grob. So setzte Viking Lander 1 nur 7 m neben einem rund 1,5 m langen und 1 m hohen Felsbrocken auf. Wäre die Sonde auf ihm gelandet, wäre sie sicher umgefallen und damit verloren gewesen.

Bei Pathfinder befand sich ebenfalls 5 m von der Sonde entfernt ein 1 m großer Felsen. Nur die Landezone von Viking Lander 2 war geprägt von kleinen, maximal 40 cm großen Felsbrocken.

Vergleicht man die Panoramen der Landeplätze, fällt sofort auf, wie viel mehr herumliegende Steine und Felsen es bei den ersten drei Missionen gab. Die Möglichkeit, durch die hochauflösenden Kameras an Bord des MGS und MRO Aufnahmen mit einer Auflösung von 1,4 m (bzw. 0,3 m) anzufertigen, führte dazu, dass heute Landeplätze mit derartigen Risiken von vornherein ausgeschlossen werden.

Das im Fachjargon als „**E**ntry **D**escent and **L**anding System" (EDL) bezeichnete Landesystem des MSL wurde völlig neu konzipiert, auch weil die Anforderungen wesentlich höher waren als bei bisherigen Landungen:

- Die maximale Landeabweichung soll bei nur 10 km liegen.

- Curiosity soll fähig sein, auch in höherem Gelände bis zu 1 km über dem Referenz-Geoid zu landen. Bisherige Landeplätze lagen stets unterhalb des Referenzgeoides.

Zuerst eine Erläuterung: Was ist ein Referenz-Geoid? Auf der Erde messen wir die Höhe bezogen auf den Meeresspiegel, weil fast 70% der Oberfläche mit Ozeanen bedeckt sind. Der Meeresspiegel ist daher bei uns die Referenz für die Höhe. Das Geoid beschreibt die Form der Erde, die keine ideale Kugel ist, sondern Abweichungen in Form von Kontinenten, Tiefseegräben, Bergen und Tälern hat. Definiert ist es über die Schwerkraft an der Oberfläche, sodass es nicht deckungsgleich zum Relief ist, weil Gesteine unterschiedliche Dichten haben. Die Nullhöhe wird aber auch beim Geoid durch den mittleren Meeresspiegel definiert.

Auf dem Mars gibt es keine Meere. Also hat man begonnen, eine künstliche „Meereshöhe" einzuführen. Beim Mars dient dazu ein Bodendruck von 6,1 mb. Dieser hat eine physikalische Bedeutung. Bei 6,1 mb liegt bei 0°C der Tripelpunkt von Wasser. Bei diesem Druck und dieser Temperatur kann Wasser als Wasserdampf, Eis und Flüssigkeit existieren.

Auf dem Mars liegen die Einschlagsbecken Hellas und Agyre unter dem Nullniveau, aber auch zahlreiche Ebenen, wie Utopia und Chryse, wo die beiden Viking Lander niedergingen. Über das Nullniveau erheben sich Vulkane, wie die gesamte Tharsisregion oder Olympus Mons.

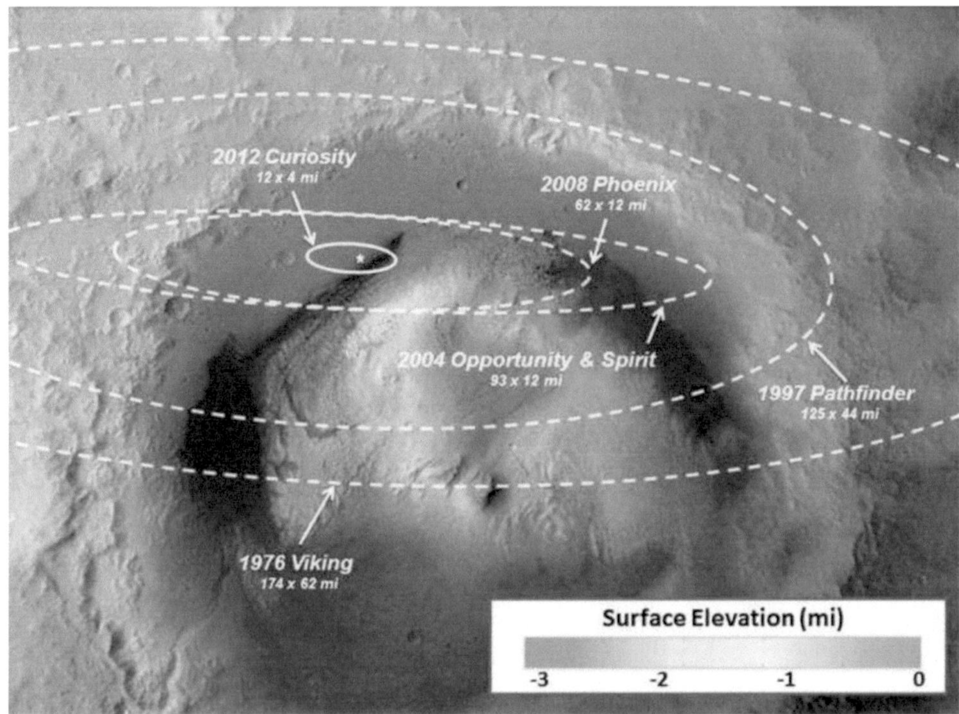

Abbildung 34: Die Landegenauigkeit von Curiosity, verglichen mit den Vorgängern

Die Aussage ist also dahin gehend zu verstehen, dass Curiosity in höher gelegenen Regionen und mit größerer Präzision landen kann als alle Vorgänger. Ausgelegt ist Curiosity für eine Landung zwischen 45° Nord und 45° Süd. Auch wenn das Gefährt durch den RTG nicht auf die Sonne als Energiequelle angewiesen ist, so sinken die Temperatur und Sonnenscheindauer bei höheren Breiten rasch ab. Beide Faktoren sprechen gegen einen zu polnahen Landeplatz.

Die geografische Länge ist durch die Geometrie beim Start und bei der Ankunft vorgegeben. Die Landung muss so erfolgen, dass sie von der Erde aus beobachtet werden kann. Sie muss am Tag erfolgen, da auch Aufnahmen beim Abstieg gemacht werden.

Natürlich muss auch das Gelände weitgehend frei von Felsen sein. Das Kriterium für ein geeignetes Gebiet ist, dass die Chance, auf einem Felsen von mehr als 0,6 m Höhe in einem Gebiet von 4 m² Fläche zu treffen, kleiner als 0,25% ist. Die Höhe ist dadurch definiert, dass

Curiosity dafür ausgelegt ist, Felsen von bis zu 0,55 m Höhe zu überwinden. Kleinere Brocken sind also unbedenklich und 4 m² ist die Fläche, die Curiosity auf der Oberfläche einnimmt. Anders als bei früheren Raumsonden gibt es seit 2005 die Möglichkeit, dieses Kriterium zu überwachen. Die HiRISE-Kamera des Mars Reconnaissance Orbiters hat eine Auflösung von 0,3 m pro Pixel, kann also so große Felsen noch abbilden.

Weitere Einschränkungen für die Landeplätze betreffen die Temperaturen und die Rückstrahlungsfähigkeit des Bodens für das Landeradar. Sie sind jedoch relativ unkritisch. Bedeutsamer ist, dass der Landeplatz auch gut erkundet werden kann. Das bedeutet, geologisch interessante Strukturen sollten nicht allzu weit vom Landeort entfernt sein, und sie sollten in der Missionszeit erreicht werden können. Unwegsames Gelände scheidet ebenso aus wie uninteressante Gebiete. Die Planung ist hier recht konservativ — das zu untersuchende Gebiet sollte maximal 20 km vom Landeplatz entfernt sein. Es wurden für Curiosity insgesamt vier Landeplätze vorgeschlagen:

Ort	Geografische Breite	Geografische Länge (Ost)	Höhe	Bemerkung
Mawrth Valles	23,99 Nord	341,04	-2,2 km	Extrem alte Region mit Felsen aus der Noachischen Ära, 3,7 bis 4,1 Milliarden Jahre alt.
Gale Krater	4,49 Süd	137,42	-4,4 km	Die am meisten diversifizierte Region, die auf dem Mars erreichbar ist.
Eberswalde Krater	23,90 Süd	326,74	-1,4 km	Ein Drainage Gebiet mit abgegrenzten Abflussrinnen.
Strahlen des Holden Kraters	26,40 Süd	325,16	-2,2 km	Weisen Schwemmablagerungen, stratigrafische Abschnitte, Flutablagerungen und Fundamentaufschlüsse auf.

In einem Workshop wurde im April 2011 als endgültiges Landeziel der Gale Krater bestimmt. Gale ist ein prominenter Krater, er war auch unter der Liste der Landeplätze für die MER-Raumsonden und die Exomars Mission. Charakteristisch für diesen Krater von 154 km Durchmesser ist, dass um seinen Zentralberg herum sehr viele Ablagerungen zu sehen sind. Sie bildeten sich über einen Zeitraum von 2 Milliarden Jahren. Es wird auch vermutet, dass der Krater einmal vollständig durch Sedimente aufgefüllt war. Spektrometer an Bord von Raumsonden konnten hydratisierte Sulfate und Phyllosilikate, wie sie in Lehm und Ton vorkommen, identifizieren. Das bedeutet, dass es dort einmal Wasser gab. Manche Forscher meinen auch, dass der Krater einmal von Wasser durchflossen wurde. Im Zentrum erhebt sich ein Zentralberg 5,5 km über die Ebene nördlich und 4,5 km südlich. Neben Hügeln durchziehen den Krater aber auch tiefe Canyons wie im US-Bundesstaat Colorado. Er wurde nach dem australischen Astronomen Walter Frederick Gale benannt, der 1892 Marsoasen und Kanäle beschrieb. Er kann leicht mit dem 230 km großen Galle Krater verwechselt werden, der nach Johann Gottfried Galle, dem Entdecker des Planeten Neptun benannt ist. Er war bisher der prominentere der beiden Strukturen, weil er durch Berge im Inneren des Kraters aussieht wie ein „Smiley".

Curiosity wird nordwestlich des Zentralbergs in einer der am tiefsten gelegenen Zonen landen. Sie kann zum Zentralberg sich bewegen oder in die andere Richtung, in der es Canyons gibt. Es wird spannend sein zu sehen, welche Gebiete die Raumsonde erkundet.

Abbildung 35: Schrägansicht des Gale Kraters mit der eingezeichneten Landeellipse von Curiosity

Die Raumsonde

Das Mars Science Laboratory (MSL) besteht aus fünf einzelnen Teilen, wobei allerdings nur der Rover „Curiosity" aktive Forschung betreibt. Die anderen Teile dienen im Prinzip dazu, den Rover sicher auf der Marsoberfläche abzusetzen. Die einzelnen Teile sind:

- Die Cruise Stage, welche die Aufgabe hat, die Landekapsel mit dem Rover zum Mars zu transportieren.

- Die Kapsel (Aeroshell), in der sich der Rover befindet. Sie besteht wiederum aus zwei Teilen: der Backshell, mit der die Kapsel an der Cruise Stage angebracht ist und dem vorderen Hitzeschutzschild, der die Kapsel beim Wiedereintritt vor der Reibungshitze schützt.

- Die Abstiegsstufe (Descent Stage) hat die Aufgabe, mit einem Fallschirm und später mit Triebwerken den Rover auf die Oberfläche abzuseilen. Dann hat auch sie ihre Schuldigkeit getan, entfernt sich vom Rover und schlägt einige Hundert Meter von ihm entfernt auf.

Komponente	Gesamtmasse (JPL Website/Press Kit)	davon Treibstoff (JPL Website/Press Kit)
Cruise Stage:	600 / 539 kg	200 / 139 kg
Backshell:	349 kg	
Hitzeschutzschild:	382 kg	
Abstiegsstufe:	1.219 kg	390 kg
Gesamt Abstiegssysteme:	1.950 kg / 2.401 kg	
Curiosity:	850 / 899 kg	
Gesamtgewicht:	3.402 kg / 3.893 kg	590 kg / 429 kg

Von 3,4 bis 3,9 t Startmasse landen also nur 899 kg „nützliche" Masse. Das sind 25%. Immerhin ist dies noch deutlich mehr, als bei den beiden letzten Rovern, die nur 16,4% der Startmasse ausmachten. Es gibt unterschiedliche Angaben, je nachdem ob man die JPL-Website oder die NASA Presseinformationen als Basis nimmt. Ich habe daher beide Angaben übernommen.

Die Cruise Stage

Die Cruise Stage („Reiseflug-Stufe") hat nur eine einfache Aufgabe. Sie soll die Aeroshell zum Mars bringen und korrekt für die Landung ausrichten. Es handelt sich bei ihr um eine zylinderförmige Struktur, die auf einer Seite den Adapter zur Trägerrakete besitzt und auf der anderen Seite den Rover in seiner Hülle trägt. Die äußere Struktur ist mit Streben versteift und besteht aus Aluminium. Die Oberseite mit dem Adapter zur Atlas ist mit Solarpaneelen belegt, die Strom für die Cruise Stage liefern. An der Unterseite gibt es einen Radiator, der überschüssige Wärme abstrahlt. Durch ihn zirkuliert eine Kühlflüssigkeit, die Wärme aus dem Inneren der Stufe zum Radiator führt. Solange die Cruise Stage nahe der Erde ist, erwärmt die Sonne sie stark und die Radiatoren strahlen die überschüssige Wärme in den Weltraum ab. Blank polierte Außenseiten verhindern auch eine zu starke Erhitzung der Cruise Stage. Nahe des Mars ist das Gegenteil der Fall. Ohne aktive Heizung würden einige Systeme der Cruise Stage zu stark auskühlen und z.B. der Treibstoff ausfrieren. An den Tanks befinden sich daher elektrisch betriebene Heizelemente. Darüber hinaus sind Systeme, die nicht zu stark auskühlen dürfen, auch isoliert.

In der Mitte der Cruise Stage befindet sich eine Antenne mit mittlerer Bündelung des Signals. Sie erlaubt einen dauerhaften Kontakt mit der Erde, wenn auch die Datenrate trotz der hohen Leistung von 100 Watt nicht sehr hoch ist. Über sie empfängt die Cruise Stage auch ihre Kommandos. Während des Fluges rotiert die Cruise Stage mit zwei Umdrehungen pro Minute um ihre eigene Achse. Diese langsame Rotation stabilisiert die Raumsonde und bewirkt eine gleichmäßige Erwärmung. Um die räumliche Lage feststellen zu können, verfügt die Stufe über zwei Star-Tracker Kameras. Das sind Kameras, die eine Aufnahme des Sternenhimmels machen. Sie vergleichen dann diese Aufnahme des Himmels mit einem gespeicherten Sternkatalog und ermitteln so die Lage der Sonde im Raum.

Die Position relativ zur Erde wird durch funktechnische Vermessung des Kommunikationssignals von den Bodenstationen ermittelt. Beide Informationen sind wichtig, weil es eine Hauptaufgabe der Cruise Stage ist, die Raumsonde präzise auszurichten. Dafür wird die Stufe im Laufe ihrer Reise bis zu sechs Bahnveränderungsmanöver (TCM: **T**rajectory **C**orrection **M**aneuver) durchführen. 200 kg Hydrazintreibstoff befinden sich dafür in zwei Tanks aus Titan mit einem Durchmesser von je 48 cm. Ein weiterer Tank enthält hochkomprimiertes Helium, der die Treibstofftanks unter Druck setzt. Acht kleine Triebwerke zersetzen das Hydrazin und das entstehende Heißgas liefert dann einen kleinen Schub. Die Steuerung der Cruise Stage und die gesamte Verarbeitung der Daten erfolgt dabei im Bordcomputer des Rovers.

Kurz vor dem Eintritt in die Marsatmosphäre durchtrennen pyrotechnisch angetriebene Schneidwerkzeuge die Kabelverbindungen und Spannbänder, welche Cruise Stage und Aeroshell elektrisch und mechanisch verbinden. Nun ist der Rover auf sich alleine gestellt. Die Cruise Stage verglüht ohne Hitzeschutzschild in der Marsatmosphäre. Es ist nicht vorgesehen sie in eine Umlaufbahn zu bringen und sie ist dafür auch nicht konstruiert. Dazu müsste sie nach der Abtrennung (die früher erfolgen müsste) ihren Kurs erst ändern und dann am Mars die Geschwindigkeit um etwa einen Kilometer pro Sekunde reduzieren. Dafür gibt es weder die Treibstoffvorräte, noch können dies die Triebwerke leisten: Bei 5 N Schub müssten sie mehr als einen Tag arbeiten und da sich die Cruise Stage dreht können sie nur im Pulsbetrieb aktiv sein, sodass es wohl eher fünf Tage wären. Da die Cruise Stage keine Experimente trägt und auch keine Empfangsantenne für Curiosity wäre sie im Marsorbit nutzlos.

Die Cruise Stage des MSL wiegt beim Start 600 kg. Ihr Anteil am Gesamtgewicht wurde bei den letzten Missionen laufend gesenkt, wie folgende Tabelle zeigt:

	Cruise Stage	Gesamtgewicht	Anteil
Pathfinder:	304 kg	895 kg	33,4%
Mars Polar Lander:	207 kg	618 kg	33,5%
Mars Exploration Rovers:	235 kg	1.062 kg	22,1%
Phoenix:	82 kg	664 kg	12,4%
Mars Science Laboratory:	539 kg	3.893 kg	13,8%
Cruise Stage (Daten JPL Website / Presskit)			
Abmessungen:	4,40 m Durchmesser 0,60 m Höhe		
Gewicht:	600 / 539 kg beim Start, 400 kg ohne Treibstoff		
Stromversorgung:	12,8 m² Solarzellen (6 Panels) 2.500 Watt nahe der Erde, mindestens 1.060 Watt beim Mars		
Maximal benötigte Leistung:	800 Watt		
Sendeleistung:	100 Watt		
Triebwerke:	16 in zwei Gruppen zu je 5 N Schub		

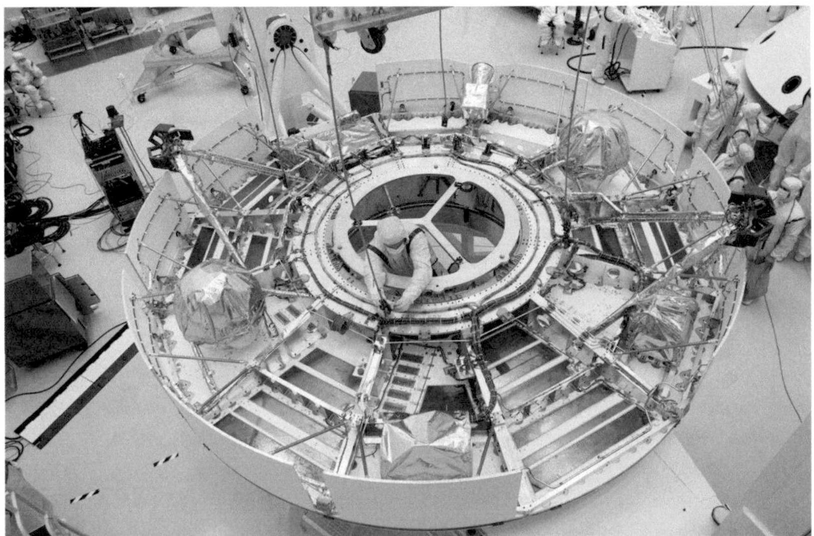

Abbildung 36: Blick auf die Unterseite der Cruise Stage. Außen die Radiatoren, in Folie umhüllt die Tanks für Treibstoff und Druckgas, An Streben die Triebwerksbefestigung (noch ohne Triebwerke)

Abbildung 37: MSL mit der Cruise Stage (oben) und dem Landeapparat (unten)

Die Aeroshell

Eingepackt ist der Rover in die Aeroshell. So wird die linsenförmige Kapsel bezeichnet, welche ihn beim Abstieg durch die Marsatmosphäre schützt. Sie hat auch noch eine zweite Funktion: Sie soll eine Kontamination des Mars mit irdischen Bakterien ausschließen. Seit den frühen sechziger Jahren macht sich die NASA Gedanken, wie verhindert werden kann, dass irdische Mikroben auf den Mars gelangen. Curiosity wird zu diesem Zweck möglichst keimfrei gemacht. Dazu werden, soweit es geht, die Oberflächen mit Desinfektionslösung behandelt. Die Aeroshell verhindert danach eine Neukontamination. Die erste Generation Viking hatte sogar einen „Bioshield", der innerhalb der Hülle mit ihren Löchern für Triebwerke und Sensoren angebracht war.

Inzwischen sind die Sterilisierungs- und Abschirmungsmaßnahmen nicht mehr ganz so rigide. Vor allem wird der Rover mit bakteriziden Tüchern gereinigt. Nach NASA Angaben sollen nur etwa 300.000 Mikroorganismen die Sterilisation überleben. So gab es Befürchtungen, dass Bakterien vom Rover auf den Mars gelangen können. In den Profilen der Räder könnten sie die Reise überleben. Anders als frühere Rover wird Curiosity sofort nach der Landung auf dem Marsboden aufsetzen, während Spirit und Opportunity Tage auf ihrer Landeplattform blieben. Genügend Zeit, dass die solare UV-Strahlung den Bakterien in den Radprofilen den Garaus machen kann. Einige Wissenschaftler sorgen sich daher über eine Kontamination des Mars, da diese Sterilisationszeit nun wegfällt.

Die Aeroshell besteht aus zwei Teilen, dem vorderen Hitzschutzschild und der hinteren Backshell. Der Hitzeschutzschild ist wesentlich stärker als die Backshell, nicht nur wegen der Schutzschicht aus PICA, die sich beim Wiedereintritt bis auf 2100 °C aufheizt. Er wird auch durch sehr hohe Kräfte von bis zu 475.000 N (entsprechend einer Last von 47,5 t auf der Erde) belastet. Die Rückseite muss zwar auch einen Teil der Last aufnehmen, ist aber viel geringeren Kräften ausgesetzt und kann daher leichter gefertigt werden.

Die Backshell ist der größere Teil von beiden. Die Struktur besteht aus Aluminium in Honigwabenbauweise zwischen Graphit-Epoxidverkleidungen. Die Honigwaben verbinden eine hohe strukturelle Festigkeit mit geringem Gewicht. Das Graphitepoxidmaterial ist dagegen thermisch erheblich belastbarer und leichter als Aluminium. Auf der Backshell sind eine schwenkbare und eine festmontierte Antenne niedriger Leistung zur Kommunikation mit den Bodenstationen montiert. Dazu kommt eine UHF-Antenne für die Kommunikation mit den Orbitern.

Der wesentlich kürzere vordere Hitzeschutzschild hat die Form eines stumpfen Kegels. Er besteht aus einer Trägerstruktur, auf der das Ablatormaterial PICA aufgetragen ist.

In der Backshell befindet sich auch der Fallschirm, welcher fast so groß wie der Landefallschirm der Apollokapsel ist. Es handelt sich dabei um den größten Fallschirm, der bisher bei einem Raumfahrzeug auf dem Mars eingesetzt wurde. Er befindet sich in einem Zylinder, wird durch einen Mörser herausgeschleudert und dabei entfaltet. Sein Design basiert auf den Viking Fallschirmen. Da die Viking Lander aber deutlich leichter waren, musste der Durchmesser des Fallschirms von 16,15 auf 21,50 m vergrößert werden. Während der Fallschirm vorwiegend aus Nylon gefertigt ist, bestehen stark beanspruchte Teile und die 80 Leinen aus Kevlarfasern. Anders als bei vielen bemannten Raumfahrzeugen wird beim MSL schon aus Gewichtsgründen nur ein einziger Fallschirm verwendet.

Abbildung 38: Blick auf den Hitzeschutzschild und Curiosity und die Decent Stage in der Backshell

Fallschirmsystem	
Durchmesser:	21,50 m
Länge:	33,50 m
Verpackt:	0,5 × 1,0 m

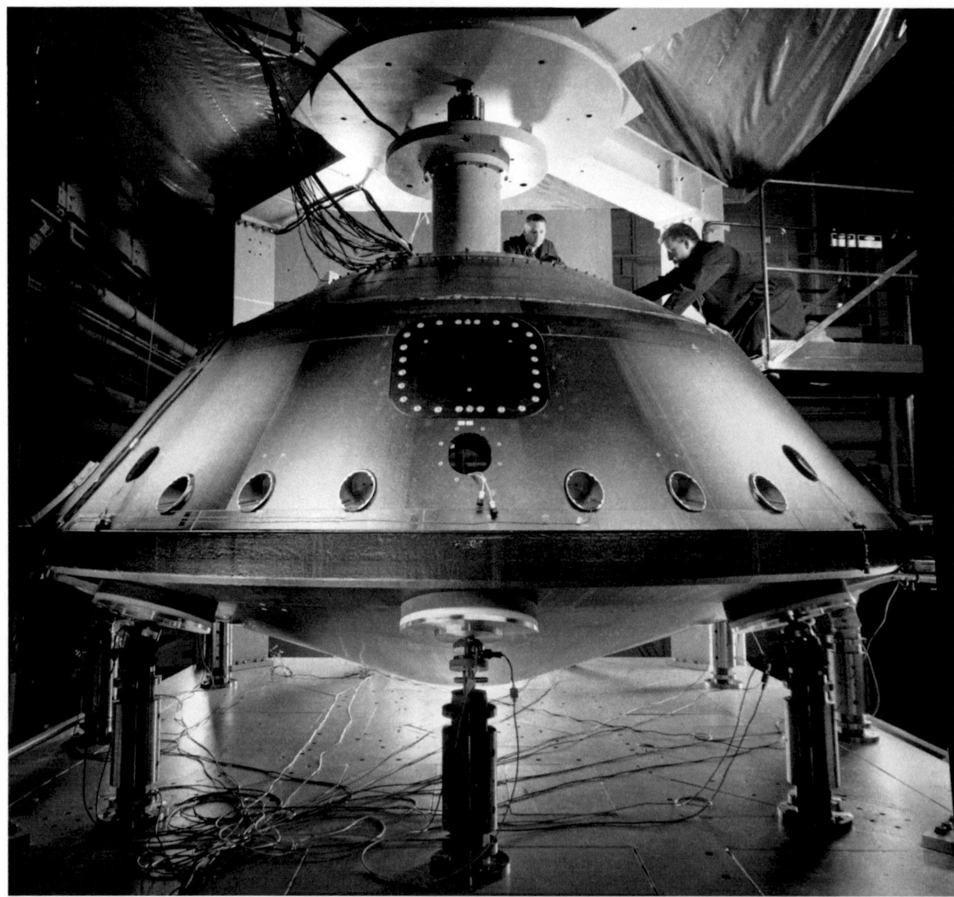

Abbildung 39: Montage der Aeroshell beim Hersteller © des Fotos: Lockheed Martin

Die Descent Stage

Bis wenige Meter über dem Marsboden begleitet die Descent Stage oder Abstiegsstufe den Rover. Sie wird das wohl Riskanteste am ganzen Unternehmen durchführen — die Landung nach dem „SkyCrane" Verfahren.

Die bisherigen Marsautos waren Nutzlasten ihrer Descent Stage und waren auf ihr angebracht. Die beiden letzten Rover landeten wie Mars Pathfinder zuerst durch einen Fallschirm abgebremst und dann durch Airbags. Aufgrund des Gewichts von MSL scheidet diese Landeform aus, weil in diesem Fall die Airbags platzen würden. Diese mussten schon bei den bisherigen Rovern nachgebessert werden, da sie bei Tests versagten.

Die zweite Möglichkeit ist die Landung mit Raketentriebwerken, wie sie Viking, der Mars Polar Lander und Phoenix durchführten. Doch hier ergab eine nähere Untersuchung, dass dann die Abstiegsstufe inakzeptabel groß gewesen wäre. Dadurch wäre zu wenig Platz für den Lander geblieben oder man hätte die Aeroshell vergrößern müssen – mit weiteren negativen Folgen für die Gewichtsbilanz. Eine Herausforderung wäre dann auch das Herunterrollen von der recht hohen Abstiegsstufe gewesen.

So kam man auf die heutige Konstruktion, bei der der Rover unter der Abstiegsstufe hängt und an Seilen herabgelassen wird.

Aktiv wird die Abstiegsstufe nach der Abtrennung von der Cruise Stage. Sie wird nicht einmal eine Stunde arbeiten müssen und hat die einzige Aufgabe, das Labor weich auf der Oberfläche abzusetzen. Ist dies geschehen, dreht sie ab und schlägt „kontrolliert" in der Nähe des Landeorts auf, so zumindest der Originalton des JPL.

Die Descent Stage besteht zuerst einmal aus einem sechseckigen Stern aus Aluminiumstreben. Sie bilden das eigentliche Gerüst der Stufe. An den Spitzen des Sterns sind an vier Enden die Triebwerke angebracht. So können die Abgase nicht auf den Roboter prallen. Dieser befindet sich in der Mitte, wo der Stern eine Höhle hat. In dem Gerüst über der Aufhängung sind die Treibstoff- und Druckgastanks untergebracht. Zwei Düsenpaare ragen aus der Aeroshell heraus. Sie haben die Aufgabe, die Rotation nach dem Abtrennen zu stoppen. An einem weiteren Ausleger befindet sich das Landeradar. Es sendet am Rover vorbei Pulse nach unten und zur Seite. Auf der Descent Stage befinden sich eine Antenne niedriger Leistung und eine UHF-Antenne.

Abbildung 40: Die Decent Stage mit dem Gerüst, den Treibstofftanks und Auslegern für das RADAR und die Triebwerke.

Curiosity

Curiosity ist mehr als viermal so schwer sie seine Vorgänger und hat nicht nur die Masse, sondern auch die Abmessungen eines Autos.

Die Entwicklung von autonomen Navigationssystemen machte zwischen dem kleinen Rover Sojourner und Curiosity enorme Fortschritte. Sojourner hatte nur eine kleine Intelligenz, wurde von der Erde jeweils zum nächsten Untersuchungsobjekt geschickt und fuhr maximal einige Meter am Stück. Bei Sojourner betrug die maximale Fahrtstrecke 7,70 m pro Tag und er legte in drei Monaten 101,6 m zurück.

Die nächste Generation waren die beiden 2004 gelandeten MER. Sie waren dafür ausgelegt, maximal 100 m pro Tag zu fahren, insgesamt etwa 10 km. Die maximale Fahrtstrecke am Tag ist vorgegeben durch die Leistung des Antriebssystems, die maximale Fahrtleistung durch die Lebensdauer von Verschleißkomponenten wie Räder, Motoren und Achsen, die sich während des Betriebs abnutzen. Wie weit der Rover pro Tag fährt, wird dann von Sicherheitsregeln bestimmt. Wichtig ist auch, ob es interessante Dinge gibt, bei denen angehalten werden soll. So gab es beim Landplatz von Spirit mehr Steine, Felsen, Hügel und andere zu untersuchenswerte Objekte. Opportunity landete hingegen in einem Gebiet, wo Wasser eine Sedimentschicht ablagerte. Das ist vergleichbar mit einem ausgetrockneten Flussbett oder See. Die Gegend war weitgehend frei von Hindernissen, aber auch frei von Untersuchungsobjekten, sodass Opportunity zeitweise deutlich mehr als 100 m pro Tag zurücklegte.

Während des nun schon mehrjährigen Betriebs wurde die Software zur Steuerung der Rover laufend verbessert. Anfangs erforderten sie noch einen hohen Betreuungsaufwand, später bekamen sie immer mehr Autonomie zugesprochen und

Abbildung 41: Blick auf das Fahrwerk von Curiosity

werteten die Aufnahme ihrer Navigationskameras selbstständig aus. Curiosity wird noch ausgeklügeltere Algorithmen einsetzen. Es gibt drei Modi mit unterschiedlichen Höchstgeschwindigkeiten:

- Wenn das Labor geradeaus fahren kann und keinerlei aktive Planung erfolgt (z.B. weil es ein Gebiet wie Opportunity's Landegebiet durchquert), erreicht es eine Höchstgeschwindigkeit von 2,5 m/min.

- Bei Planung der Route durch die Software mit aktiver Hindernisvermeidung sinkt die Geschwindigkeit auf 1,25 m/min.

- Im Modus, in dem die Bilder der Kameras laufend genutzt werden, um den Fortschritt der Fahrt zu überprüfen, sinkt die Höchstgeschwindigkeit auf 0,6 m/min.

Bei einer Fahrtdauer von einer Stunde entspricht dies einer Strecke von 9, 4,5 und 2,4 km. Da für die Primärmission eine Distanz von 20 km vorgesehen ist, wird der Rover nur einen kleinen Teil der Betriebszeit fahren. Er macht auch regelmäßige Stopps entlang der Strecke und macht neue Aufnahmen und aktiviert einige Instrumente wie DAN oder REMS.

Der Rover besitzt sechs Räder mit einem Durchmesser von 50 cm. Die beiden mittleren Räder sind um 83 mm gegenüber den vorderen und hinteren Radpaaren versetzt. Daraus resultiert eine gute Bodenfreiheit, und das Fahrzeug kann besser in Gelände fahren, das mit größeren Felsbrocken übersät ist, als dies die beiden bisherigen Fahrzeuge konnten. Das Fahrwerk ist für eine Gesamtstrecke von mindestens 20 km ausgelegt. Auf dem Profil der Räder sind Aussparungen angelegt, wie beim Fahren auf dem Mars die Buchstaben JPL im Morsecode „— ··· ···“ wiedergeben.

Rover Curiosity	
Gewicht:	899 kg
Länge:	3,00 m
Breite:	2,20 m mit Rädern, 1,20 m Körper
Höhe des Instrumentendecks:	1,10 m
Höhe des Mastes:	2,20 m
Bodenfreiheit:	0,66 m

Die Stromversorgung

Alle Landesonden seit Viking bezogen ihre Energie aus Solarzellen. Tagsüber wurden damit Batterien aufgeladen. Nachts wurden mit dem Batteriestrom die wichtigsten Systeme betrieben und die Sonden beheizt. Schließlich kann es nachts auf dem Mars schon mal -70°C kalt werden.

Obwohl Spirit und Opportunity damit schon viele Jahre betrieben werden, ist dies riskant. Jenseits des Äquators nimmt jahreszeitlich bedingt die Sonneneinstrahlung im Winter ab, und die Temperaturen sinken. Das hat zur Folge, das zum einen mehr Leistung für die Heizung benötigt wird und zum anderen die verfügbare Leistung abnimmt. Je nach Landeort muss dann die Raumsonde über Monate untätig sein und im sogenannten Schlafmodus alle nicht notwendigen Systeme abschalten oder sie kann in den nördlichen Breiten nur wenige Monate lang betrieben werden, bis die Sonnenscheindauer einen kritischen Wert unterschreitet und Systeme ausfallen. Sowohl Pathfinder als auch Phoenix fielen aus, weil ihre Batterien versagten. Bei Spirit war während seiner Mission die Leistung immer geringer als bei Opportunity und schließlich wohl auch eine der Ursachen für den Ausfall.

Dagegen bezogen die beiden Viking Lander ihren Strom aus Radioisotopen-Thermogeneratoren (RTG). Das dahintersteckende Prinzip ist recht einfach. Ein radioaktives Element zerfällt und gibt dabei Wärme ab. Thermoelemente wandeln diese Wärme direkt in Strom um. Allerdings ist diese Art der Stromversorgung sehr teuer und es gibt vor dem Start derartiger Sonden großen Widerstand seitens Umweltgruppen. Das ist auch ein Grund, warum die letzten Sonden alle Solarzellen nutzten. Für Curiosity wurde wegen des viel größeren Stromverbrauchs wieder eine nukleare Stromversorgung gewählt. Die Cruise Stage kann aufgrund ihrer großen Oberfläche Solarzellen für die Stromversorgung nutzen.

Teuer sind RTG, weil das für ihren Betrieb verwendete Isotop Plutonium 238 (Pu-238) nicht als Abfallprodukt beim normalen Betrieb von Atomkraftwerken anfällt, sondern in speziellen Reaktoren „erbrütet" werden muss. Um Pu-238 gewinnen zu können, müssen zwei Bedingungen erfüllt sein. Zum einen muss der Reaktor die Bildung eines Vorproduktes begünstigen. Dies ist zum Beispiel bei einem Schwerwasserreaktor oder einem Graphitreaktor (Tschernobyltyp) der Fall. Zum anderen muss man die Brennstäbe nach kurzer Betriebszeit oder im laufenden Betrieb schnell austauschen können. Leichtwasserreaktoren wie die bundesdeutschen Typen müssen dazu aufwendig und zeitraubend heruntergefahren werden.

Schwerwasserreaktoren sind heute die bevorzugte Quelle für Plutonium. Dazu werden zuerst alte Brennstäbe aufgearbeitet. In Brennstäben entsteht aus Uran 235 unter anderem das Isotop Neptunium Np-237. Dieses hat eine sehr große Halbwertszeit von über 2 Millionen Jahren und unterscheidet sich chemisch von Plutonium und Uran. Es kann also leicht abgetrennt werden.

^{235}U + Neutron → ^{236}U + Gammastrahlung
^{236}U + Neutron → 237 U → ^{237}Np + Betastrahlung

Aus dem Neptunium werden neue Brennstäbe gefertigt. Diese Brennstäbe werden in einem Schwerwasserreaktor dem Beschuss von hochenergetischen Neutronen ausgesetzt. Dabei wird Pu-238 gebildet.

^{237}Np + Neutron → ^{238}Np → ^{238}Pu + Betastrahlung

Der limitierende Faktor ist das im ersten Schritt gebildete Neptunium. Sein Anteil beträgt nur 0,1% des gebildeten Plutoniums. Ein großes Kernkraftwerk der 1.000 MW Klasse produziert lediglich 1 kg Neptunium pro Jahr. Früher gab es in den USA mehr Reaktoren, die Neptunium synthetisieren, weil sie für die Produktion von Plutonium für Kernwaffen genutzt wurden. Wahrscheinlich gilt das Gleiche für Russland. Beide Mächte haben innerhalb von zwei Jahrzehnten je etwa 30.000 Atom- und H-Bomben gebaut, wobei jede Wasserstoffbombe eine Atombombe als Zünder für die Kernfusion beinhaltet. Die Anforderungen an die Reaktoren sind identisch, und so fiel bei der Gewinnung des atomwaffentauglichen Pu-239 auch Neptunium-237 an, aus dem man Plutonium-238 erzeugte.

Die USA beendeten ihre Produktion von Pu-238 schon 1988. Seitdem erwarben sie das Material aus Russland. Derzeit gibt es nur einen Vorrat von rund 10 kg. Russland ist nun nicht mehr bereit, weiteres Plutonium zu liefern. So gibt es seit einigen Jahren einen Plan, die Produktion in den USA neu aufzunehmen. Geplant ist die Produktion von 1,5 kg Material pro Jahr. Die Kosten betragen rund 10 Millionen Dollar pro Kilogramm. Bisher blieb es bei den Plänen, vor allem wegen der enormen Kosten.

Obwohl der RTG von Curiosity „Multi-Mission Radioisotope Thermoelectric Generator" (MMRTG) heißt, wird er der einzige seiner Art sein. Der Grund liegt zum einen darin, dass andere Missionen, die ihn einsetzen sollten, gestrichen wurden oder ihre Umsetzung fraglich ist. Zum anderen wird derzeit an einer Technologie geforscht, um Wärme besser in Strom umzuwandeln. Bei den MMRTG geschieht dies durch Thermoelemente, deren Wirkungsgrad sehr gering ist. Er beträgt bei den MMRTG lediglich 7%. Seit Jahren arbeitet die NASA an Stirling-RTG (SRG). Diese setzen einen Stirling Motor ein, um Wärme in Strom umzuwandeln. Dessen Wirkungsgrad erreicht 20%. Das bedeutet, es wird erheblich weniger Plutonium für dieselbe elektrische Leistung benötigt. Die RTG werden dadurch entscheidend billiger. Der MMRTG benötigt 3,5 kg Plutonium und kostet 36 Millionen Dollar. Ein SRG mit derselben Leistung braucht hingegen weniger als 1 kg Material und wird entsprechend billiger zu produzieren sein.

Im generellen Aufbau unterscheidet den MMRTG nur wenig von den bei den Raumsonden Galileo, Ulysses, Cassini und New Horizons eingesetzten GPHS-RTG. Der Name kommt von den Elementen, welche den Strom liefern, den GPHS (**G**eneral **P**urpose **H**eat **S**ource).

Die kleinste Einheit eines RTG ist ein mit Iridium umhülltes Plutoniumdioxidpellet. Vier Pellets mit jeweils 151 g Plutonium und einer Größe von 5×5×10 cm bilden die kleinste organisatorische Einheit, das GPHS-Modul. Ein RTG besteht aus mehreren solcher Module. Ein Modul wiegt 1,44 kg und gibt beim Start 250 Watt Wärme ab. Acht dieser Module, also 32 Pellets, bilden den MMRTG. Plutoniumoxid ist ein keramisches Material. Der Plutoniumanteil beträgt etwa 84%. Es ist chemisch weitgehend inaktiv und ähnelt in seinem Verhalten anderen Metalloxiden wie Aluminiumoxid. Wenn es durch Druck und Temperatur zerstört wird, zerfällt es wie Keramik in kleine Bruchstücke, verdampft aber nicht wie metallisches Plutonium. Zur weiteren Sicherheit ist das Material in einzelnen Modulen mit eigener Abschirmung unterbracht, sodass die Bruchgefahr kleiner als bei einem einzelnen Block ist.

Die vier Pellets eines Moduls sind vom eigentlichen Thermoelement umgeben, um aus der Wärme Strom zu gewinnen. Die Wirkungsweise eines Thermoelementes beruht darauf, dass ein geringer Strom fließt, wenn zwei unterschiedliche Metalle verbunden und erwärmt werden. Die Höhe des Stroms hängt vom Temperaturunterschied und den verwendeten Metallen ab, aber selbst bei modernen RTG ist der Wirkungsgrad gering. Bei den MMRTG werden neue Thermoelemente auf Basis von Bleitellurid, verbunden mit einer Legierung aus Silber, Antimon und Tellur eingesetzt.

Der erste Schutz vor Beschädigung besteht aus einer 2 mm dicken Iridiumschicht, welche ein Modul umgibt. Iridium ist ein Edelmetall, welches in seinen physikalischen und chemischen Eigenschaften mit Platin vergleichbar ist. Es schützt vor der Alpha (α) Strahlung des Plutoniumoxids. Zudem ist Iridium chemisch sehr reaktionsträge, sehr reißfest, plastisch verformbar und schmilzt erst bei 2454 Grad Celsius.

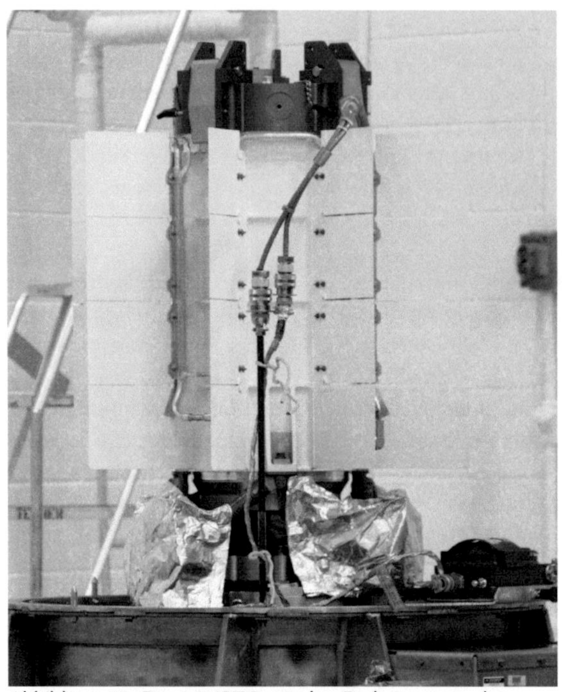

Ein zweiter Schutzschild besteht aus Graphit. Graphit ist leichtgewichtig und schmilzt nicht, sondern sublimiert bei 3370 Grad Celsius. Sollte ein Behälter also in die Erdatmosphäre eintreten, so wird das Graphit die Energie des Wiedereintritts aufnehmen, und wie ein Hitzeschutzschild verdampfen. Bei Raumschiffen treten beim Wiedereintritt weitaus geringere Temperaturen von maximal 1600 bis 2000 Grad Celsius auf. Zum Beispiel werden die Flügelkanten des Space Shuttle maximal 1650°C heiß. Raketendüsen werden aus diesem Grund mit Graphit ausgekleidet. Dieser Graphitschutzschild wurde gegenüber der letzten Generation um 20% verstärkt. Außen befinden sich Radiatoren, das sind schwarz angestrichene Metallteile, welche die über-

Abbildung 42: Der MMRTG mit den Radiatoren an der Außenseite

schüssige Wärmeenergie des RTG zur Vermeidung einer Überhitzung in den Raum abstrahlen. Ein Überdruckventil entlässt das Heliumgas, das beim Zerfall des Plutonium-238 in Uran-234 entsteht.

Beim Start liefert der MMRTG eine Leistung von 125 Watt, welche dann langsam absinkt. Plutonium 238 hat eine Halbwertszeit von 87,4 Jahren. Das bedeutet, dass die Wärme nach dieser Zeit auf die Hälfte abgefallen sein sollte. Dies korrespondiert aber nicht mit der elektrischen Leistung, welche nach 14 Jahren noch 100 Watt betragen sollte. Ursprünglich sollten sich die MMRTG gegenüber den früheren Typen durch eine geringere Abnahme der Leistung auszeichnen. Diese sinkt zum einen durch den radioaktiven Zerfall des Plutoniums. Zum anderen auch durch die Degradation der Thermoelemente, die schließlich über Jahre den hohen Temperaturen ausgesetzt sind. Da der MMRTG aber schon 2009 fertiggestellt wurde, als noch von einem Start in diesem Jahr ausgegangen wurde, nahm die Leistung ab dem Herstellungsdatum schon ab. Bei einem Test vor dem Start wurde festgestellt, dass der produzierte Strom schneller absinkt als vorgesehen. Das hat bisher nur die Auswirkung, dass im Winter die Batterien länger aufgeladen werden müssen. Die Batterien dienen zum Abpuffern des Spitzenstrombedarfs. Es könnte jedoch auch die Missionsdauer begrenzen, die bei den beiden letzten Marsrover deutlich länger als die Primärmission war. Nach Planungen sollte der Strom des RTG für mindestens 6 Marsjahre, also über 11 Erdjahre einen Betrieb von Curiosity ermöglichen.

Der MMRTG befindet sich außerhalb des Rovergehäuses. Seine Abwärme wird ins Innere des Rovers geleitet, wo sie Computer, Batterien und andere Teile heizt, die nicht auskühlen dürfen. Dies beeinflusst nicht die Stromausbeute und spart Heizelemente, die bei früheren Fahrzeugen eingesetzt werden mussten. Auch diese bestanden aus Plutoniumoxid, das durch seine Wärmeabgabe als Heizung fungiert.

Die NASA hat wie bei jedem Start mit einem RTG untersucht, wie wahrscheinlich eine Freisetzung des radioaktiven Materials bei einem Fehlstart ist und welche Auswirkung diese hätte. Das Ergebnis war, dass die Wahrscheinlichkeit für einen Fehlstart nur 3,3% betrug. Die Wahrscheinlichkeit, dass dabei auch Plutonium freigesetzt wird, beträgt 0,4%. Zu nur 0,2% ist es wahrscheinlich, dass dies nahe der Startzone geschieht und das Plutonium über Land oder befischten Regionen freigesetzt wird. Wenn dies geschieht, so ist mit einer zusätzlichen Belastung von 5 bis 10 mrem pro Jahr zu rechnen. Die durchschnittliche Belastung mit Strahlung aus natürlichen und künstlichen Quellen beträgt in den USA durchschnittlich 360 mrem pro Jahr. Die mögliche Zusatzbelastung entspricht also einer zusätzlichen Strahlendosis von 1,5% bis 3% des Durchschnittswerts.

Die Entwicklung des MMRTG war kostenintensiv. Zusammen mit dem Ministerium für Energie wurden für Entwicklung und Einbau über 200 Millionen Dollar ausgegeben. Er liefert dafür auch pro Tag dreimal so viel Energie wie den letzten Rovern zur Verfügung stand und davon wird weniger für die Heizung benötigt. Zudem ist Curiosity so unabhängig von der Sonne und hätte bis zum 60 Breitengrad landen können. Dagegen konnten Spirit und Opportunity nur nahe am Äquator operieren, wo die Sonneneinstrahlung maximal und weitgehend unabhängig von den Jahreszeiten ist. Der maximale Breitengrad von 60 Grad ist dadurch vorgegeben, dass es auch auf dem Mars Jahreszeiten gibt. Sie führen dazu, dass im Winter, je weiter man polwärts kommt, die Nächte immer länger werden. Ab einem bestimmten Breitengrad geht die Sonne nicht mehr auf, ein Phänomen, das man auf der Erde als Polarnacht bezeichnet. Da das JPL nicht die wissenschaftliche Arbeit wegen der Polarnacht über Monate einstellen wollte, wurde daher der 60. Breitengrad als maximale Grenze gesetzt.

MMRTG	
Gewicht:	43 kg
Abmessungen:	64 cm Durchmesser, 66 cm Länge
Plutoniumgehalt:	4,8 kg
GPHS Module:	32
Wärmeabgabe zu Missionsbeginn:	1.900 Watt (2009: 2000 Watt)
Leistung bei Missionsbeginn:	125 Watt
Stromverbrauch Curiosity:	110 Watt
Betriebsdauer:	> 14 Jahre, dann Leistung abgesunken auf 100 W

Für die Deckung des Spitzenstrombedarfs werden noch zwei Lithium-Ionenbatterien mit einer Kapazität von je 42 Ah mitgeführt. Sie werden mehrmals pro Marstag auf- und wieder entladen. Um sie aber zu schonen und ihre Lebensdauer zu erhöhen, ist nur eine vollständige Entladung während der Primärmission geplant. Im Normalbetrieb werden die Batterien nur teilweise entladen.

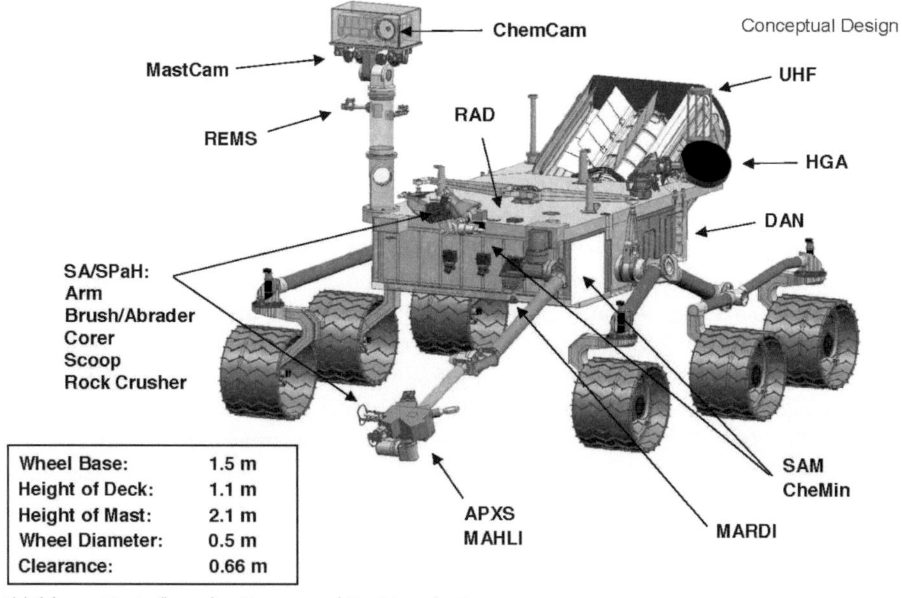

Abbildung 43: Aufbau des Rovers und Position der Instrumente

Hitzeschutzschild

Es erregte Aufsehen, als die Projektleitung beschloss, 23 Monate vor dem Start das Material für den Hitzeschutzschild auszuwechseln. Im Normalfall gehört die Wahl des Hitzeschutzschildes zu den Basisentscheidungen, die zu Beginn eines Projektes gefällt und dann nicht mehr geändert werden. Die ursprüngliche Wahl war SLA-561V. Dieses Material wurde schon bei Viking, Mars Pathfinder, Phoenix, Spirit, Opportunity sowie anderen NASA-Raumsonden eingesetzt. Es besteht aus Kork, Glasfasern und Silikaten, eingebettet in eine Trägerstruktur mit Honigwabenrippen und ausgehärtet durch Phenolharz. SLA-561V ist ein leichtes Material für niedrige Spitzenbelastungen. Es wird abgetragen, wenn die Wärmeaufnahme 110 W/cm² übersteigt, und ist geeignet bis zu einer Spitzenbelastung von 300 W/cm².

Beim MSL ist diese maximale Belastung erheblich höher als bei früheren Marsmissionen und liegt bei 234 W/cm². Obwohl dies noch in dem Bereich ist, der von SLA-561V abgedeckt wird, entschloss sich die NASA, auf ein neues Material auszuweichen — PICA (**P**henolic **I**mpregnated **C**arbon **A**blator). Dieses Material (durch Phenolharz imprägnierte Kohlefasern) wurde von der NASA für sehr hohe Temperaturbelastungen entwickelt, wie sie beim Atmosphäreneintritt mit Fluchtgeschwindigkeit in einem steilen Winkel auftreten. Es ist ausgelegt für eine Spitzenbelastung von 1.200 W/cm², das entspricht der 10.000-fachen Sonneneinstrahlung mittags in der Wüste Sahara. PICA bewies seine Eignung bei der Rückkehr der Stardust-Raumsonde 2006, als deren Kapsel mit der bisher höchsten Geschwindigkeit eines Raumfahrzeugs in die Erdatmosphäre eintrat. Die hohe Belastung beim MSL ergibt sich durch die Größe des Hitzeschutzschildes. Er ist mit einem Durchmesser von 4,5 m der größte seiner Art. Die letzten Landesonden hatten nur einen Schutzschild mit einem Durchmesser von 2,2 m. Selbst die Apollokapsel hatte nur einen von 3,9 m Durchmesser. Die Belastung ist, anders als man zuerst vermutet, um so höher, je größer der Durchmesser ist. Im Prinzip wirkt der Hitzeschutzschild als Bremse und hier gilt — die Bremswirkung ist um so größer, je größer die Fläche ist. Allerdings erhitzt er sich auch wie eine Bremse und so ist die thermische Belastung höher, wenn auch für eine kürzere Zeit. Die Eintrittsgeschwindigkeit vom MSL ist dabei nicht einmal besonders hoch. Sie liegt mit bis zu 6,1 km/s deutlich unter dem Maximum von 7,5 km/s, welches Pathfinder erreichte.

Der Wechsel auf PICA, dass noch leichter als SLA-561V ist, war umstritten, weil bisherige PICA-Schilde klein und aus einem großen Stück gefertigt waren. Nun galt es, einen größeren Schild aus kleinen Kacheln zu konstruieren. Die NASA bestellte über 250 Kacheln und machte mehr als 2.000 Tests, um sicher zugehen, dass das Material geeignet war.

Kommunikation

Was die Anforderungen an die Kommunikation anbelangt, wird zwischen zwei Missionsphasen unterschieden. Während des Flugs zum Mars erfolgt die gesamte Kommunikation über die Cruise Stage, die in dieser Phase auch der aktivere Teil der Raumsonde ist. Der Rover ist inaktiv. Er wird nur ab und an durchgecheckt und sein „Gesundheitsstatus" wird anhand der Telemetrie überwacht. Diese gibt Auskunft über den Zustand der Systeme, Temperaturen, Spannungen und andere Parameter.

Nach der Abtrennung von der Cruise Stage werden die beiden Kommunikationssysteme von Curiosity aktiv. Eines kann mit den Marssatelliten Kontakt aufnehmen und das andere mit den Bodenstationen auf der Erde kommunizieren. Während der Landung sind beide Systeme aktiv, um in jedem Falle Daten von diesem Manöver zu erhalten, auch wenn es scheitern sollte. Das JPL will vermeiden, wie 1999 eine Raumsonde bei der Landung zu verlieren und dann mangels Daten nicht einmal den Grund dafür zu wissen.

Nach der Landung wird die Funkverbindung über die beiden amerikanischen Orbiter Vorrang haben. Über diese sind hohe Datenraten möglich, und die Antennen benötigen keine besondere Ausrichtung. Allerdings besteht eine Funkverbindung mit den Satelliten nur rund 8 Minuten lang, weil die Orbiter sich auf nahen Umlaufbahnen befinden und daher das Landgebiet schnell überfliegen. Viel länger kann zur Erde gesendet werden, pro Tag über einige Stunden. Doch die Datenrate ist durch die größere Entfernung und die kleine Antenne sehr viel kleiner.

Die beiden Sende- und Empfangssysteme von Curiosity sind unterschiedlich. Es gibt neben zwei Frequenzbereichen (Kommunikation mit den Orbitern oder mit der Erde) auch unterschiedliche Antennen. Die Cruise Stage verfügt über eine eigene Antenne mittlerer Leistung in der Mitte der Solarpaneele oberhalb des Rovers. Ihr Verstärkungsfaktor gegenüber einer Rundstrahlantenne, oft auch „Gewinn" genannt, ist nur mäßig. Eine Rundstrahlantenne strahlt ihr Signal in alle Richtungen ab. Dieses kann also auch dann auf der Erde empfangen werden, wenn die Antenne nicht auf die Erde ausgerichtet ist. (Ausnahme: Die Sonde steht sich selbst im Weg, weil sich die Antenne auf der abgewandten Seite der Sonde befindet.) Die Datenrate ist klein, weil sich die Sendeleistung auf eine große Fläche verteilt. Trotzdem haben diese Rundstrahlantennen (andere Bezeichnungen: Omni-Antennen, Low-Gain Antenna) ihre Berechtigung — ohne Ausrichtung erlauben sie in jeder Situation eine sichere Kommunikation, auch wenn die Raumsonde ein Problem hat und sich von der Erde wegdreht. Man benötigt dann auf der Erde starke Sender und stark bündelnde Antennen, um

Kommandos zur Sonde zu senden oder Daten zu empfangen. Diese Antennen sind aber eine Versicherung dafür, dass immer eine Kommunikation möglich ist.

Am oberen Ende des Leistungsspektrums befindet sich die sogenannte High-Gain Antenna (Antenne hoher Leistung oder auch Hochgewinnantenne, HGA). Sie bündelt meistens mit einem kleinen Parabolspiegel das Signal des Senders, bzw. reflektiert alle Signale, die vom Parabolspiegel empfangen werden, in den Brennpunkt, wo sich Sender und Empfänger befinden. Je größer der Parabolspiegel ist, desto mehr Fläche hat er (wichtig fürs Empfangen), bzw. desto stärker bündelt er (wichtig beim Senden). Bedingt durch die Platzarmut in der Landekapsel setzt Curiosity eine kleine Parabolantenne ein. Da die meisten Daten über die Marsorbiter übertragen werden, hat das JPL bewusst darauf verzichtet, eine große Parabolantenne zu verwenden.

Die MGA (Mittelgewinnantenne) liegt in ihrer Leistung zwischen der Hochgewinnantenne und Rundstrahlantenne. Es genügt, sie grob auf das Ziel auszurichten.

MGA (Cruise Stage)	
Antennengewinn:	18,1 db (Empfangen), 19,2 db Senden
Winkel, bei dem die Signalstärke auf die Hälfte (3 db) abfällt:	10,3 Grad (Empfangen) 9,2 Grad (Senden)
Signalabfall bei 20 Grad Abweichung:	6,29 db (Empfangen) 7,53 db (Senden)
Sendeleistung:	100 Watt
Maximale Datenrate:	25 kbit/s

Die MGA ist das einzige Antennensystem auf der Cruise Stage. Dagegen verfügen Hülle, Abstiegsstufe und Rover über mehrere Antennen.

Der direkte Kontakt mit der Erde erfolgt im X-Band. Dieses Frequenzband wird seit 1977 für die Kommunikation mit US-Raumsonden genutzt, es hat allerdings in den letzten Jahren Konkurrenz durch das Ka-Band erhalten. Im Ka-Band operiert z.B. der MRO. Es bietet bei gleicher Sendestärke und Antennengröße eine höhere Datenrate, hat allerdings den Nachteil, dass es störungsempfindlicher ist. So ist die Verfügbarkeit geringer, es kann also sein, dass man Daten erneut übertragen muss, weil vor allem Wettereffekte den Empfang stören. Daher arbeitet Curiosity nur im X-Band.

Curiosity hat eine Hochgewinnantenne (HGA) von 28 cm Durchmesser an Bord. Sie ist an einem Mast montiert und kann in zwei Achsen geschwenkt werden, wobei die Ausrichtung auf die Erde auf 5 Grad genau erfolgt. Das klingt nach einem großen Fehler, doch die kleine Antenne deckt beim Senden einen Winkel von 20 Grad ab, sodass die Ausrichtung nicht sehr genau erfolgen muss. Der Sender hat eine Leistung von 15 Watt, das reicht aus, um zwischen 500 und 32.000 Bit pro Sekunde zur Erde zu senden. Der niedrige Wert ist gegeben, wenn die maximale Entfernung zwischen Erde und Mars erreicht ist und sie sich nahe des Horizonts befindet (Entfernung dann rund 400 Millionen km). Der hohe Wert ist möglich, wenn die minimale Entfernung erreicht ist. Wird die Mission verlängert, sodass die Sonde bei der nächsten Opposition noch aktiv ist, so kann sie durch die dann noch geringere Entfernung sogar 62,5 kbit/s erreichen. Da die Datenrate quadratisch mit der Entfernung abnimmt, schwankt sie sehr stark.

HGA	
Abmessungen:	Sechseckig 25,5 × 29,4 cm.
Antennengewinn:	20,2 db (Empfangen), 25,2 db Senden
Winkel, bei dem die Signalstärke auf die Hälfte (3 db) abfällt:	19,7 Grad (Empfangen) 24,1 Grad (Senden)
Signalabfall bei 5 Grad Abweichung:	17,3 db (Empfangen) 20,4 db (Senden)
Sendeleistung:	15 Watt
Datenrate Senden:	10 Bit/s bis 62.500 Bit/s
Datenrate Empfangen:	7,8125 bis 4.000 Bit/s
Empfangsfrequenz:	7,1 GHz
Sendefrequenz:	8,4 GHz

Über das X-Band bekommt die Raumsonde auch direkte Kommandos, was sie als Nächstes tun soll. Durchschnittlich 15 Minuten pro Tag werden neue Pläne zur Raumsonde mit einer Datenrate von 1-2 kbit/s übertragen. Das gesamte Datenvolumen beträgt nur 225 kbit pro Tag. Größere Änderungen der Software werden über die Orbiter übertragen.

UHF

Die Kommunikation mit den Orbitern geschieht über eine Rundstrahlantenne in Helixform, welche sich auf dem Dach des Rovers befindet. Diese Art der Kommunikation ist bewährt und wurde von allen Landesonden seit Pathfinder eingesetzt, auch vom europäischen Lander Beagle. Daher könnte auch Mars Express die Daten von Curiosity empfangen. Das ist allerdings nicht für den regulären Betrieb vorgesehen. Curiosity verfügt wie der MRO über eine Neuentwicklung der UHF-Sende- und Empfangsanlage mit der Bezeichnung „Elektra". Diese kann im Unterschied zum älteren Modell die Datenrate dynamisch anpassen.

Passiert der MRO die Curiosity in kürzerer Entfernung, so ist die Datenrate höher, als wenn der Orbiter weit entfernt ist. Steigt der Orbiter hoch über den Horizont, so ist sie höher als nahe am Horizont, wo Reflexionen stören. Zusammmen mit dem niedrigeren Orbit des MRO (entsprechend kleinerer Entfernung) resultiert so eine sehr hohe Datenrate von bis zu 2 Millionen Bits/s.

Die Kommunikation ist auch mit Mars Odyssey möglich, doch kann hier die Datenrate nicht dynamisch angepasst werden. Mit Mars Odyssey sind nur zwei feste Datenraten mit 128.000 und 256.000 Bit/s möglich. Welche genutzt wird, wird anhand der Entfernung und maximalen Höhe über dem Horizont von der Missionskontrolle festgelegt.

Das UHF-Band nutzt drei Frequenzen, die niedrigste liegt bei nur 8,250 kHz. Sie wird während des Abstiegs genutzt, um eine sichere Datenübertragung bei niedrigen Verzögerungszeiten zu gewährleisten. Die Datenrate liegt hier bei nur 8 kbit/s. Die nächsthöhere bei 33 kHz ist eine Frequenz, die primär genutzt wird, wenn es um die sichere Datenübertragung geht. Hier können 2 bis 32 kbit/s übertragen werden. Der normale Betrieb erfolgt bei 2,0625 MHz. Auf dieser Frequenz werden wissenschaftliche Daten mit bis zu 2 Mbit/s übertragen.

Die genannten Datenraten sind „Rohdatenmengen". Da der Empfang gestört sein kann, werden zusätzlich zu den Daten noch weitere Informationen übertragen. Sie erlauben es, fehlerhafte Bits bis zu einem bestimmten Maße zu korrigieren. Zum Einsatz kommen der Reed-Solomon Code und der Turbocode. Der Reed-Solomon Code wird auch auf CDs eingesetzt, um etwa kleinere Kratzer und den dabei entstehenden Datenverlust zu überbrücken.

Zweimal pro Marstag („Sol") ist eine Kommunikationssitzung mit den US-Orbitern geplant. Während dieser Zeit wird der Rover andere Aktivitäten herunterfahren. Dies geschieht schon 15 Minuten, bevor ein Orbiter am Horizont auftaucht und noch 10 Minuten nach der Passage. Die Zeit danach ist notwendig, wenn größere Datenmengen zum Rover übertragen werden. Diese Softwareupdates müssen dann erst verarbeitet werden. Direkte Kommandos werden über die HGA übertragen.

Geplant ist eine Datenmenge von mindestens 250 Mbit/Sol (Mittelwert), vor allem über den MRO. Er sollte um 3:00 Uhr und 15:00 Uhr den Landeort überfliegen. Bis zu 15 Minuten lang ist er in Sendereichweite. Das Datenvolumen schwankt aber stark. Alle fünf Tage erreicht es ein Minimum von 200 Mbit/Tag. Das Maximum kann über 850 Mbit pro Tag liegen.

UHF System	
Frequenzen Descent Stage und Aeroshell (Uplink)	8.250 Hz 33.000 Hz 2.062.500 Hz
Frequenzen Rover Downlink	401,585625 MHz 404,4 MHz 397,5 MHz
Downlinkdatenraten	8, 32, 128, 256 kbit über Odyssey bis zu 1,35 Mbit/s (netto) / 2 Mbit/s (brutto) über MRO
Frequenzen Rover Uplink	437,1 MHz 435,6 MHz 439,2 MHz
Uplinkdatenraten	8, 32 kbit über Odyssey 8, 16,32, 64,128, 256 kbit über MRO
Sendeleistung	8,5 Watt

Steuerung

Das Herz einer jeden Raumsonde ist das **C**ommand and **D**ata **H**andling Subsystem (C&DH). Dieser alte Ausdruck trifft die Situation bei Curiosity aber nicht ganz. Früher war es wirklich so, dass Raumsonden durch Kommandos gesteuert wurden, wie „Schwenke den Mast um 30 Grad nach links", „Fahre 10 s lang mit 50% der Maximalkraft nach vorne" oder „Mache ein Bild mit 10 ms Belichtungszeit". Es gab die Möglichkeit, diese Kommandos zu Listen zusammenzufassen und zu bestimmten Zeiten ablaufen zu lassen. Bei Orbitern, die im freien Weltraum operieren und nicht mit einem Felsen zusammenstoßen können, ist dies auch heute noch so. Bei Mars Express braucht man z.B. 50 Kommandos um ein einziges HRSC Bild anzufertigen und die Daten zu verarbeiten. Bei den Rovern ist dies aber unpraktikabel. Bei dieser Vorgehensweise würde man nur so weit fahren können, wie vorher geplant wurde. Dies ist natürlich davon abhängig, wie gut man die Umgebung auf den Kameras sieht. Die beiden letzten Rover wurden daher immer autonomer. Sie bekamen eine neue Software, welche die Bilder der Navigationskameras selbstständig auswertete und danach Hindernissen auswich. Curiosity wird noch autonomer sein und ein noch leistungsfähigeres Computersystem einsetzen. Es wird daher nicht mehr als CD&H, sondern als „**R**over **C**ompute **E**lement" (RCE) bezeichnet.

Bei allem steht jedoch die Sicherheit im Vordergrund. So beinhaltet das Betriebssystem auch Routinen für Safe-Modes. Geschieht ein unvorhergesehenes Ereignis, so stellen diese sicher, dass der Rover nicht beschädigt wird. Die Instrumente werden deaktiviert. Wenn sie Abdeckungen haben, werden diese geschlossen, um eine Beschädigung zu vermeiden. Es wird Strom gespart, um die Heizung der lebenswichtigen Systeme zu gewährleisten. Curiosity wartet dann auf ein Kommando von der Erde. Der Roboter sendet in regelmäßigen Abständen einen Statusbericht über die Niedriggewinnantennen, damit diese auch die Bodenkontrolle erreichen, wenn die Hauptantenne nicht korrekt ausgerichtet ist.

Das RCE setzt den RAD750 Prozessor ein. Dieser ist eine Variante des PowerPC 750 Prozessors, der früher auch im Apple Macintosh eingesetzt wurde. Technologisch entspricht er ungefähr dem Pentium II und hat die Leistung eines PCs aus dem Jahr 1998. Ein 2011 neu gekaufter PC ist ungefähr hundertmal leistungsfähiger als der RAD750. Beim Arbeitsspeicher ist die Differenz nicht so groß. Eingesetzt werden spezielle strahlungsgehärtete Bauteile. Für sie gibt es eigene Produktionsstraßen, und deren Kosten steigen mit zunehmender Komplexität rapide an. Doch spart man an dieser Stelle, kann es zum Ausfall kommen. Der Verlust von Phobos Grunt zeigt die Folgen sehr drastisch. Der RAD750 ist spezifiziert für eine maximale Dosis von 200 krad. Tödlich für einen Menschen wäre schon eine Dosis von 0,5 bis 1 krad.

Vom RAD750 wurden bisher nur etwa 100 Stück in den Weltraum gestartet. Die Investitionskosten für einen Prozessor, der in der Leistung mit einem heutigen PC vergleichbar wäre, würden diesen sehr teuer machen. Trotzdem ist der Prozessor das leistungsfähigste verfügbare Exemplar. Die Aufgabe des RAD750 ist die Steuerung einer Raumsonde, nicht die Darstellung von Grafik, mit der ein PC-Prozessor größtenteils beschäftigt ist. Dafür wird viel weniger Rechenleistung benötigt. Der Bordcomputer ist doppelt vorhanden. Eine Einheit ist immer aktiv, die Zweite wird aktiviert, wenn die Erste ausfallen sollte.

Der Arbeitsspeicher besteht aus „normalem" DRAM, allerdings mit Fehlerkorrektur. Auch diese Bausteine sind strahlengehärtet. Als Massenspeicher (Ersatz für eine Festplatte) wird Flash-Speicher, also derselbe Typ, der in USB-Sticks oder Speicherkarten steckt, eingesetzt. Dazu kommt ein kleiner Festwertspeicher. Er enthält das Bootprogramm und elementare Routinen, welche der Rover braucht. Er entspricht dem BIOS (**B**asic **I**nput-**O**utput **S**ystem) Ihres PCs, das auch für den Start des Rechners und das Ansprechen der Hardware nötig ist. Dieser besteht aus EEPROM und ist bis zum Start der Raumsonde neu programmierbar. Zum Löschen ist eine hohe Spannung notwendig, für die der Chip in ein Programmiergerät gesetzt werden muss. Daher kann es nach dem Start nicht mehr verändert werden. Verglichen mit den Bordrechnern der letzten Generation ist der Rechner um den Faktor zehn leistungsfähiger. Als Betriebssystem wird das Echtzeitsystem VxWorks eingesetzt.

Die Instrumente verfügen jeweils über ihre eigene Elektronik. Sie wird als DPU (**D**ata **P**rocessing **U**nit) bezeichnet. Sie verarbeitet die Messdaten und speichert diese auch ab, bis sie vom Bordrechner zur Erde übertragen werden. Seinen Speicher kann der Bordrechner exklusiv für seine Programme und Daten nutzen. Alleine die von Malin Space entwickelte DPU für die Kameras verfügt mit 8 Gbyte Speicher über viermal mehr Arbeitsspeicher als der Bordrechner von Curiosity. Sie muss die Bilder von vier Kamerasystemen zwischenspeichern.

Zur Steuerung gehört nicht nur der Rechner, sondern auch eine IMU (**I**nertial **M**easurement **U**nit). Unter diesem sperrigen Begriff wird ein Gerät verstanden, das die Elektronik über die augenblickliche räumliche Lage informiert, also ob der Rover ganz eben steht, eine Seite erhoben ist oder wohin die Front schaut.

Für die Navigation bedient sich der Rover Kameras, die nur zur Bestimmung des Wegs dienen. Die Software, welche Curiosity steuert, unterscheidet sich nicht gravierend von den Programmen der letzten Rover. Sie basiert darauf, dass der Rover zwar einen Pfad vorgegeben bekommt, die Bilder aber nutzt, um größere Hindernisse auf dem Weg zu umfahren. Dazu hält der Rover an und macht Aufnahmen der Umgebung, die dann intern ausgewertet werden. Je nach Gelände kann so das Wegstück, das zwischen den Stopps zurückgelegt wird, bis zu 50 m lang sein. Je unwegsamer die Gegend ist, desto kürzer ist diese Wegstrecke, desto mehr Stopps für neue Aufnahmen gibt es und desto geringer ist die tägliche Fahrtstrecke. Curiosity sollte vor allem durch seine Fähigkeit, größere Hindernisse zu überqueren, die größere Bodenfreiheit und die höhere maximale Schräglage längere Strecken zurücklegen können. Es sind in einem Gelände mit vielen Steinen auf dem Boden weniger Zwangspausen für eine Neuplanung nötig, als bei den kleineren Gefährten der Vorgängergeneration.

Bordcomputer Curiosity	
Prozessor:	BAE RAD750 10,4 Millionen Transistoren 200 MHz Taktgeschwindigkeit 200 krad Strahlentoleranz 4,3 Millionen Stunden MTBF (Mean Time between Failures)
Maximale Geschwindigkeit:	400 MIPS (Millionen Instruktionen pro Sekunde)
Technologie:	0,15 µm CMOS
Speicher:	256 MByte DRAM
Massenspeicher:	2 GB Flash-RAM
Festwertspeicher:	256 kbyte EEPROM

Antriebssystem

Wie das Kommunikationssystem ist auch das Antriebssystem doppelt vorhanden. Eines ist in der Cruise Stage vorhanden, um während der interplanetaren Reise den Kurs zu ändern, die Sonde zu drehen und auszurichten. Ein Zweites ist in der Abstiegsstufe aktiv. Es reduziert in der Endphase der Landung die Fallgeschwindigkeit, um schließlich das Labor an Seilen herabzulassen, während die Abstiegsstufe weiter über dem Boden schwebt.

In beiden Systemen wird Hydrazin katalytisch zersetzt. In der Abstiegsstufe ist es in zwei Tanks aus Titan untergebracht. Dazu gibt es einen weiteren Druckgastank mit Helium, welcher das Gas für die Förderung des Hydrazins liefert. Helium und Hydrazin sind im Tank durch ein Diaphragma getrennt, und diese Membran presst das Hydrazin an die Tankwand.

Die Triebwerke in der Abstiegsstufe basieren wie ihre Vorgänger auf dem schon für Viking entwickelten Design und wurden nur leicht verbessert. Ihr Vorteil besteht darin, dass der Schub regulierbar ist. Sie zersetzen Hydrazin zu Stickstoff, Wasserstoff und Ammoniak, das als heißes Gas ausgestoßen wird. Der Schub wird durch den Eingangsdruck reguliert.

Triebwerke Abstiegsstufe	
Anzahl der Triebwerke:	8
Maximaler Schub pro Triebwerk:	3060 N
Minimaler Schub pro Triebwerk:	400 N
Maximaler Förderdruck:	4136 hPa (4,136 bar)
Ausströmgeschwindigkeit der Gase:	2187 m/s bei 3060 N 2089 m/s bei 1500 N
Regelgenauigkeit:	5% des Nennschubs
Treibstoff:	387 kg (92 kg gelten als Reserve)

Fahrwerk

Das Fahrwerk des Rovers nutzt die Erfahrungen, die man bei den letzten Rovern gewonnen hat. Die Räder haben den doppelten Durchmesser der Räder von Opportunity und Spirit. Damit ist der Rover mobiler – er kann gegenüber seinen Vorgängern größere Felsen überfahren und Vertiefungen überqueren. Er sollte auch einfacher zu navigieren sein, da er weniger Umwege fahren muss. Ob die Missionskontrolle diesen Vorteil ausnutzt, wird sich zeigen. Bisher war es so, dass die Missionsüberwachung immer auf „Nummer sicher" ging, also im Zweifelsfall auch Hindernisse umfahren hat, welche die Rover eigentlich überqueren konnten. Maximale Fahrtstrecke und Geschwindigkeit sind daher nur als theoretische Höchstwerte zu betrachten.

Das Fahrwerk wurde ausgelegt für eine Fahrtstrecke von 20 km, das ist doppelt so viel wie bei den beiden letzten Marsautos. Jedes Rad hat einen eigenen Antriebsmotor. Die beiden vorderen und hinteren Räder verfügen noch über einen zweiten Motor, mit dem sie gelenkt werden können. Dadurch verfügt Curiosity über einen kleineren Wendekreis als seine Vorgänger und ist beweglicher. Vor allem die Motoren für die Räder wurden verbessert. Die Motoren der MER waren für 2,5 Millionen Umdrehungen ausgelegt, die für Curiosity hingegen schon für über 45 Millionen. Der mechanische Antrieb ist erheblich weniger Verschleiß als bei den letzten Exemplaren unterworfen.

Verbessert wurde auch das Gewichtsausgleichssystem. Es verhindert eine instabile Lage durch den Verlust des Bodenkontaktes der Räder, wenn der Rover einen Felsen überquert. Das System soll eine Schräglage von bis zu 45 Grad ausgleichen. Allerdings greifen die Routinen für die Gefahrenvermeidung ein, wenn eine Schräglage von 30 Grad erreicht ist, und stoppen das Fahrwerk.

Die Räder bestehen aus Aluminium und haben Löcher in der Lauffläche, welche vor allem der visuellen Kontrolle der zurückgelegten Strecke dienen. Sie erzeugen ein Muster auf dem Boden, das von den Navigationskameras aufgenommen wird. Die mittleren Radpaare sind um 83 mm nach außen versetzt.

Über die Fahrleistungen sowie die Fähigkeit, Hindernisse zu überwinden, gibt es leicht schwankende Angaben, die auf der Art des Hindernisses und der Beschaffenheit der Strecke beruhen.

Fahrwerk	
Räder	6
Motoren	6 Antriebsmotoren 4 Drehmotoren
Raddurchmesser	50 cm
Bodenfreiheit	60 cm
Maximale Schräglage	45 Grad
Größte passierbare Hindernisse	Gräben von 50 cm Durchmesser Felsen von bis zu 55-74 cm Höhe
Maximale Geschwindigkeit	90 m/Stunde
Typische Fahrtstrecke	30 m/Stunde

Abbildung 44: Detailansicht auf die Räder von Curiosity. Gut sichtbar ist die Befestigung der vorderen und hinteren Räder und der Versatz des mittleren Rades.

Chassis

Das Chassis besteht zur Gewichtseinsparung aus Aluminium. Mechanisch stark beanspruchte Teile, wie Aufhängung und Radspeichen, bestehen aus Titan. Ein Teil der Abwärme des RTG, der sich hinter dem Chassis befindet, wird genutzt, um die Elektronikbox direkt unterhalb des Experimentendecks zu erwärmen. Ihre Position wurde so gewählt, damit zusammen mit ihr auch die darüber liegenden Instrumente erwärmt werden.

Bei Viking befanden sich die RTG noch näher am Chassis. Die externe Position hat den Vorteil, dass der RTG erst kurz vor dem Start montiert werden konnte. Durch die nun besser kühlenden Radiatoren ist der Wirkungsgrad höher. Außerdem ist der Generator so weiter von den Instrumenten und der Elektronik entfernt und stört diese weniger durch seine Neutronen- und Alphastrahlung.

Die Temperaturen auf dem Mars weisen sehr große Tag- und Nachtunterschiede auf, da die Atmosphäre dünn ist und es keine Ozeane als Wärmespeicher gibt. Curiosity ist dafür ausgelegt, bei Temperaturen von bis zu -70°C zu arbeiten und hat daher ein eigenes Temperaturkontrollsystem. Temperaturempfindliche Instrumente befinden sich im Chassis des Rovers, so z.B. CheMin und SAM. Nur die Probeneinlässe befinden sich auf der Oberseite des Decks. Im Innern des Rovers geben Elektronik und Instrumente Wärme ab. Reicht dies nicht aus, so gibt es noch elektrisch betriebene Heizelemente an Stellen, die nicht auskühlen dürfen. Das „Heat Rejection System" ist ein Netzwerk von Leitungen, die durch das Chassis führen. Im Inneren des Rovers sind 60 m dieser Leitungen verlegt, in denen eine Flüssigkeit zirkuliert, die von der Abwärme des MMRTG aufgeheizt und durch eine Pumpe umgewälzt wird.

Navigation

Während der interplanetaren Phase navigiert das MSL wie jede andere Raumsonde auch. Sie verfügt über Startrackerkameras und Laserkreisel als eigene Systeme, und ihr Signal wird von der Erde verfolgt und vermessen. Ein Startracker ist eine Kamera, die bewusst defokussiert ist. Sterne erzeugen auf dem Chip so eine verschmierte Wolke. Dadurch kann man zum einen sehr leicht helle Pixel, die durch kosmische Strahlung erzeugt werden, von den Sternen unterscheiden. Zum andern erlaubt es die verschmierte Wolke, die Position eines Sterns subpixelgenau zu lokalisieren, indem man die theoretische Mitte berechnet. Eine Software nimmt nun die hellsten „Wolken", berechnet ihre relative Position zueinander und vergleicht diese mit einem Katalog von Sternen, in dem die Helligkeit und absolute Position enthalten ist. Damit ist ermittelbar, wohin die Kamera beim Aufnahmezeitpunkt schaute, und die absolute Position im Raum ist bestimmbar. Als kleiner Nachteil kann die Kamera nur sehr helle Sterne nutzen, weil ihr Licht nun auf mehrere Pixel verteilt ist.

Die Abstiegsstufe verfügt über Laserkreisel als interne Referenz. Bei einem Laserkreisel wird ein Laserstrahl durch einen halbdurchlässigen Spiegel in zwei Einzelstrahlen aufgeteilt. Diese durchlaufen unterschiedliche Wege. Sie werden an einem Punkt wieder vereinigt, wobei sie sich, wenn der Weg genau gleich lang ist, gegenseitig auslöschen, sodass die Helligkeit minimal ist. Bewegt sich die Sonde, so erreicht ein Strahl den Detektor eher, da nach Einstein für den anderen die Zeit gedehnt bzw. verkürzt ist. Die Strahlen löschen sich nicht mehr aus. Es verbleibt eine Helligkeit, mit der man die Beschleunigung für diese Raumachse berechnen kann. Mit drei senkrecht aufeinander stehenden Laserkreiseln kann man die Beschleunigung in allen drei Raumachsen messen. So weiß die Abstiegsstufe immer, wie schnell und in welche Richtung sie sich gerade bewegt. Die Bezeichnung „Laserkreisel" beruht darauf, dass früher für diese Messung mechanische Kreisel genutzt wurden. Diese wurden durch die Laser ersetzt, wobei man die Bezeichnung beibehielt. Mit einem Kreisel haben sie nichts zu tun, es gibt keinerlei rotierende Teile. Zusätzlich informiert auch das RADAR nach Abtrennung des Hitzeschutzschildes über Geschwindigkeit und Höhe über dem Boden.

Auch der Rover verwendet Laserkreisel als interne Referenz. Dazu kommen noch Sensoren, welche die Neigung messen. Er muss aber auch die Landschaft um sich herum kennen. Daher gibt es auf dem Deck vier Kameras, die nicht für die Wissenschaft gedacht sind, sondern nur für die Navigation und daher auch **Navcams** heißen. Die Anforderungen an sie waren:

- Anfertigen von Kontextaufnahmen der Umgebung für die Planung der Fahrtstrecke und genaue Ausrichtung der Mastcams
- Anfertigen von 360 Grad Panoramen mit einer Auflösung von < 1 mrad
- Anfertigen von Stereoaufnahmen bis 100 m Entfernung
- Es sind keine Farbaufnahmen notwendig.

Die Kameras befinden sich auf dem Mast, der auch die wesentlich größeren Mastcams trägt. Es sind zwei Paare, die sich jeweils an der linken und rechten Außenseite des Querbalkens befinden. Dadurch haben sie einen Abstand von 42 cm und erlauben Stereoaufnahmen. Benötigt und aktiv ist nur ein Paar, das Zweite ist aus Redundanzgründen installiert worden.

Die Kameras selbst sind Nachbauten der Kameras der MER mit der einzigen Änderung, dass ein leistungsfähigeres Heizelement ihren Betrieb auch bei tieferen Temperaturen erlaubt. Sie weisen Normalbrennweite auf. Würde man acht Aufnahmen nahtlos aneinanderfügen, so hätte man ein 45 x 360 Grad Panorama der Umgebung. In der Praxis wird man aber mehr als acht Aufnahmen benötigen, weil diese sich überlappen.

Der CCD-Sensor hat eine Chipfläche von 2.048 × 1.024 Pixeln. Die eine Hälfte ist mit einem lichtundurchlässigen Filter bedeckt und dient als Speicher. Nach der Belichtung wird das Bild schnell in diesen Speicherbereich umkopiert. Dort kann es langsam von der Elektronik ausgelesen werden, ohne dass weiteres Licht es zerstört. So benötigt die Kamera keinen Shuttermechanismus. Die Umkopierzeit ist etwa fünfzigmal kleiner als die Belichtungszeit. Der CCD-Chip beherrscht auch die Kombination von Pixeln (Binning), das reduziert die Bildgröße und Datenmenge beträchtlich. So wurden die meisten Aufnahmen bei den letzten Rovern mit 4:1 „gebinnt", also von 1024 × 1024 auf 256 × 256 Pixel verkleinert. Die Aufnahmen der Kameras werden vom Bordcomputer verwendet, um die Position festzustellen und die Fahrt zu planen. Sie werden auch zur Erde übertragen, wo die Kontrolleure das Gleiche tun. Die Wissenschaftler nutzen sie, um die Mastcams auszurichten, deren Gesichtsfeld viel kleiner ist.

Navcams		
Gewicht	0,22 kg	
Leistungsaufnahme	2,2 Watt	
Optik	Brennweite	14,67 mm
	Blende	f/12
	Eintrittspupille	1,25 mm
	Auflösung	0,82 mrad
	Gesichtsfeld	45 × 45 Grad
	Tiefenschärfe	0,5 m bis unendlich
	Bester Fokus bei	1,0 m
CCD Detektor	Fläche	2048 × 1024 Pixel
	aktive Fläche	1024 × 1024 Pixel
	Pixelgröße	12 × 12 µm
	Umkopierzeit	5,1 ms
	Auslesezeit	5,4 s
	Belichtungszeit	0 – 337,5 ms, typisch 250 ms
Filter	Kombination optischer Filter. Durchlässig zwischen 600 und 800 nm. Höchste Transmission bei 650 nm (roter Spektralbereich).	

Dazu kommen noch acht weitere Kameras in je vier Paaren, wobei je eine Kamera mit je einem Kanal des Bordcomputers verbunden ist. Je zwei Paare befinden sich vorne und hinten. Dies sind die **Hazcams** (Hazard avoidance Kameras). Sie sind mit Fischaugenobjektiven ausgestattet und haben die Aufgabe, Kollisionen zu vermeiden. Die vorne angebrachten Hazcams dienen auch dazu, den Arm genau zu positionieren.

Die Kameras befinden sich relativ tief an der Unterseite des Chassis vorne und am Fahrwerk hinten. Sie verfügen über Schutzlinsen, die einmal während der Mission ausgewechselt werden können, da mit einer stärkeren Verschmutzung als bei den oben auf dem Mast angebrachten Navcams zu rechnen ist. Beim vorderen Paar sind die Kameras 16,6 cm voneinander entfernt, beim hinteren 10 cm. Das erlaubt die Anfertigung von Stereoaufnahmen. Der Bordcomputer berechnet aus den Stereoaufnahmen ein dreidimensionales Modell der Umgebung und stoppt die Fahrt, wenn der Rover sich zu sehr einem Hindernis nähert.

Die Hazcams sind im wesentlichen Nachbauten der letzten Generation. Sie verwenden denselben Chip und dieselbe Elektronik wie die Navcams, haben aber ein Fischaugenobjektiv.

Hazcams		
Gewicht:	Acht Stück, je 0,245 kg	
Höhe über dem Boden:	78 cm	
Optik:	Brennweite	5,58 mm
	Blende	f/15
	Eintrittspupille	0,372 mm
	Auflösung	2,1 mrad
	Gesichtsfeld	124 × 124 Grad
	Tiefenschärfe	0,1 m bis unendlich
	Bester Fokus bei	0,5 m
CCD Detektor:	Fläche	2048 × 1024 Pixel
	aktive Fläche	1024 × 1024 Pixel
	Pixelgröße	12 × 12 µm
	Umkopierzeit	5,1 ms
	Auslesezeit	5,4 s
	Belichtungszeit	0 – 337,5 ms, typisch 250 ms
Filter:	Kombination optischer Filter. Durchlässig zwischen 600 und 800 nm. Höchste Transmission bei 650 nm (roter Spektralbereich).	

Die Instrumente

Die Instrumentierung der letzten Rover war beschränkt, da ihre Stromversorgung mit Solarzellen nur eine geringe Leistung aufwies. Bei Sojourner war nur ein wissenschaftliches Experiment an Bord, das vom Max-Planck Institut für Chemie in Mainz entwickelte Alphateilchen — Protonen — Röntgenstrahlenspektrometer (APXS). Die anderen drei Instrumente waren technischer Natur oder zur Steuerung des Gefährts vorgesehen. Das APXS wogt 0,57 kg und machte 7% der Startmasse des Rovers aus.

Bei den beiden Marsfahrzeugen Spirit und Opportunity waren es schon sieben Experimente mit einem Gesamtgewicht von 5 kg (3% der Startmasse). Zahlreiche Experimente, die dort erprobt wurden, werden in weiterentwickelter Form auch auf Curiosity eingesetzt, so hochauflösende Panoramakameras, ein System zur Untersuchung von Mineralien durch ihr Spektrum (bei den MER ein IR-Spektrometer, bei Curiosity die Chemcam) sowie Kameras, die beim Abstieg Aufnahmen machen oder am Arm als Mikroskopkamera angebracht sind. Ebenso wird Röntgenstrahlung zur Bestimmung der Elemente im Boden genutzt. Curiosity setzt dazu ein APXS und ein Röntgenstrahlenfluoreszenzspektrometer ein, die vorhergehende Generation ein APXS und Mößbauerspektrometer.

Insgesamt führt Curiosity nun zehn Experimente mit einer Gesamtmasse von 75 kg mit, rund 8,3% der Startmasse und damit mehr als jeder frühere Rover. Vor allem durch die bessere Ausstattung erhofft man sich neuere Erkenntnisse. So hat sich der thematische Schwerpunkt verschoben. Bei den beiden letzten Rovern lag er auf Geologie und Mineralogie, also wie sieht die Oberfläche aus und welche Mineralien enthalten die Steine. Nun sind es Mineralogie und Chemie, es geht also weiter „ins Detail". Es steht die elementare Zusammensetzung der Marsoberfläche und der Atmosphäre im Vordergrund.

Was allerdings auch die Fähigkeiten von Curiosity übersteigt, ist die Suche nach Leben. Der Rover wird weder fossiles noch aktives Leben nachweisen können, außer durch einen enormen Glücksfall. Damit rechnen aber weder die Forscher, noch ist es seine Aufgabe. Vielmehr ist seine Hauptaufgabe, weitere Erkenntnisse über die Klimageschichte zu liefern und unser Bild über den Mars zu vervollständigen.

RAD

Für eine bemannte Marslandung ist es wichtig, die Strahlenbelastung auf dem Mars und auf dem Weg hin und zurück zu kennen. Neben der Einschätzung der Gefahr für die Besatzung ist auch das Wissen wichtig, wie man sich vor der Strahlung schützen kann, wie stark die Abschirmung sein muss und wie wahrscheinlich kurzzeitige Strahlenschauer sind.

Raumsonden sollen diese Daten liefern. Schon im Jahr 2001 führte der Orbiter Mars Odyssey das Experiment MARIE (Mars Radiation Environment Experiment) mit, welches die Strahlenbelastung im Marsorbit bestimmen sollte. Pikanterweise fiel MARIE während eines Sonnensturms aus, also während einer Periode, wo die Sonne sehr viele geladene Teilchen freisetzt. Gerade gegen solche Ereignisse muss sich aber eine Besatzung besonders schützen. Schon vorher gab es Probleme mit diesem Experiment, und die Messreihen blieben unvollständig.

Nun erfolgt der zweite Versuch mit RAD (**R**adiation **A**ssessment **D**etector) auf der Marsoberfläche. Es ist davon auszugehen, dass bei einer bemannten Marslandung die Besatzung sehr lange auf der Oberfläche bleiben wird. Wie lange, hängt von den Möglichkeiten der Antriebstechnologie ab. Beim Einsatz chemischer Treibstoffe werden es etwa 450 bis 600 Tage sein. Das entspricht einem Drittel bis der Hälfte der Gesamtdauer einer solchen Expedition, da die gesamte Marsmission ungefähr drei Jahre dauern wird.

Die Atmosphäre des Mars ist dünn, aber sie beeinflusst trotzdem die hochenergetischen Teilchen. Hochenergetische Teilchen, wie die solaren Protonen, aber auch energiereiche Strahlung, wie Gamma Strahlen, prallen auf die Atmosphäre. Es kommt dabei zu verschiedenen Reaktionen. Wenn ein energiereiches Teilchen auf ein Kohlendioxidmolekül der Atmosphäre prallt, reicht seine Energie aus, dieses zu ionisieren. Elektronen werden freigesetzt, der Atomrumpf wird positiv geladen. Moleküle zerbrechen in Radikale und Ionen. Es können auch Elektronen in höhere Bahnen angehoben werden. Sie geben beim Rückfallen kurzwellige UV- und Röntgenstrahlung ab, die ebenso gefährlich für die Besatzung ist. Bei diesen Zusammenstößen verliert das energiereiche Teilchen Energie, und irgendwann reicht seine Energie nicht mehr aus, weitere Moleküle zu ionisieren.

Auf der einen Seite erzeugen also die auf die Atmosphäre einprasselnden Teilchen und die Gammastrahlung in der oberen Atmosphäre neue Teilchenschauer durch die Kollisionen. Andererseits prallen sowohl die Primär- als auch die Sekundärteilchen auf andere Atome und Moleküle, welche noch nicht ionisiert wurden. Sie verlieren dabei Energie und werden gestoppt. Je dichter die Atmosphäre ist, desto besser kann sie die Teilchen stoppen. Auf der

Erdoberfläche kommen so nur wenige Teilchen an. Bevor es Teilchenbeschleuniger gab, bestiegen Elementarteilchenforscher deshalb die Gipfel hoher Berge, um die kosmischen Teilchen zu messen.

Ohne die Atmosphäre würden die Teilchen kaum Energie verlieren, und es gäbe keine Sekundärereignisse. So nimmt die Strahlenbelastung auf der Erde zuerst zu, weil in der oberen Atmosphäre die energiereichen Teilchen Moleküle ionisieren und Sekundärteilchen erzeugen. Weiter unten werden diese durch die dichten Luftschichten gestoppt. So gibt es in der Erdatmosphäre ein ausgeprägtes Maximum der Strahlenbelastung, das sogenannte Pötzer-Maximum, welches in rund 20 km Höhe liegt.

Auf dem Mars ist aber die Dichte der Atmosphäre, selbst ist in den tiefsten Gebieten, niedriger als bei der Erdatmosphäre in 20 km Höhe. Das bedeutet, dass nach dem gängigen Modell die Strahlenbelastung auf der Marsoberfläche durch die sekundär erzeugten Teilchen höher als in der Marsumlaufbahn ist. Daher kam der Wunsch auf, diese Belastung zu messen. Dies macht nur Sinn auf einer längeren Mission, da die Intensität der Strahlung von der stark schwankenden Sonnenaktivität, aber auch von der Marsumlaufbahn abhängig ist. So verändert sich die Entfernung des Mars von der Sonne laufend. Es friert aber auch ein Teil der Atmosphäre aus, und damit sinkt der Bodendruck. Darüber hinaus können sich nahe des Aphels Staubstürme bilden, deren Effekt auf die Strahlungsbelastung noch nicht bekannt ist. Da die bisherigen Lander für Primärmissionen von 30 bis 90 Tagen konzipiert wurden (auch wenn die beiden letzten Rover mehrere Jahre arbeiteten und Spirit immer noch aktiv ist), wird dies der erste Einsatz eines Strahlenmessgerätes auf einem Landefahrzeug sein.

Weitere Rückschlüsse, die man sich von RAD erhofft, ist die Bestimmung der Eindringtiefe der kosmischen Strahlung in den Marsboden, das heißt in welcher Tiefe, wenn es je Leben auf dem Mars gab, Mikroben überleben konnten, wie tief man also bohren muss, wenn man bei zukünftigen Missionen nach ihnen sucht.

RAD soll nun diese Wissenslücken füllen. RAD ist ein Analysator für energiereiche Teilchen und kosmische Strahlen, also alles, was den Astronauten gefährlich werden könnte. Er besteht aus zwei Einzelinstrumenten. Das eine ist ein Teilchenteleskop mit drei Detektoren und einem Kalorimeter zur Messung der Energie von Teilchen und Strahlen. Der Ausdruck „Teleskop“ ist bei Teilchen etwas irreführend. Anders als bei einem optischen Teleskop fokussiert ein Teilchenteleskop nicht die einfallenden Teilchen. Gemeint ist vielmehr, dass wie bei einem Teleskop das Blickfeld des Instruments beschränkt ist. Es nimmt also nicht Teilchen aus allen Richtungen wahr, sondern nur Teilchen, die parallel zu dem Gesichtsfeld auftreffen. Erreicht wird dies, indem die vier Seitenflächen abgeschirmt sind. Nach unten verhindert die Masse des Rovers das Eindringen von Teilchen.

RAD besteht aus einem „Turm" von drei übereinander angeordneten PIN-Dioden Detektoren, einem Cäsiumiodidkristall und einer Lage aus boriertem Kunststoff. Die PIN-Dioden Detektoren sind dotierte Halbleiterstreifen. Ein energiereiches Teilchen ionisiert beim Passieren der einzelnen Streifen die darin enthaltenen Atome. Diese Ionen lösen dann eine Lawine von Sekundärereignissen aus. Kurzum, es entstehen im Silizium als einem Halbleiter eine Menge geladener Teilchen. Strom fließt, und dieser kann gemessen werden. Da drei Detektoren übereinander platziert sind, verliert das geladene Teilchen beim Passieren der Detektoren Energie, und die Anzahl der Sekundärereignisse wird kleiner. Kombiniert man diese Informationen, so kann man die Energie des Teilchens und seine Art (Protonen, Alphateilchen und in geringer Zahl auch Atomkerne schwerer Elemente) bestimmen.

Darunter befindet sich ein Cäsiumiodidkristall. Cäsiumiodid ist ein Mineral, das einen Lichtblitz aussendet, wenn es von einem energiereichen Teilchen oder von Gammastrahlen getroffen wird. Dieser kann mit einem lichtempfindlichen Detektor gemessen werden. Seine Helligkeit korrespondiert mit der Energie.

Die letzte Lage besteht aus boriertem, d.h. mit Bor versetztem Kunststoff. Der Wasserstoff im Kunststoff und das Bor haben beide einen sehr großen Neutroneneinfangquerschnitt. Dagegen interagieren Silizium und Cäsiumiodid kaum mit Neutronen. Dieser Detektor misst daher die Neutronenbelastung. Auch hier erzeugt ein Neutron beim Zusammenstoß einen Lichtblitz, der dann von einem lichtempfindlichen Detektor verstärkt und in einen Messstrom umgewandelt wird.

RAD war schon auf dem Flug zum Mars aktiv. Auch dies war geplant. Abgeschirmt durch Abstiegsstufe und Schutzschild war die Situation vergleichbar mit dem eines Astronauten in einem Druckmodul. Da durch energiereiche Partikel, wenn sie auf die Wand treffen Sekundärstrahlung (wie bei der Atmosphäre) induziert wird, ist auch die Besatzung bei einem Marsflug einer Strahlenbelastung ausgesetzt und RAD liefert Anhaltspunkte, wie hoch diese sein könnte. Es wurde am 6.12.2011 aktiviert und mehrmals wurde Curiosity seitdem von Sonnenstürmen getroffen. Nach einer ersten Auswertung war die von RAD gemessene Strahlung dabei etwa viermal höher als die Hintergrundstrahlung der RTG.

Die folgende Tabelle informiert über die Fähigkeiten des Instruments.

Radiation Assessment Detector RAD	
Gewicht:	1,56 kg, 1,70 kg mit Elektronik
Abmessungen:	10,3 × 12,2 × 20,4 cm
Stromverbrauch:	4,2 Watt
Blickwinkel:	65 Grad
Messbereich energiereiche Atomkerne (Helium bis Eisen):	5 – 270 MeV/Kernteilchen
Messbereich energiereiche Protonen und Heliumkerne:	4,2 bis 100 MeV/Kernteilchen
Messbereich Elektronen:	150 keV – 15 MeV
Messbereich Röntgen- und Gammastrahlen:	< 1,5 MeV
Messzeit pro Tag:	< 1,5 h mit 1 Minute Zeitauflösung
Maximale Zählrate:	5000 Ereignisse pro Sekunde
Aktiv:	Maximal 15 Minuten/Stunde

RAD ist auf der Oberseite des Rovers angebracht und senkrecht zum Himmel ausgerichtet. Es zählt nicht einzelne Ereignisse, das würde eine enorme Datenmenge ergeben. Ein Mikrocomputer, der unterhalb des letzten Detektors angebracht ist, verdichtet die Daten, indem er sie summiert und nur Summenparameter wie Energie, Anzahl und Art der Teilchen für ein bestimmtes Zeitintervall aufzeichnet.

Die Energie eines Teilchens wird in der Teilchenphysik in Millionen (MeV) oder Tausenden (keV) Elektronenvolt angegeben. Ein Elektronenvolt ist die Energie, die ein Elektron gewinnt, wenn es ein Spannungsgefälle von einem Volt passiert. Die Photonen des sichtbaren Lichts, die chemische Reaktionen bewirken oder Elektronen aus Molekülen herausschlagen können, haben eine Energie von etwa einem Elektronenvolt. RAD bestimmt Teilchen, die mindestens eine Energie von 150.000 eV haben. Die Strahlen und Teilchen, die gemessen werden, sind also sehr energiereich. Ein guter Teil von Ihnen könnte selbst eine zentimeterdicke Aluminiumwand passieren. Sie verlieren dann zwar viel Energie, sind aber auch dann noch so energiereich, dass sie für Astronauten gefährlich sind.

Bis heute ist die Strahlenbelastung auf dem Mars Gegenstand zahlreicher Diskussionen. Es gibt zum einen zu wenig Material, um sie verlässlich zu beurteilen, und zum andern entzündet sich der Streit daran, wogegen man sich wappnen soll. Neben einer immer vorhandenen dauerhaften Strahlenbelastung aus zahlreichen kosmischen Quellen und der Sonne treten auch kurzzeitige Ereignisse auf. Die Sonne sendet Strahlenstürme aus, die selbst innerhalb des Erdmagnetfelds noch Satelliten lahmlegen können oder in hohen Breiten bis zur Erdoberfläche gelangen und manchmal das Stromnetz zum Ausfall bringen. Solche Strahlenstürme sind jedoch selten und von unterschiedlicher Intensität. Eine genauere Bestimmung der Strahlungsbelastung auf dem Mars würde helfen, die Diskussion zu versachlichen. Ideal wäre es, wenn Curiosity länger als über die geplante Dauer von zwei Jahren betrieben werden könnte. Zum einen ist die Wahrscheinlichkeit dann höher, ein seltenes, aber für Menschen vielleicht tödliches Ereignis zu messen. Zum anderen hat die Sonne einen Aktivitätszyklus. Innerhalb von elf Jahren wechseln sich Phasen niedriger und hoher Strahlenbelastung ab.

Verantwortlich für RAD ist das Southwest Research Institute. Von dort stammt die Elektronik. Wesentliche Teile des Instruments, so die Sensoren, stammen von der Christian-Albrechts-Universität in Kiel. Damit ist auch Deutschland an dem Instrument als Partner beteiligt. Die deutschen Investitionen betrugen 1,3 Millionen Euro. Aus dieser Beteiligung machte die Pressestelle des DLR schon eine Schlagzeile, die suggerierte, das gesamte Instrument würde aus Deutschland kommen.

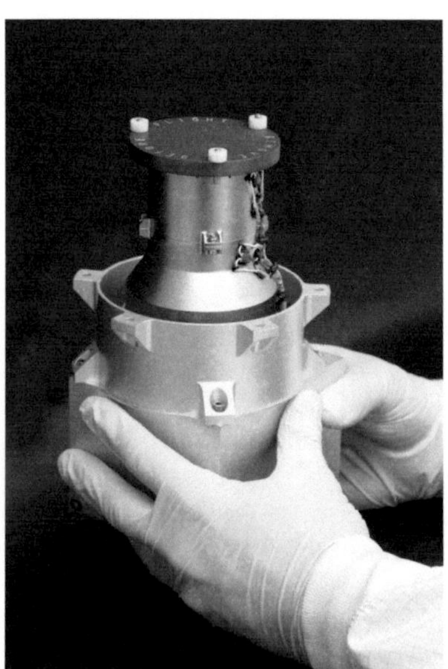

Abbildung 45: Das RAD Instrument in Originalgröße und sein Aufbau

MARDI

Es ist für die Missionsplanung wichtig zu wissen, wie die Gegend aussieht, in der Curiosity niedergeht. Felsen, Bodenunebenheiten und Abhänge müssen bekannt sein. Natürlich werden zu diesem Zweck alle sich bietenden Möglichkeiten genutzt. Schon vor der Landung erfasst der Mars Reconnaissance Orbiter das Landegebiet eingehend mit seiner hochauflösenden Kamera. Deren beste Aufnahmen erreichen eine Auflösung von 0,35 m/Pixel, doch wünschenswert wäre eine noch höhere Auflösung.

Jede der Landesonden seit Pathfinder führt daher eine Abstiegskamera mit sich. Sie schaut vom Unterteil des Rovers aus abwärts und macht Aufnahmen, sobald der Hitzeschutzschild abgetrennt ist. Diese Aufnahmen ermöglichen es auch, nach der Landung den genauen Landepunkt zu verifizieren, da die Missionskontrolle nun Aufnahmen aus der Vogelperspektive hat, die mit Satellitenaufnahmen verglichen werden können.

Abbildung 46: MARDI Aufnahme vom Abwurf des Hitzeschutzschildes. Die Krümmung des Bildes kommt durch die Korrektur der Verzerrung durch das Weitwinkelobjektiv

Beim Mars Polar Lander und Phoenix befand sich ein Vorläufer des aktuellen Experiments mit demselben Namen an Bord, bei den beiden letzten Rovern war es das DIMES-Experiment (Descent Image Motion Estimation System). Dieses war auch das Einzige, das tatsächlich funktionierte. Bei Phoenix wurde während des Flugs entdeckt, dass ein gleichzeitiger Betrieb von MARDI (**Mar**s **D**escent **I**mager) und einem anderen Bauteil den Bordcomputer zum Absturz bringen könnte. So wurden keine Aufnahmen angefertigt. Der Mars Polar Lander ging verloren.

MARDI ähnelt mehr einer herkömmlichen Digitalkamera als einem wissenschaftlichen Experiment. Es nutzt Teile, die für die anderen Kameras des Rovers entwickelt wurden. So ist der Sensor der gleiche wie in der Kamera MAHLI und die Elektronikbox die gleiche wie beim MAHLI und MastCam. MARDI hat eine Weitwinkelkamera als Optik. Sie wurde von den beiden vorhergehenden Missionen unverändert übernommen, aber mit einem neuen Sensor und einer neuen Datenverarbeitungseinheit ausgestattet. Der Sensor ist ein CCD-Chip mit 1.600 × 1.200 Pixeln. Auf ihm befindet sich wie bei handelsüblichen Digitalkameras eine Bayer Maske. Von je vier Pixeln befindet sich über zweien ein grüner Filter, über je einem ein roter und blauer Filter. MARDI macht also Farbaufnahmen.

MARDI beginnt mit den Aufnahmen, sobald der Hitzeschutzschild abgetrennt wird, was nominell in 3,7 km Höhe über dem Boden der Fall sein sollte. Das erste Bild zeigt einen Ausschnitt von 4×3 km mit einer Auflösung von 2,5 m/Pixel, einem deutlich schlechteren Wert als bei der HiRISE-Kamera des MRO. In knapp 500 m Höhe übertrifft die Auflösung der Kamera dann diejenige von HiRISE. In den rund 100 Sekunden bis zur Landung macht die Kamera weitere Aufnahmen mit einer Frequenz von 5 Bildern pro Sekunde. Der Hersteller spricht von einem Video, doch dafür ist die Bildfrequenz zu niedrig. Das menschliche Auge nimmt eine flüssige Bewegung erst ab 16 Bildern/s wahr. Kinofilme werden mit 24 Bildern/s abgespielt und Fernsehen mit 25 Bildern/s.

Die letzte Aufnahme, welche den Boden noch scharf darstellt, gelingt aus 5 m Höhe mit einer Kantenlänge von 5×4 m und einer Auflösung von 0,33 cm/Pixel. Danach werden die Bilder immer unschärfer, da die Kamera eine feste Brennweite hat. Nach der Landung wird die Kamera abgeschaltet. Bodenaufnahmen sollten 0,75 m Kantenlänge bei 1,5 mm Auflösung aufweisen.

Neben dem wissenschaftlichen Nutzen wird erwartet, dass das Video auch sehr öffentlichkeitswirksam ist, denn es wird den Abstieg der Raumsonde dokumentieren – mit den Bewegungen durch die Raketentriebwerke und dem Schwanken um die Seile beim

Herablassen des Rovers. Damit sind diese kritischen Manöver auch dokumentiert und können bei zukünftigen Landungen eventuell verbessert werden.

Um Kosten zu sparen, strich die NASA strich im September 2007 MARDI von der Nutzlast. Malin Space Systems stellte die Kamera mit eigenen Mitteln fertig und bot der NASA den Einbau ohne Zusatzkosten an. Daraufhin wurde sie zwei Monate später erneut in die Nutzlast aufgenommen. Die Einsparungen betrugen weniger als 100.000 Dollar.

Abbildung 47: Die MARDI Kamera im Größenvergleich mit einem Taschenmesser

MARDI	
Abmessungen:	6 × 6 × 12 cm
Gewicht:	0,48 kg
Optik:	Festbrennweite 7 m bis unendlich. Linse mit einer Brennweite von 7,01 mm bei einem Öffnungsverhältnis von f/D = 5,6
Gesichtsfeld:	70 × 55 Grad
Sensor:	KAI-2020CM CCD
Aktive Fläche:	1.600 × 1.200 Pixel, 7,4 µm × 7,4 µm pro Pixel
Auflösung:	0,76 mrad = 1 m aus 1.315 m Entfernung
Belichtungszeit:	1,3 ms
Aufnahmerate:	4,5 Bilder/s
Interner Speicher:	8 GByte RAM, ausreichend für 4000 Rohbilder
Kompression:	JPEG oder verlustlos. Möglichkeit der Erzeugung von Vorschaubildern mit 200 × 150 Pixeln Größe
Kosten:	7,9 Millionen Dollar

Mastcam

Auch die Mastcam stammt von Malin Space Systems. Wie bei MARDI gab es auch hier Diskussionen mit der NASA über die Konstruktion. Vereinbart war die Fertigung von zwei Kameras mit Fixfokusobjektiven. Das bedeutet, dass jede Kamera eine feste Brennweite hat und einen Ausschnitt fester Größe abbildet. Eingesetzt werden Linsensysteme mit 34 und 100 mm Brennweite. Als sich der Start von MSL um zwei Jahre verzögerte, entwickelte Malin Space Systems zusätzlich Kameras mit Zoomobjektiven, so wie sie auch bei handelsüblichen Digitalkameras üblich sind. Dies wäre der erste Einsatz dieser Technologie auf einer Raumsonde gewesen. Dort sind Fixfokusobjektive aus vielen Gründen üblich. Sie sind leichter und kommen ohne bewegliche Teile aus. Es kann so schwerer zu einer Dejustage kommen, das Objektiv kann nicht festfahren, und es kann auch kein Motor ausfallen, der die Linsensysteme bewegt.

Malin entwickelte innerhalb von 18 Monaten zwei neue Exemplare mit Zoomobjektiven. Im März 2011 war die Firma auch optimistisch, diese Kameras rechtzeitig zu den Tests des Rovers und seiner Instrumente liefern zu können, doch die NASA lehnte die Kameras ab. Die Bilder bei hoher Vergrößerung seien schlechter als die der 100-mm-Fixfokuskamera.

Zusätzlich gab es Probleme mit dem Motor und Bedenken, er könnte bei zu tiefen Temperaturen festfahren. Malin Space Systems meinte, beide Probleme bis zum Start lösen zu können, doch die NASA wollte kein Risiko eingehen und lehnte den Austausch ab. Dabei waren ursprünglich bei den ersten Entwürfen einmal Zoomobjektive vorgesehen gewesen. Die Zoomversionen der Kameras hätten einen Bereich von 6,5 bis 100 mm Brennweite, also einen 15-fachen Zoombereich, abgedeckt. Damit wären anders als mit den installierten Kameras auch Weitwinkelaufnahmen bis zu 90 Grad Diagonale möglich gewesen. Ende 2007 meinte die NASA aber, dass die Zoommöglichkeit wohl nicht bis zum Start fertiggestellt würde, und sie bestand auf Fixfokuskameras auf Basis des MAHLI Designs. An dieser Unterscheidung half auch die Unterstützung des Hollywood Regisseurs James Cameron nichts, der sich für die Zoomkameras einsetzte.

Beide Kameras sind weitgehend identisch. Sie verwenden dasselbe Gehäuse, CCD-Chip, Filterrad und dieselbe Elektronik. Sie unterschieden sich in den Objektiven und Streulichtblenden. Ein Fortschritt gegenüber den Kameras der letzten Generation ist die hohe Vergrößerung der Telekamera. Die 100-mm-Kamera bildet nur einen 5-Grad-Ausschnitt ab. Zum Vergleich: Ein Foto mit Weitwinkelbrennweite (35 mm) auf einem handelsüblichen Fotoapparat bildet einen Ausschnitt von 40 × 60 Grad ab. Der Wunsch für diese Kamera kam auf, als Opportunity zu fernen Zielen geschickt werden sollte. Mit den Kameras der MER konnte man zu wenige Details aus der Entfernung abbilden, um zu entscheiden, ob sich eine mehrere Wochen dauernde Fahrt lohnen würde. Mit der M-100 Kamera, die eine 3,8-mal höhere Auflösung als die Panoramakamera der beiden letzten Rover hat, sollte dieses Problem nicht mehr vorhanden sein.

Der Aufbau der Kameras ist ungewöhnlich. Wissenschaftlich genutzte Kameras an Bord von Satelliten und Raumsonden setzen oft einen CCD-Chip und Filter ein. Der Filter kann sich direkt auf dem Chip befinden (wenn sich das Ziel selbst bewegt) oder in einem Filterrad. Farb- und Falschfarbaufnahmen werden dann durch Kombination von Aufnahmen mehrerer Filter gewonnen. Ähnlich funktioniert auch die aussterbende Gattung der Dreichipvideorekorder. Bei diesen sind drei CCD-Sensoren jeweils mit einem Rot-, Grün- und Blaufilter belegt, um ein Farbbild zu erzeugen. Da sich auf dem Mars nichts bewegt, reicht dort ein Chip aus, bei dem die einzelnen Farbaufnahmen nacheinander gemacht werden. Die meisten Digitalkameras setzen dagegen nur einen Chip ein, der mit einer Filtermaske belegt ist. Diese hat ein sogenanntes Bayer-Muster, das in einem 2 × 2 Pixel großen Bereich folgende Filter enthält:

Grün	Rot
Blau	Grün

Dieses Muster wiederholt sich fortlaufend. Dass Grün zweimal vorkommt, liegt daran, dass unser Auge in diesem Spektralbereich am empfindlichsten ist, also nimmt man hier doppelt so viele Pixel. Die Elektronik berechnet dann die Farbe durch Addition der Pixelwerte nach einem Algorithmus. Die Mastcam nutzt dazu 5×5 Pixel.

Der grundlegende Nachteil dieser Methode ist, dass die Farbinformation aus mindestens vier Pixeln stammt, die Schärfeinformation dagegen aus einem Pixel. Vor allem unter schlechten Lichtbedingungen macht sich dies bemerkbar. Es kommt dann zu einem Farbrauschen.

Derartige Kameras werden in der Raumfahrt genutzt, wenn nicht wissenschaftlich nutzbare Bilder entstehen sollen. Sie dienen als Navigationskameras oder als Ingenieurkameras, um etwa im Orbit das Entfalten von Solarzellen zu überwachen. Eine solche Kamera hat auch die Abtrennung von Beagle bei Mars Express beobachtet und wird seitdem als Marscam für globale Aufnahmen eingesetzt. Auch die Navcams und MARDI haben eine solche Konstruktion.

Die Mastcam weicht nun von den beiden genannten Bauweisen insofern ab, als der Chip zwar mit einer Bayermaske belegt ist, die Kamera aber zusätzlich ein Filterrad einsetzt. Sie ist gewissermaßen ein Zwitter aus beiden Technologien. Daraus ergeben sich einige Besonderheiten.

So werden vor allem Breitbandfilter eingesetzt, weil es keinen Sinn macht, bei der Bayermaske noch Engbandfilter für das sichtbare Licht einzusetzen. Die Breitbandfilter sollen verhindern, dass auch IR-Strahlung detektiert wird, denn diese kann die Bayermaske passieren. Zwei Filter haben eine sehr hohe Lichtabschwächung um den Faktor 100.000. Sie werden dafür genutzt, die Sonne zu fotografieren, z.B. bei Sonnenuntergängen oder Passagen von Phobos vor der Sonne. Die meisten anderen Filter arbeiten im nahen Infrarot, da oberhalb von 700 nm die Bayermaske IR-Strahlung passieren lässt. Das verwendete CCD ist aber auch im nahen Infrarot empfindlich. Darüber hinaus gibt es einige Filter doppelt auf beiden Kameras, um den Ausfall einer Kamera abzufangen. Der Vorteil dieses „Mischbetriebes" ist, dass die Bayermaske es erlaubt, farbige und naturgetreue Marsaufnahmen zu gewinnen, ohne drei Bilder durch Farbfilter aufzunehmen. Dadurch sinkt die Datenmenge für Farbbilder auf ein Drittel. Zum anderen lässt die Maske aber Infrarotstrahlung passieren, und so können auch Aufnahmen im infraroten Spektralbereich angefertigt werden. Dort liegen die Absorptionsbereiche zahlreicher Mineralien.

Hier eine Übersicht der eingesetzten Filter:

Wellenlänge [nm]	Bandbreite [nm]	34 mm Kamera	100 mm Kamera
440	12,5	X	X
440, Abschwächung um Faktor 100.000	10	X	
525	10	X	X
550	130	X	X
675	10	X	
750	10	X	
800	10		X
865	10	X	
880, Abschwächung um Faktor 100.000	10		X
905	12,5		X
935	12,5		X
1035	50	X	X

Die gemeinsame Elektronik aller Kameras (Mastcam, MAHLI, MARDI) hat einen eigenen Speicher von 8 Gbyte für die Rohdaten von bis zu 5.500 Bildern. Das entspricht dem Arbeitsspeicher eines gut ausgestatteten PCs zum Zeitpunkt des MSL Starts oder einer handelsüblichen SDHC-Karte. Dies ist ausreichend, um ein 360×80 Grad Farbpanorama, also eine Rundumsicht um das ganze Raumfahrzeug in der Horizontalen (360 Grad) vom Horizont bis nahe an den Zenit (80 Grad, 90 Grad wäre der Zenit) anzufertigen, bei dem sich die einzelnen Bilder um 20% überlappen. Dazu sind 150 Bilder nötig, da die 34 mm Kamera nur einen Ausschnitt von 15 Grad abbildet und die 100 mm Kamera einen noch dreimal kleineren. Ein solches Panorama benötigt für die Anfertigung rund eine Stunde. Wenn die Bilder verlustbehaftet komprimiert werden, können sogar alle Filter eingesetzt werden. Die Sonde nutzt dazu den JPEG-Standard. Die Datenmenge ist zu hoch, um in einer normalen Kommunikationssession auf einmal übertragen zu werden. Das Herunterskalieren der Bilder ist nur bei der Aufnahme möglich, nicht bei der späteren Verarbeitung durch die Sonde. Daher erzeugt die Steuerung der Kamera neben den Bildern auch „Thumbnails", Miniaturausgaben der Bilder von 150 × 150 Pixel Größe, anhand derer die Missionskontrolle entscheiden kann, ob es sich lohnt, das ganze Bild von der Sonde abzurufen. Die Kameras sind mit 10 Mbit/s an die Elektronik angebunden. Das erlaubt auch das Anfertigen von Videos.

Der CCD-Chip der Kameras würde keinen Digitalfotografen vom Hocker reißen. Es ist ein Sensor mit 1600×1200 Pixel, oder wie es neudeutsch heißt, ein „2 Megapixel" Chip. Raumsonden setzten selten die neueste Hardware ein. Das liegt schlicht und einfach daran, dass man die Detektoren nimmt, die verfügbar und erprobt sind, wenn die Entwicklung der Kamera beginnt. Die Entwicklung des MSL begann 2003 und zu diesem Zeitpunkt waren 2 MPixel Kameras noch „State of the Art". Ein zweiter Grund ist, dass die Sensoren auf dem Mars funktionieren müssen. Durch die größere Entfernung von der Sonne erhält der Planet weniger Licht. Im sonnenfernsten Punkt seiner Bahn ist es nur ein Viertel der Menge, die die Erde erhält. Der Sensor muss daher lichtempfindlicher sein. Dies wird erreicht, indem weniger Pixel auf der gleichen Sensorfläche untergebracht werden.

In allen Kameras von MSL wird der Kodak KAI-2020 Sensor verwendet. Bei ihm hat ein Pixel eine Fläche von 7,4×7,4 µm. Die Fläche des Chips ist trotz der kleinen Pixelzahl viermal so groß wie bei einem 1/2.3" Sensor, der heute den Standard in Digitalkameras darstellt, und üblicherweise 8 bis 10 Megapixel auf dieser Fläche besitzt. Entsprechend ist die Bildqualität besser und diese Sensoren weisen nicht die durch ein zu geringes Signal/Rauschverhältnis verursachten Probleme von preiswerten Digitalkameras, wie verrauschte oder unscharfe Bilder, auf. Er war, als 2004 die Spezifikationen festgelegt wurden, ein Standardchip. Da er in allen Kameras eingesetzt werden sollte, war auch wichtig, dass er Videos im 720P Format erstellen konnte. Das sollte ein Feature der MARDI-Kamera sein. Verfügbare 4 MP-CCD Sensoren waren dazu nicht fähig und CMOS-Sensoren, die dies konnten, waren damals noch in der Empfindlichkeit ihren CCD-Pendants unterlegen.

	M-34 Kamera	M-100 Kamera
Sensor:	1600 × 1200 Pixel	1600 × 1200 Pixel
Davon genutzt:	1200 × 1200 Pixel	1200 × 1200 Pixel
Typ:	KODAK KAI-2020	KODAK KAI-2020
Blickfeld:	15 × 15 Grad	5,1 × 5,1 Grad
F/D Verhältnis:	8:1	10:1
Auflösung:	15 Bogensekunden	44,5 Bogensekunden
Entsprechend:	0,15 mm in 2 m Entfernung 7,4 cm in 1 km Entfernung	0,45 mm in 2 m Entfernung 22 cm in 1 km Entfernung
Gewicht:	1 kg	1 kg

	M-34 Kamera	**M-100 Kamera**
Stromverbrauch:	13 Watt	13 Watt
Position:	Links	Rechts
Höhe über dem Grund:	2,0 m	
Distanz zwischen den Kameras:	0,25 m	

Bedingt durch die kleinen Blickfelder (sie entsprechen einem Zoomfaktor von 2,6 und 7,7) sind beide Kameras höher auflösend als das menschliche Auge, dessen Auflösung je nach Lichtbedingungen bei 60 bis 120 Bogensekunden liegt.

Eine weitere Eigenschaft der Kameras ist, dass sie einen veränderbaren Fokus haben. Bisherige Kameras waren Fixfokuskameras. Der Fokus war so eingestellt, dass die Landschaft scharf abgebildet wird, er war also auf „unendlich" eingestellt. Alles, was näher als 1-2 m an der Kamera war, wurde unscharf abgebildet. Die Mastcam kann den gesamten Fokusbereich innerhalb von 45 bis 60 s abfahren. Da dies sehr lange dauert, gibt es noch einen zweiten Modus, indem um einen vordefinierten Punkt ein Autofokus aktiviert wird. Dies geschieht innerhalb von wenigen Sekunden. Die Veränderung des Fokus wird genutzt, um schärfere Bilder bei mittleren Entfernungen zu erhalten.

Für ein Panorama kann ein Bild alle 5 s aufgenommen werden. Diese Zeit wird benötigt, um die Schwingungen durch die Bewegungen des Motors abklingen zu lassen. Bewegt sich die Kamera nicht, z.B. wenn sie ein und dieselbe Szene durch mehrere Filter aufnimmt, dann kann sie bis zu 5 Bilder/s aufnehmen.

Abbildung 48: Die Mastcam mit 34 mm (links) und 100 mm Objektiv (rechts)

Erstmals können auch Videos gedreht werden. Es gibt verschiedene Formate bis zum HD-Format 720P mit 1280×720 Pixel und 10 Bilder/s. Die Elektronik verfügt neben dem „Dauerspeicher" von 8 GByte auch über einen 128 MByte großen, temporär genutzten RAM-Puffer. Dieser wird dafür genutzt, Rohdaten zwischenzuspeichern. Sie werden später von der Elektronik weiterverarbeitet, wenn beispielsweise ein Video gedreht wird oder wenn schnell Bilder hintereinander gemacht werden, ohne die Kamera zu bewegen (Bilderserie mit verschiedenen Filtern).

Die primäre Aufgabe der Mastcam ist es, die Geologie und Topografie des Landeplatzes sowohl in größerem Maßstab (Panoramen) als auch im Detail (Aufnahmen einzelner Felsen oder Oberflächendetails) festzustellen. Weitere Aufgaben liegen in der Atmosphären-beobachtung (Wolken, Staubteufel) und in der Unterstützung anderer Instrumente, um zum Beispiel festzustellen, wo sich eine Probennahme lohnt.

Es gibt Synergien mit den anderen Kameras MAHLI und MARDI an Bord der Sonde. So werden die Sensoren, Elektronik und Teile der Gehäuse dieser Kameras verwendet. Der Entwicklungsauftrag der Mastcam hatte einen anfänglichen Umfang von 17,9 Millionen Dollar.

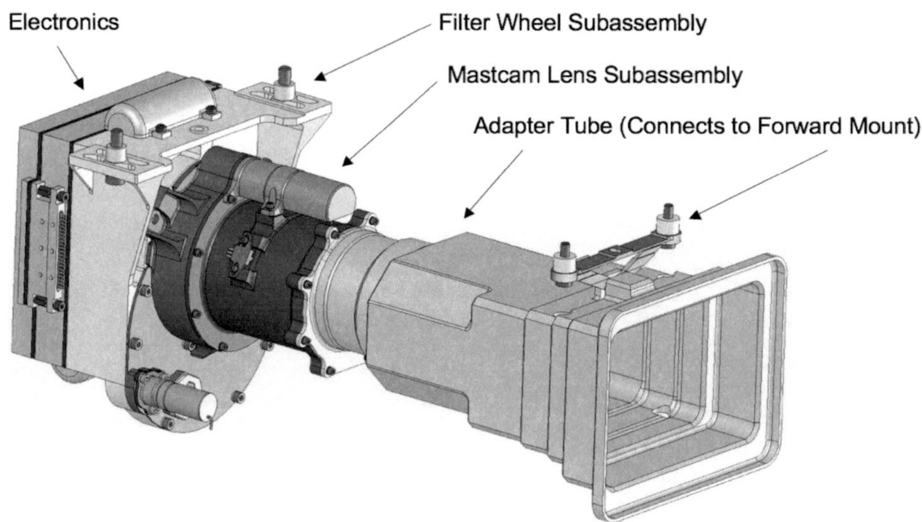

Abbildung 49: Aufbau der Mastcam

MAHLI

Auch die dritte Kamera an Bord der Sonde stammt von **M**alin **S**pace **S**ystems (MSS), dem Hauslieferanten des JPL. Die Abkürzung MAHLI steht für **M**ars **H**and **L**ens **I**mager. Bei MAHLI handelt es sich um eine Autofokuskamera mit einem Makroobjektiv. Seit MSS 1990 die Mars Observer Camera entwickelt hat, stammen zahlreiche weitere Kameras an Bord von Raumfahrzeugen von dieser Firma. MAHLI ist am Arm des Rovers angebracht und soll die Oberfläche in kleinem Maßstab abbilden. Diese Kamera ist der Nachfolger des Microscopic Imager an Bord von Opportunity und Spirit. Er hat die Aufgabe, die Oberfläche wie durch eine Vergrößerungslupe zu beobachten. Das Vorgängerinstrument hatte aber einen festen Fokus. Es machte scharfe Bilder aus 3 cm Entfernung von der Oberfläche. Diese waren zwar detailreich, zeigten aber nur einen kleinen Ausschnitt. In der Praxis war es daher so, dass zur Untersuchung Mosaike aus bis zu 40 Bildern angefertigt wurden. Dabei musste der Arm jedes Mal zeitraubend neu positioniert werden.

MAHLI hat diesen Nachteil nicht. Sie hat einen variablen Fokus und kann scharfe Bilder aus 2,1 cm Entfernung machen, aber auch solche vom Horizont. Sie wird vor allem zum Einsatz kommen, um die Oberfläche im Detail abzubilden. Der CCD-Sensor ist vom selben Typ wie bei MARDI und Mastcam. Er ist wie diese mit einem Bayer-Pattern überzogen, um echte Farbaufnahmen ohne Farbfilter anfertigen zu können. Ein Filterrad ist nicht vorhanden. Es existiert aber ein Vorfilter im Strahlengang, um Licht außerhalb des visuellen Bereichs zu sperren.

Die Fähigkeit, auch Aufnahmen aus größerer Distanz anzufertigen, wird genutzt werden, um mit dem Arm die Raumsonde selbst zu inspizieren oder Aufnahmen aus Blickwinkeln anzufertigen, die von den Mastcams aufgrund ihrer Position nicht möglich sind.

Gedacht wird auch an die Anfertigung von stereoskopischen Bildern, indem die Kamera durch den Arm bewegt wird und so Aufnahmen aus zwei unterschiedlichen Blickwinkeln aufgenommen werden. Damit die Aufnahmen auch aus der Nähe gut ausgeleuchtet sind, verfügt die Kamera über vier LEDs, die weißes Licht ausstrahlen und zwei weitere, die UV-Licht mit einer Wellenlänge von 365 nm erzeugen.

MAHLI hat viele Eigenschaften gemeinsam mit der Mastcam, auch weil derselbe Sensortyp genutzt wird. So kann sie Videos anfertigen, nutzt denselben Speichertyp von 8 Gbyte zum Speichern der Daten und den gleichen temporären 128 MByte DRAM Speicher für die schnelle Akquisition von Bildern.

MAHLI	
Fokusbereich:	21 mm bis unendlich
Bildfeld:	18 × 24 mm aus minimaler Distanz 39,2 × 29,4 mm aus Arbeitsdistanz (50 mm) 34° Bilddiagonale (Nahbereich) 39,4° Bilddiagonale (Fernbereich)
Auflösung:	15 μm aus minimaler Distanz 24,5 μm aus Arbeitsdistanz
Sensorgröße:	1600 × 1200 Pixel
Blende:	F/8,5 (Nahbereich) bis f/9,8 (Fernbereich)
Fokuslänge:	18,3 mm (Nahbereich) 21,3 mm (Fernbereich)
Fokusbereich:	11,44 mm
Empfindlich zwischen:	380 und 680 nm
Operationsmodi:	Unkomprimierte Bilder Verlustfrei komprimierte Bilder (Faktor 1,7) Verlustbehaftet komprimierte Bilder nach dem JPEG-Standard (Kompressions-faktor variabel)
Bits pro Pixel:	8
Belichtungszeit:	5 – 15 ms

Abbildung 50: MAHLI im Größenvergleich mit einem Taschenmesser

ChemCam

ChemCam ist ein Kunstwort aus den beiden Begriffen „Chemistry" und „Camera". Darunter werden zwei Instrumente verstanden, welche die chemische Zusammensetzung der Oberfläche analysieren sollen. Die Analyse geschieht durch das erste Teilinstrument LIBS (**L**aser-Induced **B**reakdown **S**pectrometer). LIBS sendet einen gepulsten Laserstrahl auf einen nahen Felsen. Die Energie des Lichtes ionisiert Atome, die dann ein Plasma bilden und Licht aussenden, wenn sie wieder Elektronen einfangen, um ihre Elektronenhülle zu vervollständigen. Das emittierte Licht wird von einem Teleskop gebündelt und ein Spektroskop stellt fest, von welchem Element das Spektrum stammt. Es wird ein Emissionsspektrum erhalten, das einzelne Spektrallinien aufweist. So gibt z.B. ionisiertes Natrium nur bei 589 nm Wellenlänge Licht orangener Farbe ab.

Prinzipbedingt könnte das Instrument auch ein Absorptionsspektrum aufnehmen, also das „normale" reflektierte Licht der Steine in seine Spektralfarben aufspalten, doch auf diesen Operationsmodus will man zumindest in der Primärmission verzichten, weil das Instrument seine höchste Auflösung bei kurzen Wellenlängen aufweist. Dort befinden sich die Spektrallinien von Emissionsspektren, während ein Absorptionsspektrum mehr Informationen im langwelligen Bereich erhält.

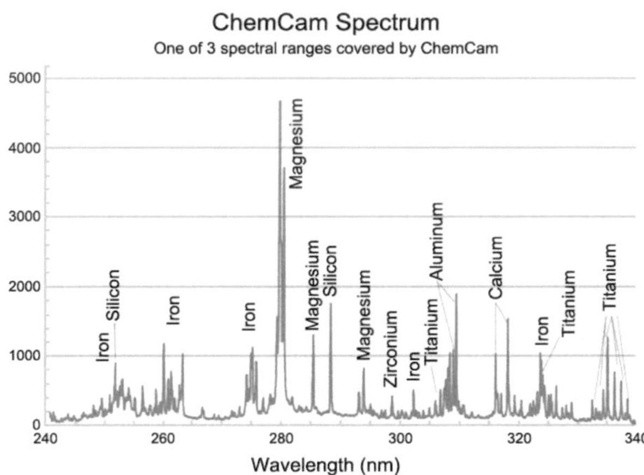

Abbildung 51: So könnte ein Emissionsspektrum aussehen. das Chemcam aufnimmt. In dieser Probe sind die Elemente Eisen, Silizium, Magnesium, Titan, Calcium und Zirkonium enthalten. Dieses Spektrum wurde im UV gewonnen (das sichtbare Licht fängt bei 380 nm an).

LIBS wäre jedoch weitgehend nutzlos, wenn man nicht genau wüsste, wohin der Laserstrahl zeigt. So ist wichtig zu wissen, ob er nun eine Staubschicht auf einem Felsen oder das Gestein selbst getroffen hat und an welcher Stelle genau die Messung erfolgt. Damit dies möglich ist, wird LIBS eine Kamera, der **Remote Micro-Imager (RMI)**, zur Seite gestellt, die eine Aufnahme der Stelle macht, die durch den Laserstrahl von LIBS getroffen worden wird.

LIBS

Kernstück von LIBS (**L**aser-**I**nduced **B**reakdown **S**pectrometer) ist ein Laser, der im Pulsbetrieb arbeitet. Das bedeutet, er sendet einen sehr kurzen, nur 5 ns dauernden Puls mit 0,014 J Energie aus. Damit trifft viel Energie in einer kurzen Zeit auf die Probe. Der Laserstrahl hat je nach Entfernung einen Durchmesser von nur 0,3 bis 0,6 mm. So wird das Material auf dieser Fläche richtiggehend verdampft. Übertragen auf die Fläche entspricht dies einer Energie von 10 MJ/m². Der Effekt ist der gleiche, wenn Gesteinsstaub in einer Bunsenbrennerflamme verdampft wird oder auf anderem Weg viel Energie übertragen wird. Elektronen werden auf höhere Bahnen angehoben, und wenn sie auf das Basisniveau zurückfallen, senden sie Licht aus. Das Licht ist monochromatisch, da das abgegebene Lichtteilchen genau dem Energieunterschied zwischen den beiden Bahnen entspricht. So entstehen auch die Farben beim Feuerwerk, Kalium leuchtet rot, Calcium grün und Natrium orange. Der Energieverbrauch des Lasers wird durch eine Batterie gedeckt. Nach 75 Pulsen muss diese wieder aufgeladen werden, was rund 40 s dauert.

Ein Teleskop fängt das entstehende Licht ein und fokussiert es. Im Fokus befinden sich Fiberglasstränge. Diese leiten das Licht weiter zu drei Spektrometern, die es in die Spektralfarben zerlegen. Jedes dieser drei Spektrometer deckt einen Teilbereich des Spektrums ab. Gemessen wird die Intensität von insgesamt 6.144 Spektralkanälen mit drei CCD-Zeilen mit je 2.048 Elementen.

Etwa 60 bis 75 Pulse sind nötig, um ein aussagekräftiges Spektrum mit einem Fehler von 10% der Menge der wichtigsten Elemente zu erhalten. Mehr Pulse erlauben es vor allem, tiefer in das Material einzudringen, da jeder Puls neues Material verdampft. Auf diese Weise kann auch der Felsen vom Staub befreit werden. Es kann aber auch ein größeres Gebiet abgetastet werden, indem der Strahl bewegt wird. Von Vorteil ist, dass der Laserstrahl sehr eng begrenzt ist. Die Oberfläche der Proben weist oft Einschlüsse auf oder der Stein ist zusammengebacken aus unterschiedlichen Bestandteilen. Diese können so getrennt untersucht werden. So fand Opportunity bei Meridiani Planum kugelförmige Strukturen aus Hämatit. Diese 0,1 bis 0,25 mm großen „Blueberries" kann der Laser getrennt von der Umgebung analysieren.

Damit dies aber klappt, ist es wichtig zu wissen, was der Strahl genau getroffen hat, also wie das Ziel vor und nach der Arbeit aussieht. Genauso ist es wichtig, bei stufenweise vertieften Löchern die Fortschritte zu überwachen. Dafür ist RMI, eine Kamera, an Bord des Rovers, die eine Aufnahme des Gebietes macht, das vom Laserstrahl bearbeitet wird.

Der RMI benutzt dazu das Teleskop von LIBS und macht mit einem CCD-Chip eine Aufnahme des beobachteten Gebiets. Durch die große Öffnung des Teleskops von 110 mm hat es nominell die höchste Auflösung aller optischen Systeme an Bord der Sonde. Die größere Mastcam hat nur eine Linse von 10 mm Durchmesser. Allerdings ist das Teleskop ausgelegt für den Betrieb der Spektrometer und fokussiert sehr stark in den Brennpunkt. So ist das Bild an den Rändern stark verzerrt. Es reicht jedoch aus, um die Position des Laserstrahls festzuhalten. Das Bild ist monochrom und es wird kein Filter eingesetzt. RMI hat keine Reichweitenbegrenzung wie der Laser, der nur bis in 7 m Entfernung Gestein verdampfen kann. Es ist nicht vorgesehen, das Kamerasystem für Aufnahmen der Umgebung einzusetzen, obwohl die Auflösung die der Mastcam M-100 um mehr als das Doppelte übertrifft.

ChemCam	
Gewicht:	5,62 kg
Volumen:	9 l
Optik:	Schmidt Teleskop mit 110 mm Durchmesser
Betriebszeit:	3,9 Stunden/Sol
Stromverbrauch:	6,7 Watt
Datenmenge:	12 MB/Sol
Analysen:	5000 während der Primärmission
Kosten:	12,6 Millionen $ NASA 3,4 Millionen € CNES
RMI	
CCD-Sensor:	1024 × 1024 Pixel
Gesichtsfeld:	1,09 Grad
Auflösung:	20 Bogensekunden (1 mm aus 10 m Entfernung)
Spektralbereich:	400 bis 900 nm
Belichtungszeit:	2 ms bis 8 s, nominal 75 ms

LIBS	
Laser:	Neodym dotierter Kalium-Gadolinium-Wolfram Festkörperlaser
Wellenlänge:	1067 nm
Energie pro Puls:	30 mJ
Pulsdauer:	5 ns, 75 Impulse pro Messung (alle 40 s)
Arbeitsbereich:	2 bis 13 m
Breite des Strahls:	0,1 mrad = 0,3 bis 0,6 mm je nach Distanz
Arbeitstiefe:	0,4 µm pro Impuls. Bis zu 0.1 mm Gestein wird abgetragen.
Teleskopdurchmesser:	110 mm
Spektralbereiche:	UV: 240-340 nm, Auflösung 0,09 nm Visuell: 385-465 nm, Auflösung 0,09 nm Visuell/Nah-IR: 475-850 nm, Auflösung 0,30 nm
Detektoren pro Spektrometer:	2048
Maximale Tiefe:	0,5 mm (mit 500 Impulsen)
Analysendauer:	6 Minuten
Genauigkeit:	10% der Häufigkeit der Hauptelemente: Na, Mg, Al, Si, Ca, K, Ti, Mn, Fe, H, C, O, Li, Sr, Ba Weitere detektierbare Elemente: S, N, P, Be, Ni, Zr, Zn, Cu, Rb, Cs

Für die Kalibrierung des Instruments befindet sich auf dem Deck des Rovers eine Palette mit Materialproben von Metallen und Gläser mit bekannter Zusammensetzung. Sie kann vom Instrument anvisiert und analysiert werden.

Eine Besonderheit des Instrumentes ist, dass es von der CNES und dem JPL gemeinsam entwickelt wurde und betrieben wird. Die Betriebszeit kann so sehr gut ausgenutzt werden, weil zwischen Frankreich und Kalifornien eine Zeitdifferenz von acht Stunden besteht. So wird die ChemCam vom CNES betrieben, wenn es in Kalifornien Nacht ist. Wenn sich in Frankreich der Arbeitstag dem Ende zu neigt, übernimmt das JPL wieder den Betrieb.

Abbildung 52: Künstlerische Darstellung des Betriebs von Chemcam

Abbildung 53: Installation des MEDLI Sensoren bei Lockheed Martin in den Hitzeschutzschild

MEDLI

Die Abkürzung MEDLI steht für **M**ars Science Laboratory **E**ntry, **D**escent, and **L**anding Instrument. Es ist ein Technologieexperiment. Bedingt durch die Größe des Schutzschilds, seiner Masse, Fluggeometrie und Eintrittsgeschwindigkeit wird der Hitzeschutzschild des MSL den bisher höchsten Belastungen aller Marssonden der USA ausgesetzt werden. Das führte schon zum Auswechseln des Materials für den Hitzeschutzschild.

MEDLI ist eine Suite aus verschiedenen Sensoren, welche die Belastungen beim Eintritt in die Marsatmosphäre messen sollen. Ein Teil der Daten kann in den Realzeitdatenstrom eingebunden werden. Alle Daten werden zum Bordcomputer übertragen und dort zwischengespeichert.

Eingesetzt werden zwei Typen von jeweils sieben Sensoren. Dies sind zum einen in den Hitzeschutzschild eingelassene Thermosensoren — **MISP** (MEDLI **I**ntegrated **S**ensor **P**lugs). Die MISP sind Hochtemperaturthermometer, denn es werden Temperaturen von bis zu 700°C erwartet. Die Sensoren wurden durch Bohrlöcher in den Schild eingebracht und befinden sich in 0,25, 0,5, 1,2 und 1,8 cm Tiefe. Sie liefern vor allem Daten während der ersten Phase des Eintritts, wenn die höchste Hitzebelastung auftritt.

Beim zweiten Typ handelt es sich um die **M**ars **E**ntry **A**tmospheric **D**ata **S**ystem (**MEADS**) Detektoren. Das sind Drucksensoren, die sich auf der Innenseite des Hitzeschutzschilds befinden und dort die Druckbelastung bestimmen. Beide Sensoren sind mit einer Elektronikbox auf dem Hitzeschutzschild verbunden, welche die Daten digitalisiert, zwischenspeichert und an den Bordcomputer überträgt.

Aktiv wird das System zehn Minuten vor dem nominellen Wiedereintrittspunkt. Es misst dann bis zum Abwurf des Hitzeschutzschilds vier Minuten nach dem Eintritt. Es werden bis zu acht Messungen pro Sekunde gemacht, von einigen tiefer liegenden MISP-Thermometern nur zwei pro Sekunde.

Sinn und Zweck dieser Messungen ist es, Daten für zukünftige Marsmissionen zu sammeln. Das wird es bei zukünftigen Sonden beispielsweise erlauben, die Dicke der Ablationsschicht zu verringern oder die strukturellen Reserven zu verkleinern. Es gibt zwar Simulationen der zu erwartenden Belastungen, doch sind diese in einem irdischen Labor nur schwer durch praktische Messungen zu verifizieren, da Zusammensetzung, Druck und Temperatur der Marsatmosphäre stark von der irdischen Atmosphäre abweichen.

APXS

Das APXS (**A**lpha-**P**article **X**-ray **S**pectrometer) ist eine verbesserte Version des Instrumentes, das schon bei den bisherigen drei Rovern eingesetzt wurde. Während dieses aber aus Deutschland stammte, ist das APXS von Curiosity in Kanada entwickelt worden. Es basiert auf der Emission von Röntgenstrahlen, wenn Alphateilchen auf die Elektronenhüllen von Atomen treffen und dabei Elektronen herausschlagen. Als Strahlenquelle hat das Instrument dazu 0,7 mg Curium-244 an Bord, das mit einer Halbwertszeit von 18,1 Jahren zerfällt. Es emittiert Alphateilchen mit einer Aktivität von 60 Millicurie.

Anders als bei stationären Landern wurde auf die Untersuchung der emittierten Protonen und zurückgestreuten Alphateilchen verzichtet. Dies erfordert zu lange Messzyklen. Der Rover soll aber vor allem die Umgebung erkunden und so steht nicht so viel Zeit für diese Analyse zur Verfügung. Es wird wie bei den MER daher nur die Röntgenstrahlung bestimmt. Das APXS befindet sich mit anderen Instrumenten am beweglichen Arm des Rovers.

Der wesentliche Vorteil des APXS von Curiosity gegenüber seinem Vorläufer an Bord der Rover Spirit und Opportunity ist eine um den Faktor 3 gesteigerte Sensitivität. Dadurch kann die Messdauer reduziert werden. Ein schneller Überblick, der die Häufigkeit der am meisten vorkommenden Elemente bestimmt, ist nun in zehn Minuten möglich. Eine Komplettanalyse, die auch Spurenelemente quantifiziert, dauert drei Stunden. Das Instrument fertigt ein Spektrum pro Viertelstunde an. Dies erlaubt es, Spektren auszuwählen, die besonders gut gelungen sind und nur diese zu addieren. Nur aus nächster Nähe, etwa in 1 cm Abstand zum Felsen, liefert es aussagekräftige Daten. Das Instrument kann in einem Modus den Schrittmotor des Arms steuern, sodass dieser sich schrittweise der

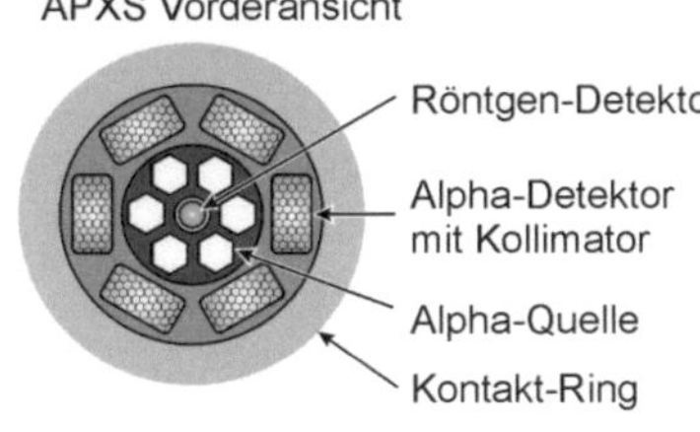

Abbildung 54: Aufbau eines APXS, am Beispiel des Sensorkopfes für die MER. © Universität Mainz

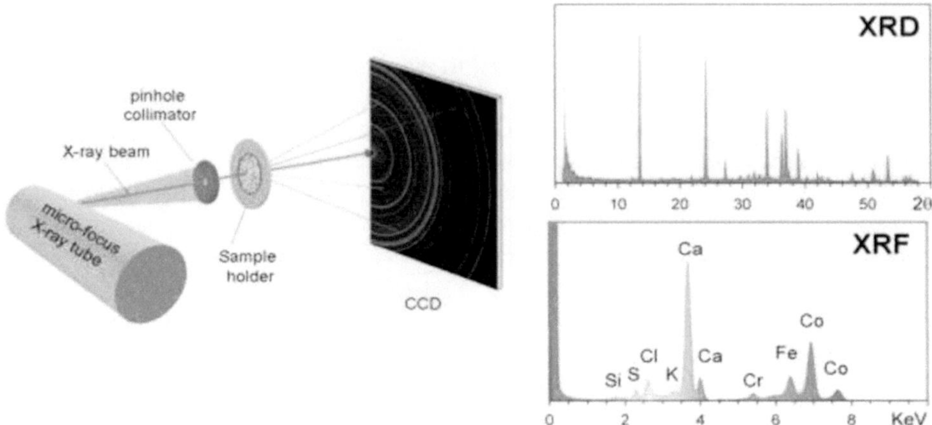

Abbildung 55: Funktionsprinzip von Chemin und die erzeugten Spektren

Oberfläche nähert. Wenn die empfangene Röntgenstrahlung für die Messung ausreicht, stoppt das Instrument den Motor des Arms. Ein Kontaktsensor öffnet und schließt Türen vor dem nur 1,7 cm großen Sensorkopf. Dadurch wird verhindert, dass Staub eintritt und nur dessen Zusammensetzung ermittelt wird. Um die Empfindlichkeit zu erhöhen, wird es auf -35°C gekühlt. Das Vorgängermodell konnte, weil die Eigenwärme des Curiums stört, nur in der Marsnacht betrieben werden. Das APXS von Curiosity kann auch am Tag Messungen durchführen.

Das Instrument bestimmt die chemische Zusammensetzung, also die Häufigkeit der Elemente einer Probe. Es kann nicht feststellen, aus welchen Mineralien sie besteht. Es ist auch, weil nur die Röntgenstrahlen detektiert werden, „blind" für die leichten Elemente aus den ersten zwei Perioden. Von diesen sollten Sauerstoff und Kohlenstoff durchaus in größerer Menge im Gestein vorkommen. Ihre Häufigkeit muss daher durch Differenzrechnung abgeschätzt werden. Die Empfindlichkeit nimmt mit höherer Atommasse zu.

Ein weiterer Nachteil ist, dass die Alphateilchen sehr schnell im Gestein gestoppt werden. Sie dringen nur wenige Mikrometer tief ein. Schon eine hauchdünne Staubschicht auf der Oberfläche einer Probe führt dazu, dass nur die Zusammensetzung dieses (überall vorkommenden) Flugsandes bestimmt wird. Die beiden letzten Rover verfügten daher über ein Gerät, das wie eine rotierende Schleifscheibe die Oberfläche von Staub säuberte und auch die oberste, verwitterte Gesteinschicht weghobelte. Beim MSL gibt es eine Reihe von Bohrköpfen für die Probennahme, die ebenfalls die Oberfläche von Staub befreien können.

140

Das Instrument kann auch vom Arm in die Vertiefungen der Fahrspuren gebracht werden und es kann die Bodenproben auf der Observationsplatte untersuchen. Für seine Kalibrierung ist eine von Nickelscheiben umgebene Basaltprobe am Rover angebracht. Als zweite Aufgabe kann das Instrument auch die Atmosphäre untersuchen: Die Menge des Edelgas Argon unterliegt durch das Ausfrieren der Atmosphäre im Aphel der Bahn starken Schwankungen. Diese sollen genauer untersucht werden.

APXS	
Sensorkopfdurchmesser:	1,7 cm
Typischer Abstand zum Messobjekt:	0 — 2 cm
Eindringtiefe:	5 µm bei leichten Elementen, 50 µm bei Eisen
Aktivität der Strahlenquelle:	>30 mCi
Schnellanalyse (<10 Minuten):	Bestimmung von Na, Mg, Al, Si, Ca, Fe,S 0,5% genau
Detektionslimit Vollanalyse (3 Stunden):	Ni: < 0.01 % Br: < 0.002 % Spurenelemente: 0,01%
Datenmenge über 3 Stunden:	32 kbyte

Abbildung 56: Künstlerische Darstellung einer Analyse durch das APXS

CheMin

Das Instrument CheMin unterstützt das APXS bei der Analyse, aus welchen Elementen eine Materialprobe zusammengesetzt ist. Dazu wird die Röntgenstrahlenfluoreszenz-Spektroskopie eingesetzt.

CheMin befindet sich im Inneren des Rovers und bekommt wie SAM seine Proben durch das Probenaufnahmesystem geliefert. Zwei Siebe von 1,0 und 0,15 mm Maschenweite verhindern, dass zu große Körner in den Probenbehälter gelangen. Diese Siebe können zur Reinigung in ein Reservoir ausgeleert werden. Zum Sieben und um eine gleichmäßige Verteilung zu erreichen, wird dieser Teil des Instruments in Vibrationen mit 200 Bewegungen/s versetzt. Um eine Verschmutzung zu verhindern, ist der Einlass zwischen den Messungen mit einer Abdeckung verschlossen. Es passieren so nur Staubteilchen mit einer Größe von kleiner als 0,15 mm.

Die Proben gelangen nun auf ein Rad mit 27 Probenbehältern. Es enthält ebenfalls Proben mit Vergleichsstandards. Der Behälter wird durch Rotation an die Messzone gebracht, die an den gegenüberliegenden Seiten durch Kunststofffolien abgeschlossen ist. An der einen Seite befindet sich eine Röntgenröhre als Strahlenquelle. Auf der anderen Seite ist als Detektor ein CCD-Sensor angebracht. Durch weiter rotieren kommt der Behälter an eine Entleerungszone. Dadurch soll jeder Behälter mehrmals benutzt werden. Der Fehler durch verbliebenes Restmaterial soll weniger als 5% betragen.

Das Messprinzip nutzt die Tatsache, dass die Röntgenstrahlen durch die Bodenprobe abgeschwächt und gebeugt werden. Sie erzeugen ein Beugungsmuster aus konzentrischen Kreisen. Dieses Bild nimmt der Chip auf. Er wird sehr oft gelöscht, sodass jedes Pixel nur von einem Röntgenstrahlenphoton (Lichtteilchen) gebildet wird. Die Helligkeit dieses Pixel korrespondiert mit der Energie dieses Photons. Vor Streulicht schützt eine dünne Aluminiumfolie, die Röntgenstrahlen passieren lässt.

Die Daten vieler Bilder werden dann verarbeitet, wobei zwei Histogramme entstehen. Das eine ist die klassische Röntgenfluoreszenzanalyse. Es enthält in der X-Achse die Energie pro Röntgenphoton (entsprechend der Helligkeit der Bildpunkte) und in der Y-Achse deren Anzahl. Die Energie korrespondiert mit den Ordnungszahlen der Elemente und die Anzahl der Photonen mit deren Konzentration. Die Auswertung, an welcher Position (Abstand vom Kreismittelpunkt) das Photon detektiert wurde, gibt hingegen Aufschluss darüber, von welchem Mineral es stammt. Die Röntgenstrahlen werden durch die Kristalle gebeugt. Daraus entsteht ein zweites Diagramm, welches den Abstand der Bildpunkte von der Mitte als X-Achse enthält und die Anzahl als Y-Achse. Dieses Diagramm enthält Informationen über die Minerale, aus denen die Proben bestehen.

Der Vorteil von CheMin ist, dass es im Gegensatz zum APXS nicht den Probenarm während der Messzeit blockiert. Es kann im Inneren des MSL bis zu zehn Stunden lang messen. Diese lange Messzeit ist für aussagekräftige Histogramme nötig. Die typische Messzeit ist mit ein bis vier Stunden jedoch kürzer. CheMin verfügt über eine eigene Lithiumionenbatterie, damit eine Untersuchung auch möglich ist, wenn der Rover viel Energie für andere Aufgaben benötigt. Wie das APXS kann es prinzipbedingt die leichten Elemente nicht nachweisen. Das Element mit der niedrigsten Ordnungszahl, das noch sicher nachgewiesen werden kann, ist Natrium.

CheMin	
Probenbehälter:	27 (mehrfach verwendbar) plus 5 Standards mit bekannter Zusammensetzung
Typisches Volumen einer Bodenprobe:	10 mm³
Detektor:	600 × 600 Pixel E2V CCD-224, gekühlt auf -60°C. 40 × 40 µm Pixelgröße
Gemessener Energiebereich:	1 – 250 keV
Belichtungszeit pro Messung:	5-30 s
Maximale Messzeit:	10 h
Detektionslimit für Minerale:	> 3%, empfindlich für >11 u
Genauigkeit der Mineralbestimmung:	± 1,8% bei einem Anteil von mindestens 15%
Röntgenquelle:	Röntgenröhre mit Wolfram-Kathode und Kobalt-Anode. 28 keV Betriebsspannung bei 100mA Stromstärke.
Gewicht:	10 kg
Abmessungen:	30 × 30 × 30 cm

DAN

Wie bei Phobos Grunt werden auch beim MSL Neutronen genutzt, um nach Wasser zu suchen. DAN (**D**ynamic **A**lbedo of **N**eutrons) besteht aus zwei Teilen, einer Neutronenquelle auf der einen Seite des Rovers und einem Detektor auf der anderen Seite. Anders als bei bisherigen Instrumenten nutzt das Experiment nicht die durch kosmische Strahlung erzeugten Neutronen, sondern produziert diese selbst. Das hat den Vorteil, dass viel mehr Teilchen detektiert werden und das Ergebnis präziser ist. Ein vereinfachter Vergleich wäre, in einem schlecht beleuchteten Raum einmal ohne und einmal mit Blitzlicht zu fotografieren.

Das Instrument sendet „schnelle" Neutronen aus — Neutronen mit hoher Energie also — und diese dringen in den Boden ein. Treffen sie auf Wasserstoffkerne, so werden sie stark abgebremst. Dies liegt daran, dass die Wasserstoffkerne aus Protonen bestehen, und diese sind gleich schwer wie die Neutronen. Treffen sie auf höhere Elemente, so ist die Wechselwirkung mit den schwereren Atomkernen kleiner, und sie werden nicht so stark abgebremst. Da Wasserstoff auf dem Mars nur in Form von Wasser vorkommt, kann so Eis bis in etwa 1 m Tiefe detektiert werden.

Der Neutronengenerator auf der linken Seite des Rovers schießt Deuterium auf Helium-3 Atome. Ein Teil der Deuteriumkerne trifft die Heliumkerne, wobei Helium-4 Kerne und Neutronen gebildet werden.

$$^2D + {}^3He \rightarrow {}^4He + n$$

Es entsteht ein kurzer Puls, der etwa 10 Millionen Neutronen freisetzt. Der Detektor misst die reflektierten Neutronen (ein kleiner Bruchteil der emittierten Neutronen), die innerhalb von etwa 10 ms ankommen, und danach misst er das Hintergrundrauschen, dessen Hauptquelle der RTG am Rover ist. Der Anteil der vom Detektor gemessenen Neutronen aus der kosmischen Strahlung ist gering, weil dieser nahe am Boden ist und daher nur Neutronen aus einem kleinen Gebiet messen kann. Nach dem Messzyklus für diesen Puls schließt sich ein neuer Zyklus an. Maximal 10 Messzyklen sind pro Sekunde möglich.

Verschiedene Messprofile mit Messzeiten von bis zu 30 Minuten sind vorgesehen, wobei die Daten einzelner Pulse addiert werden, um die Genauigkeit zu erhöhen. Das Instrument wird aktiv, wenn der Rover nach etwa 6 m Wegstrecke anhält und neue Aufnahmen der Umgebung für die Navigation anfertigt. So entsteht ein Profil entlang der Fahrtstrecke. Er kann aber auch bei der Fahrt aktiv sein, dann muss Curiosity jedoch nach jedem Meter kurz anhalten. Das gibt ein durchgängiges Profil, aber nicht so genau wie bei einem längeren

Halt. Nach 30 Minuten hat DAN den Wassergehalt auf 0,1 bis 0,3 Prozent genau bestimmt und die Tiefe in der es sich befindet auf 10 cm genau.

Die Detektoren auf der rechten Seite bestehen aus zwei Kammern, gefüllt mit dem Helium-isotop ^{3}He. Sie fangen ein Neutron ein. Das Helium-3 wird dabei zu einem Helium-4 Kern und sendet Gammastrahlen aus, welche mit Szintillationsdetektoren nachgewiesen werden. Es sind zwei Zähler vorhanden. Beide haben eine 6 cm lange Kammer gefüllt mit Helium-3 unter einem Druck von 10 bar. Einer ist mit einem Cadmiumschild überzogen, der die lang-samen, thermalen Neutronen blockiert, der Zweite nicht. So misst der Erste nur die epithermalen Neutronen und der Zweite auch die thermalen Neutronen. Zwischen dem Neutronengenerator und Detektor befindet sich der Rover. Er blockiert die Neutronen, die von der Neutronenquelle zu Seite ausgehen.

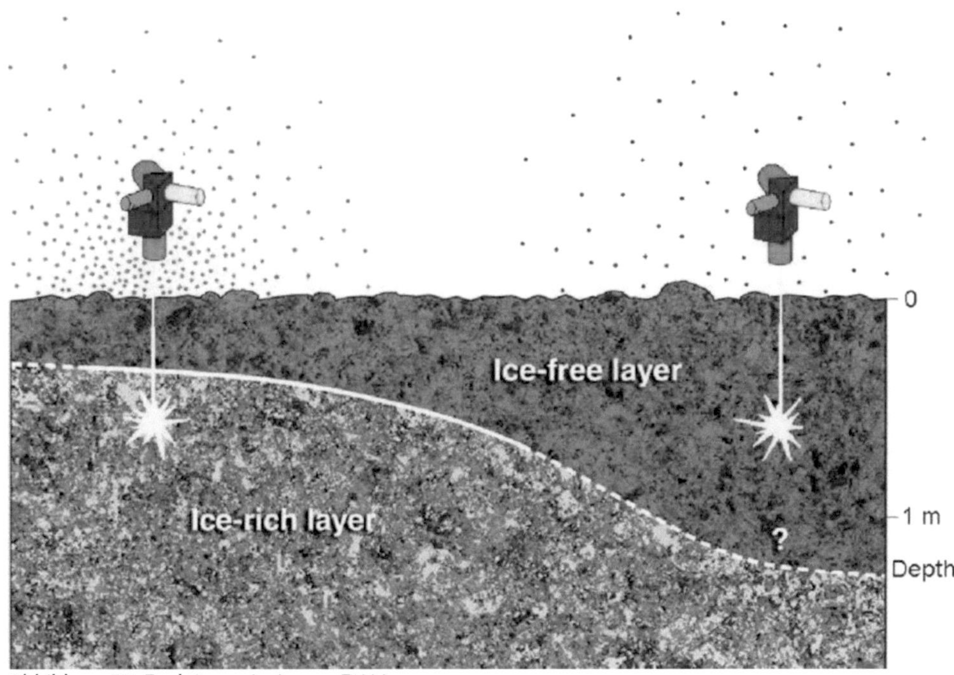

Abbildung 57: Funktionsprinzip von DAN

Als Ergebnis sollte DAN Wasser im Boden mit einer Genauigkeit von 0,1- 0,3 Gewichtsprozent nachweisen können. DAN stammt von dem russischen Institut für Weltraumwissenschaften IKI. Das IKI (Institut Kosmitscheski Isledowani) hat auch die meisten Experimente für Phobos Grunt entwickelt. Seine Kompetenz beim Bau von Gamma- und Neutronendetektoren führte 2001 dazu, dass der HEND-Detektor an Bord von Mars Odyssey mitgeführt wurde.

Beide Module sind speziell isoliert und befinden sich im Heckbereich des Rovers, etwa 80 cm über dem Boden. Empfangen werden die zurückgestreuten Neutronen von einer Fläche von fast einem Quadratmeter Größe.

Im Landegebiet von Curiosity ist es aufgrund der Beobachtungen durch die Marsorbiter eher unwahrscheinlich, dass sich Wassereis unter der Oberfläche befindet, doch DAN kann auch hydratisierte Mineralien, wie Tone oder Schichtsilikate nachweisen, die in den Sedimentablagerungen vermutet werden.

DAN	
Gewicht.	5 kg (2,58 kg Generator, 2,1 kg Detektor)
Abmessungen:	12,5 x 4,5 x 33,8 cm Generator 20,4 x 6,1 x 21,2 cm Detektor
Energie der Neutronen:	14,1 MeV
Neutronen pro Puls:	$\approx$ 10 Millionen
Anzahl der Impulse während der Mission:	> 10 Millionen
Dauer eines Pulses:	1-2 µs
Zeitauflösung:	3 µs
Maximale Messzeit:	30 min
Maximale Tiefe für den Nachweis thermaler Neutronen:	50 cm
Maximale Tiefe für den Nachweis epithermaler Neutronen:	100 cm
Nachweisgenauigkeit für Wasser:	> 1% in maximal 50 cm Tiefe
Reichweite um den Rover:	2-3 m
Impulse:	Maximal 10/s
Stromverbrauch:	Maximal 13 Watt

REMS

Das REMS-Experiment (**R**over **E**nvironmental **M**onitoring **St**ation) ist eine erweiterte Wetterstation. Die Ermittlung der Basisdaten der Marsatmosphäre wie Luftdruck, Temperatur und Feuchtigkeit war ein wichtiger Punkt bei allen stationären Landern. Viking, Pathfinder, der Mars Polar Lander und Phoenix waren zu diesem Zweck mit Sensoren an einem ausklappbaren Mast ausgerüstet. Gewichtsbeschränkungen ließen aber bisher eine Montage solcher Sensoren auf einem Rover nicht zu.

Das MSL erlaubt es, eine erweiterte Form dieser „Wetterstationen" mitzuführen. Erstmals wird auch die ultraviolette Strahlung am Marsboden bestimmt. Dies ist zum einen wichtig für bemannte Missionen, weil die Besatzung vor ihr geschützt werden muss. Zum andern ist die ultraviolette Strahlung aber auch für chemische Reaktionen an der Oberfläche verantwortlich.

Die Messfühler befinden sich etwa auf halber Höhe am Kameramast. Zwei Sensoren schauen in Fahrtrichtung und zur Seite. Zwischen beiden beträgt der Winkel 120 Grad. Sie sind zudem um 5 cm in der Höhe versetzt. Der in die Fahrtrichtung schauende Sensorkopf trägt Messfühler für die Windgeschwindigkeit und -richtung, Lufttemperatur und die relative Luftfeuchtigkeit. Der seitwärts nach hinten ausgerichtete Messkopf hat Detektoren für Windrichtung, Luft- und Bodentemperatur. Jeder Ausleger hat 12 Messsensoren für die Windgeschwindigkeit. Mit dieser Vielzahl von Sensoren ist die Windgeschwindigkeit hinreichend genau ermittelbar.

Die Bodentemperatur wird durch ein IR-Thermometer bestimmt. Die vom Boden emittierte Wärmestrahlung fällt auf einen Halbleitersensor. Dieser produziert eine Spannung proportional zur Strahlung. Damit Sonnenlicht nicht die Messung verfälscht, ist ein Filter vorgeschaltet, der nur infrarote Strahlung zwischen 8 und 14 µm Wellenlänge passieren lässt. Das Messprinzip ist das gleiche wie bei einem berührungsfreien Fieberthermometer, das zum Beispiel die Infrarotstrahlung aus dem Innenohr misst. Die Lufttemperatur wird durch ein Platin-Widerstandsthermometer gemessen. Die Luftfeuchtigkeit wird

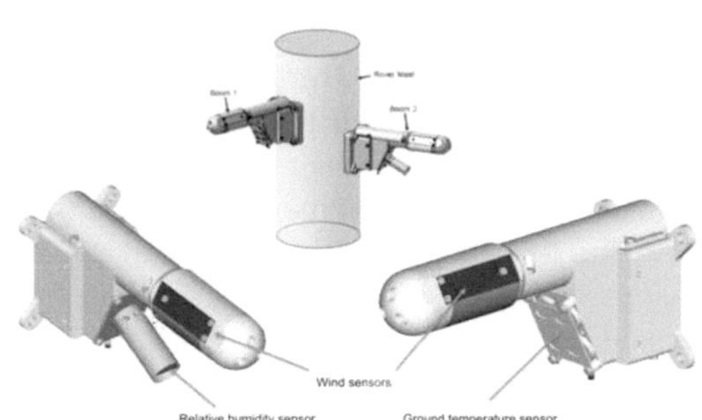

Abbildung 58: Die einzelnen Sensoren von REMS

durch einen Fühler, der vor Verschmutzung durch Staub geschützt ist, auf 10% genau bestimmt.

Es ist eine lokale Elektronik mit ASIC (Application Specific Integrated Circuit) Bausteinen für eine spezifische Datenverarbeitung vorhanden. Diese sind dafür ausgelegt, den harschen Umgebungen auf dem Mars zu widerstehen. Der zulässige Temperaturbereich beträgt zwischen -130 und +70°C. Die Elektronik befindet sich auf dem Roverdeck beim UV-Sensor. Die eigentliche Datenverarbeitungseinheit mit dem Speicher befindet sich im Rover selbst, geschützt vor allzu starken Temperaturschwankungen.

REMS Ausleger	
:Messbereich Windgeschwindigkeit:	0 – 70 m/s horizontal 0 – 10 m/s vertikal
Messgenauigkeit Windgeschwindigkeit:	1 m/s
Messgenauigkeit Windrichtung:	30 Grad
Messbereich Bodentemperatur:	150 bis 300 K (-123 bis +27 °C)
Messgenauigkeit Bodentemperatur:	10 K / °C
Messbereich Windtemperatur:	150 bis 300 K (-123 bis +27 °C)
Messgenauigkeit Windtemperatur:	5 K / °C
Gewicht:	1,365 kg

Der UV-Sensor besteht aus sechs UV-empfindlichen Photodioden. Je höher die Intensität der UV-Strahlung ist, desto größer ist der messbare Strom. Die Dioden sind zum Zenit ausgerichtet. Um die Beeinträchtigung durch Staub zu minimieren, umgibt ein Magnetring jede Photodiode, an welchem sich magnetischer Staub ablagern sollte. Der restliche Staub wird regelmäßig mittels Aufnahmen durch die MAHLI-Kamera ermittelt und bei der Kalibrierung der Daten berücksichtigt. Am Roverdeck befindet sich auch der Einlass für eine Röhre, die den Luftdruck misst. Das Manometer befindet sich geschützt im Körper des Rovers. Diese Bauweise erlaubt es auch, einen Schutzdeckel zu schließen, wenn ein Staubsturm heranzieht. Geplant ist eine Messperiode von mindestens 5 Minuten pro Stunde, zusammen maximal drei Stunden pro Tag. Dies ist limitiert durch die verfügbare Leistung der RTG. REMS wird jeweils aktiv, wenn der Rover anhält, was alle sechs Minuten der Fall ist.

Erwartet werden Temperaturen am Mast von -90°C in der Nacht, bis -30° mittags im Winter und 0°C im Sommer. Die Temperaturen in dieser Höhe schwanken, da die dünne Atmosphäre kaum Wärme speichert viel stärker als die am Boden gemessenen. Das Instrument stammt vom Zentrum für Astrobiologie in Madrid, die Drucksensoren kommen aus Finnland. Um die Eignung der Sensoren auch bei extremen Temperaturen vor dem Start testen zu können, wurden Messkampagnen in der Antarktis, Nevada und bei Los Monegros in Spanien durchgeführt.

REMS wird sehr viele Dinge untersuchen. So gibt es auf dem Mars sehr ausgeprägte jahreszeitliche Schwankungen der Temperatur und es Drucks, da durch die exzentrische Umlaufbahn die Temperatur im Winter viel niedriger als im Sommer ist und an den Polen dann sogar Kohlendioxid ausfrieren kann, wodurch der Luftdruck sinkt. Zudem können sich im Sommer lokale und globale Staubstürme ausbilden, die ebenfalls das Wetter beeinflussen. Erstmals sollte man die Lichtabschwächung durch diese mit dem UV-Instrument bestimmen können. Von den bisherigen Messungen sind aber auch tageszeitliche Schwankungen der Temperatur und der Windrichtung bekannt und nicht zuletzt gibt es kleine Windhosen, die innerhalb von Sekunden über den Rover ziehen können. Auch hier schwankt die Temperatur innerhalb einer halben Minute um rund 30 Grad Celsius und auch der Luftdruck fällt um 3 Pascal.

Bisher gab es Messungen der Atmosphäre über mindestens ein Marsjahr nur von den beiden Viking Landern in den siebziger Jahren, da die beiden Letzten Raumsonden mit einer Meteorologiestation – Pathfinder und Phoenix nur wenige Monate in Betrieb waren.

REMS Geräte auf dem Roverdeck	
UV-Photodioden:	315 – 370 nm (UV-A) 280 – 320 nm (UV-B) 220 – 280 nm (UV-C) 230 – 290 nm (UV-D) 200 – 250 nm (UV-E) 200 – 350 nm (Gesamtdosis)
Blickfeld der UV-Sensoren:	60 Grad
Messgenauigkeit UV-Strahlung:	8 %
Messbereich Luftdruck:	1 bis 1150 Pascal (0,01 – 11,5 mb)
Messgenauigkeit Luftdruck:	3 – 20 Pascal (0,03 bis 0,2 mb)

SAM

Das Sample Analysis at Mars (SAM) Experiment ist das schwerste Experiment an Bord und stellt die größte Neuerung gegenüber den bisherigen Marsfahrzeugen dar. Es macht 50% der Gesamtmasse aller Experimente aus und kann die chemische Zusammensetzung von Bodenproben untersuchen. Die direkte Analyse von Bodenproben erfolgte erstmalig durch Viking und wurde erst 2007 durch Phoenix wieder vorgenommen, welcher über ein Labor für Nasschemie verfügte und die Reaktion der Atmosphäre mit den Bodenproben analysierte. Trotz verlängerter Mission konnten aber nur sechs der acht von Phoenix mitgeführten Probenbehälter genutzt werden. Verglichen mit dem Instrument, das Phoenix einsetzte, ist SAM zehnmal sensitiver. Einen Vergleich mit Viking zu ziehen ist noch schwieriger, da die Messtechnik in den siebziger Jahren noch auf einem völlig anderen Stand als heute war. Tests mit Proben aus irdischen Wüsten mit einem vergleichbaren Viking-Detektor zeigten, dass das Instrument recht unempfindlich war. Er hatte Probleme, 10-90 µg organischen Kohlenstoff pro Gramm Erde nachzuweisen. Damit konnte das Instrument nicht einmal Bakterien in diesen Proben finden. Verglichen dazu sollte SAM um den Faktor 10.000 bis 100.000 empfindlicher sein.

Von den beiden Vorgängern unterscheidet sich SAM nicht nur in der Empfindlichkeit. Früher gab es keine Möglichkeit, ein so schweres Instrument an Bord eines Fahrzeugs mitzuführen. Die Lander konnten Bodenproben nur in der Reichweite ihrer Bodengreifer nehmen, maximal einige Meter vom Landeort entfernt. Zudem hatten die bisherigen Experimente nur wenige Probenbehälter, die jeweils nur einmal genutzt werden konnten. Demgegenüber wird SAM über 74 Stück verfügen, von denen ein Großteil mehrmals benutzt werden

Abbildung 59: Der Arm von Curiosity mit den Instrumenten und Bodenprobenentnahmesystem

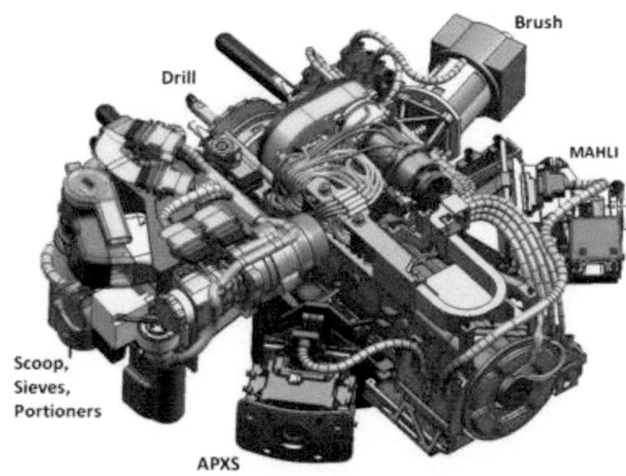

Abbildung 60: Die Instrumente direkt an der "Hand": Von links nach rechts: Portioniersystem, APXS, MAHLI, Reinigungsbürste, Bohrer

kann. Daher wird es viel mehr Proben „ziehen" als alle früheren Missionen zusammen.

Nicht direkt zu den Instrumenten gehört der Arm. Da er aber für die Bodenprobenentnahme unverzichtbar ist, soll er hier besprochen werden. Der Grundaufbau des Arms wurde von der letzten Generation solcher Geräte übernommen. Er ist an der Front angebracht und hat drei Gelenke, durch die er wie der menschliche Arm in allen drei Raumachsen beweglich ist. Diese Gelenke entsprechen unserem Schultergelenk, Ellenbogengelenk und Handgelenk. Vorne befindet sich ein um 360 Grad drehbares Kreuz. An ihm sitzen nicht nur die Instrumente APXS und MAHLI. Es verfügt auch über drei verschiedene Werkzeuge, mit denen der Arm graben, Steine bewegen oder eine Probe entnehmen kann. Der Arm führt die Proben dann zu den Einlassöffnungen von SAM und CheMin an der Oberseite des Rovers. Alleine die Instrumentierung, die er trägt, wiegt schon 35 kg, der ganze Arm 105 kg. Er hat eine Länge von 2,1 m und dadurch einen sehr großen Aktionsradius.

Das **S**ample **A**cquisition, **P**rocessing, **a**nd **H**andling (SA/SPaH) Subsystem hat die Aufgabe, Bodenproben zu nehmen, vorzubereiten und auf das Deck zu bringen. Es besteht aus drei Werkzeugen:

- dem Probennahme-/Bohrsystem für Staub (**P**owder **A**cquisition **D**rill **S**ystem PADS),

- dem Werkzeug, mit dem Staub von einem Felsen entfernt wird (**D**ust **R**emoval **T**ool DRT),

- und dem Werkzeug zur Entnahme von Gesteinsproben (Collection and Handling for Interior Martian Rock Analysis: CHIMRA).

Diese sind zusammen mit den Instrumenten MAHLI und APXS auf einem Kreis mit einem Durchmesser von 60 cm angeordnet und können in einem Radius von 80 cm und bis zu 100 cm Höhe arbeiten. Beim Graben kann eine Probe aus bis zu 20 cm Tiefe entnommen werden.

PADS ist der eigentliche Bohrer. Er bohrt ein Loch von 1,6 cm Durchmesser und bis zu 5 cm Tiefe. Der Bohrkopf kann ausgewechselt werden. Ist die nötige Tiefe erreicht, wird der durch den Bohrer zerkleinerte Felsen zur Bodenprobenentnahme entnommen. Die weitere Zertrümmerung nach dem Bohren erfolgt durch Ultraschall. Die Erwärmung soll dadurch minimal und der Staub fein genug sein, dass dieser analysiert werden kann. Der Bohrkopf ist so konstruiert, dass er von den oberen 1,5 bis 2 cm kein Material aufnimmt, sodass die Probe nur Material aus der Tiefe enthält.

PADS	
Kraft:	240 bis 300 N
Rotationsgeschwindigkeit Bohrer:	0 – 150 U/min
Schallenergie zum Zertrümmern:	1800 Hz, 0,4 bis 0,8 J
Bohrloch:	1,6 cm Durchmesser, <5,0 cm Tiefe
Staub:	90% kleiner als 0,15 mm, 100% kleiner als 1,00 mm

CHIMRA hat eine zweischalige Schaufel. Sie kann mit einer Drehung einen Graben von 3,5 cm Tiefe erzeugen und kommt durch die Beweglichkeit des Arms mit fünf Freiheitsgraden auch an die Fahrspuren der Räder heran. Dort soll (je nach Untergrund) sogar Material aus bis zu 20 cm ursprünglicher Tiefe erreichbar sein. Eine Probe hat ein typisches Volumen von 1-30 cm³. Diese kommt nun an einen Ort, wo sie durch Siebe und Labyrinthe in Fraktionen mit unterschiedlicher Korngröße aufgeteilt wird. Danach wird eine genügend kleine Subprobe zur Weiterverarbeitung gezogen. SAM kann maximal 0,13 cm³ verarbeiten, CheMin sogar nur 0,065 cm³. Die Proben werden durch Abdeckungen geschützt, bis sie in die Einlassöffnungen der Instrumente umgefüllt werden. Für MAHLI und das APXS gibt es die sogenannte Observationsplattform, eine kreisrunde Scheibe, auf der eine gefilterte Probe zur visuellen Kontrolle und Untersuchung abgelegt werden kann. Sie besteht aus dem seltenen Element Titan, damit das Spektrum nicht verfälscht wird.

CHIMRA	
Probenvolumen:	1 – 30 cm³
Grabtiefe:	3,5 cm
Eingebaute Siebe:	0,15 und 1,00 mm Maschenweite
Probengrößen:	0,045 – 0,065 cm³ für CheMin 0,045 – 0,130 cm³ für SAM
Staub:	90% kleiner als 0,15 mm, 100% kleiner als 1,00 mm
Observationsplattform:	7,3 cm Durchmesser, aus Titan
Dust Removal Tool	
Länge:	15,4 cm
Durchmesser:	10,2 cm
Gewicht:	0,925 kg
Arbeitsradius:	4,5 cm

Abbildung 61: Das DRT mit den Bürsten

Das letzte Werkzeug DRT (**D**ust **R**emoval **T**ool) verfügt über Stahlbürsten, welche die Oberfläche von Felsen säubern können. Sie werden durch einen Motor angetrieben und produzieren einen 45 mm großen Kreis auf der Oberfläche, der frei von Flugsand ist. Das DRT wird auch genutzt, um die Observationsplattform zu reinigen.

Zum Eichen und Testen der Instrumente auf Kontamination mit irdischem organischen Material gibt es noch fünf Kanister aus **O**rganic **C**heck **M**aterial (OCM). Das sind Silikatblöcke mit einer Porosität von 30%, die mit geringen Mengen von 3-Fluorphenanthren und 1-Fluornapthalin dotiert sind und angebohrt werden können. Proben davon werden den Experimenten zugeführt, und die Ergebnisse können mit den Bodenproben verglichen werden. Diese fluorierten Verbindungen sind künstlich erzeugt. Sie kommen weder auf der Erde natürlich vor, noch werden sie auf dem Mars erwartet. Da man nicht weiß, wie die OCM auf dem Mars verändert werden, wird jeder Behälter nur einmal angebohrt, da dabei die Versieglung des Kanisters zerstört wird.

Das SAM-Instrument ist selbst ein eigenes Labor. Es besteht aus drei Analyseinstrumenten — einem **G**aschromatographen (GC) zur Trennung, einem **t**unable **L**aser **S**pectrometer (TLS) und einem **Q**uadrupol**m**assen**s**pektrometer (QMS) als Detektoren. Dazu kommt ein Vorbereitungstrakt, in dem die Proben aufbereitet werden. Der GC hat sechs verschiedene Säulen. Das ist notwendig, da er so unterschiedliche Verbindungen wie Kohlendioxid und Aminosäuren trennen soll. Jede Säule hat eine Affinität zu bestimmten Molekülen und trennt diese gut, andere Moleküle hingegen weniger effektiv. Die Wissenschaftler haben sich entschieden, für jede Fragestellung spezifische Vorgehensweisen auszuarbeiten, mit denen folgende Fragestellungen untersucht werden können:

- Suche nach Kohlenstoffquellen und ihre mögliche Entstehung und Zerstörung

- Suche nach organischen Verbindungen von biologischer oder probiologischer Bedeutung, inklusive Methan

- Bestimmung der Menge und Isotopenverhältnisses der Elemente, die für organische Verbindungen wichtig sind (N,H,O,S)

- Bestimmung der Zusammensetzung der Atmosphäre mitsamt dem Nachweis von Spurengasen

- Verfeinerung von Atmosphären- und Klimamodellen durch die Untersuchung von Edelgasen

SAM kann nur Gase analysieren, also die Marsatmosphäre oder freigesetzte Gase. Das können Stoffe sein, die im Boden gefroren sind, aber durch Erhitzen gasförmig werden (Eis und in ihm gebundenen Gasen wie Methan und Kohlendioxid). Es können aber auch erst durch Erhitzen gasförmige Reaktionsprodukte entstehen.

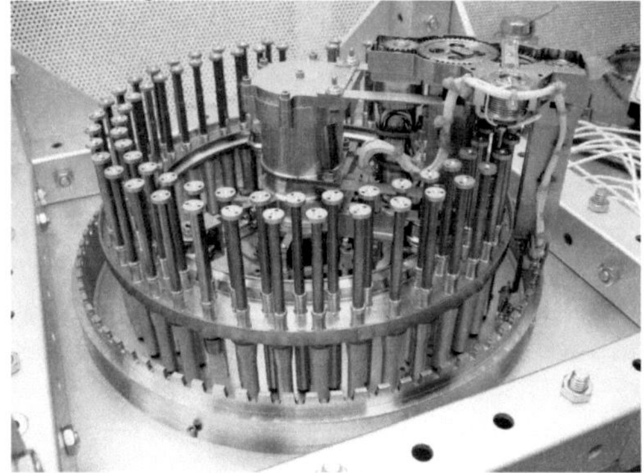

Abbildung 62: Das Probenaufbereitungssystem von SAM

Eine dritte Möglichkeit ist es, die Probe chemisch umzusetzen und dabei gasförmige Substanzen zu erhalten. Mit dieser Methode soll vor allem nach organischen Molekülen gesucht werden. Die letzte Möglichkeit ist es, die Probe soweit zu erhitzen, dass alle organischen Substanzen verbrennen und chemisch gebundenes Wasser freigesetzt wird, und diese Verbrennungsgase zu analysieren.

Es gibt daher insgesamt 74 Probebehälter. Zum einen Quarzbehälter, die mehrfach nutzbar sind und deren Inhalt auch pyrolysiert (verascht) werden kann. Zusätzlich sind neun Probenbehälter vorhanden, in denen Derivatisierungen durchgeführt werden. Darunter versteht man eine chemische Reaktion, welche die Ausgangssubstanz verändert. Sie dienen dazu, Fettsäuren und Aminosäuren in Moleküle zu überführen, die verdampft werden können. Sechs Proben enthalten Standards, die zur Kalibration genutzt werden.

Helium durchströmt als Arbeitsgas den Ofen mit dem Probenbehälter. Diesem Teil des Labors, in dem die Gase für die Analyse erzeugt werden, folgt eine Kältefalle. Diese wird aber nur bei bestimmten Messungen eingesetzt. Ein Probegefäß wird stark gekühlt, sodass bestimmte Bestandteile wieder flüssig oder fest werden. Diese Kältefalle soll Stoffe, die in nur geringer Konzentration vorkommen oder die langsam beim Erwärmen freigesetzt werden, sammeln und konzentrieren. Später wird die Falle erhitzt und die Gase werden auf einen Schlag wieder freigesetzt.

Das Gas, das mit dem Arbeitsgas Helium vermischt ist oder erst nach dem Erhitzen der Kühlfalle freigesetzt wird, kann dann analysiert werden. Dazu gibt es drei Möglichkeiten:

- Am häufigsten wird es durch einen Gaschromatographen in einzelne Fraktionen aufgetrennt, wobei je nach erwarteter Zusammensetzung eine bestimmte Trennsäule zum Einsatz

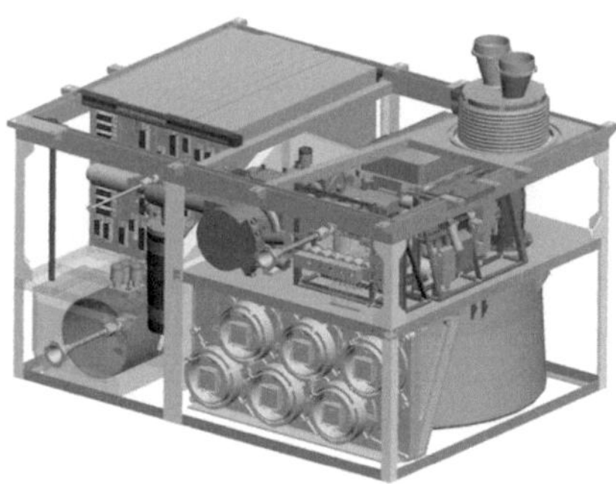

Abbildung 63: Aufbau von SAM

kommt. Danach wird die Molekülmasse der Fraktionen durch das Massenspektrometer bestimmt.

- Es ist auch möglich, die Gase direkt mit dem Massenspektrometer zu untersuchen. Dies kommt bei Atmosphärenanalysen zum Einsatz.

- Zu guter Letzt kann das Gas auch zum Laserspektrometer geleitet werden. Dieses hat zwei Spektralkanäle. Es bestimmt die Konzentration von Wasser und Methan und kann die Verhältnisse der einzelnen Sauerstoff- und Kohlenstoffisotope in Methan und Kohlendioxid feststellen.

Daraus ergeben sich folgende sieben Messsequenzen:

Pyrolyse von Bodenproben: Eine Quarzschale wird zuerst gereinigt, indem sie auf 1000°C erhitzt wird. Nach dem Abkühlen wird eine Bodenprobe zugegeben und erneut auf 1000°C erhitzt und dabei von Helium umströmt. Der Gasstrom wird vom GC aufgetrennt, wobei ein Wärmeleitfähigkeitsdetektor feststellt, wann eine neue Fraktion am Ausgang ankommt. Dies initiiert die Messung des Massenspektrometers. Diese Sequenz soll im Boden gebundene, flüchtige Stoffe freisetzen.

Derivatisierung von Bodenproben: Die Bodenprobe wird in eine Derivatisierungsschale eingefüllt. Diese ist mit Reagenzien gefüllt und mit einer Metallfolie versiegelt. Damit die Probe in das Gefäß gelangen kann, wird die Folie durchlöchert. Durch langsames Erwärmen wird eine Reaktion forciert. Zuletzt wird die Schale so weit erhitzt, dass die entstandenen Verbindungen verdampfen. Sie werden erst in einer Kältefalle gesammelt, dann durch Erwärmen freigesetzt und mit dem GC-MS analysiert. Die Derivatisierungsschalen sind nur einmal einsetzbar.

Verbrennung von Bodenproben: Wie bei der ersten Sequenz wird die Bodenprobe pyrolysiert. Dieses Mal geschieht das aber in einer reinen Sauerstoffatmosphäre. Im Ergebnis wird jede organische Substanz zu Kohlendioxid verbrannt. Das Gas wird dann durch das TLS auf das Verhältnis von ^{13}C zu ^{12}C untersucht.

Direkte Untersuchung der Atmosphäre: Die Marsatmosphäre wird in den GC-Einlass oder zum TLS geleitet und dort untersucht. Ziel ist es festzustellen, ob es jahreszeitliche chemische Veränderungen gibt und ob sich das Verhältnis der Isotope verändert.

Anreicherung von Atmosphärengasen: Die Marsatmosphäre wird durch die Kühlfalle geleitet. Die dort verflüssigten und angereicherten Gase werden dann entweder zum TLS, QMS oder zur GC/QMS Analyse geleitet. Dies dient dazu, Spurengase genauer zu bestimmen.

Methananreicherungssequenz: Zur Bestimmung von Methan wird die Atmosphäre zuerst über Gasreinigungsfilter geleitet, welche nur Methan passieren lassen und dann in eine Kältefalle. Dieser Prozess kann mehrmals wiederholt werden, bis genügend Methan gebunden wurde. Das TLS bestimmt die Methanmenge und deren Isotopenzusammensetzung.

Edelgasanreicherungssequenz: Analog der Methananreicherung werden die Edelgase zuerst aus dem Gasstrom selektiv durch Filter abgetrennt, dann in einer Kältefalle angereichert und zuletzt durch das Massenspektrometer bestimmt.

Dazu gibt es noch zwei Kalibrierungssequenzen. Bei der Atmosphärenuntersuchung kann gasförmiger Fluorwasserstoff zugesetzt werden. Bei der Überprüfung der Pyrolyse ist die Zugabe von Karbonaten und fluorierten Verbindungen möglich. Diese Vorgehensweise entspricht dem Zusetzen eines internen Standards, der sich von den anderen Komponenten unterscheidet und dessen Signal bekannt ist. Dadurch können die gefundenen Substanzen genauer bestimmt werden.

SAM ist das komplexeste, leistungsfähige und schwerste Instrument an Bord des MSL. Bedingt durch die aufwendige Mechanik ist es auch das teuerste Messgerät. So beinhaltet das Instrument zahlreiche Dichtungen und 52 Ventile, die wartungsfrei über Jahre funktionieren müssen und dies bei hohen mechanischen Belastungen bei Start und Landung. Es verfügt über eine Vakuumpumpe, die 100.000 Umdrehungen/Minute erreicht, zwei Heliumhochdrucktanks, 600 m Kabel und ein komplexes Probennahme- und Aufbereitungssystem. Trotz dieser Komplexität ist es nur etwa so groß wie ein Mikrowellenofen.

SAM	
Gewicht:	40 kg
Stromverbrauch:	100 Watt Durchschnitt, 600 Watt Spitze
Probenbehälter:	74, davon 59 mehrfach verwendbar. Volumen je 0,78 cm³
Quadrupolmassenspektrometer	
Massenbereich:	2 – 525 u

Dynamischer Arbeitsbereich des Detektors:	$> 10^{10}$
Betrieb:	Statisch oder dynamisch angepasst (Faraday-Cup oder direkte Pulszählung)
Nebensignaleffekte:	$< 10^6$ (bei weniger als 150 Dalton)
Einlassöffnungen:	6 verbunden mit den GC-Säulen 2 direkte für Atmosphärenanalyse
Gaschromatograph	
Säulen:	Carbobond (Molekularsieb) MXT U (PLOT) (Divinylbenzen) MXT 20 (WCOT) (Polydimethylsiloxan mit 20% Phenylanteil) MXT CLP (WCOT) (Polydimethylsiloxan mit Phenyl- und Cyanopropylen) MXT 5 (WCOT) (Polydimethylsiloxan mit 5% Phenylanteil) Chirasil-β-Dex CB (β-Cyclodextrin)
Länge (je Säule):	30 m
Empfindlichkeit:	$> 10^{-11}$ Mol
Nachgewiesene Substanzen:	Carbobond: Atmosphärengase, organische Stoffe mit einem bis zwei Kohlenstoffatomen MXT U: organische Stoffe mit < 4 Kohlenstoffatomen, schwefelhaltige Substanzen, Ammoniak MXT 20: organische Stoffe mit 5-20 Kohlenstoffatomen. MXT CLP: organische Stoffe mit 5-20 Kohlenstoffatomen. MXT 5: organische Stoffe mit mehr als 15 Kohlenstoffatomen. Chirasil-β-Dex CB: Enantiomere von flüchtigen organischen Verbindungen
Einlassöffnungen:	Eine zum Probenaufnahmesystem und drei angeschlossen an GC Kühlfallen.
Tunable Laserspektrometer	
Bauart:	Zwei-Kanal Herriot Zellenspektrometer
Zentralwellenlängen:	3,27 µm (Methan) 2,78 µm (Kohlendioxid und Wasser)
Sensitivität:	Wasser: 2 ppb (direkte Bestimmung) Methan: 2 ppb (direkte Bestimmung) Anreicherung um den Faktor 100 durch Kältefalle möglich.
Isotopenuntersuchungen:	$^{13}C/^{12}C$ in Kohlendioxid und Methan $^{18}O/^{16}O$ in Kohlendioxid
Sensitivität bei Isotopenuntersuchungen:	< 10 pro Million

Zusammenfassung

Experiment	Aufgabe	Gewicht
MARDI	Aufnahmen beim Abstieg und des Landegebietes anfertigen.	0,48 kg
MAHLI	Aufnahmen des vom Roboterarm untersuchten Gebiets machen.	
Mastcam	Detail- und Panoramaaufnahmen des Landeplatzes anfertigen.	2 kg
MEDLI	Direkte Temperatur- und Druckmessungen am Hitzeschutzschild bei der Landung.	
RAD	Die Strahlenbelastung auf der Marsoberfläche bestimmen.	1,7 kg
DAN	Suche nach Wasser im Untergrund.	5 kg
ChemCam	Verdampfung von Gestein und Bestimmung der elementaren Zusammensetzung.	5,62 kg
APXS	Bestimmung von Elementen in Gestein durch induzierte Röntgenstrahlen.	
Chemin	Elementaranalyse und mineralogische Analyse von Bodenproben mittels Röntgenstrahlenfluoreszenzanalyse.	10 kg
SAM	Bodenprobenentnahme und Analyse, Atmosphärenanalyse, Suche nach organischen Bestandteilen.	38 kg
REMS	Temperatur, Druck, Windgeschwindigkeitsmessung an der Oberfläche.	1,3 kg
Gesamt	**10 Instrumente + 1 Technologieexperiment**	**75 kg**

Die Trägerrakete Atlas V

Als das Projekt „Curiosity" beschlossen wurde, war die Trägerrakete noch nicht festgelegt. Es existierten innerhalb des US-Arsenals die Möglichkeiten, das Labor mit einer Atlas V oder einer Delta 4 zu starten. Beide Träger weisen die nötige Nutzlastkapazität auf. Als Nebenbedingung musste die Nutzlastverkleidung einen Durchmesser von 5 m aufweisen, um die Aeroshell aufzunehmen.

Die Wahl fiel auf die Atlas V, denn dieser Träger startete schon zahlreiche NASA-Nutzlasten, darunter die Raumsonden MRO, Juno und den Lunar Reconnaissance Orbiter. Ursprünglich war die Verwendung der Version 511 mit nur einem Booster geplant, aber als das Startgewicht anstieg, wurde auf die 541 mit vier Boostern ausgewichen. Es ist der erste Einsatz dieser Version.

Die Atlas V entstand wie die Delta 4 als Ergebnis auf die Ausschreibung der US-Regierung nach einem Evolved Expendable Launch Vehicle (EELV). Durch einen Ersatz der teuren Titan IV sollten die Kosten gesenkt werden. Mit den EELV-Trägern sollte aber auch die Position der amerikanischen Hersteller im kommerziellen Markt gestärkt werden. Sowohl Boeing, Hersteller der Delta, als auch Lockheed Martin, Hersteller der Atlas, bekamen im Oktober 1998 Aufträge für Entwicklungsarbeiten und fest gebuchte Startaufträge. Die Verträge mit Lockheed Martin umfassten anfänglich sieben Starts für 650 Millionen Dollar zwischen 2003 und 2005. Dazu kam eine Finanzspritze der NASA, die 830 Millionen Dollar der Entwicklungskosten der Atlas V in Höhe von 1.600 Millionen Dollar übernahm. Im Jahre 2002 wurde für die Atlas und Delta eine weitere Finanzhilfe von 1 Milliarde Dollar gewährt, um ausbleibende kommerzielle Aufträge zwischen 2004 und 2007 abzufangen.

Nachdem Boeing der Industriespionage bei Lockheed Martin überführt wurde, bekam der Konzern 2003 von den 19 ursprünglich für die Delta 4 geplanten Starts sieben für die Atlas V zugesprochen. Zusätzlich wurde Boeing von der Vergabe von drei weiteren Aufträgen im Gesamtwert von 500 Millionen Dollar ausgeschlossen. Das erhöhte das Auftragspolster von 7 auf 17 Starts mit einem Gesamtvolumen von 2.150 Millionen Dollar.

Die Entwicklung der Atlas V dauerte 65 Monate. Ihr Konzept erinnert an dasjenige der Ariane 4. Alle Versionen besitzen eine gemeinsame erste Stufe, die durch bis zu fünf Feststoffbooster verstärkt werden kann. Der Schub der Zentralstufe reicht aber aus, um auch ohne Booster starten zu können. Die Oberstufe ist eine von der Atlas IIIB übernommene Centaur. Sie kann mit einem oder zwei Triebwerken (SEC/DEC) ausgerüstet werden. Auch die Größe der Nutzlasthülle kann variiert werden. Neben der alten Verkleidung der Atlas I bis III mit 4,20 m Durchmesser gibt es nun auch eine neue Variante mit 5,40 m Durchmesser, welche neben der Nutzlast auch die Centaur Oberstufe umhüllt. Zur Kennzeichnung der Versionen wurde ein Ziffernsystem eingeführt:

* Erste Ziffer: Durchmesser der Nutzlasthülle (4 oder 5 m)

* Zweite Ziffer: Anzahl der Feststoffbooster (0 bis 5)

* Dritte Ziffer: Anzahl der Centaur Triebwerke (1 oder 2) — SEC oder DEC Centaur

Das MSL setzt die Version Atlas 541 mit einer maximalen Nutzlast von 4.050 kg für die Marstransferbahn ein. Das bedeutet also:

* Verwendung einer **5** m großen Nutzlasthülle

* **4** Feststoffbooster (die zweitgrößte Konfiguration)

* **1** Triebwerk in der Centaur

Die CCB

Die Erststufe der Atlas V verwendet das russische RD-180 Triebwerk. Die 3.852 kN Startschub des RD-180 können gegenüber den früheren Triebwerken eine schwerere Rakete starten. Lockheed Martin konstruierte daher eine neue Erststufe mit 3,80 m Durchmesser und bezeichnete sie als CCB (**C**ommon **C**ore **B**ooster). Sie ist, anders als die früheren Atlas Erststufen, selbsttragend und durch Querringe und Längsstreben versteift, sodass bis zu fünf Feststoffbooster an ihr angebracht werden können. Die Struktur besteht zur Gewichtsersparnis statt aus Edelstahl nun aus Aluminium. Die Treibstoffleitungen verlaufen an der Außenseite der Stufe. Die neue Erststufe wiegt mit 305 t 50% mehr als die Erststufe der Atlas III. Dadurch können die RD-180 Triebwerke nun auch auf vollem Schublevel arbeiten. Durch die selbststabilisierten Tanks und die Reduktion der Triebwerkszahl sollte das Risiko eines Versagens um 85% geringer sein, als bei der alten Atlas-Grundstufe. Weiterhin war Lockheed Martin bestrebt, die Konstruktion zu vereinfachen, weniger Teile zu verwenden und die Herstellungskosten zu senken. Acht Retroraketen bremsen die CCB nach Brennschluss gegenüber der Centaur ab.

Das RD-180 Triebwerk entstand aus dem RD-171 der Zenit Rakete, welche die Marssonde Phobos Grunt startete. Damit weisen die beiden Raketenmodelle bezüglich des Antriebs eine Verwandtschaft auf. Das RD-171 hat vier Brennkammern und zwei Turbopumpen. Das RD-180 kann man als ein „halbes" RD-171 ansehen. Es verfügt über zwei Brennkammern und eine Turbopumpe. Das RD-180 wurde erstmals auf der Atlas III eingesetzt. Der Schritt, eine US-Rakete, die auch für militärische Satelliten genutzt wird, von einem russischen Triebwerk antreiben zu lassen, war vom politischen Standpunkt her mutig. Lockheed Martin konnte die Bedenken des US-Verteidigungsministeriums ausräumen, indem die Firma einen Fünfjahresvorrat an RD-180 Triebwerken bereithält. Sollte der Fall eintreten, dass der russische Hersteller Energomasch keine Triebwerke liefern kann oder darf, gibt es somit genügend Zeit, sich nach einem Ersatz umzusehen oder die Eigenproduktion aufzunehmen.

	RD-180	**RD-171**
Brennkammern	2	4
Schub (100%)	3.859 kN	7.550 kN
Schub maximal	4.150 kN	7.903 kN
Schub senkbar auf	47%	74%
Gewicht	5.480 kg	9.500 kg
Länge	3,57 m	3,78 m
Maximaler Durchmesser	3,00 m	4,02 m
Brennkammerdruck	266,8 bar	252 bar
Expansionsverhältnis	36,4	36,8
Spezifischer Impuls	3050 / 3315 m/s (Meereshöhe/Vakuum)	3031 / 3305 m/s (Meereshöhe/Vakuum)
Schwenkbereich	8°	6°
LOX/Kerosin Verhältnis	2,72:1	2,63:1

Da bei der 400-er und 500-er Serie zwei unterschiedliche Nutzlastverkleidungen zum Einsatz kommen, ist der Stufenadapter mehrteilig. Das System wurde im Laufe der Zeit mehrfach geändert. Die derzeitige Verbindung sieht wie folgt aus:

Der Atlas-seitige Adapter besteht bei der 400-er Serie aus einem Zylinder von 1,61 m Länge. Ihm schließt sich ein 2,52 m langes Verbindungsstück an, welches sich vom Durchmesser der CCB von 3,81 m auf denjenigen der Centaur von 3,05 m verjüngt. Die Centaur ist durch einen nur 65 cm langen Adapter mit dem Stufenadapter verbunden, welcher bei der 400-er Serie 181,7 kg wiegt. Er besteht aus Aluminium in einer Monocoquestruktur, der Atlas-seitige Adapter dagegen aus Verbundwerkstoffen mit Aluminiumringen zur Versteifung. Er wiegt beim Einsatz der SEC-Centaur 947 kg und bei der DEC-Centaur 962 kg.

Die Konstruktion des Adapters ist bei der Atlas 5xx deutlich aufwendiger. Hier ist der Atlas-seitige Adapter sehr klein, nur 0,32 m hoch. Der Centaurseitige Adapter besteht aus zwei Elementen, einem Zylinder von 3,81 m Durchmesser und 3,82 m Länge sowie einem konischen Übergang auf den Durchmesser der Nutzlastverkleidung von 5,00 m. Diese Konstruktion wiegt mit 2.500 kg mehr als doppelt so viel wie der Adapter der Atlas 4xx. Dies ist zusammen mit der schwereren Nutzlasthülle der Grund, warum die Nutzlast der 5xx-Versionen geringer ist als bei einer 4xx Version.

SRB-Booster

Es werden bis zu fünf Feststoffbooster verwendet, die von Aerojet entwickelt wurden und jeweils 46 t wiegen. Jeder Startbooster liefert einen Schub der viermal höher als das Gewicht ist und besitzt um 3 Grad schwenkbare Düsen. Das Gehäuse besteht aus CFK-Verbundwerkstoffen. Die Booster werden als SRB (**S**olid **R**ocket **B**ooster) bezeichnet.

Die Feststoffbooster werden 0,8 s, nachdem das RD-180 seinen vollen Schub erreicht hat, gezündet. Das RD-180 muss während der Brenndauer der Booster im Schub heruntergefahren werden. Dies geschieht zwischen der 38. und 58. Sekunde nach dem Start, wenn die Rakete der maximalen aerodynamischen Belastung ausgesetzt ist. Die 400-er Serie setzt maximal drei, die 500-er Serie bis zu fünf Booster ein. Ein einzelner SRB kostet rund 11 Millionen Dollar. Derzeit läuft die Entwicklung einer zweiten Generation, welche die Nutzlast der Atlas erhöhen soll.

Ein Vorteil der Atlas gegenüber ihrem direkten Konkurrenzmodell Delta ist, dass die CCB schon für die Aufnahme von bis zu fünf Boostern ausgelegt ist. Alle Anschlüsse und Systeme sind vorhanden. Bis zu sechs Monate vor dem Start kann die Konfiguration geändert werden. Bei der Delta 4 wird die Konfiguration derzeit noch bei Produktionsbeginn festgelegt.

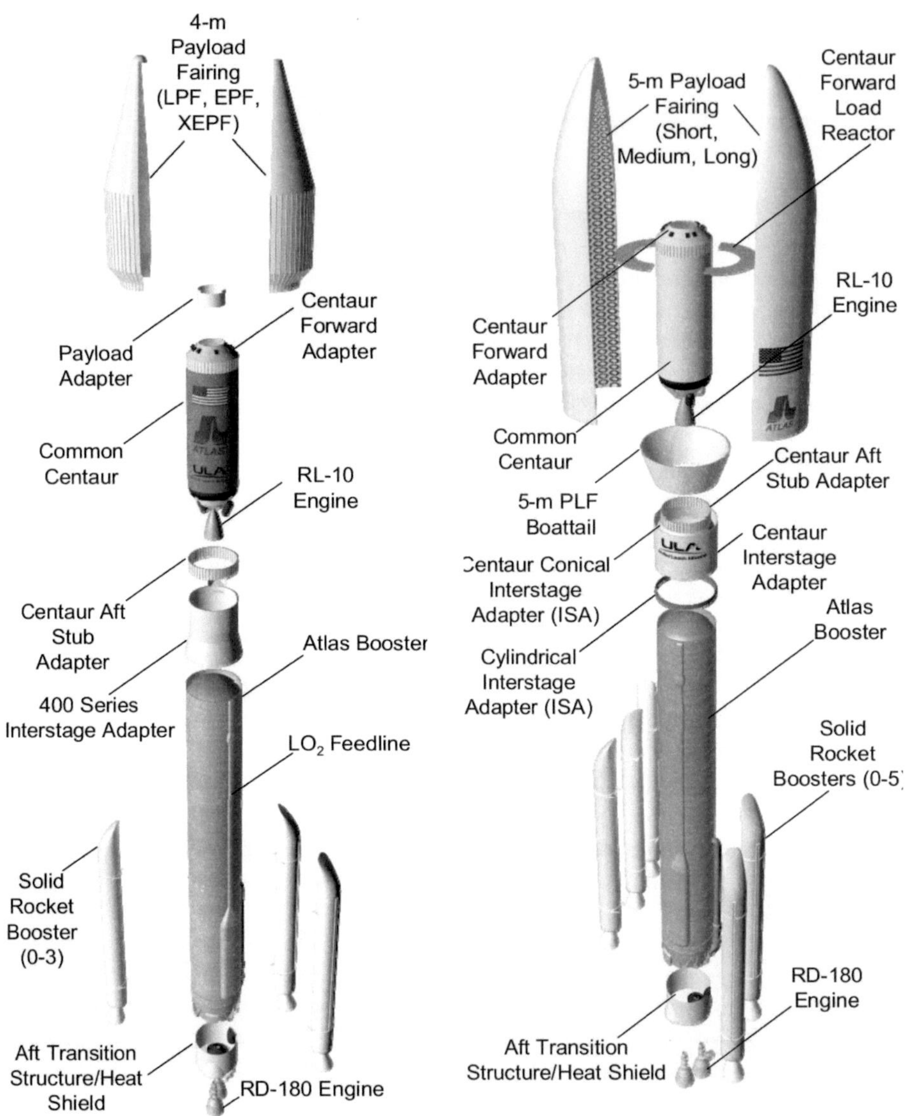

Abbildung 64: Aufbau der Atlas V in der 400-er Serie (links) und der 500-er Serie (rechts)

SRB (Aerojet 73F)	
Schub	1.690 kN
Gesamtimpuls	118,8 Millionen Ns
Länge	20,42 m
Durchmesser	1,57 m
Spezifischer Impuls	2740 m/s
Gewicht	46.630 kg

Common Centaur

Als Oberstufe kommt weitgehend unverändert die Centaur der Atlas III mit einem (SEC) oder zwei Triebwerken (DEC) zum Einsatz. Ein Einsatz der DEC ist derzeit nur bei Starts zur ISS geplant, wozu die Centaur strukturell verstärkt werden muss. Die Struktur der DEC lässt derzeit maximal 9.070 kg Nutzlast bei der 400-er Serie und 19.052 kg bei der 500-er Serie zu. Die SEC ist für den Start von Satelliten in den GTO-Orbit oder auf Fluchtbahnen ausgelegt. Sie hat ein strukturelles Limit von 5.890 kg. Schwerere Nutzlasten machen auch hier einen Adapter nötig, der dann Nutzlasten von bis zu 8.165 kg Gewicht erlaubt. Dieser Adapter wiegt 213 kg und reduziert die maximale Nutzlast um dieses Gewicht. Die Atlas 5xx Serie hat durch die Entlastung der Centaur (die Nutzlasthülle wird vom Stufenadapter getragen) eine höhere maximale Nutzlast als die 4xx Serie. Die Centaur bekam den Namen „Common Centaur", da sie unabhängig von der Version der Atlas V ist (4 oder 5 m Verkleidung) und keine Anpassungen nötig sind. Weiterhin ist sie identisch zur Atlas III Version, daher das Adjektiv „gemeinsam". ULA überlegt derzeit, ob zur Kosteneinsparung nicht die Common Centaur auch auf der Delta IV eingesetzt werden sollte, wenn nicht die volle Performance gefordert ist. Umgekehrt wird auch erwogen, die RL-10B Triebwerke der Delta Zweitstufe auf der Centaur einzusetzen, da diese in genügender Stückzahl vorrätig sind.

Die RL10A-4-2 Triebwerke setzen eine ungekühlte Düsenverlängerung aus Niob ein. Der wesentliche Unterschied zur Subversion 1, die schon auf der Atlas III eingesetzt wurde, besteht in einem neuen Zündsystem, welches erheblich zuverlässiger als die bisherige Variante ist. Dazu kommen verschiedene Verbesserungen, um die allgemeine Zuverlässigkeit des Triebwerks beim Startvorgang zu erhöhen.

Die Centaur setzt zur Vorbeschleunigung der Treibstoffe, zur Lageregelung während der Freiflugphasen und zur Rollachsenkontrolle acht 40 N- und vier 27 N-Triebwerke ein, die mit katalytisch zersetztem Hydrazin betrieben werden. Druckgas fördert das Hydrazin in elektrisch beheizte Triebwerke, wo es in Stickstoff und Wasserstoff zerfällt und dabei heißes Gas erzeugt. Die Triebwerke sind in vier Gruppen zu je einem 40-N-Triebwerk quer zur Schubrichtung und einem 27-N-Triebwerk parallel zu den Haupttriebwerken angeordnet. Vier weitere Triebwerke drehen die Stufe um ihre Längsachse.

Bei erdnahen Bahnen hat die Centaur eine Brennperiode, bei Standard GTO-Bahnen oder Starts zu den Planeten zwei Zündungen. Es wird zuerst eine erdnahe Parkbahn erreicht, und nach 20 Minuten, bei Überquerung des Äquators, erfolgt die zweite Zündung. Bei militärischen Missionen in den GSO-Orbit findet im Apogäum eine dritte Zündung statt. In diesem Fall wird die maximale Missionsdauer der Centaur von sechs Stunden erreicht. Eine 1,6 cm dicke Isolationsschicht schützt den Wasserstoff während dieser Zeit vor dem Verdampfen. Bei normalen Missionen beträgt die maximale Betriebsdauer zwei Stunden. Ein GSO-Kit, bestehend aus zwei weiteren Batterien mit einer Kapazität von 150 Ah, einer verstärkten Seitenwandisolierung mit reflektierenden Folien und einem zusätzlichen Hydrazintank, erhöht die Betriebsdauer auf maximal sechs Stunden. Nach wie vor setzt die Centaur Edelstahltanks mit Innendruckstabilisierung ein. Die Technologie der Tanks ist seit den frühen sechziger Jahren unverändert geblieben. Der Durchmesser der Centaur beträgt nur 3,05 Meter.

Nutzlastverkleidung / Adapter

Für die Modelle der 4xx Serie steht die Nutzlasthülle der Atlas II/III mit 4,20 m Durchmesser zur Verfügung. Sie besteht aus Aluminium und umhüllt nur die Nutzlast. Für die 5xx Serie wurde eine neue Verkleidung von 5,40 m Durchmesser von der Ariane 5 adaptiert. Sie wird wie diese von Ruag Space in der Schweiz gefertigt und besteht aus einer Aluminiumstruktur, überzogen mit einer Außenverkleidung aus CFK-Werkstoffen. Die Verkleidung schließt die Centaur mit ein, sodass der Nutzlast nur etwa die Hälfte der Länge zur Verfügung steht. Diese 2 t schwerere Hülle verringert die Nutzlast entsprechend. Beide Nutzlastverkleidungen sind in drei Längen verfügbar.

Das Absprengen der Nutzlastverkleidung findet statt, wenn die Erhitzung durch die Restatmosphäre 1.135 W/m² unterschreitet. Dieser Zeitpunkt ist vom Modell abhängig. Bei einem Einsatz der SRB ist dies noch während der Arbeit der CCB nach 206 bis 212 s der Fall, bei den Versionen ohne Booster erst nach Zündung der Centaur nach 264 bis 268 s.

Die Centaur wird beim Einsatz der 5-M Nutzlastverkleidung von einem 275 kg schweren Ring umschlossen, dem Centaur Forward Load Reactor, der ihren oberen Teil stabilisiert und ein zu starkes Schwingen verhindert. Er erlaubt die Übertragung der Kräfte auf die an ihm befestigte Nutzlastverkleidung und wird kurz nach ihr von der Rakete abgetrennt.

Verfügbar ist auch eine mit festen Treibstoffen angetriebene zusätzliche Oberstufe mit dem Star 48 Motor (die dritte Stufe der Delta 2) für sehr hohe Endgeschwindigkeiten. Der bisher einzige Einsatz dieser Stufe erfolgte bei dem Start der Raumsonde New Horizons mit einer Atlas 551. Sie brachte die Sonde auf die Rekordgeschwindigkeit von 16.9 km/s.

Die Steuerung verwendet fünf Ringlaserkreisel und fünf Beschleunigungsmesser. Eine Änderung gegenüber dem Inertialsystem der Atlas III ist die Verwendung von fünf Sensoren anstatt drei, wodurch ein Ausfall von zwei Sensoren aufgefangen werden kann. Benötigt werden je ein Beschleunigungssensor und ein Laserkreisel pro Raumachse. Das Steuerungssystem hat einen eigenen strahlengehärteten 1750A-kompatiblen Prozessor, der mit 25 MHz getaktet ist. Derselbe Prozessortyp wird auch im Bordcomputer eingesetzt, der über 512 kByte Arbeitsspeicher verfügt.

Atlas Version	Nutzlast LEO	Nutzlast SSO	Nutzlast GTO	Nutzlast GSO	Fluchtkurs	Starts
Atlas V 401	9.797 kg*	7.724 kg	4.750 kg		3.300 kg	11
Atlas V 411	12.150 kg*	8.905 kg	5.950 kg		4.300 kg	3
Atlas V 421	14.067 kg*	10.290 kg*	6.890 kg		5.800 kg	3
Atlas V 431	15.718 kg*	11.704 kg*	7.700 kg		5.500 kg	2
Atlas V 501	8.123 kg	6.424 kg	3.755 kg		3.000 kg	3
Atlas V 511	10.986 kg	8.719 kg	5.250 kg		4.000 kg	0
Atlas V 521	13.490 kg	10.758 kg	6.475 kg	2.632 kg	4.900 kg	2
Atlas V 531	15.575 kg	12.743 kg	7.475 kg	3.192 kg	5.500 kg	2
Atlas V 541	17.433 kg	14.019 kg	8.290 kg	3.630 kg	6.000 kg	1
Atlas V 551	18.814 kg	15.179 kg	8.900 kg	3.904 kg	6.500 kg	3

*: missionsspezifische Anpassung der Struktur der Centaur notwendig

Startkomplex

Für die Atlas V gibt es einen neuen Startkomplex am Cape Canaveral. Der Startkomplex 41, ein früherer Titan Startplatz, wurde gesprengt und an seiner Stelle wurde in drei Jahren eine neue Startrampe gebaut. Ähnlich wie beim Ariane 5 Startplatz kommt sie ohne aufwendigen

Startturm aus. Zusammen mit dem umgebauten Montagegebäude, das ursprünglich für die Titan 4 Booster vorgesehen war, sollen bis zu 15 Atlas V Starts pro Jahr möglich sein. Die Startvorbereitung ähnelt der Ariane 5. Die Atlas V wird in einem separaten Gebäude, dem Vertical Assembly Building (VAB), integriert und erst dann mit einem beweglichen Starttisch zum Startplatz gefahren. Dort ist nur ein Versorgungsturm mit den Betankungsleitungen vorhanden. Vier große Gittermasten dienen als Blitzableiter. Der Vorteil dieser Vorgehensweise ist, dass eine zweite Rakete im VAB parallel montiert werden kann und Lockheed Martin so unabhängiger von Verzögerungen ist. Sollte ein Träger beim Start explodieren, hält sich der angerichtete Schaden in Grenzen, da der Nabelschnurmast eine relativ preiswerte Konstruktion ist. Früher wurde die Atlas am Startturm montiert und geprüft. Solange eine Rakete nicht abhob, war der Startturm belegt, und die nächste Rakete konnte nicht zusammengebaut werden. So kommt die Atlas V auch nur mit einer Startrampe aus, obwohl in der Vergangenheit zwischen zwei Starts teilweise nur ein Monat lag. Die alte Version der Atlas setzte noch zwei Startrampen ein.

Zudem entstand als Folge der Aufträge für polare Umlaufbahnen (nach dem Skandal der Industriespionage seitens Boeings) zwischen 2003 und 2007 in Vandenberg eine weitere Startanlage durch den Umbau einer bestehenden Atlas Startrampe. Ursprünglich hätte nur die Delta 4 von Vandenberg aus starten sollen. Am 13.3.2008 startete von dort aus die erste Atlas V in einen sonnensynchronen Orbit. Inzwischen hat die Atlas V die Delta 4 bei den Startzahlen weit überholt. Bis Ende 2011 erfolgten 30 Starts der Atlas V, aber nur 19 der Delta 4. Vier Starts erfolgten von Vandenberg aus. Nur ein Start scheiterte.

Vermarktung

Anders als geplant stellte die Atlas V keine ernste Konkurrenz für die Ariane 5 dar. Lockheed Martin vermarktete zusammen mit dem GKNPZ Chrunitschew Space Center in der Firma ILS die Proton und die Atlas. Erstere war dabei erheblich erfolgreicher. So verkaufte Lockheed Martin seine Anteile an ILS an eine US-Investorengruppe, nachdem es nicht gelungen war, GKNPZ Chrunitschew davon zu überzeugen, den Startpreis für die Proton anzuheben. Inzwischen haben sich auch Boeing und Lockheed Martin zu dem Unternehmen „United Launch Alliance" (ULA) zusammengeschlossen. ULA tritt als einziger Anbieter gegenüber den US-Behörden auf. Als Folge stiegen die Startpreise seit Markteinführung der Atlas rapide an. Das verdeutlichen folgende veröffentlichte Zahlen für (geplante) NASA/DoD Starts:

Typ	Nutzlast	Startpreis	Startjahr
Atlas 401	MRO	90 Mill. Dollar	2005
Atlas 401	LRO/LCROSS	136 Mill. Dollar	2008
Atlas 401	Maven	187 Mill. Dollar	2013
Atlas 421	Widecom Global Satcom	120 Mill. Dollar	2009
Atlas 541	MSL	194,7 Mill. Dollar	2011
Atlas 551	New Horizons	188 Mill. Dollar	2006
Atlas 551	Juno	190 Mill. Dollar	2011

Ursprünglich sollte ein Start des 401-Modells 77 Millionen Dollar und derjenige eines 500-er Modells 110 Millionen Dollar kosten. Bedingt durch hohe Infrastrukturkosten, aber auch eine geringere Nachfrage, liegen die Preise 2011 bei etwa 194 bis 230 Millionen Dollar pro Start für das US-Militär. Kommerzielle Starts sind wegen der Beteiligung an den Fixkosten der Startanlagen noch teurer. Folgende Startpreise wurden von der NASA angegeben:

Startdatum	Preis
Oktober 2007	124 Millionen Dollar
Oktober 2010	187 Millionen Dollar
2013	219 Millionen Dollar
2016	243 Millionen Dollar

Ursache der Preissteigerungen soll der ausbleibende Erfolg auf dem kommerziellen Markt sein. Der Träger wird derzeit nicht aktiv angeboten, aber Lockheed Martin konnte trotzdem einige Startaufträge gewinnen. Zusätzlich erhält ULA eine Subvention von mehr als 1 Milliarde Dollar pro Jahr, um zu verhindern, dass die beiden Konzerne qualifiziertes Personal entlassen und Fertigungslinien abbauen.

Von den bisher gestarteten Atlas V entfallen zwei Drittel auf die 4XX Serie. Das kleinste Modell ist das am häufigsten eingesetzte. Die Versionen mit der DEC-Centaur mit zwei Triebwerken kamen bisher nicht zum Einsatz. Bei einem Flug für die US-Luftwaffe wurden die Nutzlasten in einem zu niedrigen Orbit entlassen, als ein Ventil sich nach der ersten Zündung nicht schloss und der Brennschluss vorzeitig erfolgte. Dies war der bisher einzige Fehlstart.

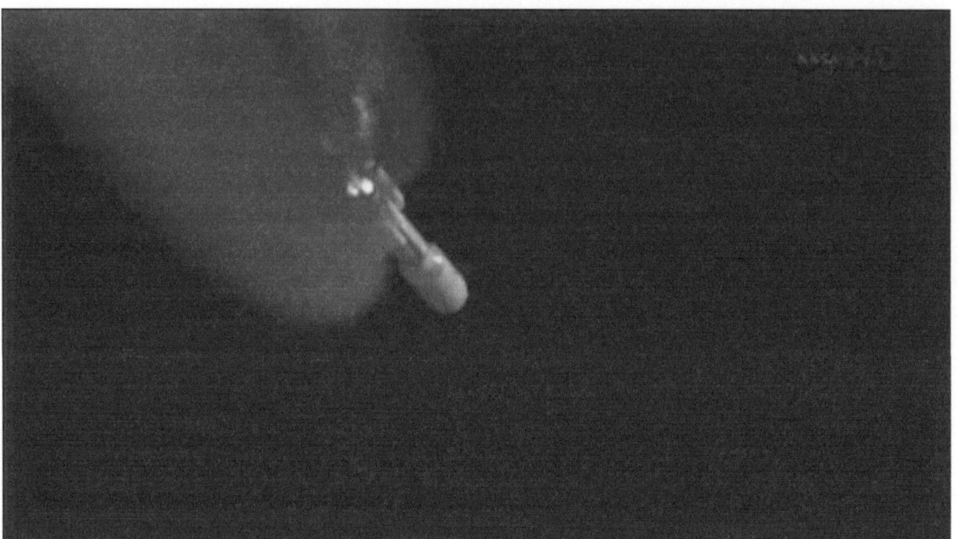

Abbildung 65: Start des MSL zum Mars

Wie Boeing bewarb sich auch Lockheed Martin um den Zuschlag für den Transport der Orion Kapsel. Die NASA stufte beide Träger als unzuverlässiger als die Ares I ein. Es gab Kritik an der Bewertung, auch weil sie auf theoretischen Werten beruhte und die schon vorliegenden Daten der ersten Flüge ignorierte. Nach der Einstellung der Ares I bewirbt sich Lockheed Martin mit der Atlas V erneut um den kommerziellen Crewtransport. Zwei Aufträge von Boeing und SpaceDev für den Start ihrer Raumschiffe hat sie auch schon erhalten.

Datenblatt Atlas V 500-er Serie

Einsatzzeitraum:	2002 – heute			
Starts:	8, davon kein Fehlstart			
Zuverlässigkeit:	100% erfolgreich			
Abmessungen:	59,70 m Höhe			
	3,83 m Durchmesser			
Startgewicht:	338.500 kg – 571.000 kg			
Max. Nutzlast:	10.300 – 20.520 kg in einen LEO-Orbit (17.447 kg für die Atlas 541)			
	3.775 – 8.290 kg in einen GTO-Orbit			
	3.000 – 6.500 kg auf einen Fluchtkurs			
Nutzlasthülle:	5,40 m Durchmesser, 20,70 m Höhe, 3.524 kg			
	5,40 m Durchmesser, 23,40 m Höhe, 4.003 kg			
	5,40 m Durchmesser, 26,50 m Höhe, 4.379 kg			
Stufenadapter:	3,83 m Durchmesser, 0,32 m Länge, 285 kg Gewicht +			
	3,83 m Durchmesser, 3,81 m Länge, 2.121 kg Gewicht (SEC) / 2.277 kg (SEC)			

	SRB (max. 5)	CCB	Common Centaur SEC	Common Centaur DEC
Länge:	19,50 m	32,46 m	12,78 m	12,78 m
Durchmesser:	1,55 m	3,81 m	3,05 m	3,05 m
Startgewicht:	46.494 kg	305.440 kg	23.077 kg	23.292 kg
Trockengewicht:	5.735 kg	21.351 kg	2.247 kg	2.462 kg
Schub Meereshöhe:	1.270 kN	3.827 kN	-	-
Schub Vakuum:	1.668 kN	4.152 kN	99,2 kN	198,4 kN
Triebwerke:	1 × Aerojet SRB	1 × RD-180	1 × RL10A-4-2	2 × RL10A-4-2
Spezifischer Impuls (Meereshöhe):	2402 m/s	3053 m/s	-	-
Spezifischer Impuls (Vakuum):	2739 m/s	3312 m/s	4417 m/s	4417 m/s
Brenndauer:	95 s	249 s	927 s	464 s
Treibstoff:	Ammoniumperchlorat/ HTPB/Aluminium	LOX / Kerosin	LOX / LH2	LOX / LH2

Himmelsmechanik und der geplante Flug

Die Umlaufbahn des Mars um die Sonne ist erheblich elliptischer als diejenige der Erde. Während die Distanz der Erde zur Sonne nur zwischen 147,1 und 152,1 Millionen km schwankt, sind es beim Mars zwischen 206,6 und 249,2 Millionen Kilometer. Das hat zur Folge, dass die Entfernung des Mars zur Erde sehr unterschiedlich ist. Sie kann zwischen 56 und 400 Millionen km schwanken.

Das hat auch Auswirkungen auf die Flugbahn einer Marssonde. Ist der Mars näher an der Sonne, so erreicht die Raumsonde ihn einige Monate früher, und die Startgeschwindigkeit ist deutlich geringer, als wenn er weiter entfernt ist. Gerade das Startfenster von 2011 war sehr ungünstig. Der Mars befand sich nahe dem sonnenfernsten Punktes, als ihn die Raumsonde erreichte.

Es gibt zwei grundsätzliche Transferrouten zum Mars. Liegt zwischen Startpunkt und Ankunftspunkt ein Winkel von kleiner als 180 Grad, so spricht man von einer Hohmannbahn Typ I. Sind es mehr als 180 Grad, so ist es eine Hohmannbahn Typ II. Hohmannbahnen sind die energetisch günstigsten Möglichkeiten, um zwischen zwei Umlaufbahnen zu wechseln. Dabei liegen der Startpunkt auf der niedrigeren Bahn (Erde) und der Zielpunkt auf der höheren Bahn (Mars). Es ist eine Ellipse mit dem sonnennächsten Punkt bei der Erde und dem sonnenfernsten Punkt beim Mars. Daher ist der Ankunftspunkt genau 180 Grad vom Startpunkt entfernt. Trifft die Sonde dort nicht auf den Mars, so erreicht sie einen halben Umlauf später wieder den Startpunkt.

Bei Erdumlaufbahnen werden Hohmannbahnen genutzt, um Satelliten mit möglichst geringem Energieaufwand zwischen zwei Umlaufbahnen zu transferieren. Im Sonnensystem ist die Sache jedoch komplizierter. Mars und Erde umkreisen die Sonne auf geneigten Bahnen. So befindet sich der Mars am Zielpunkt meistens nicht auf derselben Bahnebene wie die Erdbahn, sondern etwas darüber oder darunter. Ein wenig ist diese Abweichung kompensierbar durch eine Kurskorrektur auf halber Strecke. Jedoch würde man sehr viel Treibstoff verbrauchen, wenn man die gesamte Abweichung korrigieren würde. Die Lösung ist, den Mars an einem Punkt zu passieren, bei dem die Bahnebene näher an derjenigen der Erdbahn liegt. Das ist vor dem idealen Punkt (Typ I) oder nach dem Punkt (Typ II) der Fall. Es wird in beiden Fällen eine Ellipse erreicht, deren sonnenfernster Punkt jenseits der Marsbahn liegt. Der Mars wird vor Erreichen des Aphels (Typ I) oder nach dessen Durchlaufen (Typ II) passiert. 2011 gab es nacheinander beide Startgelegenheiten. Es begann mit dem Startfenster für die Hohmannbahn Typ II. Die Startfenster sind von der Fähigkeit der Trägerrakete vorgegeben, die Raumsonde auf eine bestimmte Geschwindigkeit zu beschleunigen. Das

Startfenster öffnet sich, wenn die Trägerrakete die Nutzlast gerade noch zum Mars beschleunigen kann. Dann sinkt die Startenergie für die Bahn zuerst weiter ab, erreicht etwa zur Mitte des Startfensters den Minimalwert und steigt dann wieder an. Irgendwann wird dann die Zielgeschwindigkeit für die Bahn größer als die Geschwindigkeit, welche die Sonde maximal erreichen kann, und das Startfenster schließt sich.

Das Startfenster der Typ II Bahnen lag für das MSL zwischen dem 22.10.2011 und 14.11.2011. Die Ankunft des Labors wäre dann dementsprechend zwischen dem 27.08.2012 und dem 12.09.2012 erfolgt. Die Geometrie der Bahn hätte nur eine Landung zwischen 25 Grad Nord und 27 Grad Süd zugelassen. Dafür wäre die Ankunftsgeschwindigkeit kleiner als bei den Typ I Bahnen gewesen und hätte bei weniger als 5,3 km/s gelegen. Aus diesem Grund nutzte auch Phobos Grunt dieses Startfenster, denn Phobos Grunt muss diese Energie beim Einschwenken in die Umlaufbahn abbauen.

Das Startfenster für die Typ I Bahn öffnete sich am 25.11.2011 und schloss sich am 18.12.2011 wieder. Wäre ein weiterer Booster an die Trägerrakete montiert worden, ihre Leistung also gesteigert, so hätte es sich um sechs weitere Tage bis zum 24.12.2011 verlängert. Die kürzere Reisezeit bedeutet, dass die Raumsonde zwischen dem 6.8.2012 und 20.8.2012 ankommt und die Eintrittsbahn nur eine Landung in der Nordhalbkugel erlaubt. Hier beträgt die Ankunftsgeschwindigkeit mindestens 5,9 km/s.

Hohmannbahn	Datum	Energie nach Verlassen der Erde	Ankunftsgeschwindigkeit
Typ II	22.10.2011 – 14.11.2011	$<11{,}2\ \mathrm{km^2/s^2}$	$<5{,}3\ \mathrm{km/s}$
Typ I	25.10.2011 – 18.11.2011	$<19{,}9\ \mathrm{km^2/s^2}$	$>5{,}9\ \mathrm{km/s}$

Die Daten beziehen sich jeweils auf den ersten Tag, an dem sich das Startfenster öffnet. Die Startgeschwindigkeit von der Erde (üblich ist zumeist die Angabe der Energie nach Verlassen der Erde, die jedoch mit der Startgeschwindigkeit korrespondiert) nimmt zuerst ab, um ein Minimum zu erreichen und dann wieder zu. 2011 wurde beim ersten Startfenster am 8.11.2011 die minimale Energie im Unendlichen von $8{,}9\ \mathrm{km^2/s^2}$ erreicht – an diesem Tag wurde daher Phobos Grunt gestartet. Die Ankunftsgeschwindigkeit variiert ebenfalls. Doch spielt hier nicht nur die Himmelskonstellation, sondern auch der Eintrittswinkel eine Rolle, der wiederum von der räumlichen Lage des Landegebietes relativ zur Ankunftsbahn abhängt.

Die NASA entschied sich für die kürzere Route, auch weil am 5.8.2011 die Raumsonde Juno zum Jupiter startete. Nach deren Start wurden 78 Tage benötigt, um die Startrampe für den nächsten Start vorzubereiten. Das bedeutete, dass vom ersten Startfenster, das sich nominell schon am 14.10. öffnete, schon die ersten 8 Tage entfallen mussten. Hätte sich der Start von Juno verzögert, dann wäre dieser Zeitraum nicht nutzbar gewesen. Daher fiel die Wahl auf die zweite Periode. Es ist nicht nur eine Zeitfrage, sondern damit wird auch festgelegt, welche Gebiete auf dem Mars überhaupt erreicht werden können. Wenn sich die NASA beide Möglichkeiten offen lassen würde, dann wäre nur ein Landeplatz in einem kleinen Streifen auf der Nordhalbkugel möglich gewesen, der mit beiden Bahntypen angeflogen werden kann. Da dies doch eine starke Einschränkung bedeutet, hat sich die NASA entschlossen, sich auf das zweite Startfenster festzulegen. Bei diesem muss das MSL 567 Millionen km zurücklegen, obwohl Mars und Erde nur minimal 100 Millionen km trennen. Doch das Raumgefährt erreicht den Planeten auf einem lang gestreckten Ellipsenbogen.

Nach dem Start waren bis zu sechs Kurskorrekturen vorgesehen. Diese große Anzahl ist der Tatsache geschuldet, dass die Landellipse, also die Zone, in der das Labor niedergeht, möglichst klein sein soll. Die Zahl dieser Korrekturmanöver ist daher um so höher, je kleiner das Landegebiet ist. Je näher MSL am Mars ist, desto weniger stark verändert eine Zündung der Triebwerke den Kurs und desto weniger verschiebt sich der Landpunkt bei einer Kurskorrektur. Das erste Manöver hat die Aufgabe, Ungenauigkeiten beim „Einschuss" zu beseitigen, also Abweichungen vom idealen Kurs und der vorgegebenen Geschwindigkeit. Einige Tage lang wird der Kurs vermessen, dann ist er bekannt, und die Korrektur kann angesetzt werden. Je früher sie erfolgt, desto weniger Treibstoff wird benötigt.

Ein zweiter Grund ist, dass das MSL zuerst einmal gar nicht auf einen direkten Kurs zum Mars gebracht wird. Es wird absichtlich „vorbeigezielt". Der Grund dafür ist, dass auch die Centaur Oberstufe der Atlas V auf denselben Kurs gelangt. Es soll ausgeschlossen werden, dass sie den Planeten mit irdischen Bakterien kontaminiert, die auf der nicht sterilisierten Oberstufe überlebt haben könnten. Dass dies möglich ist, weiß man, seit die Astronauten Bean und Conrad Teile der zweieinhalb Jahre zuvor auf dem Mond gelandeten Raumsonde Surveyor 3 demontierten und man unterhalb der Isolierung noch lebensfähige Bakterien entdeckte. Nach dem Start befand sich MSL auf einem Kurs, der den Mars um 61.000 km verfehlt.

Nach der Korrektur der Startabweichungen gibt es ein großes Korrekturmanöver. Ein solches ist aus bahntechnischen Gründen bei den meisten Missionen notwendig. Jeder Planet umkreist die Sonne auf einer Ebene. Bildet man einen Strahl zwischen Sonne und Mars, so erhält man die Fläche einer Ellipse, also eine Ebene im dreidimensionalen Raum. Die

Bahnebene von Mars ist um 1,8 Grad zur Bahnebene der Erde geneigt. An zwei Punkten schneiden sich beide Ebenen, ansonsten befindet sich der Mars bis zu 1,8 Grad über oder unter der Ebene der Erdbahn. Es wird relativ viel Energie benötigt, wenn man schon beim Start diese Winkeldifferenz ausgleicht. Viel günstiger ist es, die Bahnebene anzupassen, wenn die Raumsonde etwa die Hälfte der Strecke zum Mars zurückgelegt hat. Dieses Korrekturmanöver verschiebt die Bahnebene des Ankunftspunktes zum Mars.

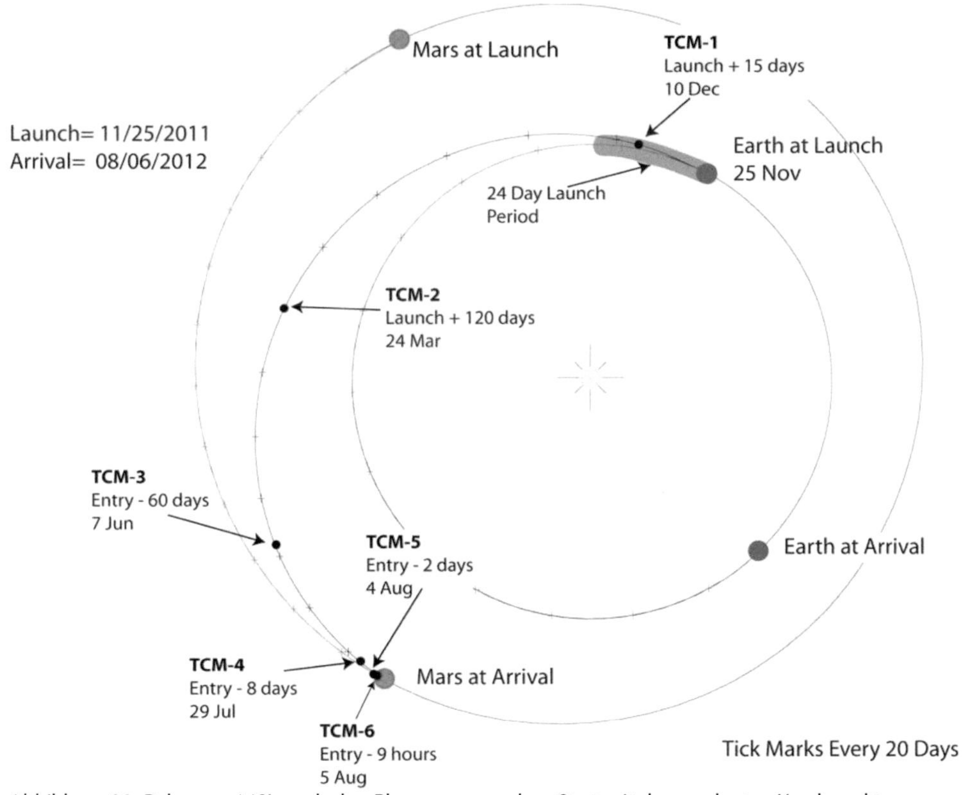

Abbildung 66: Bahn von MSL nach den Planungen vor dem Start mit den geplanten Kurskorrekturmanövern

Die weiteren Kurskorrekturen haben die Aufgabe, die Unsicherheit des Landeplatzes immer weiter einzugrenzen. Je näher sie beim Mars stattfinden, desto kleiner ist die Änderung bei einem festgesetzten Schubimpuls.

Das möge folgendes Beispiel zeigen. Würde das MSL beim Start eine nur um 1 m/s (3,6 km/h oder weniger als $^1/_{11000}$ der Startgeschwindigkeit) zu hohe Geschwindigkeit aufweisen, dann würde sich der sonnenfernste Punkt der Bahn um 400.000 km verschieben. Noch bedeutender ist, dass die Sonde, weil sie dann schneller ist, die Marsbahn 83 Stunden früher passieren würde. Da der Mars die Sonne mit einer Geschwindigkeit von 24 km/s umkreist, würde er bei der vorgezogenen Ankunft mehr als 7 Millionen km vom Punkt entfernt sein, an der die Sonde seine Bahn kreuzt. Die Sache ist in der Praxis noch komplizierter, da jede Geschwindigkeitsänderung auch die Form der Bahn beeinflusst, doch das Beispiel zeigt im wesentlichen die Problematik auf. Es ist, vereinfacht gesagt, vergleichbar mit einem Pfeil auf einen sich in einem Bogen bewegenden Bumerang zu schießen. Auch hier muss die Flugzeit berücksichtigt werden, sonst verfehlt man ihn.

Je näher eine Korrektur vor der Ankunft stattfindet, desto weniger kann sie die Bahn noch beeinflussen. Da die Triebwerke nicht beliebig kleine Schubimpulse abgeben können, setzt das JPL daher mehrere Kurskorrekturen an.

Wie die Tabelle zeigt, sind zahlreiche dieser Manöver nur angesetzt, um Fehler vorheriger Manöver auszubügeln bzw. als Option, wenn die Bahn noch nicht genau genug ist. Ist dies nicht nötig, dann entfallen sie. Der Verlust des Mars Polar Orbiters 1999 führte dazu, dass nun zusätzliche TCM (**T**rajectory **C**orrection **M**aneuver) fester Bestandteil des Missionsplanes sind. Da vor jedem TCM die Bahn genau bestimmt wird, sollte nun ein weiterer derartiger Verlust vermieden werden können. Die Position des MSL ist nach einer Vermessung der Bahn auf etwa 1-2 km genau bekannt.

TCM	Nomineller Zeit-punkt	Zweck
TCM-1	Start + 15 Tagen	Korrektur von Einschussfehlern. Beseitigen der Verschiebung der Bahn für den Schutz des Mars vor Verunreinigung mit irdischen Organismen
TCM-2	Start + 120 Tagen	Korrektur von TCM-1 Fehlern. Beseitigen der Verschiebung der Bahn für den Schutz des Mars vor Verunreinigung mit irdischen Organismen

TCM	Nomineller Zeit- punkt	Zweck
TCM-3	Eintritt – 60 Tage	Korrektur von TCM-2 Fehlern. Verschieben des Eintrittspunktes auf das Zielgebiet
TCM-4	Eintritt – 8 Tage	Korrektur von TCM-3 Fehlern.
TCM-5	Eintritt – 2 Tage	Korrektur von TCM-4 Fehlern.
TCM-5x	Eintritt – 1 Tag	Ausweichmanöver, wenn TCM-5 scheitert.
TCM-6	Eintritt – 9 Stunden	Ausweichmanöver, wenn TCM-5x scheitert. Letzte Gelegenheit zur Feineinstellung des Landortes.

Der Start und der Flug zum Mars

Vor dem Start wurde das MSL möglichst gründlich sterilisiert. Seit den sechziger Jahren gibt es Richtlinien, wie eine Kontamination des Mars mit irdischen Bakterien vermieden werden soll. Für Raumfahrzeuge, die nicht auf dem Mars landen, ist dies noch relativ einfach – sie müssen nicht von Mikroben befreit werden, sofern die Chance, dass sie innerhalb von 50 Jahren auf der Oberfläche aufschlagen, kleiner als 1% ist. Dies kann man durch die Wahl der Umlaufbahn beeinflussen. So gab es für Phobos Grunt eine Untersuchung, wie wahrscheinlich ein Aufschlag auf dem Mars ist. Da diese kleiner als 0,21% in 50 Jahren war, erledigte sich damit das Thema und die Raumsonde wurde nicht sterilisiert.

Bei einem Landegerät ist dies anders. Curiosity darf bei der Landung nicht mehr als 300.000 Bakteriensporen aufweisen. Früher wurden dazu die gesamten Geräte erhitzt oder mit bakterientötenden Gasen desinfiziert. So waren die Viking Lander nicht nur von der Aeroshell und dem Hitzeschutzschild, sondern auch noch von einem zusätzlichen Bioschild eingeschlossen. Dieser wurde vor dem Start mit einem bioziden Gas gefüllt.

Heute ist die Vorgehensweise eine andere, auch weil keiner mehr mit lebenden Mikroben auf der Marsoberfläche rechnet und die Sterilisierung beim Ranger-Programm mitverantwortlich für Ausfälle von Komponenten war. Zudem ist heute die Elektronik empfindlicher als noch zu Vikings Zeiten. Das Erhitzen auf mindestens 110°C findet heute noch Anwendung bei allen Teilen, welche diese Temperatur vertragen. Alle anderen Teile werden beim Zusammenbau alles mit alkoholgetränkten Einwegtüchern abgewischt. Die Baugruppen und schließlich der gesamte Rover werden versiegelt. Luft dringt dann nur noch durch Filter ein, die Mikroben zurückhalten. Analog wird bei anderen Teilen verfahren, die man nicht abwischen kann, wie Elektronikboxen. Auch sie stecken in versiegelten Boxen. Die Wirksamkeit der Maßnahmen wird regelmäßig durch Bestimmung der Mikrobenzahl überprüft.

Der Start des MSL folgt im Gegensatz zu Phobos Grunt einer klassischen Strategie. Das Labor ist eine passive Nutzlast der Trägerrakete und wird erst aktiv, wenn es von der zweiten Stufe abgetrennt ist.

Zuerst transportiert die Atlas das MSL in eine niedrige Erdumlaufbahn, die auch Parkbahn genannt wird. Zwanzig Minuten nach dem Start überquert die Raumsonde mitsamt der noch aktiven Centaur Oberstufe die Bahnebene der Erde um die Sonne und die Centaur zündet zum zweiten Mal. Sie beschleunigt nun die Raumsonde soweit, dass sie nach dem Verlassen des Erdgravitationsfelds 3,5 km/s schneller als die Erde ist. Es resultiert eine Ellipsenbahn mit dem sonnenfernsten Punkt beim Mars.

Die genauen Startzeiten und die Dauer der Freiflugphase in der Parkbahn hängen vom Startzeitpunkt ab. Die folgende Aufstellung gilt für den frühesten Startzeitpunkt am 25.11.2011.

Zeit	Ereignis	Höhe	Entfernung	Geschwindigkeit
-2,7 s	Zündung des RD-180 Haupttriebwerks			
0 s	Startfreigabe nach Check der Funktion des RD-180			
0,9 s	Zündung der Feststoffbooster			
1,1 s	Abheben			
95 s	Brennschluss der Booster			
115 s	Abtrennung der Booster	48 km	50 km	1477 m/s
205 s	Abtrennung der Nutzlastverkleidung	119 km	254 km	3396 m/s
260 s	Brennschluss erste Stufe	158 km	494 km	5812 m/s
277 s	Erste Zündung der Centaur	161 km	581 km	5744 m/s
690 s	Erster Brennschluss der Centaur: Parkorbit erreicht	165 km		7805 m/s
1865 s	Zweite Zündung der Centaur	324 km		7712 m/s

Zeit	Ereignis	Höhe	Ent- fernung	Geschwindig- keit
2345 s	Zweiter Brennschluss Centaur: Fluchtbahn erreicht			~ 11490 m/s
2568 s	Abtrennung MSL			
2868 s	Beginn Kollisionsvermeidungsmanöver			
4058 s	Ende Kollisionsvermeidungsmanöver			
6648 s	Ende der Mission der Centaur			

Vor der Abtrennung der Sonde wird die Kombination von der Centaur in eine langsame Rotation mit 15 U/min gebracht. Diese stabilisiert die Lage der Sonde nach der Abtrennung und verhindert eine einseitige Erhitzung durch die Sonne. Die Abtrennung erfolgt, indem pyrotechnisch betätigte Schneider ein Spannband zwischen dem Adapter auf der Centaur und dem MSL durchtrennen. Damit war der Roboter während des Starts am Adapter befestigt. Nun pressen Federn im Adapter die Sonde von der Centaur weg. Dies wurde auch per Video zur Erde übertragen. Die Cruise Stage reduziert dann durch Abtrennen von Gewichten die Rotationsrate auf 2 Umdrehungen pro Minute, behält diese aber während des Fluges bei. Diese langsame Rotation stabilisiert die Sonde und vermeidet eine einseitige Überhitzung. Sie erschwert aber Kurskorrekturen, da durch die Rotation die Triebwerke nur kurz in die gewünschte Richtung zeigen. Sie arbeiten daher im Pulsbetrieb und Kurskorrekturen dauern relativ lange.

Nach der Abtrennung des MSL ist für die Centaur die Mission noch nicht beendet. Sie zündet nun kleine Steuertriebwerke, welche sie drehen und auf Distanz zur Raumsonde bringen. Danach wird der Resttreibstoff in den Weltraum entlassen und die Oberstufe abgeschaltet. Während der ganzen Zeit gibt es Funkkontakt zur Sonde. Nicht nur über Bodenstationen der NASA, sondern auch über ein Netz von Datenübertragungssatelliten im geostationären Orbit. Dass die NASA die Sonde nicht kontaktieren kann, weil sie für eine Bodenstation zu schnell über den Himmel zieht, wie dies bei Phobos Grunt passierte, ist somit ausgeschlossen.

Die Landung nach den Plänen

Die gesamte Landung erfolgt vollautomatisch, ohne Eingreifen von Außen und dauert nur sieben Minuten. Folgender Ablauf ist geplant: Nach der Abtrennung von der Cruise Stage zünden zuerst kleine Triebwerke an der Außenseite der Aeroshell. Sie stoppen die Rotation mit 2 U/min. Curiosity trennt die Verbindungen zur Cruise Stage durch und ist für die weiteren Korrekturen selbst verantwortlich. Dazu gibt es 10 pyrotechnische Sprengsätze. Sie treiben erst drei Schneidemesser an, welche die Kabelverbindungen durchtrennen, dann werden diese durch einen weiteren Sprengsatz zurück in die Ursprungsposition gefahren. Sechs weitere Sprengsätze trennen dann die Verbindung zur Cruise Stage. Die Cruise Stage ist nun nutzlos geworden und wird in der Marsatmosphäre verglühen.

Kurz darauf trennt die Raumsonde ebenfalls pyrotechnisch zwei Gewichte aus Wolfram mit ja 75 kg Gewicht ab. Sie hatten die Aufgabe, während der Cruise Phase den Schwerpunkt nach oben zu verschieben, was wichtig für die Rotation war. Nun sind sie überflüssig und werden zwei Minuten nach der Cruise Stage abgetrennt.

Der Eintritt in die Marsatmosphäre erfolgt in einer Höhe von 133 km. Abhängig vom Kurs sind es nun noch 360 bis 460 s bis zur Landung. Die Kapsel trifft mit einer Geschwindigkeit von bis zu 6,1 km/s auf die immer dichter werdende Atmosphäre. Der Hitzeschutzschild erhitzt sich bis auf 2100°C. Die Kapsel muss Verzögerungs- (Brems-)kräfte von bis zu 15 g überstehen. Erwartet werden 10 bis 11 g. Dies ist mehr als doppelt so viel, wie bei der als

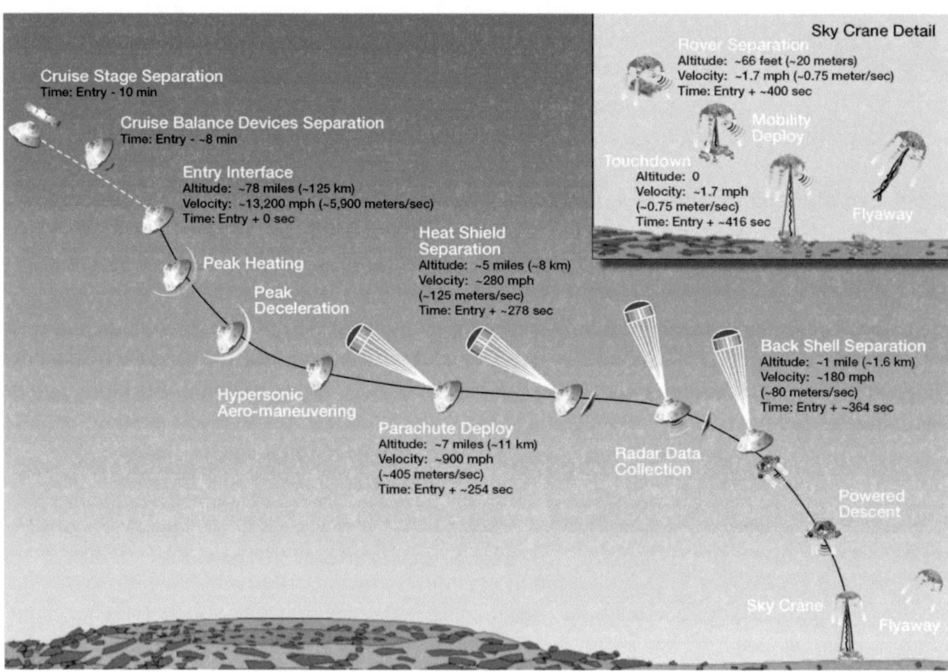

Abbildung 67: Ablauf der Landung nach den Vorgaben

Abbildung 68: Steuerung der Kapsel durch die Hochatmosphäre. Die Triebwerke verändern den Kurs.

„hart" angesehenen Landung einer Sojus Kapsel. Die Marsatmosphäre bremst die Kapsel innerhalb von vier Minuten auf zweifache Schallgeschwindigkeit ab. Während dieser Zeit wird durch das Verlagern von Ballast der Auftrieb aktiv gesteuert. Das ist eine der Neuerungen für eine Punktlandung. Durch die Masseverteilung ist gewährleistet, dass die Kapsel mit einem Winkel von 18 bis 20 Grad gegen die einwirkenden Kräfte geneigt ist. Bisher hatten nur bemannte Kapseln, wie die Gemini- und Apolloraumschiffe, die Möglichkeit einer aktiven Lageregelung. Dort erfolgten diese Korrekturen aber mit Triebwerken. Triebwerke setzt auch die Decent Stage ein, nur dienen sie dazu, die Abweichungen vom Sollpunkt quer zur Flugbahn auszugleichen. Die Höhe bzw. die Länge der Flugbahn kann die Kapsel durch den Auftrieb steuern. Wo die Decent Stage ist, stellt sie mit ihrer IMU, ihrem Inertialsystem fest. Ziel ist ein Punkt in 11 km Höhe unweit des vorgesehenen Landeplatzes. Dort angekommen wird sie den Fallschirm auslösen.

Das Eintrittsprogramm durchläuft mehrere Phasen mit jeweils unterschiedlichen Strategien. Beschleunigungssensoren und Druckmesser initiieren dabei den Übergang von einem Programm zum nächsten. Es ist das bisher komplexeste Landemanöver auf einem fremden Himmelskörper. Alle Daten in den Tabellen beruhen auf Vorgaben, doch die realen Zeitpunkte und die tatsächliche Höhe und Geschwindigkeit hängen von den vor Ort ermittelten Landebedingungen ab. Alleine das Programm zur Steuerung der Landung mit allen Alternativroutinen umfasst rund 500.000 Zeilen Code.

Während dieser Zeit wird Curiosity besonders gut überwacht. Neben einem direkten Link zur Erde versuchen auch alle drei operierenden Marsorbiter (Mars Express, Odyssey und MRO), die Daten der Sonde aufzufangen und zur Erde weiterzuleiten. Über welchen Orbiter dies möglich ist, hängt vom genauen Landezeitpunkt ab. Beim gewählten Startfenster und der Landung im Gale Krater kann Odyssey die Daten übertragen. Dagegen ist die Verbindung zur Erde nicht optimal, es kann zwischen 20 und 60 s langen Signalabbrüchen kommen. Im Februar 2012 begann die NASA die Umlaufbahnen von Odyssey und MRO so zu verändern, dass sie in einer guten Empfangsposition bei der Landung sind.

In jedem Fall wird die Sonde auch Statusinformationen zur Erde senden. Doch da während dieser Phase die Hochgewinnantenne noch nicht aktiv ist, geschieht dies über eine Omniantenne mit nur sehr geringer Datenrate. Die NASA spricht daher auch von „Tönen". In 8 Bit ist eine von 256 Nachrichten enthalten. MSL kann nur einen „Ton" alle 10 s übertragen. Dagegen werden die beiden amerikanischen Orbiter über die UHF-Antenne mit einer Datenrate von 8 kbit/s die Telemetrie empfangen.

Zuerst wird der Kurs von Triebwerken auf der Backshell korrigiert. Sie steuern die Kapsel in einer s-förmigen Kurve zum Landegebiet.

Abbildung 69: Die Fallschirmphase. Der Hitzeschutzschild ist schon abgeworfen und man sieht den Rover unter der Abstiegsstufe

Der Zeitpunkt der Fallschirmöffnung ist abhängig vom Landeplatz, da auf dem Mars der Luftdruck sehr stark höhenabhängig ist. Geplant ist die Öffnung 4 km bis 10 km über dem Boden bei Mach 1,1 bis 2,2 und einem Druck von 250 bis 850 Pascal. Sobald die Geschwindigkeit der Raumsonde 900 m/s unterschreitet, beginnt sie sich auf die Fallschirmöffnung vorzubereiten. Sie stößt nun sechs Gewichte von je 25 kg Gewicht in Paaren alle zwei Sekunden ab. Dies verlagert den Schwerpunkt und die Kapsel dreht sich aus der 20 Grad Schräglage wieder in die Senkrechte. Zusammen mit anderen Ausgleichsgewichten hat die Abstiegsstufe 300 kg Gewichte an Bord die während des Abstiegs abgetrennt werden. Sobald eine Geschwindigkeit von 450 m/s unterschritten wird, entfaltet sich der Fallschirm. Er wird dazu mit einem Mörser aus der Backshell herausgeschossen. Dafür wird die größte pyrotechnische Ladung des MSL gezündet. Sie hat die Sprengkraft einer kleinen Stange Dynamit und ist die größte der insgesamt 76 Sprengladungen an Bord. Die meisten sind klein und dienen dazu, Ventile zu öffnen oder Federn freizusetzen. Mit Ausnahme der Sprengladung des Mörsers haben alle anderen zusammen nur 50 bis 60 g Sprengstoff, in etwa genauso viel wie in einem Airbag steckt. Das Entfalten des Fallschirms bei so hoher Geschwindigkeit und in einer dünnen Atmosphäre ist nicht risikolos. Die Leinen dürfen sich nicht verheddern, wie dies bei den Fallschirmen der letzten Rover bei Tests auf der Erde passierte.

Zuerst wird durch den Ruck, und bis der Fallschirm sich „beruhigt" hat, der Lander unter dem Fallschirm hin und herschaukeln und sich auch leicht drehen. Wenn dies abgeklungen ist, und das MSL den Unterschallbereich erreicht hat, folgt das Abtrennen des Hitzeschutzschildes. Sobald die Geschwindigkeitsmesser eine Geschwindigkeit von Mach 0,8 signalisieren, wird das Signal gegeben, die Verbindung zum Hitzeschutzschild zu lösen. Nun kann die Abstiegsstufe aktiv werden.

Die Abstiegsstufe stellt durch ein Landeradar Höhe und Geschwindigkeit in horizontaler und vertikaler Richtung fest. Das Radar arbeitet im Ka-Band bei 35,75 GHz und sendet über sechs Antennen Signale in sechs unterschiedliche Richtungen aus:

- einen Strahl direkt nach unten

- drei Strahlen 20 Grad zur Seite geneigt

- zwei Strahlen 50 Grad zur Seite geneigt

Diese Signale sind gepulst. Aus der Differenz der Laufzeiten der seitlich orientierten Signale kann die Geschwindigkeit in horizontaler und vertikaler Richtung ermittelt werden und aus der absoluten Laufzeit des senkrecht nach unten gerichteten Signals die Höhe über dem Boden. Mit den beiden Laserkreiseln als Inertialsystem wird die Ausrichtung im Raum genau festgestellt. So kann die Abstiegsstufe mit dem Rover parallel zum Boden ausgerichtet werden.

Zuerst bestimmt das Radar nur die Höhe, im Endanflug vermisst es auch das Gelände. Wenn es zu rau ist, werden auch die seitlich angebrachten Triebwerke aktiv und steuern die Sonde in günstigeres Gelände. Das Landeradar ist aktiv bei einer Geschwindigkeit von unter 200 m/s (nominelle Aktivierung bei 100 m/s) und einer Höhe von unter 4 km. Da das Landeradar seitwärts schaut und auch die Kapsel nicht vertikal fällt, sondern sich schräg nach unten bewegt, muss das Landegebiet in einer Skala von mehreren Hundert Metern flach sein. Nach der Abtrennung der Backshell, wenn die letzte Kurskorrektur erfolgt, bewegt sich Curiosity noch etwa 700 m weiter seitwärts.

Wie schon bei der letzten Raumsonde Phoenix wird der MRO versuchen, ein Bild des Landers aufzunehmen, wie er unter seinem Fallschirm hängt. Der Überflug des Orbiters wurde so getimt, dass dies möglich ist.

Landeradar	
Frequenz	36 GHz
Breite des Sendestrahls	3 Grad
Sendeleistung pro Impuls	2 Watt
Pulsdauer	4 – 16 ns
Betriebshöhe	6 bis 3.500 m
Maximale Geschwindigkeit	200 m/s
Gewicht	25 kg
Abmessungen	1,3 × 0,5 × 0,4 m

Ereignis	Höhe	Geschwindigkeit	Zeit
Abtrennung von der Cruise Stage			- 600 s
Stopp der Rotation			-540 s
Abtrennung zweier Ausgleichsgewichte			-480 s
Eintritt in die Marsatmosphäre	131,6 km	6100 m/s	0
Maximale Hitzeentwicklung			80-85 s
Maximale Verzögerung			96 s
Entfalten des Fallschirms	10 km	470 m/s	240 s
Abtrennen des Hitzeschutzschildes	7 km	160 m/s	268 s
Abtrennen der Backshell mit dem Fallschirm	1,8 km	100 m/s	345 s
Zündung Triebwerke zum Abbremsen	1,6 km	125 m/s	349 s
Abbremsung auf Landegeschwindigkeit	100 m	20 m/s	370 s
Beginn SkyCrane Manöver	20 m	0,75 m/s	380 s
Aufsetzen des Rovers	0 m	0,75 m/s	392 s

Abbildung 70: Die Landestufe während der Phase wo sie die Fallgeschwindigkeit reduziert.

Der Fallschirm reduziert die Geschwindigkeit auf 100 m/s. Ist diese erreicht, kann er in der dünnen Atmosphäre die Raumsonde nicht weiter verlangsamen. Die Abstiegsstufe durchtrennt jetzt pyrotechnisch die Verbindung zur Backshell. Der Fallschirm zieht die Backshell weg von der Abstiegsstufe und dem darunter angebrachten Rover. Schon vorher zündet die Abstiegsstufe ihre Triebwerke. Zuerst stabilisieren diese nur die räumliche Lage und verringern langsam die Rotation. Wenn eine Höhe von 1,6 km unterschritten wird, zünden die unteren Triebwerke und bremsen die Raumsonde ab. Der Anfangsschub beträgt 20% des Maximalschubs und steigt nun radargesteuert an. In 100 m Höhe soll eine Fallgeschwindigkeit von 20 m/s erreicht sein. Nun feuern die Triebwerke mit Maximalschub, um die Sinkgeschwindigkeit auf der letzten Strecke drastisch zu reduzieren. In 50 m Höhe sollte sie eine Fallgeschwindigkeit auf 0,75 m/s (2,7 km/h) aufweisen. So sinkt sie, bis sie eine Höhe von 21 m erreicht hat. Bis dahin hat die Decent Stage ihren halben Treibstoffvorrat verbraucht. Jetzt beginnt das SkyCrane Manöver.

Curiosity nutzt eine neue Technik namens „SkyCrane". Bisher setzten die USA zwei Verfahren für die Landung ein. Die konventionelle Methode nutzt zahlreiche kleine Triebwerke, die langsam die Geschwindigkeit reduzieren und abgestellt werden, wenn ein Bein der Sonde Bodenkontakt hat. Höhe und Geschwindigkeit kann die Raumsonde dabei durch ein Radarsystem feststellen. Diese Methode wurde bei Viking, dem Mars Polar Lander und Phoenix eingesetzt. Beim Mars Polar Lander scheiterte die Landung, weil die Software die

Abbildung 71: Das Herabseilen von Curiosity von unten betrachtet

Triebwerke vorzeitig abschaltete, sobald die Beine ausgefahren wurden. Ein zu diesem Zeitpunkt fehlerhaftes Signal der Bodenkontaktsensoren konnte nicht unterdrückt werden.

Die neuere Methode sind Airbags. Hierzu wird der Fallschirm erst relativ spät abgetrennt, damit er die Geschwindigkeit möglichst stark reduziert. Anschließend werden die Airbags aufgeblasen. Die Raumsonde wird vollkommen von den Airbags umhüllt und fällt aus rund 100 m Höhe auf den Boden. Dort hüpft sie einige Male herum, bis sie zur Ruhe kommt. Dann wird die Luft aus den Airbags entlassen. Zuletzt muss sich die Raumsonde aufrichten, da nicht garantiert ist, dass sie mit der Unterseite zum Boden ausgerichtet liegen bleibt.

Beide Verfahren haben Vor- und Nachteile. Die Abbremsung mit Triebwerken ist sehr weich. Die Landegeschwindigkeit betrug bei Viking und Phoenix ungefähr 9 km/h. Das entspricht auf der Erde einem Fall aus 32 cm Höhe. Weiterhin können die Triebwerke auch horizontale Bewegungen (Drift über die Oberfläche durch Winde oder eine horizontale Restgeschwindigkeit nach dem Abstieg) sehr gut kompensieren. So betrug die Landeellipse für Phoenix 20×20 km, während sie bei den beiden Rovern mit der Airbaglandung 150×50 km betrug. Allerdings nutzte Phoenix, genauso wie das MSL, die Möglichkeit für letzte Kurskorrekturen der Cruise Stage kurz vor der Landung, um die Unsicherheit bei der Landeellipse zu verringern.

Abbildung 72: Curiosity wird auf dem Boden abgesetzt

Dafür ist die Steuerung komplex und es wird relativ viel Treibstoff für die Landephase benötigt. Triebwerke und Treibstofftanks wären totes Gewicht, das Curiosity nach der Landung mitschleppen müsste, oder es wäre eine schwere Abstiegsstufe nötig. Die Methode mit den Airbags ist einfacher und „robuster", aber die Belastung bei der Landung ist viel höher. Bei Pathfinder betrug die maximale Verzögerung beim Auftreffen auf den Boden 108 km/h. Bei den beiden letzten Rovern verringerte ein Raketentriebwerk die horizontale Drift, und größere Airbags reduzierten den Landeschock auf 50 km/h. Die Methode mit den Airbags schied aber wegen der Größe und des Gewichts von Curiosity aus.

Das neue „SkyCrane" Verfahren soll eine noch weichere Landung als mit Triebwerken erlauben. Geplant ist eine Landegeschwindigkeit von 2,7 km/h in der Vertikalen und 1,8 km/h in der Horizontalen. Das Prinzip: Sobald eine Höhe von 20 m über dem Boden erreicht ist, sinkt die Abstiegsstufe konstant mit einer Geschwindigkeit von 0,75 m/s. Das entspricht 50% des Normalschubs. Die vier direkt nach unten zeigenden Triebwerke werden abgeschaltet, die vier zur Seite schauenden arbeiten weiter. So will man vermeiden, dass der Lander durch aufgewirbelten Staub kontaminiert wird. Sie lässt den unter ihr angebrachten Lander an mehreren Nylonseilen behutsam herab, bis er die Oberfläche erreicht. Jedes Seil hat eine Länge von 8,8 m. Alle vier Seile werden von einer gemeinsamen Spule abgedreht, gebremst durch einen Federwiderstand und elektromagnetische Abbremsung (da sich die metallenen Spule in einem Magnetfeld bewegt). Sieben Sekunden dauert es, bis die Rolle abgewickelt ist.

Für das erfolgreiche Manöver gibt es zwei Bedingungen. Zum einen die Abnahme des Zugs an den Seilen. Ist Curiosity gelandet, entfällt die Last, die Seile klinken bei Curiosity aus werden durch Rollen wie das Netzkabel bei einem Staubsauger in die Abstiegsstufe gezogen. Als Folge ist der benötigte Schub nun viel kleiner. Die Gewichtsabnahme wird vom Bordcomputer, der programmiert ist, eine konstante Abstiegsrate beizubehalten registriert. Das zweite Kriterium ist der Abstand zum Boden. Stellt die Abstiegsstufe durch Radarmessung fest, dass sie nur noch 7,5 m vom Boden entfernt ist, so hat der Lander Bodenkontakt. Sie trennt, wenn dieses zweite Kriterium zutrifft, die Verbindungen zu Curiosity. Eine Sekunde wird gewartet, dann entfernt sie sich vom Lander. Sie dreht sich um 45 Grad und steigert den Schub auf das 100%-Niveau, sodass sie schräg nach oben beschleunigt. Die Triebwerke arbeiten, bis der Treibstoff verbraucht ist. Danach fällt sie in einer Wurfparabel auf die Oberfläche und zerschellt. Der Treibstoff müsste ausreichend sein, dass sich die Abstiegsstufe mindestens 150 m vom Lander entfernt.

Dieses Verfahren kostet zwar mehr Treibstoff, weil es zusätzliche 15-20 s dauert, bis der Rover den Boden erreicht hat, aber die Landung des Rovers ist viel weicher. Das ist der

Hauptgrund, warum diese neue Technik gewählt wurde. Durch den aufgewirbelten Staub und andere Bodeneffekte ist beim Einsatz von Triebwerken in Bodennähe die Landegeschwindigkeit nicht weiter als bisher reduzierbar. Das würde sehr starke Schockabsorber in den Landebeinen erfordern und trotzdem für einen so schweren Rover eine beträchtliche Belastung darstellen. Weiterhin kann die Landeplattform, da sie selbst nicht landen muss, einfacher und leichter konstruiert werden.

Dafür ist ein anderes Ereignis zeitkritisch, denn bevor der Rover aufsetzt, muss er seine Räder ausfahren. Bisher konnte man sich für die Inbetriebnahme des Rovers Zeit lassen und ihn nach der Landung auf Herz und Nieren durchchecken. Nun müssen zumindest alle Systeme mit Bodenkontakt ausgefahren sein, bevor die Landung erfolgt. Natürlich muss diese „Entfaltung" in relativ kurzer Zeit geschehen, da der Rover im Transportzustand wie ein Baby in Embryonalhaltung möglichst wenig Platz einnimmt.

Es gibt nicht viel Zeit für das SkyCrane Manöver, denn während die Abstiegsstufe ihre Höhe beibehält, verbraucht sie 4 kg Treibstoff pro Sekunde. Nominell sollte das Abseilen des Labors 15,5 s dauern. Es gibt Treibstoff für weitere 5 Sekunden als Reserve. Hat der Rover bis dahin nicht den Boden erreicht, durchtrennt die Abstiegsstufe die Verbindungen und das Fahrzeug fällt aus hoffentlich geringer Höhe die restliche Strecke zum Boden. Spätestens 1,5 s nach dem Abtrennen beginnt die Stufe, sich vom Rover zu entfernen, um in sicherer Entfernung niederzugehen.

Ereignis nach Beginn des Skycrane Manövers	Zeit	Höhe (Abstiegsstufe)
Abklingen der Schwingungen um die Achse, Herunterfahren des Triebwerkschubs	0	20,6 m
Herablassen des Rovers	2,5 s	18,6 m
Seil voll ausgefahren	9,5 s	13,3 m
Erkennen der Landung aktiviert	11,5 s	11,8 m
Nominaler Touchdown	15,5 s	8,8 m
Nominelles Wegfliegen der Abstiegsstufe	20 s	8,8 m

Insgesamt ist eine Betriebsdauer der Triebwerke von 60 s bis zum Aufsetzen von Curiosity geplant, davon entfallen bis zu 20 s auf die SkyCrane Phase. Alle Daten sind Referenzvorgaben. Sie können schwanken. So kann es 10, aber auch 20 s bis zum vollständigen Entfalten des Fallschirms dauern. Der Rover kann nur 55 s am Seil, hängen, aber auch bis zu 170 s. So kann Curiosity 380 s, nach dem Eintritt in die Atmosphäre (in 133 km Höhe) auf dem Boden stehen, aber auch erst nach 460 s. Läuft alles nach den Vorgaben, so dauert es 417 s – keine sieben Minuten von 133 km Höhe bis zur Landung, wesentlich schneller als eine Landung einer Raumkapsel auf der Erde.

Das Verfahren ist nicht unumstritten. Während Doug McCuistion, Mars Exploration Manager, meint, dass es sich bis auf die Triebwerkslage oberhalb der Sonde nicht so sehr von der Landung von Phoenix unterscheidet, sehen andere Fachleute es als riskant an. Ein Kritikpunkt ist, dass es auf der Erde aufgrund der viel dichteren Atmosphäre nicht erprobt werden konnte. Teilkomponenten wie Radar oder Fallschirme wurden getestet, aber nie das Verfahren als Ganzes. Die Hauptbedenken betreffen die Seile und dass der Rover in wenigen Sekunden fahrbereit sein muss. Bei den Seilen muss gewährleistet sein, das sie nicht anfangen zu schwingen oder sich gar kreuzen oder verwickeln. Diese Gefahr ist bei der dünnen Marsatmosphäre und einem vorher genau austarierten Gewicht allerdings klein. Der Rover muss auf ausgefahrenen Rädern landen. Vorher sind diese eng am Körper angebracht, und sie müssen nun in den wenigen Augenblicken während des Herablassens ausgefahren werden und sauber einrasten. Sonst könnte im Extremfall Curiosity nicht fahren oder, wenn das Ausfahren der Räder nur einseitig geschieht, bei der Landung umkippen.

Erst die Landung wird zeigen, ob das SkyCrane Verfahren hält, was man sich von ihm verspricht. Es ist auch für den europäischen Exomars Rover vorgesehen, denn so neu es auch ist, hat es einen sehr großen Vorteil: Die Abstiegsstufe ist viel leichter als bei einer konventionellen Landung. Es entfällt eine Plattform, die weich landet, und eine Rampe für den Rover.

Auch für die zukünftige bemannte Erforschung des Mars wird die Landung ein wichtiger Meilenstein sein. Eine bemannte Expedition wird aus verschiedenen Gründen mehrere Flüge erforderlich machen. Ein Versorgungsflug kann die Wohnung für die Astronauten zum Mars bringen, ein anderer schweres Gerät und Vorräte und ein Dritter dann die Mannschaft und eine Raketenstufe zur Rückkehr. Bei einem bemannten Flug müssen diese in räumlicher Nähe zueinander landen, denn schließlich kann die Besatzung nicht kilometerweit zu ihrer Wohnung marschieren. Bisher waren die Landeellipsen bis zu 200 km breit. Das MSL soll dagegen in einer nur 20×10 km großen Ellipse niedergehen. Das wäre ein großer Schritt hin zur Punktlandung, die man für bemannte Missionen und unbemannte Missionen (Boden-probengewinnung und Rückführung zur Erde) beherrschen muss.

Die Landeellipsen sind Ellipsen um den Zielpunkt. Sie markieren die Zone, in welcher der Lander aufgrund der bekannten Störungen mit einer bestimmten Wahrscheinlichkeit (üblich sind 95 oder 99%) niedergehen wird. Sprich: Mit 99% Wahrscheinlichkeit wird der Lander innerhalb der Fläche innerhalb der Ellipse landen, mit 1% Wahrscheinlichkeit außerhalb. MSL kann erstmals so präzise neben einem interessanten Untersuchungsobjekt landen, dass es während seiner Betriebsdauer den restlichen Weg dorthin am Boden zurücklegen kann.

Der geplante Betrieb

Die ersten 10 Marstage wird der Rover durchgecheckt, alle Instrumente in Betrieb ge-nommen und geprüft und er macht ein Panorama der Umgebung. Dies kann auch bis zu 20 Tage dauern. Erst danach wird er aufbrechen, um die Umgebung zu erkunden. Der Landetag erhält die Bezeichnung „Sol 0".

Wie bei früheren Marslandern wird Curiosity dem Bodenpersonal eine Umstellung ab-verlangen. Der Mars rotiert in 24 Stunden 37 Minuten um die eigene Achse. Für den Marstag hat sich die Bezeichnung „Sol" eingebürgert. Die 37 Minuten Abweichung von unserem Tag scheinen recht wenig zu sein, doch sie summieren sich. Nehmen wir an, ein Kontroller beginnt seine Schicht bei Sol 1, wenn die Sonne gerade auf dem Mars untergeht. Er hat dann vielleicht eine ruhige Schicht, weil nur wenige Experimente nachts aktiv sind und der Rover ruht. Doch wenn er am nächsten Tag zur selben Uhrzeit seine Schicht beginnt, ist die Sonne noch nicht untergegangen. Es ist noch 37 Minuten lang Tag. Am übernächsten Tag sind es schon 74 Minuten. Nach zehn Erdtagen beginnt seine Schicht nicht mehr bei Sonnenuntergang, sondern zur Mittagszeit auf dem Mars.

Anfangs wird der Rover rund um die Uhr von mehreren Mannschaften betreut. Da oft zur selben Marstageszeit spezielle Aufgaben und feste Termine anliegen, hat es sich ein-gebürgert, die Schichten nach dem Marstag auszurichten. Es wird ein 24 Stunden 37 Minuten Tag verwendet. Bei früheren Missionen wurden sogar eigene Uhren ausgegeben, welche die Marszeit anzeigten. Doch dieses Schichtsystem ist aufwendig und teuer. Nach 90 Tagen stellt sich die Mannschaft daher auf normale Erdzeit um.

Der Betrieb des Rovers ist „discovery driven". Das heißt, es gibt keine festgelegten Pläne für das erste Jahr, sondern die Ergebnisse der Forschung bestimmen die Aktivitäten. Gelangt Curiosity an einen interessanten Ort oder findet er eine auffällige Probe, so wird er diese genauer untersuchen. Umgekehrt kann es sein, dass er in einer langweiligen Sandwüste längere Zeit nur fährt, um das nächste Ziel schneller zu erreichen. Das ist nicht neu, mit dieser Methode wurden schon die beiden letzten Rover betrieben, vor allem Opportunity. Die Fahrtgeschwindigkeit von Curiosity ist nicht höher als bei der letzten Generation. Doch erhofft sich das Team weniger Stopps und daher eine größere Wegstrecke von bis zu 20 km während der Primärmission. Diese beträgt ein Marsjahr, also 687 Erdtage. Opportunity brauchte für 20 km rund sechs Erdjahre. Sofern Curiosity in gutem Zustand bleibt, wird die Missionsdauer danach verlängert werden. Dann sinken die finanziellen Aufwendungen für die weitere Mission deutlich ab.

Die meisten Aktivitäten im wissenschaftlichen Bereich und der Fahrbetrieb finden am Tag statt. Die Nachtstunden werden genutzt, um über die Orbiter Softwareupdates und neue Tagespläne zu übermitteln. Auch werden dann Daten und Bilder übermittelt, die von der Missionskontrolle für die nächste Tagesplanung genutzt werden. Während der Fahrt ist kein Experiment aktiv. Während der regelmäßigen Stopps werden bestimmte Experimente durchgeführt (unter anderem DAN und REMS). Etwa 10% der elektrischen Leistung des Rovers sind für Experimente vorgesehen. Sind mehrere Experimente aktiv, so benötigen sie mehr Strom, als der RTG liefern kann. Daher wird mehrmals am Tag auch die Batterie als Puffer aufgeladen.

Das Team hat einige Szenarien durchgespielt. Sie beginnen mit „Traverse Sols", in denen der Rover größere Strecken zurücklegt und dabei nur die Umgebung fotografiert. An diesen kann er mindestens 50 m pro Tag bewältigen. Die Strecke wird anhand der Aufnahmen von Curiosity, aber auch von Aufnahmen des MRO mit der hochauflösenden Kamera HiRISE festgelegt. Im Zielgebiet angekommen, folgen die „Reconnaissance Sols", in denen sich Curiosity einem neuen Ziel nähert und die Umgebung erst einmal mit den Fernerkundungsinstrumenten untersucht. Eine Reihe von Objekten wird dann in „Approach Sols" genauer unter die Lupe genommen. Dabei werden ChemCam, MAHLI, APXS und DAN zum Einsatz kommen. Es folgen „Contact Sols", in denen dann noch eingehendere Untersuchungen erfolgen und der Felsen mit der Bürste am Arm gereinigt wird. Zuletzt gibt es noch die „Sampling and Analysing Sols", in denen eine Probe genommen und analysiert wird.

Sehr deutlich wird an dieser Serie, dass die wissenschaftliche Planung von den Ressourcen optimal Gebrauch macht. Die Analyse ist sehr zeitaufwendig, und es stehen dafür auch nur begrenzte Ressourcen wie Probebehälter oder Arbeitsgas zur Verfügung. So untersucht man zuerst viele Felsen mit den Fernerkundungsinstrumenten, pickt sich dann die heraus, die interessant erscheinen, und untersucht sie genauer, ohne aber eine Probe zu ziehen. Sollte sich nach diesen Voruntersuchungen der Verdacht bestätigen, dass hier ein neues oder bisher kaum bekanntes Phänomen aufgetreten ist, wird eine eingehendere Analyse durchgeführt. Die Ergebnisse eines Tages werden für die Planung des nächsten Tages genutzt.

Für die Konstruktion der Instrumente ist ein Team von 130 Wissenschaftlern verantwortlich. Für die Auswertung der Daten wurde das Team dann auf 400 Personen verstärkt. Zum Vergleich: die gesamte Forschung von 2000 bis 2012 an der ISS beschäftigte nur 1.300 Wissenschaftler.

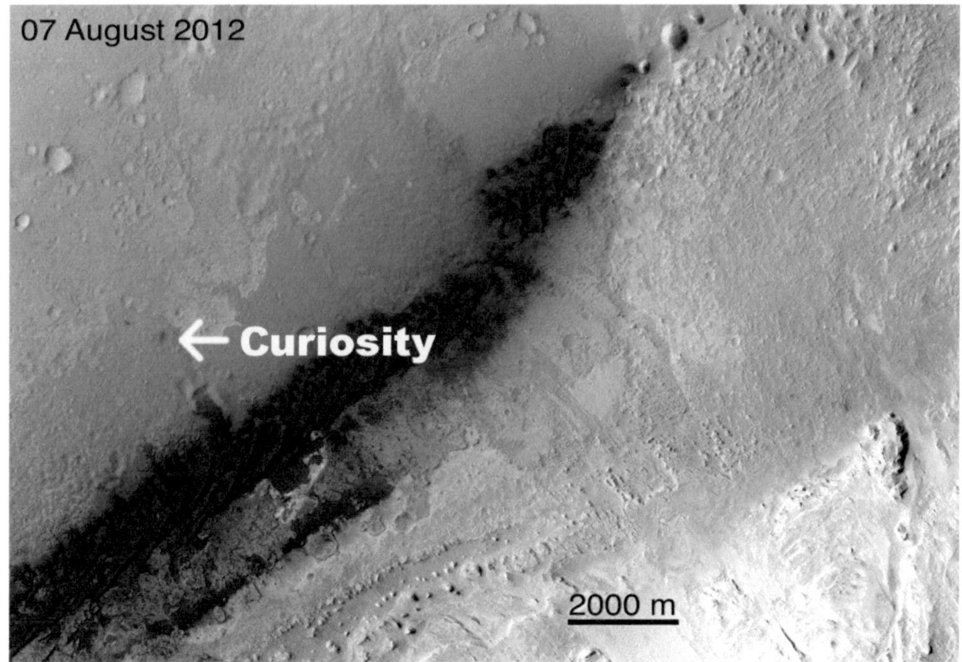

Abbildung 73: Aufnahme der Context Kamera des MRO von der weiteren Umgebung von Curiosity nach der Landung in niedriger Auflösung.

Abbildung 74: Start des MSL am 26.11.2011

Die Mission

Nachdem im letzten Kapitel die Planungen vorgestellt worden sind, folgt nun die Beschreibung der Mission selbst bis zur Drucklegung des Buchs.

Das MSL startete einen Tag später als geplant. Am 21.11.2011 gab die NASA bekannt, das man noch einen Tag braucht, um eine Batterie im Sicherheitssystem zu ersetzen. Das Abheben erfolgte am 26.11.2012 um 15:00:02, genau zu Beginn des 103 Minuten langen Startfensters.

Bei Curiosity beförderte die Atlas die Raumsonde so genau in die geplante Umlaufbahn, dass das erste Kurskorrekturmanöver verschoben werden konnte. Curiosity sollte eine Bahn erreichen, die den Mars um 56.400 km verfehlt, damit die Centaur nicht auf der Marsoberfläche aufschlägt. Der reale Kurs führte das Gespann auf 61.200 km an den Mars heran. Die Centaur wird diesen Kurs auch weiterhin behalten und in dieser Entfernung den Mars passieren. Erst am 12.01.2012 fand die Kurskorrektur statt. Sie gestaltete sich wegen der Rotation der Sonde mit 2 U/min sehr komplex. So wurden die Triebwerke nur 5 Sekunden lang gezündet, weil sie danach durch die Rotation in die falsche Richtung zeigen. 200 kleine Schubimpulse mit 19 Minuten Gesamtzeit wurden über drei Stunden abgegeben. Dabei wurde zuerst die Raumsonde in ihre Flugrichtung beschleunigt. Danach zündeten die Triebwerke auf der Seite, um die Raumsonde quer zum Flugpfad zu verschieben.

Curiosity wird nun 14 Stunden früher den Mars erreichen und 40.000 km näher an den Mars herankommen. Dies war das Korrekturmanöver mit der größten Geschwindigkeitsänderung. Sie betrug 7,5 m/s.

Am 26.3.2012 fand TCM-2 statt. Hier waren nur noch 60 Impulse in einem Abstand von 10 s nötig. TCM-2 verschob den Flugpfad um weitere 5000 km und verkürzte die Ankunftszeit um 20 Minuten. TCM-2 beschleunigte die Sonde um 1 m/s. Nun erreicht MSL in jedem Falle den Mars, allerdings noch nicht das geplante Landegebiet.

TCM-3 fand am 27.6.2012 statt. Es gab es nur noch 4 Zündungen mit insgesamt 40 s Gesamtdauer. Der Eintrittspunkt wurde um 200 km in Richtung Gal-Krater verschoben und die Ankunft verkürzte sich um 70 Sekunden. Die Raumsonde wurde bei diesem Manöver nur noch 0,05 m/s schneller. Die restlichen TCM werden den Kurs nur noch marginal verändern, oder können ganz entfallen. Nach TCM-3 wurde erwogen, die Landeellipse um weitere 7 km zu den Bergen hin zu verschieben.

Drei Wochen vor der Landung gab die NASA bekannt, dass eventuell es keine Realzeitdaten von dieser gibt, da Mars Odyssey seit einigen Wochen mit einem Ausfall eines seiner Steuersysteme zu kämpfen hat. Am 11.7.2012 geriet Odyssey in einen Safe-Mode, in dem er alle Aktivitäten einstellte. Er wurde am 16.7.2012 daraus reaktiviert. Doch nun hinkt er dem Zeitplan hinterher. Das führte dazu, das dieser Orbiter nicht in der Position ist, um die Signale zu übertragen. Die Verzögerung beträgt nur 5-10 Minuten, doch kann Odyssey dadurch keine Daten empfangen. Er wird sie direkt nach der Landung empfangen, doch da beide Orbiter nach dem Prinzip des Zwischenspeicherns arbeiten, (die Daten werden zuerst gespeichert, und bei der nächsten Kommunikationssitzung mit der Erde mit übertragen) ergibt sich so eine Verzögerung von 2 Stunden. Beim Einsatz des MRO wären es sogar 4-5 Stunden, doch dieser hat die Aufgabe die Landung zu beobachten und eine Aufnahme der Phase an die Abstiegsstufe an den Fallschirmen hängt, mit der Kamera HiRISE zu machen. Dies machte die Landung wieder spannend, weil nun die einzigen Daten, die es direkt gibt, die „Töne" sind, die nur kodiert Informationen über den Gesundheitszustand beinhalten, aber wegen der geringen Datenrate keinerlei Messwerte vom Rover oder Geschwindigkeits- / Höhenangaben.

Wenn die Landung scheitert, so sind diese wenigen Informationen das Einzige, was man zur Suche der Fehlerursache hat. Dies war für die Missionsüberwachung keine befriedigende Lösung, zumal durch die hohen Kraterwände nach Öffnung des Fallschirms auch diese Töne nicht mehr übertragen werden können. Am 24.7.2012 wurden die Triebwerke von Odyssey für 6 s gezündet. Das bewirkte, dass er sich bis zum Landetag um 6 Minuten relativ zur Position ohne Kurskorrektur weiterbewegt, und damit wieder Daten übertragen kann.

Es gibt allerdings noch eine weitere Unterstützung: Mars Express. Schon vor Monaten hatte die Missionskontrolle der ESA begonnen den Orbit anzupassen, sodass sich der europäische Marssatellit in einer optimalen Empfangsposition befindet, nachdem es eine Anfrage der NASA gab. Durch seine elliptische Umlaufbahn hat Mars Express viel länger Funkkontakt, als die auf nahen Kreisbahnen den Mars umrundenden amerikanischen Orbiter. Mars Express kann vom MSL Signale zwischen 7:10 und 7:38 MESZ empfangen, also über 28 Minuten. Dagegen kann Odyssey nur Daten über 12 Minuten empfangen. Die Landung sollte nach ESA Angaben um 7:31 (Erdzeit) erfolgen. Allerdings ist Mars Express 6.000 km entfernt, wenn die Abtrennung von der Decent Stage erfolgt, bei der Landung sind es 6.400 und wenn er hinter dem Horizont verschwindet, sind es 8.000 km. Aufgrund dieser Entfernung kann Mars Express keine Daten empfangen, nur das Funksignal und seine Dopplerverschiebung. Was die Sonde liefert, ist dieses Profil, und dies ist ebenso wichtig, denn man kann es mit den Vorgaben vergleichen und damit zukünftige Landungen noch besser vorbereiten.

Die Daten werden dann sofort zu den ESA-Bodenstationen übertragen und sollten dort um 7:40 ankommen und dann an die NASA weitergeleitet werden. Allerdings bleibt Mars Express für die NASA nur ein Backupsystem, falls wirklich alles schiefgeht. Wie die Kurskorrektur von Odyssey zeigt, legt man Wert drauf, dass man die Landung selbst überwachen kann.

Am 29.7.2012 fand dann TCM-4 statt. Der Landepunkt hatte sich nach Vermessungen der Bahn um etwa 21 km vom Zielpunkt verschoben und man fand die Abweichung zu groß und verschob mit diesem kurzen Manöver den Zielpunkt um diese 21 km. Dazu mussten die Triebwerke nur 7 s lang gezündet werden, was die Geschwindigkeit nur um 0,01 m/s veränderte. Es war das letzte geplante TCM. Nur wenn eine gravierende Abweichung festgestellt wird, würde man in den letzten 48 s den Kurs nochmals ändern. Doch dem war nicht so und so wurde am 3.8 das letzte, optionale, TCM abgesagt.

Manöver	Datum	Geschwindigkeitsänderung	Kursänderung
TCM-1	12.1.2012	7,5 m/s	40.000 km
TCM-2	26.3.2012	1 m/s	5000 km
TCM-3	27.6.2012	0,05 m/s	200 km
TCM-4	29.7.2012	0,01 m/s	21 km

Die Landung

Die Mission wurde von der NASA, als die wichtigste der letzten Jahrzehnte angepriesen, zumindest ist sie die teuerste seit dem Start von Cassini 1997, und so war die Spannung groß, ob die Landung klappen würde und ob sich die Innovationen wie Skycrane und Schwerpunktverlagerung bewähren würden. Eine Landung auf einem anderen Himmelskörper ist immer riskant, auch wenn es davon schon einige gab und immer steigt der Puls bei den Verantwortlichen, aber auch Raumfahrtfans an. Erschwerend kommt dazu, dass man nichts tu kann – die Signallaufzeit zur Erde ist schon länger als die gesamte Landung dauert. Ein Kommando, dass diese Strecke zweimal zurücklegen muss, würde zu spät kommen. Daher ist auch nicht vorgesehen, dass man alle Daten life bekommt (die Orbiter arbeiten nach dem „Store and Forward Prinzip", speichern also alle Daten erst ab, drehen dann die Sendeantenne zur Erde und senden sie erst danach zur Bodenkontrolle. Bei der Landung beträgt die Verzögerung nur einige Minuten, doch im Routinebetrieb kann es deutlich länger sein, bis eine Kommunikationssitzung vorgesehen ist, bei der die Daten mit anderen zusammen übertragen werden.

Abbildung 76: Das MSL beim Fallschirmabstieg, 3 km über der Marsoberfläche, fotografiert vom MRO

198

Das JPL dramatisierte das Ereignis natürlich dem Anlass entsprechend und sprach von den „Seven Minutes of Terror", dem Terror, das man nichts tun kann, aber die Statusmeldungen empfängt. Da alles schon vor 14 Minuten passierte, ist dies natürlich eine Nervenprobe. Aber bemühen wir die Geschichte: Von den acht US-Landungen scheiterte nur eine und diese aufgrund eines vermeidbaren technischen Fehlers. Anders als der verlorene Mars Polar Lander wird aber Curiosity durch drei Orbiter verfolgt und Aufnahmen angefertigt und seine Systeme wurden ausgiebig vor dem Start getestet.

Doch alles kappte wie am Schnürchen. Eine MRO-Aufnahme gelang wie bei Phoenix. Sie zeigt die Raumsonde an ihrem 16 m großen Fallschirm. Als sie angefertigt wurde, befand sich der Orbiter 340 km von Curiosity entfernt, trotzdem erlaubt seine hochauflösende Kamera mit einer Auflösung von 33,5 cm/Pixel.

Das Curiosity erfolgreich gelandet ist, meldete Odyssey. Es gelang auch noch Miniaturaufnahmen der Hazardkameras von 64 x 64 Pixel Größe zu übertragen, womit klar war, dass der Rover unbeschädigt landete. Beim nächsten Überflug folgten dann größere Aufnahmen der Hazardkameras von 512 x 512 Pixel Größe. Sie zeigt noch wenig der Umgebung, doch scheint der Boden mit Sand bedeckt zu sein, ohne größere Felsen. Das verwundert nicht, denn wie schon erläutert hat die Sicherheit absolute Priorität und man hat daher ein sehr „langweiliges", aber sicheres Gebiet ausgesucht. Die ESA lieferte auch ein Datenpaket an das JPL. Mars Express konnte die Sonde weitaus länger verfolgen als die beiden US-Orbiter. Aus den Daten kann man Parameter der Atmosphäre ableiten.

Nach der offiziellen Timeline sollte Curiosity um 7:31:37 MESZ (Empfangszeit des Signals auf der Erde) landen. Nach der Landung wurde von der NASA 7:32 angegeben, also mindestens 23 s später. In Wirklichkeit passierte alles 13 Min 48 s früher, denn so lange braucht das Funksignal vom Mars zur Erde. Zwei Tage später wurden die genauen Zeitpunkte veröffentlicht:

Ereignis	Planung (MESZ, Empfangszeit auf der Erde)	Real
Abtrennung Cruise Stage:	7:14:34	
Atmosphäreneintritt (h=133 km):	7:24:34	7:24:33,8
Entfalten des Fallschirms:	7:28:46	7:28:53,0
Abtrennung Hitzeschutzschild:	7:29:07	7:29:12,7

Ereignis	Planung (MESZ, Empfangszeit auf der Erde)	Real
Abtrennung Backshell:	7:30:40	
Abtrennung Curiosity:	7:31:37	7:31:26,7
Landung:	7:31:37	7:31:45,4

Die Landung erfolgte sehr weich. Der Rover setzte mit einer Geschwindigkeit von 0,.674 m/s vertikal und 0,044 m/s horizontal auf. Das entspricht auf der Erde einem Fall aus 23 cm Höhe. Über 140,9 kg Treibstoff verblieben in der Cruise Stage. Alle Werte waren deutlich besser als die Vorgaben (mindestens 92 kg Resttreibstoff, Landegeschwindigkeit <0,75 m/s in der Vertikalen und <0,1 m/s in der Horizontalen).

Die Landegenauigkeit war auch ein wichtiger Punkt bei dieser Mission und auch hier wurde ein neuer Rekord aufgestellt. Wichtig war vor allem die Manövrierfähigkeit in der Atmosphäre, denn diesen Eintrittspunkt in die Atmosphäre konnte man schon vorher mit hoher Genauigkeit treffen. Spirit verfehlte ihn z.B. nur um 300 m.

Mission	Abweichung von Zielpunkt
Viking 1 Lander:	28 km
Viking 2 Lander:	25 km
Pathfinder:	7,9 km
Spirit:	9,8 km
Opportunity:	24,4 km
Phoenix:	19,8 km
Curiosity:	2,4 km

Einen Tag nach der Landung überflog MRO das Landegebiet und machte eine Aufnahme um den genauen Landeort zu bestimmen. Curiosity sitzt inmitten eines dunklen Gebiets, das ist das Resultat der Triebwerke, die auf die Oberfläche trafen und feinen Staub wegbliesen. Man sieht dies in kleinem Maße auch bei der Abstiegsstufe, die nordwestlich vom Lander niederging. Dank des verbliebenen Resttreibstoffs flog sie deutlich weiter und stürzte in 650 m Entfernung auf den Boden.

Südwestlich befinden sich in 615 m Entfernung der Fallschirm und die Backshell. Beide bleiben miteinander verbunden, sodass der Fallschirm noch an den Leinen hängt und 50 m

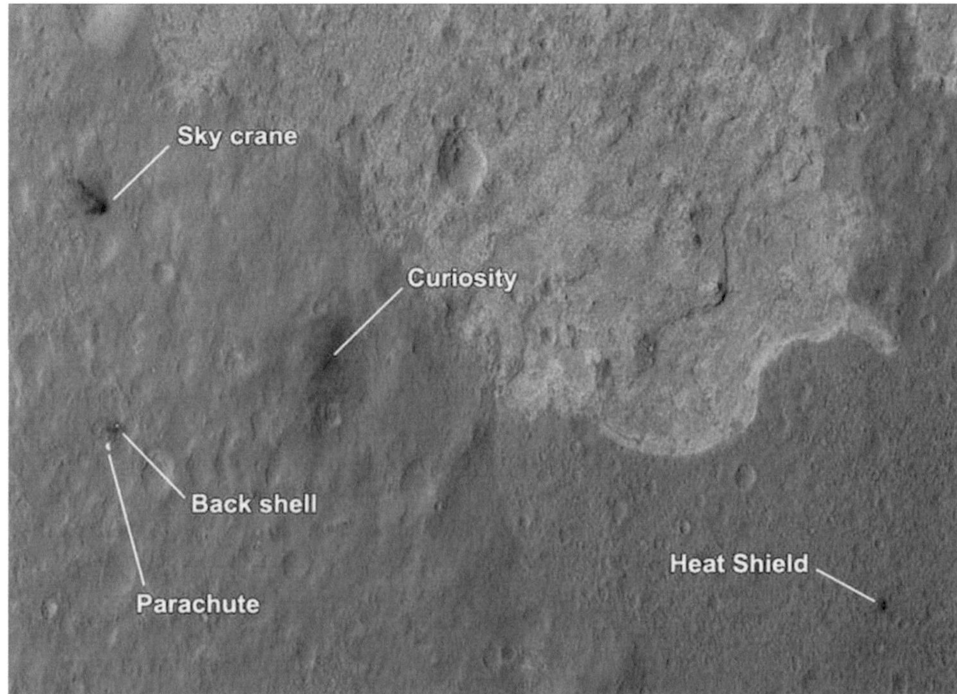

Abbildung 77: Bild des MRO vom 7.8.2012 aus 300 km Entfernung schräg unter einem Winkel von 41 Grad aufgenommen. Bilauflösung: 39 cm/Pixel.

weiter westlich ist. Der Hitzeschutzschild ging 1.500 m rechts des Rovers nieder. Zum Zeitpunkt der Aufnahme war MRO nicht in idealer Position, durch die Rotation des Planeten schaute er schräg auf die Szene, wofür man eigens Sicherheitsregeln in den Programmen deaktivieren müsste, die dies normalerweise verhindern. Zukünftige Aufnahmen werden noch besser sein und eventuell wird Curiosity, wie seine Vorgänger, auch die Reste seiner Ausrüstung selbst inspizieren.

Anders als bei den beiden vorherigen Missionen funktionierte auch die Abstiegskamera MARDI einwandfrei und am nächsten Tag wurden Thumbnails in Vorschaugröße veröffentlicht, die das Landgebiet und die Abtrennung des Hitzeschutzschildes zeigen. Alle 1504 Aufnahmen wurden dann nach und nach in voller Auflösung heruntergeladen und Ein Video daraus erstellt. Es zeigt zuerst Curiosity über der Grenze zu einem dunklen, gefleckten Gebiet schwebend (unten rechts auf der Kontextaufnahme auf S.193), dann gerät es außer

Sichtweise. In den letzten Sekunden sind auch die Jets der Triebwerke, oder aufgewirbelter Staub rund um den Rover zu erkennen.

Am 8.8.2012, Sol 2 wurde die HGA in ihre endgültige Position gebracht, MAHLI aktiviert und eine erste Aufnahme aufgenommen. Die schon beim Abstieg abgeworfenen Ausgleichsgewichte wurden auf MRO Aufnahmen, 12 km vom Landeort entfernt, ausgemacht..

Am Sol 3 wurde der Mast ausgefahren, eine neue Software an den Rover überspielt und das erste Farbpanorama des Landeortes angefertigt. Es bestand noch aus zahllosen kleinen Thumbnails der Navcams, die zusammengestellt wurden, da die großen Bilder erst nach dem Softwareupdate zur Erde übertragen werden. Doch es zeigt schon einiges. Curiosity landete in einem sehr glatten Gebiet, wie auch die letzten drei Lander. Das ist aus Sicherheitsaspekten gewünscht. Doch Aeolis Mons, der Berg am Horizont soll erreichbar sein, zumindest die vorderen Ausläufer. Weitere Auswertungen zeigten, dass die Steuerung der Triebwerke den Rover nur 200 m von dem Punkt entfernt absetzte, den die Software auf Basis der MARDI-Aufnahmen ermittelte. Die Auswirkung der Triebwerke ist deutlich sichtbar, neben dem Lander sind helle Zonen zu sehen, in denen Material von den Strahlen weggeblasen wurde.

Da nun die Position von Curiosity genau bekannt ist, begann das Team nun auch die Fahrt genau zu planen. Vor der Landung wurde ein 390 km² großes Gebiet um die Landezone genau untersucht und die Daten aus verschiedensten Quellen zusammengetragen wie Höhenprofile, Aufnahmen von Kameras aber auch Daten von Spektrometern über die chemische Zusammensetzung, dazu kommen Temperaturmessungen und Daten über die Wärmekapazität des Bodens. Damit konnte man abschätzen. wo nicht nur eine Fahrt sehr sicher ist, sondern auch wo es wissenschaftlich interessante Dinge gibt. Diese Zone wurde in 151 Kacheln von je 2,6 km² Größe unterteilt. Da nun bekannt ist in welcher Zone Curiosity genannt wurde (sie wurde „Yellowknife" getauft) kann nun die Planung der Route zu Aeolis Mons beginnen. Der Berg wurde (wegen des im englischen schwer aussprechbaren Namen) vom Team auch „Mount Sharp" getauft. Ziel ist eine Route, auf der man auf dem Weg dorthin schon viele interessante Objekte beobachten kann, die aber auch nicht zu lange ist, schließlich soll der rund 10 km entfernte, 5.500 m hohe, Berg auch erreicht werden.

Zwischen Sol 4 und Sol 7 wurde die neue Flugsoftware zum Rover übertragen. Die bisherige war ausgelegt für die Reise zum Mars und vor allem die Landung. Viele Routinen werden nun nicht mehr gebraucht und so bekommt der Bordcomputer eine komplett neue Version, die nur für die Oberflächenoperationen ausgelegt ist. Dieses Softwareupdate ist so groß, dass es nicht auf einmal installiert werden kann, daher wurden dafür mehrere Tage angesetzt. Parallel laufen die Überprüfungen der Instrumente, die eigene Computer haben. Neue Daten gab es daher in dieser Zeit keine. Währenddessen beglückwünschte Präsident Obama das JPL zu der geglückten Landung.

Soweit der Stand am 17.8.2012. Das erste Ziel wird Glenelg sein, eine Stelle wo man drei Typen von Terrain findet, 400 m vom Rover entfernt. Dort soll die erste Bodenprobe entnommen werden.

Abbildung 78: 360 Grad Panorama, linker Teil

Abbildung 79: 360 Grad Panorama, mittlerer und rechter Teil

Links

MSL Homepage – zentrale Anlaufstelle zum Projekt
http://mars.jpl.nasa.gov/msl/

MSL Science Corner
http://msl-scicorner.jpl.nasa.gov/

Malin Space Science – MSL (Beschreibung der Kameras)
http://www.msss.com/all_projects/msl-mastcam.php

The Mars Science Laboratory (MSL) Radiation Assessment Detector (RAD)
http://sidc.be/esww3/presentations/Session7/Wimmer.pdf

The Mars Science Laboratory (MSL) Mast-mounted cameras (Mastcams) flight instruments
http://www.lpi.usra.edu/meetings/lpsc2010/pdf/1123.pdf

The Mast Cameras and Mars Descent Imager (MARDI) for the 2009 Mars Science Laboratory
http://www.lpi.usra.edu/meetings/lpsc2005/pdf/1214.pdf

The Chemcam Instrument for the 2011 Mars Science Laboratory Mission: System Requirements and Performance
http://www.planetaryprobe.org/SessionFiles/Session5/Presentations/8_Perez_ChemCam.pdf

The Alpha-Particle-X-ray-Spectrometer (APXS) for the Mars Science Laboratory (MSL) Rover Mission.
http://www.lpi.usra.edu/meetings/lpsc2009/pdf/2364.pdf

The MSL SkyCrane Landing Architecture
http://www.planetaryprobe.eu/IPPW7/proceedings/IPPW7%20Proceedings/Presentations/Session5/pr478.pdf

Second Generation Mars Landing Missions
http://www.ctrs-new.jpl.nasa.gov/dspace/bitstream/2014/16401/1/00-2420.pdf

Mars Rovers past and future
http://hdl.handle.net/2014/40163

NASA's Management of the Mars Science Laboratory Project
http://oig.nasa.gov/audits/reports/FY11/IG-11-019.pdf

Mars rover camera project manager explains 2MP camera choice
http://www.dpreview.com/news/2012/08/08/Curiosity-interview-with-Malin-Space-Science-Systems-Mike-Ravine

Mars Science Laboratory Telecommunications Design
http://descanso.jpl.nasa.gov/DPSummary/Descanso14_MSL_Telecom.pdf

MSL Landing Site Selection – Engineering constrains
http://marsoweb.nas.nasa.gov/landingsites/msl/memoranda/MSL_Eng_User_Guide_v3.pdf

Evolution of the MSL Aeroshell
http://smartech.gatech.edu/jspui/bitstream/1853/26356/1/129-171-1-PB.pdf

Lockheed Martin: The Centaur Upper Stage Vehicle
http://ulalaunch.com/site/docs/publications/TheCentaurUpperStageVehicleHistory.pdf

ILS: Atlas Launch System Missions Planners Guide
http://www.scribd.com/doc/16924557/Lockheed-Atlas-V-Mission-Planners-Guide

Skyweek 2.0: Deutschsprachiger Blog mit News zu Raumfahrt und Astronomie, es lohnt sich, den Links dort zu folgen:
http://skyweek.wordpress.com/

Raumfahrer.net: Website mit den Nachrichten in deutscher Sprache und aktivem Forum, wo man Fragen zu Curiosity stellen kann.
http://www.raumfahrer.net/raumfahrt/curiosity/home.shtml

Phobos Grunt

Phobos Grunt (Фобос-грунт) ist seit Mars 96 die neueste russische Raumsonde. Sie ist auch die erste Sonde Russlands, alle vorhergehenden Missionen wurden noch zu Sowjetzeiten durchgeführt oder geplant. Übersetzt lautet der Name „Phobos-Boden" oder „Phobos-Erde" (im Sinne von „Erde" als Material wie Sand oder Gestein; nach dem Verlust der Sonde interpretierten einige Zyniker die Bezeichnung auch als „Phobos-Dreck"). Sie hätte auch ein Symbol für ein neues „goldenes" Zeitalter der russischen Raumfahrt sein sollen. Nach dem Zusammenbruch der Sowjetunion hatte ein Niedergang begonnen, der bis vor wenigen Jahren anhielt. Russland hatte Probleme, seine Raumstation Mir weiter zu finanzieren, startete keine wissenschaftlichen Satelliten oder Raumsonden mehr, sondern nur noch Anwendungssatelliten oder militärische Raumflugkörper. Selbst die prestigeträchtige Beteiligung an der ISS wurde gekürzt.

Praktisch alle Pläne für neue Projekte, die es in den letzten Jahren gab, blieben „Papiertiger". Weder wurde der Raumgleiter Kliper gebaut, noch Baikonur durch einen geografisch günstigeren Startplatz ersetzt (auch um die fürstliche Pacht einzusparen, die an Kasachstan zu zahlen ist). Die Angara Trägerrakete, welche die alten Modelle ersetzen soll, wird seit über zehn Jahren entwickelt, der Jungfernflug ist immer noch nicht erfolgt.

In den letzten Jahren hat sich die Situation aber verbessert. Grund dürften vor allem die rapide gestiegenen Rohstoffpreise auf dem Weltmarkt sein. Russland verfügt über viele Rohstoffe. Gas, Erdöl, Kupfer, Nickel und andere Metalle bringen nun enorme Gewinne, von denen auch die Staatskasse profitiert. Die Förderung der Rohstoffe wurde stark ausgebaut, weil durch die höheren Preise der Abbau vieler bekannter Lagerstätten nun lukrativ geworden ist.

Die Langzeitplanung der russischen Raumfahrtagentur Roskosmos weist für die nächsten 10 Jahre ein stark ansteigendes Budget aus. 2011 starteten erstmals seit zehn Jahren zwei neue wissenschaftliche Satelliten. Bei internationalen Kongressen werden Raumsonden vorgestellt, die praktisch das ganze Sonnensystem von Merkur bis Jupiter erforschen sollen, dazu kommen astrophysikalische Satelliten und andere Forschungsmissionen. Auch das Thema Weltraumbahnhof wird nun erneut angegangen und seit 2011 wird an dem neuen Kosmodrom Wostotschny an der Grenze zu China gebaut. Phobos Grunt hätte also der Beginn einer neuen Ära sein sollen – leider wurde er es nicht.

Was sich leider nicht geändert, ja sogar verschlechtert hat, ist die Informationspolitik der offiziellen Stellen. Gab es zu Mars 96 noch eine englischsprachige Seite des IKI, so gibt es

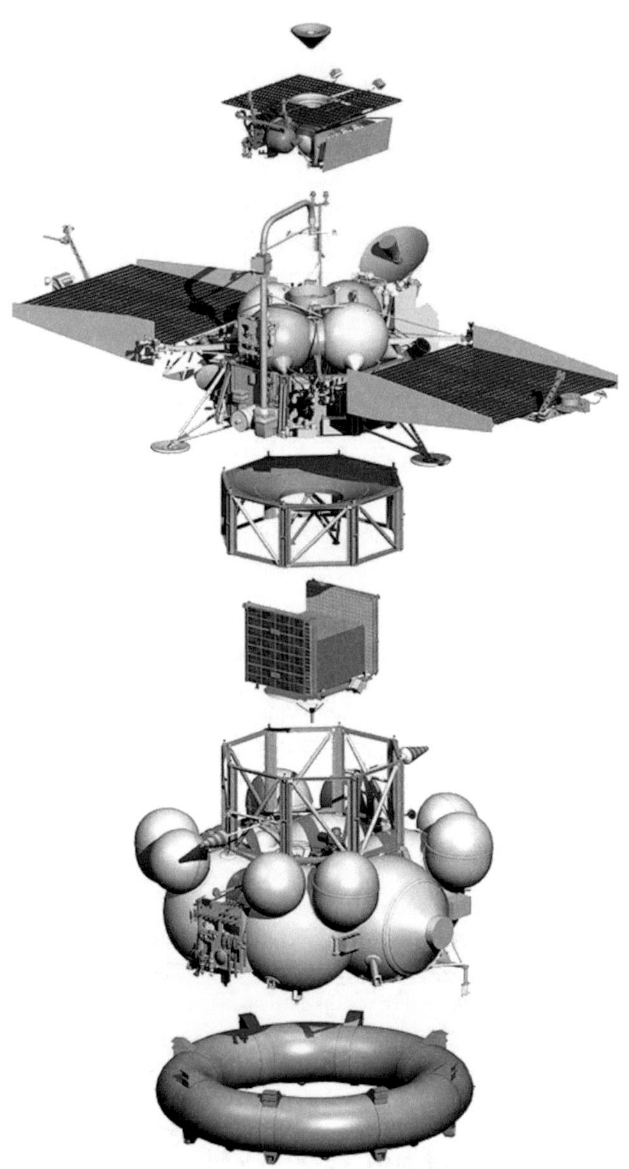

Abbildung 80: Aufbau von Phobos Grunt © des Bildes: Lawotschkin

für Phobos Grunt keine eigene offizielle Website. So war es sehr mühsam, die Informationen zu der Raumsonde aus verschiedenen Quellen zusammenzusuchen. Es gab noch die meisten Beschreibungen zu Instrumenten, jedoch sind diese technischer Natur, wodurch die entsprechenden Kapitel erheblich knapper sind. Über die Raumsonde selbst, ihre Entwicklung, aber auch was nach dem Start passierte, wurde nur sehr wenig veröffentlicht.

Dabei sind die vorliegenden Daten nicht nur bruchstückhaft, sondern oft auch widersprüchlich. Wo ich offensichtliche Widersprüche nicht auflösen konnte, habe ich dies im Text und den Tabellen kenntlich gemacht. Für weitere Informationen verweise ich noch mehr als beim MSL auf die Links zu Onlinequellen.

Das Ziel: Marsmond Phobos

Der Mars hat zwei Monde, genannt Deimos und Phobos. Die Namen sind der griechischen Mythologie entnommen. Der Mars hat seine Bezeichnung nach dem römischen Gott Mars, der das Pendant des griechischen Kriegsgottes Ares ist. Wahrscheinlich ist die deutlich erkennbare rötliche Färbung des Planeten die Ursache dieser Assoziation. Ares fuhr in der griechischen Sagenwelt mit einem Streitwagen, der von zwei Hunden, genannt Phobos (Furcht) und Deimos (Schrecken), gezogen wurde. Die literarische Vorlage lieferte 1726 der Roman „Gullivers Reisen", in dem von zwei Marsmonden mit diesen Namen die Rede war, lange bevor sie entdeckt wurden. In dem Roman wurden zwei Monde postuliert, weil zu diesem Zeitpunkt vier Jupitermonde bekannt waren. Da die Erde einen Mond hat, wurde angenommen, der Mars müsste zwei Begleiter haben, um die geometrische Reihe zu vollenden (1, 2, 4, 8, 16 ....).

Entdeckt wurden beide Monde erst 1877 von Asaph Hall. Sie waren die letzten Monde, die man noch durch visuelle Beobachtung entdeckte, alle folgenden wurden auf Fotografien gefunden. Der Grund für ihre späte Entdeckung ist, dass beide Monde den Mars in sehr geringem Abstand umkreisen und sehr klein sind. Phobos ist nicht einmal 30 km groß. Er zieht weniger als 6.000 km über der Oberfläche des Mars seine Kreise. Deimos ist noch kleiner und rund 20.000 km von der Oberfläche entfernt. Sie sind optisch kaum zu erkennen, weil das Auge sich auf den viel helleren Mars einstellt und er sie überstrahlt.

Lange Zeit war die Umlaufbahn das Einzige, was man über die Monde wusste. Sie waren zu klein, um ihre Größe genau bestimmen zu können, geschweige denn irgendwelche Oberflächendetails zu erkennen. Vor dem Raumfahrtzeitalter schätzte man den Durchmesser von Phobos auf 16 km. Derartige Schätzungen beruhen auf Lichtmessungen. Das ist das Einzige, was bei einem so kleinen Objekt möglich ist, um die Größe indirekt über die Helligkeit zu bestimmen. Dabei berechnet man, welche Größe ein Körper aus Gestein haben müsste, wenn er an der Position von Phobos wäre und dessen Helligkeit besitzt. Die Unsicherheit ist dabei die Reflexionsfähigkeit des Gesteins. So ist irdisches Vulkangestein recht schwarz. Granit, aus dem zahlreiche Berge bestehen, ist grau und heller. Noch heller sind Wüsten aus Sand. Phobos konnte also größer sein (geringere Reflexionsfähigkeit) oder kleiner (höhere Reflexionsfähigkeit).

Bekannt war dagegen die Umlaufbahn. Phobos umrundet den Mars knapp 6.000 km über der Oberfläche. Die Umlaufbahn ist nur gering zum Äquator geneigt.

Phobos ist der planetennächste Mond im Sonnensystem und der mit der kürzesten bekannten Umlaufszeit. Diese ist kürzer als ein Marstag, was einige seltsame Phänomene zur Folge hat. So vergehen zwischen zwei Mondaufgängen 11 Stunden und 6 Minuten. Zwischen Mondaufgang und -untergang dagegen nur 4 Stunden und 18 Minuten. Phobos wird dabei deutlich größer, weil er im Zenit die geringste Distanz erreicht. Durch die Nähe zum Mars ist er auch nur in geografischen Breiten von weniger als 69 Grad sichtbar. Innerhalb dieser Zeit vollführt er alle Phasenwechsel. Was bei unserem Mond einen Monat dauert, geschieht auf dem Mars in wenigen Stunden.

Schon vor Beginn des Raumfahrtzeitalters war bekannt, dass sich die Umlaufdauer des Trabanten laufend verringert. Phobos wird immer schneller, was bedeutet, dass er sich dem Mars nähert. Die Ursache liegt im ungleichmäßigen Mars-Gravitationsfeld und den Gezeitenkräften. Phobos könnte in einer fernen Zukunft auf den Mars stürzen. Er wird allerdings schon weit früher die Roche-Grenze erreichen. Dieser Punkt ist definiert als der kürzeste Abstand zum Planetenmittelpunkt, bei dem die Gezeitenkräfte einen großen Himmelskörper zerreißen. Sie sind dann größer als die molekularen Kräfte, die das Gestein zusammenhalten. Phobos befindet sich nur 1.100 km von der Roche-Grenze entfernt.

Abbildung 81: Eine Sonnenfinsternis auf dem Mars, aufgenommen von Opportunity, 2004

Auch die hohe Exzentrizität für diese so planetennahe Umlaufbahn ist ein Effekt der Gezeitenkräfte. Normalerweise sollte ein so naher Himmelskörper eine nahezu kreisförmige Umlaufbahn haben. So liegen zwischen dem planetenfernsten und planetennächsten Punkt beim zweiten Marsmond Deimos nur 16 km, bei Phobos dagegen 276 km. Die Gezeitenkräfte ziehen Phobos unregelmäßig an, er wird dadurch schneller, und der marsnächste Punkt der Umlaufbahn verschiebt sich zur Oberfläche des Mars.

Wie beim Mars gab diese Tatsache früher Raum zu

210

Spekulationen über die Natur von Phobos und einer Zivilisation auf dem Mars. So wurde in Zeiten der Marshysterie, anfangs des letzten Jahrhunderts, angenommen, Phobos wäre kein natürlicher Satellit, sondern eine Raumstation der Marsianer. Durch ihre Kurskorrekturen wären die Bahnveränderungen leicht zu erklären. Andere meinten, er wäre zwar ein Asteroid, aber innen hohl. Die Marsianer hätten den Asteroiden eingefangen und die Metalle ausgebeutet. Später meinte man, Phobos wäre mit Staub bedeckt und würde beim Durchlaufen der Umlaufbahn mit seinem eigenen Staub zusammenstoßen und abgebremst werden. Dies war immerhin die erste Theorie, die versuchte, die Abbremsung physikalisch zu erklären.

Obwohl Phobos so nahe dem Mars ist, ist er zu klein, um die Sonne bei einer Sonnenfinsternis völlig zu bedecken. Maximal die Hälfte der Sonnenscheibe wird vom Mond abgedeckt.

Bahndaten Phobos	
Mittlere Halbachse:	9.378 km (im Mittel 5.982 km von der Oberfläche)
Periapsis:	9.236 km
Apoapsis:	9.510 km
Exzentrizität:	0,0151
Umlaufsdauer:	0,3189 Tage = 7 Stunden 39 Minuten
Bahnneigung:	1,08 Grad
Mittlere Geschwindigkeit:	2.139 m/s
Maximale Größe von der Oberfläche aus:	910 Bogensekunden = 0.25 Grad

Mehr über den Mond erfuhr man erst mit dem Beginn des Raumfahrtzeitalters. 1969 war auf einem der Fotos von Mariner 7 der Schatten von Phobos erkennbar. Obgleich dieser nur 7 Pixel lang war, konnte man die irreguläre (nicht runde) Form erkennen und die Größe mit 17 × 23 km abschätzen.

Zwei Jahre später schwenkte die US-Raumsonde Mariner 9 in eine Umlaufbahn um den Mars ein. Diese war allerdings stark gegen den Äquator geneigt. Mariner 9 konnte Phobos daher nur aus der Ferne erkunden. Immerhin konnte man auf den Aufnahmen die Form beider Satelliten nun genau feststellen und auf Phobos Details von bis zu 200 m Größe ausmachen. Mariner 9 stellte auch fest, dass beide Monde synchron rotieren. Das heißt, die

Abbildung 82: Die drei besten Mariner 9 Aufnahmen von Phobos (vom Autor kontrastverstärkt und nachgeschärft)

Rotationsdauer um die eigene Achse und die Dauer des Umlaufs um den Mars sind genau gleich lang. Als Folge wenden sie dem Planeten immer dieselbe Seite zu. Dies ist ein Effekt der Gezeitenkräfte, welche die Rotation abbremsen, da sie auf der einen Seite des Mondes stärker als auf der anderen sind. Dies ist jedoch keine Ausnahme, sondern bei vielen Monden so. Fast alle Monde im Sonnensystem rotieren gebunden, auch unser Erdmond. Die Rückseite des Mondes wurde der Menschheit erst bekannt, als Raumsonden sie erstmals fotografierten.

Die Viking Missionen brachten dann die für die nächsten zwanzig Jahre besten Aufnahmen beider Monde und weitere Erkenntnisse über ihren inneren Aufbau. Im Februar 1977 flog Viking Orbiter 1 nach einer Kurskorrektur innerhalb von wenigen Tagen zwanzigmal an Phobos vorbei. Dabei betrug die Entfernung bei zehn Vorbeiflügen weniger als 200 km. Die größte Annäherung lag bei nur 80 km. Dabei entstanden sehr gute Aufnahmen der Oberfläche, die eine Fülle von Details zeigten. Im Oktober folgten weitere Fotos von Deimos, die zeigten, dass beide Monde auch deutliche Unterschiede aufweisen. So ist Deimos Oberfläche glatter und stellenweise sehr stark mit Staub und Geröll bedeckt. Dies war damals eine Überraschung, da ein so kleiner Himmelskörper eigentlich Material, das bei einem Einschlag eines Meteoriten ausgeworfen wird, nicht halten kann. Die Fluchtgeschwindigkeit beider Monde ist kleiner als die eines Fußballs beim Schuss aufs Tor.

Phobos erwies sich dagegen als viel stärker verkratert. Der größte Krater wurde nach Halls Frau „Stickney" getauft. Mit 10 km Durchmesser ist er an der Grenze dessen, was der Mond überstehen konnte, ohne auseinanderzubrechen. Insgesamt waren die Krater auf Phobos häufiger als auf Deimos. Sie waren scharfkantiger, und es gab mehr Krater, die ältere Krater überdeckten und zahlreiche Sekundärkrater. Wahrscheinlich entstanden Letztere, indem das

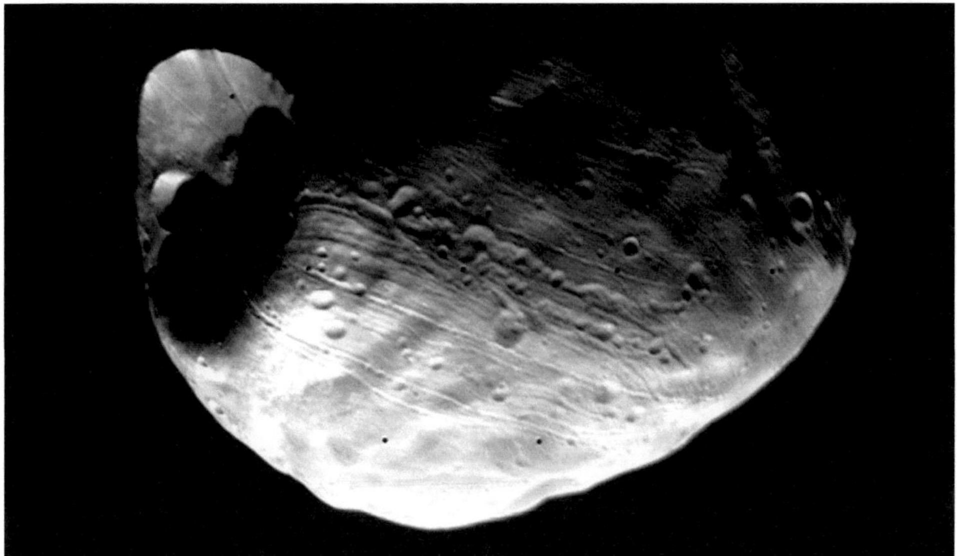

Abbildung 83: Viking Orbiter Aufnahme von Phobos. Gut sichtbar: die Bruchlinien.

Auswurfmaterial auf der Bahn von Phobos verblieb und später wieder mit ihm zusammenstieß. Charakteristisch für Phobos sind auch ausgedehnte Rillen und Gräben an der Oberfläche, Indizien für Brüche. Die nahen Vorbeiflüge erlaubten auch eine Abschätzung über die Masse beider Monde. Unter Berücksichtigung des Fehlers durch die unregelmäßige Form war so eine Bestimmung der mittleren Dichte möglich. Man erhielt bei Phobos eine Dichte von 2.0 g/cm³. Das ist für Gestein recht wenig. Basalt, als ein leichtes irdisches Gestein, hat eine Dichte von 2,9 g/cm³. Viele andere Gesteine haben eine noch höhere Dichte.

Über die Ursachen dieser Phänomene wird seit dreißig Jahren diskutiert. Einen großen Sprung für die Phobosforschung sollte das gleichnamige Sondenpaar bringen, das als Letztes der Sowjetunion 1988 gestartet wurde. Phobos 2 erreichte auch den Mars und schwenkte in eine Umlaufbahn, in der sie sich langsam Phobos näherte. Bei ihm angekommen, sollte sie ihn in geringer Distanz von 30 bis 80 m passieren. Während 15 bis 20 Minuten würden die Fernerkundungsinstrumente den Mond untersuchen. Ein Laser sollte Material verdampfen, dass dann durch Massenspektrometer bestimmt werden sollte. Zwei Landesonden sollte Phobos 2 absetzen. Einen stationären Lander, der sich mit einem Haken in die Oberfläche bohren sollte und einen Springer. Dieser sollte einige Hüpfer über die Oberfläche machen und dabei ihre physikalischen Eigenschaften bestimmen. Der stationäre Lander würde

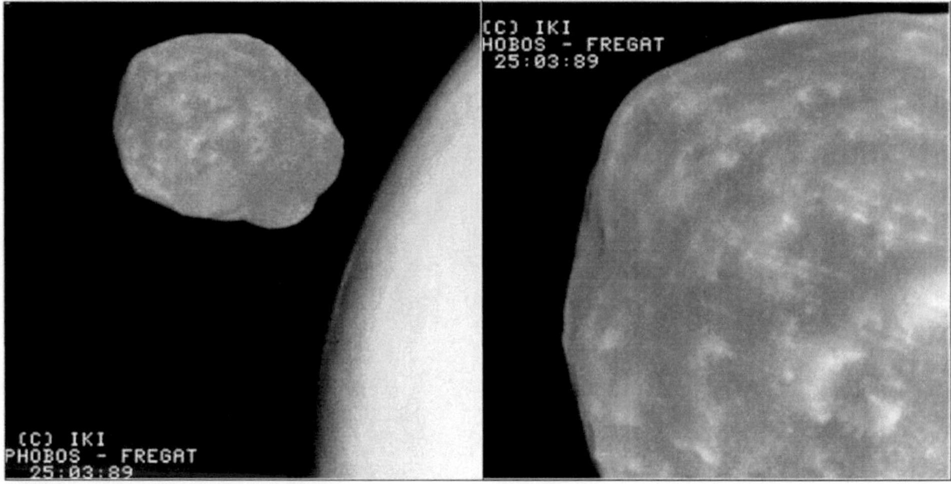

Abbildung 84: Aufnahmen von Phobos 2

weitere Untersuchungen durchführen, Fernsehaufnahmen anfertigen, und als festes Funk-feuer genauere Daten über die Umlaufbahn und Rotation von Phobos liefern.

Als sich die Raumsonde am 27.3.1989 bis auf 200 km an den Marsmond genähert hatte und sich für eine Aufnahmeserie drehte, verstummte sie für immer. Sie drehte sich nicht zurück zur Erde. Die genaue Ursache konnte nie bestimmt werden, als wahrscheinlich gilt ein Ver-sagen des Computers, der sich schon bei der Schwestersonde Phobos 1 als anfällig ent-puppte. Immerhin konnte Phobos 2 die Dichte des Mondes genauer ermitteln (1,95 g/cm³).

Seitdem gab es keine dedizierte Sonde mehr zu Phobos oder Deimos, es gab nur Unter-suchungen durch die vorhandenen Orbiter in der Marsumlaufbahn. Der Mars Global Surveyor konnte eine sehr gute Aufnahme anfertigen, als er im Aerobrakingorbit war. Während dieser sechs Monate befand er sich auf einer elliptischen Umlaufbahn, die ihn auch an Phobos heranführte. Die beiden folgenden US-Sonden näherten sich nicht dem Mond, als sie in dieser Übergangsbahn waren. Der aktuelle amerikanische Orbiter MRO untersuchte ihn aus seiner Beobachtungsbahn, die jedoch 5.700 km unterhalb der Umlauf-bahn von Phobos liegt. Dank des hochauflösenden Kamerasystems HiRISE war trotz dieser hohen Entfernung ein hochauflösendes Bild der marszugewandten Seite von Phobos mög-lich. Der einzige künstliche Satellit, der die Umlaufbahn von Phobos regelmäßig kreuzt, ist Mars Express. Dreimal kam er während einiger Tage dem Mond sehr nahe, die beiden letzten Male durch gezielte Bahnänderungen, um Daten für die Phobos Grunt Mission zu

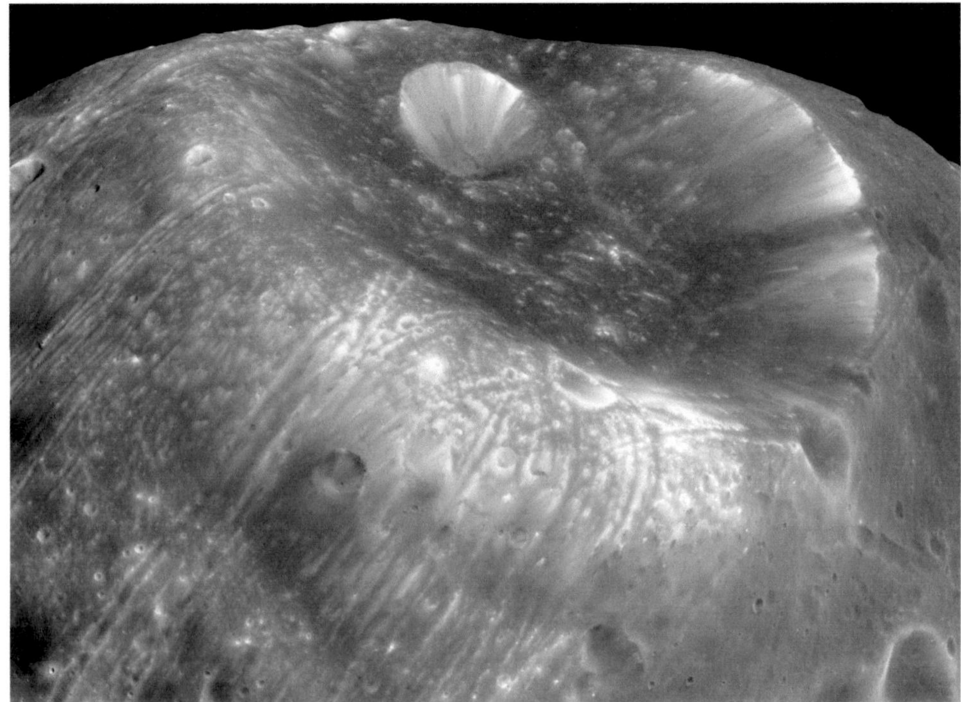

Abbildung 85: Detailaufnahme des Kraters Stickney, aufgenommen von der hochauflösenden Kamera des MRO

liefern. Neben hochauflösenden Aufnahmen von Phobos wurden Spektren des Oberflächenmaterials gewonnen, und das Radar schaute unter die Oberfläche. Die nahe Distanz ließ eine genauere Bestimmung der Masse von Phobos zu, die weiter nach unten korrigiert wurde.

Die Vorbeiflüge von Mars Express lieferten die bisher besten Aufnahmen und die genauesten Daten über den Mond. Sie waren auch Bestandteil der Kooperation der ESA mit dem russischen Institut IKI, welches die wissenschaftliche Leitung von Phobos Grunt hat. So wurde die Bahn und Position des Mondes genauer bestimmt. Mit dem „Super-Resolution Channel" des Kamerasystems gelangen besonders hochauflösende Aufnahmen des geplanten Landeorts der neuesten russischen Raumsonde.

Physikalische Eigenschaften von Phobos	
Abmessungen:	26,4 × 22,4 × 18,4 km
Triaxiales Ellipsoid: (Rotationskörper für Volumen- und Dichtebestimmung)	26,6 × 22,2 × 18,6 km. Mittlere Höhenabweichung: 107 m
Mittlerer Radius:	11,1 km
Oberfläche:	6.100 km²
Volumen:	5.682 km³
Masse:	$1,072 \times 10^{16}$ kg
Dichte:	1,878 g/cm³
Schwerebeschleunigung:	8,4 bis 19 mm/s²
Fluchtgeschwindigkeit:	11,3 m/s²
Rotationsgeschwindigkeit:	11 m/s²
Albedo:	0,07
Temperatur:	233 K (-40°C)

Warum ist nun Phobos so interessant und scheint sich niemand für Deimos zu interessieren? Deimos gilt mit Sicherheit als eingefangener Asteroid. Inzwischen hat man durch weitere Raumsonden schon Aufnahmen anderer Kleinkörper, die typischerweise ihre Kreise zwischen Mars und Jupiter ziehen. Deimos ähnelt ihnen sehr.

Phobos dagegen ist anders. Zum einen ist seine Dichte niedrig. Über die Ursache wird debattiert. So sind einige Forscher der Meinung, er würde sehr viel organisches, leichtes Material beinhalten. Wir kennen von Meteoriten solche Gesteinstypen, die kohligen Chondrite. Sie gelten als urtümliches Material aus der Bildungszeit des Sonnensystems, das noch keine Gelegenheit hatte zu differenzieren (sich in schwere und leichte Bestandteile zu trennen, weil es z.B. schnell abkühlte und verfestigte und später nie wieder erhitzt wurde). Derartige Meteorite sind selten und sehr interessant. Für diese Theorie spricht die bläuliche Farbe einiger Teile der marszugewandten Seite. Die Spektren, die MRO von diesen Teilen anfertigte, ähneln denen dieser Meteoritenklasse. Es gibt sogar Spekulationen, dass er größere Mengen an Wasser enthalten könnte. Auch dies wäre eine Erklärung der niedrigen Dichte. Die Oberfläche ist jedoch wasserfrei.

Abbildung 86: Mars Express Aufnahme von Phobos über dem Mars

Eine weitere Erklärung ist, dass die niedrige Dichte durch Hohlräume zustande kommt. Die eine Gruppe meint, dass der Einschlag von Stickney den Mond zerrüttet hat und es daher im Inneren Hohlräume gibt. Dafür sollen auch die sichtbaren Rillen sprechen. Sie sind eingefrorene Erschütterungswellen. Sie gehen von Stickney aus und sind vor allem auf der gegenüberliegenden Seite zu sehen. Sie sind 200 bis 300 m breit und 20 bis 30 m tief. Andere Forscher gehen noch weiter. Sie gehen davon aus, dass Phobos entweder aus Bruchstücken in der Umlaufbahn entstand oder Stickney den Mond zuerst wirklich sprengte und sich dann die Trümmer wieder zu einem Mond zusammenfügten. Dabei entstanden im Inneren Hohlräume.

Eine andere Forschergemeinde sieht in den Rillen Anzeichen eines sich anbahnenden Zerfall des Mondes. Sie macht dafür aber nicht einen Einschlag verantwortlich, sondern die Gezeitenkräfte, welche immer stärker werden, je mehr sich Phobos dem Mars nähert.

Die Oberfläche ist zudem sehr dunkel. Phobos reflektiert nur 7% des Lichts, das ist in etwa die Albedo der Mondoberfläche. Er ist damit deutlich dunkler als der Mars. (15%) Als Folge erhitzt sich Phobos auch stärker als der Mars. So beträgt die mittlere Temperatur -40°C, bei Mars liegt sie bei -55°C, obwohl er durch den Treibhauseffekt noch etwas erwärmt wird.

Wie erwähnt nähert sich Phobos langsam dem Mars. Er wird entweder auseinanderbrechen, wenn er die Roche-Grenze passiert oder irgendwann auf dem Mars einschlagen. Die Schätzungen, wann dies passiert, schwanken stark, da dies kein linearer, sondern ein sich beschleunigender Vorgang ist. Zudem ist die beobachtete Abnahme der Bahn recht gering (20-50 m pro Jahrhundert) und daher mit hoher Ungenauigkeit behaftet. Der Aufschlag auf dem Mars wird in 11 bis 100 Millionen Jahren erwartet. Das Auseinanderbrechen könnte schon in 7,6 Millionen Jahren passieren. Dann besitzt der Mars wie die Gasplaneten einen Ring.

Ob Phobos wie Deimos ein eingefangener Asteroid ist, wird ebenso diskutiert. Er ist recht nahe beim Mars. Andere eingefangene Monde bei den Gasriesen haben oft sehr elliptische Umlaufbahnen mit höheren Bahnneigungen. Sie sind generell weiter vom Zentralkörper entfernt. Andererseits kann die derzeitige dünne Atmosphäre von Mars ihn nicht abgebremst haben. Die planetennahe Umlaufbahn um den Äquator deutet darauf hin, dass er sich vielleicht aus einem früher vorhandenen Gürtel aus kleinen Körpern gebildet haben könnte.

So ist Phobos ein durchaus interessantes Objekt, sowohl, was seine Zusammensetzung als auch, was seine Entstehung angeht. So verwundert auch nicht, dass Phobos Grunt nun schon die dritte russische Raumsonde zu diesem Mond ist. Auch andere Nationen erarbeiteten Konzepte für Raumsonden zu Phobos, so die ESA und die kanadische Raumfahrtagentur CSA. Umgesetzt wurde aber bisher keines dieser Projekte.

Eine Erforschung durch Astronauten dürfte sehr schwierig sein. Phobos hat dafür zu wenig Masse. So beträgt die Fluchtgeschwindigkeit nur rund 40 km/h. Die Schwerebeschleunigung beträgt weniger als 19 mm/s². Beide Werte sind ungefähr um den Faktor tausend kleiner als die von uns gewohnten auf der Erde. Lässt man auf Phobos aus 1 m Höhe etwas fallen, so dauert es je nach Ort 7 bis 15 Sekunden, bis es mit einer Geschwindigkeit von maximal 0,5 km/s auf dem Boden ankommt. Würde man nur einen Schritt machen, der die Füße (auf der Erde) um 10 cm anhebt, dann wäre das auf Phobos ein Hüpfer von mindestens 74 s Dauer, der über eine Strecke von mehr als 50 m gehen würde.

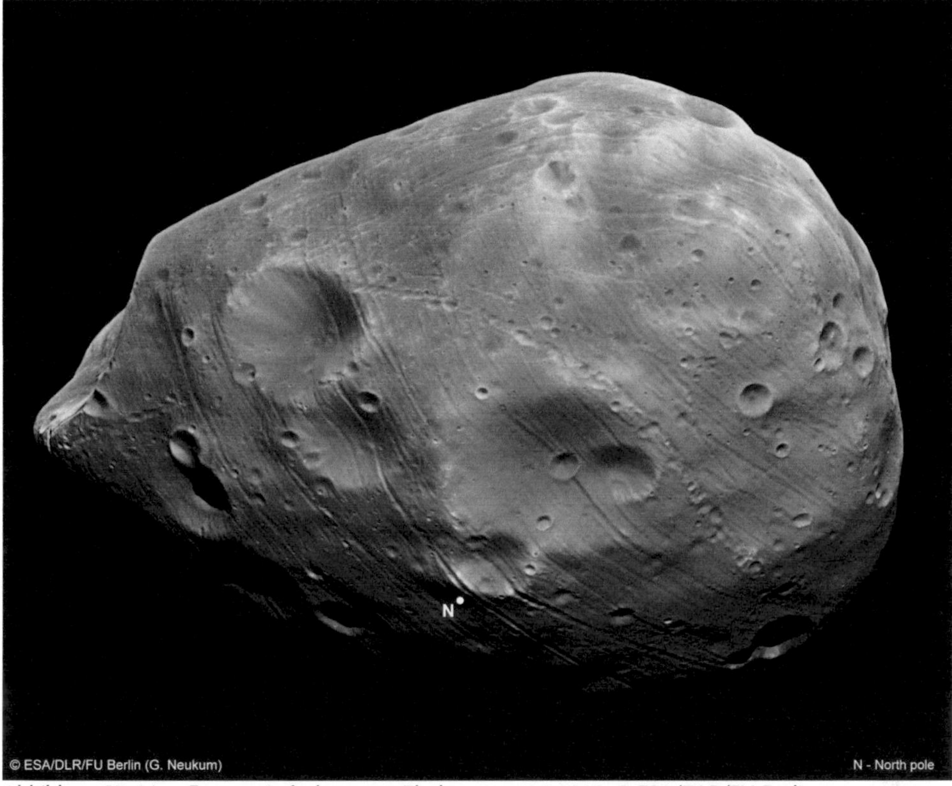

Abbildung 87: Mars Express Aufnahme von Phobos vom 7.3.2010. © ESA/DLR/FU Berlin

Trotzdem gibt es immer wieder Vorschläge, bemannte Missionen zu Phobos zu unternehmen. Der wichtigste Grund ist, dass der Mond relativ leicht erreichbar ist und weitaus weniger Treibstoff benötigt wird, um von Mond wieder zur Erde zurückzukehren. Auch wird weniger Infrastruktur benötigt, die zum Mars befördert werden muss. Auf der anderen Seite ist eine Erkundung des Phobos fast genauso öffentlichkeitswirksam wie eine Landung auf dem Mars. Von ihm aus kann man auch den Mars sehen und hat den Mars praktisch erreicht, nur ist man eben noch nicht auf ihm gelandet.

Projektgeschichte

Schon 1992 gab es erste Pläne für eine Nachfolgemission der gescheiterten Phobos Sonden. Die Projektskizzen zeigen eine große Ähnlichkeit mit der Mars 94/96 Sonde. Der Lander und die Penetratoren wurden durch eine Phobos-Landesonde ersetzt. Wie bei Mars 96 rief das IKI ausländische Wissenschaftler und Raumfahrtagenturen zur Beteiligung auf, doch es gab schon bei Mars 96 Probleme, die Mission zu finanzieren. Geplant für 1992, wurde die Mission schon bald auf 1994 verschoben und in Mars 94 umbenannt. Doch auch zu diesem Startfenster war die Raumsonde nicht fertig. Schließlich bezahlte die ESA ausstehende Löhne von NPO Lawotschkin, sonst wäre die Raumsonde auch 1996 nicht fertig geworden.

Der Verlust der nun Mars 96 genannten, bisher anspruchsvollsten Raumsonde Russlands hinterließ ein Vakuum. Zum Problem der Finanzierung kam nun auch noch, dass niemand eine neue Mission wollte: weder Russlands Führung, noch das Ausland, nachdem die ESA bereits Mars Express plante.

Phobos Grunt wurde seit 1998 als nächste Mission nach Mars 96 geplant, blieb jedoch für Jahre ein Papierprojekt. Nach den damaligen Planungen sollte Phobos Grunt zwischen Dezember 2004 und Juni 2005 auf dem Marsmond landen. Das Projekt wurde im Laufe der Zeit herunterskaliert. So sollte die erste Version noch mit einer Protonrakete starten, die Letzte mit der Sojus Fregat. Mit der preiswerteren Trägerrakete sollte die Chance für eine Verwirklichung steigen. Trotzdem wurde das Projekt anspruchsvoller. Ursprünglich war es als Nachfolgesonde von Phobos 1+2 geplant. Es sollte nur eine Landesonde auf dem Mond abgesetzt werden. Nun war es das Ziel, auch Bodenproben zurück zur Erde zu bringen. Russland hatte dies schon einmal geschafft: Von 1969 bis 1976 brachten die Raumsonden Luna 16, 20 und 24 dreimal Proben vom Mond zur Erde. In den siebziger Jahren war auch eine Bodenprobenentnahme vom Mars geplant, doch dafür benötigt man viel Treibstoff. Die Raumsonde wurde so schwer, dass nur die N-1 Trägerrakete sie hätte transportieren können. Als deren Entwicklung im Jahr 1974 eingestellt wurde, wurde auch dieses Projekt gestrichen.

Mit verbesserten ökonomischen Bedingungen stieg Anfang des neuen Jahrtausends die Chance für eine Umsetzung. Im Februar 2004 gab es eine erste Finanzierung mit 40 Millionen Rubel. Die Gesamtkosten wurden damals mit 1 Milliarde Rubel angegeben. Im Oktober 2004 fand sich auf der Webpräsenz der Moskauer ESA-Mission eine Seite über die Phobos Grunt Mission. Sie sollte seit 2001 geplant sein, und seit 2004 sollte das Design der Raumsonde feststehen. Als Startdatum wurde damals noch 2007 genannt und als Träger-rakete eine Sojus-Fregat. Da die Sojus eine viermal kleinere Nutzlast als die Proton aufweist, war vorgesehen, Phobos Grunt mit Ionentriebwerken des Typs SPD-140 auszustatten. Sie erlaubten es, die Sonde nur auf Fluchtgeschwindigkeit zu beschleunigen. Die Ionentriebwerke würden dann die Raumsonde zum Mars bringen und dort die Relativgeschwindigkeit zum Mars verringern. So wird weniger chemischer Treibstoff für das Einbremsen in einen Marsorbit benötigt. Als Preis würde die Reise dann 550 Tage dauern, statt rund 300 Tage mit einem chemischen Antrieb. Über die Sonde wurde Folgendes bekannt gegeben:

- Ziel der Mission sei eine Vor-Ort-Untersuchung von Phobos mit einem Labor und die Rückführung von Bodenproben zur Erde.

- Sekundäre Ziele seien die Untersuchung der Dynamik der Marsatmosphäre und das Beobachten von Staubstürmen.

- Weitere Experimente sollten die Marsumgebung untersuchen, Staub, Plasma und Strahlung messen.

- Der Hersteller der Sonde ist (wie schon bei früheren Missionen) NPO Lawotschkin.

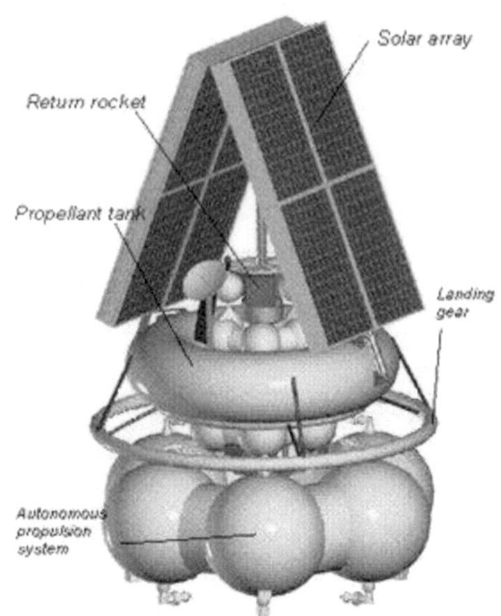

Abbildung 88: Phobos Grunt nach den Planungen von 2004

- Die Experimente stammen von zwei verschiedenen Instituten der russischen Akademie der Wissenschaften.

Diese Aufgaben blieben, auch wenn sich die Details noch ändern sollten. Dies war sehr lange Zeit der einzige Hinweis auf diese Sonde. Ein Bild von Phobos Grunt, das damals veröffentlicht wurde, unterscheidet sich deutlich von demjenigen der späteren Sonde. Das geplante Startfenster kam und verstrich, ohne dass eine Startverschiebung angekündigt wurde. Später wurde bekannt, dass Phobos Grunt zwar eine genehmigte Mission war, dass es aber keine Mittel zum eigentlichen Bau der Raumsonde gab.

Zwischen 2003 und 2005 erarbeitete das IKI aus diesem Grund eine Zeit lang einen Alternativplan für eine einfachere und preiswertere Mission. Dabei sollte auf die

Bodenprobengewinnung verzichtet werden. So waren auch keine Ionentriebwerke nötig, um die Raumsonde mit einer Sojus 2 zum Mars zu befördern. Diese kleine Version von Phobos Grunt sollte nur noch 1 Milliarde Rubel kosten.

Offizieller Projektstart war der 22.10.2004. Nach offiziellen Ankündigungen sollte die Raumsonde das 2009er Startfenster nutzen. Doch erst am 28.1.2006 gab es eine erste Finanzierung für das IKI für die Arbeit an den Instrumenten. Sie umfasste 40 Millionen Rubel. Erst im Juni 2006 begann Lawotschkin die Entwicklungsarbeit an der Raumsonde. Es wurden Fortschritte bei der Entwicklung vermeldet. Zeitgleich begann die Missionsplanung und -vorbereitung. So wurde ein physikalisches Modell von Phobos zur Abschätzung der Gravitation entwickelt. Zu dieser Zeit wurde noch eine Landung zwischen 10 Grad südlicher Breite und 40 Grad Nord und 310 bis 360 Grad Länge geplant.

Bewegung kam in das Projekt 2007, als China und Russland eine Vereinbarung über die Zusammenarbeit bei mehreren wissenschaftlichen Projekten, darunter Phobos Grunt, vereinbarten. Die Zusammenarbeit beinhaltete die Mitnahme eines chinesischen Subsatelliten mit der Bezeichnung Yinghuo-1 (abgekürzt YH-1) durch Phobos Grunt. Der Satellit sollte im Marsorbit abgesetzt werden. Nun wäre die Streichung des Projektes eine Blamage gewesen und hätte die chinesische Seite brüskiert. Die polytechnische Universität von Hongkong sollte nun auch das Labor für die Untersuchung von Bodenproben entwickeln. Es sollte Staub bis 1 mm Größe aufnehmen und analysieren. Dazu gehört ein Probenaufnehmer mit Mikroskopkamera und Spektrometer. Die Hongkonger Universität war schon mit einem Probenaufnehmer bei der englischen Beagle 2 Mission beteiligt, die 2003 scheiterte. Die Entwicklungskosten für die Raumsonde wurden nun mit 1,5 Milliarden Rubel (damals 64,4 Millionen Dollar) angegeben.

Für die Konstruktion ergaben sich durch die Aufnahme von YH-1 jedoch neue Herausforderungen. Bis dahin war vorgesehen, Phobos Grunt mit einer Fregat-Oberstufe zum Mars zu befördern. Sie wäre nach Verlassen des Erdorbits abgetrennt worden. Zum Einschwenken in den Marsorbit würde das Antriebssystem der Raumsonde eingesetzt werden. Dafür war die Raumsonde nun zu schwer, und bald wurde entschieden, Yinghuo unterhalb der Landestufe zu montieren. Damit konnte diese erst nach Abtrennung des Subsatelliten ihre Triebwerke zünden.

Im Design gab es daher eine gravierende Änderung: Die Fregat-Oberstufe müsste auch die Einbremsung in den Marsorbit durchführen. Aufgrund des höheren Startgewichts war nun ein Start auf der Sojus-Trägerrakete nicht mehr möglich. Die Lageregelung wurde von der Landestufe in die Fregat transferiert, diese büßte dafür ihr Steuersystem ein. Die Fregat wurde in „MDU" umbenannt und modifiziert, damit sie nach einem Jahr erneut in Betrieb genommen werden konnte.

Im selben Jahr wurde begonnen, bestehende Bodenanlagen auf moderne Technik umzurüsten. Seit Phobos 1+2 waren sie nicht mehr benötigt worden. Auch gab es Kooperationsgespräche mit der ESA. Deren Bodenstationen sollten in der frühen Orbitphase assistieren und eventuell auch später als Kontrollstationen genutzt werden. Dafür wurde angeboten, die Raumsonde als Relay für die Exomarsmission zu nutzen.

2008 wurden Modelle der Sonde im Ausland, z.B. bei der Berliner Air Show, gezeigt. Es wurde bekannt gegeben, dass der Start nun mit der Zenit-Trägerrakete erfolgen sollte. Für aufmerksame Beobachter des russischen Raumfahrtprogramms ist die Wahl der Zenit überraschend. Es gibt aus russischer Sicht zwei Gründe, die gegen die Zenit sprechen: Zum einen wird der größte Teil der Rakete in der Ukraine gefertigt. Es gibt neben den politischen Spannungen auch das Problem, dass die Raketen mit Devisen bezahlt werden müssen. Daneben ist die Zenit eine für russische Verhältnisse teure Rakete. Daher fanden seit dem Jahre 2001 nur zwei Starts der Zenit mit russischen Satelliten statt. Beides waren Aufklärungssatelliten des Typs Tselina-2, welche auf diese Rakete ausgelegt sind. Warum Russland bei Phobos Grunt nicht auf die Proton zurückgriff, blieb ungeklärt. Im gleichen Jahr gab es eine Vereinbarung mit Finnland. Es wurde beschlossen, als zweiten Passagier einen meteorologischen Lander mitzuführen, der auf dem Mars niedergehen sollte.

2008 begann die Fertigstellung der Raumsonde und der Flugexemplare der Instrumente. Schon jetzt zeichnete sich ab, dass die Zeit knapp werden könnte, da sich dann noch die Tests anschließen sollten. Mitte 2009 gab Roskosmos bekannt, dass am 20. Juni der Einbau der Instrumente in die Sonde begonnen habe, und man nun bei Lawotschkin in zwei Schichten arbeite, um das Startdatum im Oktober einzuhalten.

Projektfinanzierung 2009 (Start und Mission)				
Jahr: 2009	2010	2011	2012	Gesamt
Millionen Rubel: 2114,5	122	80	100	2417,5

Der Zeitplan konnte jedoch nicht eingehalten werden, und kurz vor dem Start im Oktober 2009 wurde die Verschiebung der Mission auf 2011 angekündigt. Hauptgrund war neben noch nicht abgeschlossenen Tests der Sonde (vor allem des Computersystems) auch, dass das Netz der Bodenstationen nicht bereit war. Beides waren keine gute Voraussetzungen und Ursache früherer Fehlschläge: Mars 4-7 scheiterten, weil die Sonden mit fehlerhaften Transistoren gestartet worden waren. Phobos 1+2 scheiterten aufgrund Fehler in der Software und einer nur lückenhafte Überwachung. Für einen Start 2009 waren die Bodenstationen, nachdem sie Jahrzehnte lang nicht mehr genutzt worden waren, nicht vorbereitet. Eine stand zur Verfügung und war umgerüstet auf moderne Sender und Empfänger, die Zweite musste erst ausgerüstet werden. So hätte Russland in kritischen Missionsphasen, die den Datenempfang rund um die Uhr erforderlich machen, auf ESA-Bodenstationen zurückgreifen müssen. Mit ihnen wären zwar der Datenempfang und die Positionsbestimmung möglich gewesen, aber nicht das Senden von Kommandos zu Phobos Grunt. So wurde beschlossen, den Start um zwei Jahre zu verschieben, genauso wie dies wenige Monate vorher auch beim MSL erfolgt war.

Die zwei Jahre wurden nun genutzt, um das Computersystem zu überarbeiten, da es über zu wenig Speicher verfügte. Die Flugsoftware, die noch nicht fertiggestellt war und erst nach dem Start zur Sonde gesendet werden sollte, sollte nun vor dem Start zur Verfügung stehen. Geplant war nun auch der Bau einer dritten Bodenstation im Süden des Kaukasus. Sie sollte auch für zukünftige russische Mond- und Planetensonden genutzt werden, sollte aber erst nach der Mission von Phobos Grunt fertiggestellt werden.

Man nutzte die zwei Jahre auch, um die instrumentelle Ausrüstung zu verbessern. So wird nun der Greifer für die Entnahme der Bodenproben durch einen modifizierten Bohrer unterstützt worden. Ein normaler Bohrer war ursprünglich vorgesehen, es gab aber Bedenken, dass er unter den Mikrogravitationsbedingungen zu viel Kraft auf die Sonde ausübt, sodass diese abhebt. So gab es stattdessen zuerst nur einen Bodengreifer. Er wurde nun durch ein Gerät ergänzt, das CHOMIK ("Hamster") getauft wurde. Es basiert auf einem Bohrer, der für den ESA-Kometenlander Philae entwickelt wurde. Allerdings ist dieser durch eine Harpune, die bei der Landung abgeschossen wird, an der Oberfläche festgezurrt. Daher musste CHOMIK substanziell verändert werden. CHOMIK unterstützt den Greifer, indem er die Oberfläche zertrümmert, aber nicht bohrt.

Ein weiteres Problem, das in den zwei Jahren untersucht wurde, ergab sich durch die Hinzunahme von Yinghuo-1. Ursprünglich sollte der chinesische Satellit über der Landekapsel angebracht werden. Das wurde jedoch bald verworfen. Es wurde befürchtet, die Rückkehrstufe könnte bei der Abtrennung von YH-1 Schaden nehmen. Das nun nötige Gitterrohrgerüst um YH-1 bewirkte, dass die Kombination erheblich höher war als vorher. Das hätte die Lageregelungstriebwerke an den Solarzellenenden überfordert, deren Hebelwirkung nun zu klein war. So sollte die Landestufe zusätzlich noch Drallräder erhalten, um die Triebwerke zu entlasten. Dies belastete aber wiederum die Stromversorgung, die nun zu knapp dimensioniert war, weil auch YH-1 bis zu seinem Absetzen mit Strom versorgt werden musste. Bis zum Start wurde nicht bekannt, ob und wie dieses Problem gelöst wurde.

In den Jahren zwischen 2009 und 2011 änderte sich auch die Kommunikationsstrategie Russlands. Die Ukraine rüstete eine 70-m-Antenne aus Sowjetzeiten auf den aktuellen Stand der Technik um und konnte damit bei einem Test Signale von Mars Express empfangen. Sie sollte die beiden russischen Anlagen ergänzen. Im Oktober 2010 strich jedoch Anatoly Perminov, Chef von Roskosmos, persönlich die Anlage von der Liste, die Phobos Grunt unterstützen sollten. Dafür wurde eine kleinere Antennenstation in Baikonur aufgerüstet. Zu dieser Zeit gab es wieder einmal Spannungen zwischen der Ukraine und Russland im Erdgasstreit. Zusätzlich gab es ein Abkommen mit der NASA. Sie sollte Roskosmos mit ihrem Netz von Bodenstationen unterstützen. Das Abkommen mit der ESA war nun ausgelaufen, es galt nur für das Startfenster 2009.

So war die Verschiebung auf 2011 sinnvoll. In den beiden folgenden Jahren wurde die Raumsonde nochmals schwerer. Sie wog nun vor dem Start 13,2 t (2009: 11,1 t). Der Großteil des Mehrgewichts war Treibstoff. Er war nötig, um den Mars zu erreichen und wieder zu verlassen. Da sich 2011 der Mars nahe des Aphels befindet, benötigt die Sonde sehr viel Treibstoff. Allerdings befand sich Mars auch 2009 nahe dieses Punktes, sodass dies alleine nicht den Zuwachs des Startgewichts um 2 t erklären kann.

Der erhöhte Treibstoffbedarf ist für den Autor nicht nachvollziehbar. Der Geschwindigkeitsbedarf korreliert in erster Linie mit der Entfernung des Mars von der Erde. 2009 wie 2011 steht er nahe des Aphels. Das 2011er Startfenster ist nicht so viel ungünstiger als das 2009er. Ich habe daher eine Simulation der idealen Startzeitpunkte mit dem Programm ipto_ocs von C. David Eagle durchgeführt und folgende Daten ermittelt:

	2009 Startfenster	**2011 Startfenster**
Günstigster Startzeitpunkt:	14.10.2009	8.11.2011
Geschwindigkeit aus einem 205 km hohen 51,6 Grad Parkorbit:	3678 m/s	3625 m/s
Ankunftsgeschwindigkeit relativ zum Mars:	2462 m/s	2706 m/s
Abzubremsende Geschwindigkeit in 800 × 75000 km Orbit:	743,6 m/s	865,2 m/s
Gesamter Geschwindigkeitsbedarf für die MDU:	4422 m/s	4490 m/s
Ankunft am Mars:	3.9.2010	10.9.2012

Ich halte die Simulation für korrekt, auch weil die Software als günstigsten Startzeitpunkt den 8.11.2011 um 22:25 UTC ermittelte. Die Zündung der MDU, welche die Sonde zum Mars befördern sollte, war für den 9.11. um 1:02 UTC, also weniger als drei Stunden später, angesetzt.

Nach dieser Simulation ist der Geschwindigkeitsbedarf nahezu gleich. Der Unterschied beträgt lediglich 68 m/s. Dabei ist die Injektionsgeschwindigkeit 2009 etwas höher, während 2011 die Sonde mit etwas höherer Geschwindigkeit den Mars erreicht. Es gleicht sich in der Summe fast aus. Viel bedeutsamer als das ungünstigere Startfenster ist aber, dass die Raumsonde in den letzten zwei Jahren deutlich schwerer wurde, so wurde die Landesonde um 300 kg schwerer. Da 80% der Raumsonde nur aus Treibstoff bestehen, ist so viel einfacher zu erklären, warum das gesamte Gespann fast 2,5 t schwerer wurde. NPO Lawotschkin erweiterte die Tanks der Zentraleinheit der Fregat. Sie nahmen nun bis zu 7.100 kg (vorher maximal 5.600 kg) Treibstoff auf. Unverändert blieb der ringförmige Abwurftank. Bei der Landestufe wurden die Tanks auch stärker gefüllt, doch mussten sie hier nicht vergrößert werden. Am Schluss war Phobos Grunt an der Nutzlastgrenze der Zenit. Das führte dazu, dass sich das Startfenster um zwölf Tage verkürzte.

Der finnische Lander, der 2009 gestrichen wurde, weil er nicht rechtzeitig fertig wurde, sollte 2011 auch nicht mitgeführt werden. Gründe für diese Entscheidung wurden nicht genannt. Da in finnischen Dokumenten immer noch nicht die Rede von einem Flugexemplar ist, dürfte er auch 2011 noch nicht fertig gewesen sein.

Bedingt durch die Verzögerungen wurde die Raumsonde erheblich teuer als geplant. 2009 wurden noch 2,4 Milliarden Rubel genannt – das entsprach damals 80 Millionen Euro. 2011 waren es dann 5 Milliarden Rubel, was wegen der Inflation aber nur 124 Millionen Euro entspricht. Das Geld kam vor allem aus dem zweiten Planetenprogramm Russlands, von der Raumsonde Venera-D, welche damit auf unbestimmte Zeit verschoben wurde.

Zwischen Juli und November 2011 wurden die Instrumente wieder an die Raumsonde montiert. Auch YH-1 wurde wieder eingebaut, nachdem er 2010 auf Wunsch von China demontiert und zurückgeschickt wurde. Die Raumsonde durchlief seit Januar 2011 verschiedene Tests, die letzten Überprüfungen wurden erst im September abgeschlossen, bevor sie nach Baikonur verschifft wurde. Wie später bekannt wurde, war aber das Kontrollsystem nicht in der Flugkonfiguration getestet worden, da immer noch zahlreiche Teile Prototypcharakter hatten. Auch war die Flugsoftware immer noch nicht fertiggestellt.

Am 5. November öffnete sich das Startfenster von Phobos Grunt. Bis zum 22.11.2011 musste die Raumsonde die Erde verlassen.

Die folgende Tabelle informiert über die Änderungen im Projekt, soweit Daten vorliegen.

System	Planung 2005	Planung 2008	Planung 2010
Landestufe Trockenmasse:		690 kg	
Landestufe Startgewicht:	1.440 kg	1.240 kg	1.570 kg
Rückkehrstufe Trockenmasse:		106,66 kg	
Rückkehrstufe Treibstoff:		148,10 kg	
Rückkehrstufe Gesamtgewicht:	210-214 kg	255 kg	296 kg
Rückkehrkapsel:		10,90 kg	
Meteorologischer Marslander (Finnland):		16,90 kg	entfällt
Rahmen, Adapter und Separationssystem:		172 kg	171 kg
YH-1 Subsatellit (China):		115 kg	115 kg
MDU Antriebssystem Trockenmasse:		592 kg	
MDU Antriebssystem Startmasse:		5.842 kg	7.050 kg
Externer Tank Trockenmasse:		335 kg	335 kg
Externer Tank Startmasse:		3.390 kg	3.440 kg
Reserve:		66 kg	
Experimente (in der Landestufe enthalten)	50 kg	49,50 kg	50 kg
Gesamte Trockenmasse Raumsonde		2.103,56 kg	
Startmasse Raumsonde	8.120 kg	11.100 kg	13.500 kg
Missionskosten:	46 Millionen €	80 Millionen €	124,4 Millionen €

Die eigentliche Raumsonde (der Teil, der die Erde verlässt) wiegt 2.141 kg, der Rest entfällt auf die Fregat Oberstufe und den abwerfbaren Tank. Bei Phobos angekommen ist das Gewicht auf rund 1.000 kg gefallen. Zur Erde machen sich noch 148 kg auf den Weg, und geborgen werden noch 8 kg der Sonde. Von den 13,5 t, die das gesamte Gespann wiegt, sind über 11 t nur Treibstoff.

Die Verschiebung des Starts verteuerte die Raumsonde deutlich. Von den 124 Millionen Euro Projektkosten entfielen nur 30 Millionen Euro auf die eigentliche Raumsonde. Ein Großteil der Aufwendungen wurde durch die Upgrades des Bodennetzwerks verursacht.

Die Raumsonde

Phobos Grunt besteht aus sechs Teilen (von oben nach unten, siehe Abbildung auf S. 208):

- Die Rückkehrstufe mit einer Kapsel für die Bodenproben. Nur dieser Teil macht sich vom Mars auf den Weg zurück zur Erde. Zuletzt wird die Kapsel mit den Bodenproben abgetrennt, die als einziger Teil gebogen wird.

- Die Landestation, der Hauptteil der Raumsonde Phobos Grunt. Dieser Teil steuert die Raumsonde über den größten Teil der Mission. Er landet auf dem Marsmond, auf ihm sind die Experimente untergebracht, welche die wissenschaftlichen Untersuchungen durchführen. Er dient auch als Startplatz für die Rückkehrstufe. Er verbleibt auf Phobos.

- Ein Gitterrohradapter zur Antriebseinheit. Er verbindet die Fregat-Oberstufe mit der Landestation. In seiner Mitte befindet sich der chinesische Satellit Yinghuo 1. Damit erhalten die noch eingefalteten Solarpaneele des chinesischen Roboters noch Licht und es ist auch eine Funkverbindung zu Yinghuo möglich.

- Der Hauptantriebseinheit MDU. Dies ist die Fregat-Oberstufe, jedoch modifiziert für die längere Mission. Die MDU zündet zweimal um die Erdumlaufbahn zu verlassen und ein weiteres Mal, um die erste Marsumlaufbahn zu erreichen. Landestufe und Rückstartstufe haben eigene Antriebe, um auf Phobos zu landen bzw. zur Erde zurückzukehren. Die MDU ist mit der zweiten Stufe der Zenit verbunden.

- Ein ringförmiger Tank am unteren Ende der MDU, der zusätzlichen Treibstoff aufnimmt. Er wird genutzt, um die niedrige Erdumlaufbahn zu erweitern und den Treibstoffbedarf für die MDU zu verringern. Er wird noch in der Erdumlaufbahn abgeworfen.

Leider gibt es wenige Daten über die Technologie und den Aufbau der Raumsonde. Es wurde verlautbart, dass Phobos Grunt sehr autonom arbeiten kann. So soll sie fähig sein, die Bodenproben zu entnehmen, auch wenn die Kommunikation gestört ist.

Hersteller der Raumsonde ist das Kombinat Lawotschkin. Die Experimente stammen größtenteils vom Institut für Weltraumforschung IKI der russischen Akademie der Wissenschaften. Wie bei den letzten russischen Missionen gibt es aber zahlreiche Experimente aus dem Ausland. Sowohl Lawotschkin wie auch IKI haben sehr viele Erfahrungen bei Raumfahrtmissionen. Das IKI stellt praktisch alle Instrumente seit den ersten russischen Missionen.

Lawotschkin ist seit Ende der sechziger Jahre das Kombinat, welches die Raumsonden Russlands baut. Seit Mars 69 stammen alle russischen Marsroboter von diesem Kombinat.

Phobos Grunt ist eine Neuentwicklung. Dies ist auch nötig wegen der Mission, die mit keiner früheren vergleichbar ist. Vorher verwendeten russische Ingenieure, soweit es ging, schon erprobte Teile früherer Missionen (wie deren Antriebssysteme). Der einzige erprobte Teil ist die Fregat Oberstufe. Sie wird seit 2003 auf der Sojus eingesetzt und basiert wiederum auf der Antriebseinheit der Venera und Phobos Raumsonden.

	2009	**2011**
MDU:	9.232 kg	11.369 kg
YH-1 und Adapter:	286 kg	286 kg
Landestufe:	1.240 kg	1.560 kg
Rückstartstufe:	265 kg	296 kg
Startgewicht:	11.100 kg	13.500 kg
Davon Treibstoff:	8.997 kg (81%)	11.375 kg (84%)

Die Fregat Oberstufe / Hauptantriebseinheit MDU

Abbildung 89: Die Fregat Oberstufe in der Sojus Ausführung © Anatoly Zak, RussianSpaceweb.com

Aus der Fregat Oberstufe entstand die Main Propulsion Unit (MDU). Das Triebwerk S5.92 der Fregat (Fregatte) wurde im Jahre 1978 entwickelt, um ein sehr leistungsfähiges Triebwerk für verschiedene Oberstufen, wie auch Antriebe von Planetensonden zu haben. Es wurde zum Beispiel bei den Raumsonden Venera 15+16, Phobos 1+2 und Mars 96 eingesetzt. Es wird heute in den Oberstufen Fregat, Breeze-KM (Rockot) und Breeze-M (Proton) eingesetzt. Es verwendet die lagerfähigen Treibstoffe NTO und UDMH. Der Schub ist variierbar zwischen 14 und 19,6 kN. Der

Brennkammerdruck wird zur Schubreduktion von 98 auf 68,5 bar reduziert. Der spezifische Impuls ist bei beiden Betriebsarten fast gleich groß. Auch der Schub der Steuerdüsen sinkt ab, wenn der Schub des Haupttriebwerks sinkt.

Da die Fregat über eigene Steuertriebwerke verfügt, kann sie die gesamte Lageregelung von Phobos Grunt bis zum Erreichen des Mars übernehmen. Die Steuertriebwerke sind nicht nur für die Lageregelung zuständig. Diese druckgeförderten Triebwerke zünden auch vor dem Haupttriebwerk, um den Treibstoff an den Tankböden zu sammeln. Sie haben einen eigenen Treibstoffvorrat. Die Tanks des Haupttriebwerks, aber auch die der Steuertriebwerke werden durch Helium unter Druck gesetzt.

Angetrieben wird das S5.92 von einer einzelnen Turbopumpe, welche die Treibstoffe fördert. Die Umdrehungszahl wird für den Niedrigschubmodus reduziert, damit sinkt auch der Förder- und Brennkammerdruck. Es ist ein Triebwerk, das nach dem klassischen Gasgeneratorprinzip arbeitet. Die Verwendung eines Triebwerks mit Turbopumpenantrieb für Planetensonden würde man im Westen wohl als riskant ansehen. Dort nutzt man druckgeförderte Triebwerke, die einfacher und zuverlässiger, aber nicht so leistungsfähig sind. Die

Abbildung 90: Explosionsbild der Fregat Oberstufe © des Bildes ESA

Verwendung eines Turbopumpenantriebs hat in Russland Tradition und in dieser Form wurde das S5.92 auch schon bei sieben anderen Raumsonden eingesetzt.

Triebwerk S5.92	
Länge:	1,03 m
Maximaler Durchmesser:	0,84 m
Gewicht:	75 kg
Schub:	14 – 19,6 kN
Brennkammerdruck:	68,5 – 96 Bar
Rotationsgeschwindigkeit der Turbopumpe:	43.000 – 58.000 U/min
Treibstoff:	Stickstofftetroxid / unsymmetrisches Dimethylhydrazin
Mischungsverhältnis:	1,95 – 2,05 zu 1
Spezifischer Impuls:	3168 – 3227 m/s
Expansionsverhältnis:	153,8
Steuertriebwerke	
Anzahl:	12
Schub:	18,6 – 50 N
Treibstoff:	Hydrazin (maximal 85 kg)
Spezifischer Impuls:	2207 m/s.

Die Fregat Oberstufe wurde aus dem Traktorblock entwickelt, der schon bei den Missionen Venera 15+16, Phobos 1+2 und Mars 96 eingesetzt wurde. Die Fregat ist nur 1,50 m hoch und wird von der Nutzlastverkleidung umhüllt.

Die Fregat ist bis zu zwanzigmal wiederzündbar. Im normalen Betrieb gibt es maximal sieben Zündungen. Eigenartig ist die Konstruktion. Die Stufe hat sechs kugelförmige Tanks aus der 1,80 mm starken Aluminiumlegierung AMG-6. Aber nur in vier der Tanks befinden sich Treibstoffe. Die Avionik mit ihren beiden Lithiumthionylchloridbatterien befindet sich in den beiden anderen Tanks. Diese Konstruktion wurde bei Phobos Grunt beibehalten.

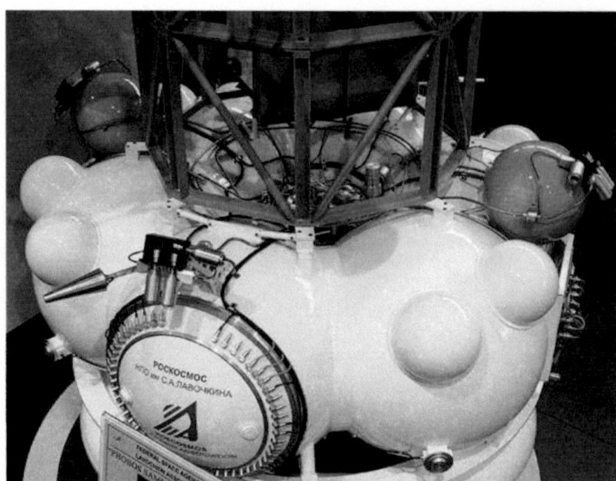

Drei weitere, kleinere, Tanks enthalten Hydrazin für die Lageregelungsdüsen, die in vier Gruppen an der Oberseite der Stufe angeordnet sind. Es gibt jeweils vier Triebwerke pro Raumrichtung. Dazu kommen noch zwei Druckgasflaschen mit Helium, mit dem die Tanks unter Druck gesetzt werden. Es gibt in Abbildungen der MDU bei der Anordnung dieser kleinen Tanks deutliche Unterschiede zur Fregat-Oberstufe, wie sie bei der Sojus eingesetzt wird. Bei dieser befinden sich die drei Tanks mit dem Treibstoff für die Lageregelungstriebwerke oben auf der

Abbildung 91: Die MDU und der Gitterrohradapter
© Anatoly Zak, russianspaceweb.com

Stufe und die Heliumdruckgastanks an der Seite. Bei der Fregat für Phobos Grunt ist es ein Tank mehr, sie sind größer und sie befinden sich alle oben auf der Stufe.

Die Fregat wurde als Oberstufe für eine Zuverlässigkeit von 99% und einen Betrieb über 48 Stunden ausgelegt. Die Fregat-Oberstufe verfügt in ihrer originalen Version über eine eigene Steuerung. Sie ist voll digital, verfügt über eine Inertialplattform und wurde aus einer Steuerung für militärische Raketen entwickelt. Russland bezeichnet die Fregat auch nicht als Oberstufe, sondern als „Raumschlepper". Diese Steuerung entfällt bei Sojus Grunt. Die Stufe wird von der Landesonde gesteuert. Dies führte zu einer Reduktion des Gewichts um 300 kg.

Die MDU verwendet speziell isolierte Tanks, damit der Treibstoff nicht beim Mars ausfriert. Zwischen 2009 und 2011 wurden diese zudem vergrößert. Dies ist an der Tankform zu erkennen. Eine ähnliche Modifikation setzt auch die Fregat für die Sojus STK ein, die Version der Sojus-Trägerrakete, die von Kourou aus startet. Eine Abschätzung des Gewichts ist schwer möglich. Es gibt von russischer Seite nur wenige Summenangaben zur MDU.

Die Angaben für den Treibstoff habe ich aus den bekannten Brennzeiten im Erdorbit und der Angabe, dass die MDU beim Mars noch um 800 m/s abbremsen muss, errechnet, die Trockenmasse durch Differenzberechnung mit den bekannten Daten über Rückkehr- und Landesonde.

	Fregatoberstufe Sojus	**MDU**
Trockengewicht Zentralstufe:	980 – 1.100 kg	544 kg
Treibstoffzuladung Haupttanks:	5.435 kg	7.050 kg
Trockengewicht Abwurftank:		335 kg
Treibstoffzuladung Abwurftank:		3.440 kg
Höhe:	1,50 m	1,50 m
Maximaler Durchmesser:	3,35 m	3,55 m
Gesamtgewicht:	6.415 – 6.535 kg	11.369 kg

An die MDU schließt sich ein Gitterrohrgerüst an. Dieses beinhaltet im Inneren den chinesischen Tochtersatelliten YH-1. Er kann daher erst abgesetzt werden, wenn die Raumsonde in einem ersten Marsorbit angekommen ist. Dann ist der Treibstoff der MDU verbraucht und sie wird abgetrennt. Erst jetzt wird YH-1 aktiviert. Vorher kann er z.B. auch nicht seine Solarzellen entfallen, welchen den Strom für den Betrieb liefern.

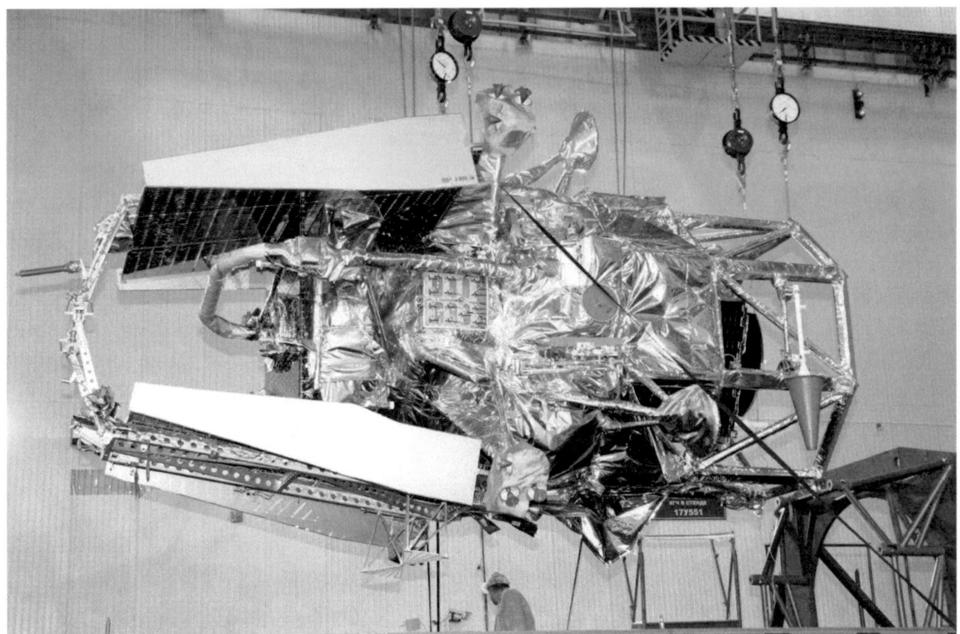

Abbildung 92: Der obere Teil von Phobos Grunt mit dem Gitterohradapter © des Bildes: Roskosmos

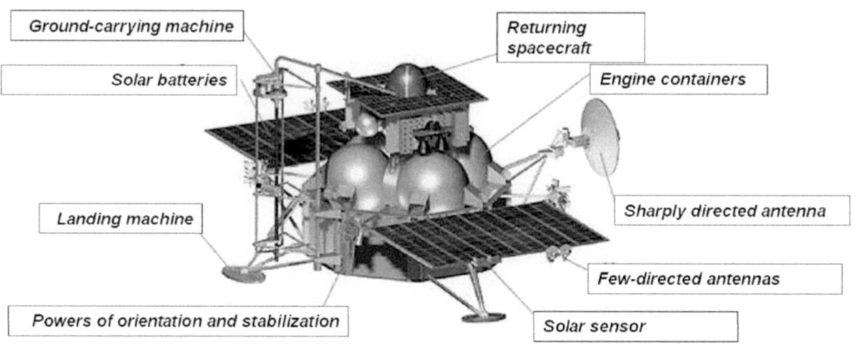

Die Reisestufe oder Landestufe (die Übersetzung des russischen **Перелетный Модуль** ist „Wandermodul") hat die Aufgabe, auf Phobos zu landen. Auf ihr sind die Instrumente montiert. Auch sie verfügt über eigene Treibstoffvorräte. In ihr befindet sich auch die Steuerung der Raumsonde für den größten Teil der Reise. Dieses Steuerungssystem BKU **B**ortovoy **K**ompleks **U**pravleniya ist mitverantwortlich für die Verzögerungen, die zur Startverschiebung führten. Es ist eine Neuentwicklung von NPO Lawotschkin. Es verwendet Startracker Kameras, Sonnensensoren und Gyroskope als interne Referenz, um festzustellen, wo sich die Raumsonde im Moment befindet und wie sie ausgerichtet ist. Die Raumsonde sollte weitgehend autonom arbeiten. Auch dies teilt sie mit früheren Projekten. Das Computersystem ist vierfach redundant vorhanden. Die Software umfasst auch „Notfallmodi", die gewährleisten sollen, dass die Raumsonde bei Störungen keinen Schaden nimmt.

Vier Typen von Triebwerken mit 12, 54, 124 und 382 N Schub werden in Lande- und Rückstartstufe eingesetzt. Alle nutzen UDMH und Stickstofftetroxid als Treibstoff. Dazu kommen noch in der Rückstartstufe Kaltgastriebwerke, die mit gasförmigen Stickstoff angetrieben werden, zur Stabilisierung sie haben nur rund 0,8 N Schub.

Die Stromversorgung sowohl der Landestufe wie auch Rückstartstufe erfolgt durch Solarzellen. 150 Watt Leistung stehen für die Experimente zur Verfügung.

Landestufe	2008	2010
Trockenmasse:	690 kg	730 kg
Maximale Treibstoffzuladung:	870 kg	1.030 kg
Startmasse:	1.240 kg	1.560 kg
Maximale Zuladung (Experimente und Rückkehrkapsel):		350 kg
Maximale Leistung für Experimente:		150 Watt
Maximale Kommunikationsentfernung:		3,7 Milliarden km
Maximale Datenrate:		16 kbit/s
Solarzellenfläche		10 m²

Sowohl Lande-, wie auch Rückkehrstufe kommunizieren mit der Erde im X-Band. Da die Raumsonde auf dem Marsmond landen soll, und auf ihrem Rücken eine Rückkehrstufe trägt, war es räumlich nicht möglich, eine große Kommunikationsantenne zu montieren. Die Landestufe trägt an ihrer Seite eine kleine Parabolantenne sowie einige omnidirektionale Antennen. Sie erlauben eine Kommunikation mit der Sonde, auch wenn diese nicht zur Erde ausgerichtet ist. Die kleine Hauptantenne beschränkt die Datenrate auf einen relativ

Abbildung 93: Die Landestufe und die Rückstartstufe

niedrigen Wert. Experimente befinden sich sowohl an der Seite wie auch an den Solararrays und der Unterseite. An den Solarzellen befinden sich auch einige Steuerdüsen, die so eine größere Hebelwirkung aufweisen. Auf dem Mond landet die Raumsonde mit drei Beinen, die in der Mitte Kontaktsensoren sowie Fühler einiger Experimente haben. Sie messen die physikalischen Eigenschaften der Oberfläche.

Die Rückkehrstufe wird dann den letzten Teil der Reise antreten. Sie ist auf der Landekapsel montiert. In der Mitte befindet sich die Kapsel, die als einziger Teil der gesamten Kombination wieder die Erde erreicht. Auch die Rückstartstufe hat ein eigenes Antriebssystem, das vor allem benötigt wird, um das Mars-Gravitationsfeld wieder zu verlassen. Von unten her kann das Bodenproben-Entnahmesystem die Bodenproben in die Kapsel umladen.

Vergleichen mit der Landestufe ist die Rückkehrstufe ein sehr kleines Gefährt. Sie wiegt etwa ein Sechstel der Landestufe und wurde auf das Notwendigste verschlankt. So ist zwar ihr Steuer- und Kontrollsystem eine einfache Form des der Landestufe. Sie verwendet keine Dreiachsenstabilisierung, sondern rotiert um die eigene Achse, was sie wie ein Projektil durch den Drall stabilisiert. Entsprechend einfacher kann auch das Lageregelungssystem ausgelegt sein. Eine Hochgewinnantenne entfällt. Die Lageregelung erfolgt durch Kaltgasdüsen, die Stickstoff aus einer Druckgasflasche nutzen. Das Antriebssystem arbeitet mit den gleichen Treibstoffen wie die MDU und die Landestufe, was bei einem so kleinen Antriebssystem schon ungewöhnlich ist. Ohne leistungsfähige Antenne kann sie Daten nur mit 8 Bit/s übertragen.

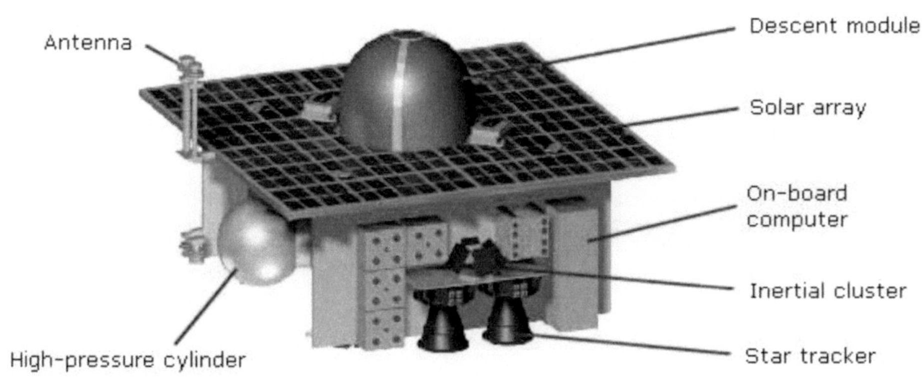

Abbildung 94: Die Rückkehrstufe © der Grafik: Roskosmos/IKI

Befestigt ist die Rückkehrstufe auf der Landestufe. Beim Rückstart wird die Verbindung durchtrennt und Federn drücken sie von der Landestufe weg. Aufgrund der geringen Schwerkraft von Phobos reicht schon die Federkraft aus, um die Rückkehrstufe auf einen großen Abstand zu bringen. Erst dann zündet sie ihre eigenen Triebwerke. So wird eine Beschädigung der Landestufe vermieden. Nach der Missionsplanung ist aber nach dem Absetzen der Rückstartstufe die Mission der Landestufe beendet. Es ist weder geplant, weitere Untersuchungen von Phobos durchzuführen, noch sie erneut in einen Marsorbit zu bringen (wofür bei Phobos nur sehr wenig Treibstoff benötigt wird).

Rückstartstufe	2008	2010
Trockenmasse:	106,6 kg	
Maximale Treibstoffzuladung:	148,1 kg	
Startmasse:	255 kg	296 kg
Rückkehrkapsel:		11 kg
Solarzellenfläche:		1,64 m²
Antriebssystem:		130 N Zentraltriebwerk 16 Kaltgastriebwerke mit je 8 N Schub

In der nur 11 kg schweren Kapsel befinden sich nicht nur die Bodenproben, sondern schon beim Start ein Experiment der Planetary Society. Das „LIFE" Experiment enthält in einer kleinen Kapsel verschiedene Mikroorganismen. Ziel des Experiments ist es festzustellen, ob Mikroorganismen die drei Jahre im Weltraum, inklusive der kosmischen Strahlung widerstehen können. Es gibt Hypothesen, dass Mikroorganismen von der Erde ins All gelangen könnten (z.B. mit dem Auswurfmaterial eines Asteroideneinschlags). Sie könnten dann zu anderen Himmelskörpern gelangen und dort theoretisch erneut auskeimen. Als einziger Kandidat in unserem Sonnensystem wäre hier wohl der Mars geeignet. Das LIFE-Experiment wird bei den Experimenten näher besprochen.

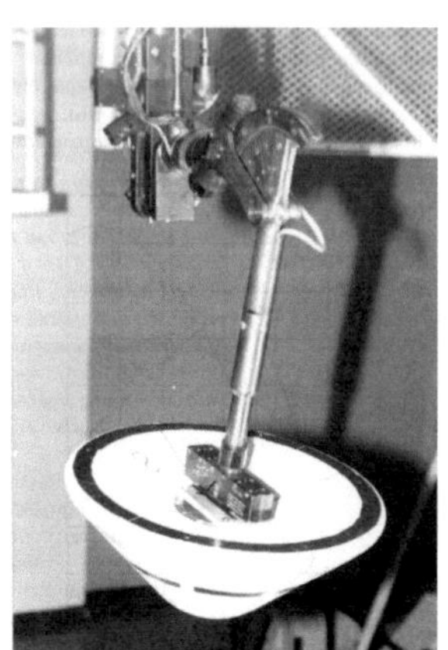
Abbildung 95: Die Rückkehrkapsel im Windtunnel

Vor dem Start gab es keine Angaben über den genauen Ablauf der Bergung. Von früheren kugelförmigen russischen Rückkehrkapseln unterscheidet sie die flache, kegelförmige Form und das Fehlen eines Fallschirms. Bekannt ist, dass die Kapsel rein passiv in die Atmosphäre eintreten soll. Ihre Form soll sie selbst stabilisieren. Eine aktive Steuerung wurde aus Gewichtsgründen und, weil sie nach Jahren noch zuverlässig „auf

Knopfdruck" funktionieren muss, ausgeschlossen. Als Landegebiet wurde das Sary Shagan Testgelände in Kasachstan ausgewählt. Dort fanden im Kalten Krieg Tests von Antiraketen Waffen statt und es ist daher mit leistungsfähigen Radargeräten ausgestattet. Die Radaranlagen und optische Teleskope sollen die Kapsel verfolgen und so ihren Landepunkt genau bestimmen. Trotzdem bedeutet die Verfolgung eines so kleinen Objekts eine große Herausforderung. Es gibt keine Abbremsung durch Fallschirme. Die Kapsel muss daher sehr robust sein. Als 2004 der Fallschirm der Landekapsel der Genesis Raumsonde bei der Landung ausfiel, riss deren Hülle beim Aufprall auf und die Proben des Sonnenwindes wurden kontaminiert. Daher wird die Kapsel sehr massiv sein. Sie ist auch ausgelegt sehr starken Kräften zu widerstehen. Eine Spitzenverzögerung von 500 g wird erwartet.

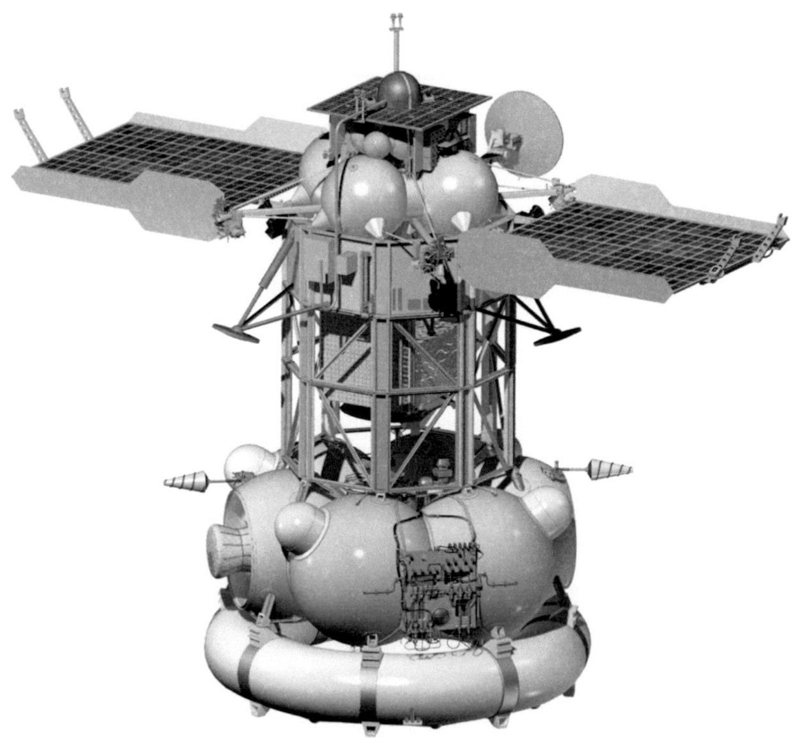

Abbildung 96: Gesamtansicht von Phobos Grunt © der Grafik: NPO Lawotschkin

Mars Meteorological Lander (MML)

Finnland war schon mit einer Meteorologiestation und anderen Experimenten am Mars-96 Lander beteiligt. Ebenso stellte Finnland die meteorologische Experimente beim Mars Polar Lander. Meteorologische Experimente von Finnland sollten auch beim MarsNET, einem Verbund von vielen Landesonden fliegen. Nachdem dieses Projekt kurz nach der Jahrtausendwende gescheitert war, schlug Finnland den **Mars Meteorological Lander** (MML) vor. Ziel ist es, wenn es kein Netzwerk als eigene Mission möglich ist, einen eigenen, sehr leichten Lander als Piggyback-Nutzlast, also Sekundärnutzlast, bei jedem Start einer Marssonde mitzuführen und so über die Jahre hinweg ein Netzwerk aufzubauen. Entstehen sollte so das „MetNet".

Phobos Grunt sollte einen Prototyp, die MetNet Mars Precursor Mission mitführen. Entworfen wurde er schon Anfang dieses Jahrtausends. Er wurde jedoch nicht rechtzeitig vor dem Start fertig. Nun ist vor einem Start nicht vor 2014 die Rede. Über die Ursachen gibt es keine Angaben, allerdings hat sich das Aussehen des Landers auf den Veröffentlichungen zwischen 2008 und 2010 geändert. Er ist auch deutlich schwerer geworden (22,3 anstatt 17 kg). Eventuell ist er einfach noch nicht fertig entwickelt. Da er lange Zeit Bestandteil der Nutzlast war, soll der MetNet Lander hier trotzdem besprochen werden.

Das Besondere am MML, die auch seine Startmasse gravierend reduziert, ist der Verzicht auf traditionelle Hitzeschilde und Fallschirmsysteme. Stattdessen beinhaltet die Sonde einen aufblasbaren Schutzschild, der zugleich als Hitzeschutzschild und Fallschirm dient. Verglichen mit einem traditionellen Hitzeschutzschild ist er bedeutend größer. Zugleich ist dies nötig, um ohne Retroraketen und Fallschirme den Schock bei der harten Landung zu begrenzen. Er sollte kleiner als 500 g (500-fache Erdbeschleunigung) sein. Diese Verzögerung ist sehr hoch, doch sie wirkt nur kurzzeitig (15-20 ms) ein. Auch bei Venus-, Mond- und Jupiterkapseln traten bis zu 350 g über kurze Zeit auf.

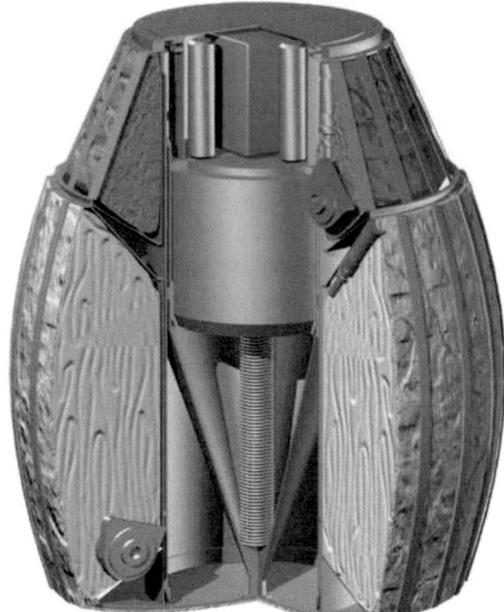

Abbildung 97: Der MML vor der Abtrennung

Die instrumentelle Ausrüstung muss an die harte Landung angepasst werden. Systeme mit ausfahrbaren Masten oder Greifern scheiden aus, da sie diesen Belastungen nicht gewachsen sind und zu schwer sind. Die vorgeschlagene Ausrüstung besteht aus zwei verschiedenen Instrumentenpaketen für Abstieg und Oberfläche.

- Beschleunigungsmessern um die Belastungen beim Abstieg zu messen und Rückschlüsse über die Dichte der Atmosphäre zu gewinnen.

- Kameras, die beim Abstieg Bilder machen.

- Messungen des Drucks beim Abstieg.

- Auf der Oberfläche sollen Panoramaaufnahmen entstehen.

- Gemessen sollen Windgeschwindigkeit und -richtung werden.

- Dazu noch Temperatur und Druck.

- Sowie Feuchtigkeit und optische Tiefe der Atmosphäre.

Alle Instrumente sind extrem miniaturisiert und robust. So wiegt die auf dem Ende des Dorns befindliche Panoramakamera nur noch 100 g.

Für den ersten Lander als Prototyp waren als Instrumente meteorologische Sensoren für Luftfeuchtigkeit, Temperatur, Druck, eine Panoramakamera mit vier Linsen und Be-

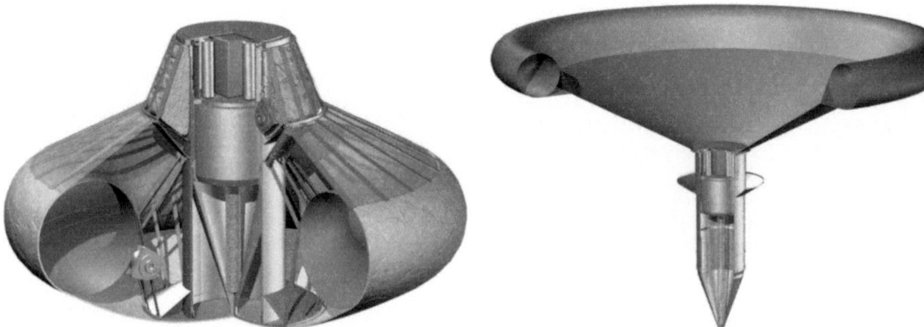

Abbildung 99: Der MML während der Phase in der Hochatmosphäre

Abbildung 98: Der MML in der letzten Phase vor der Landung

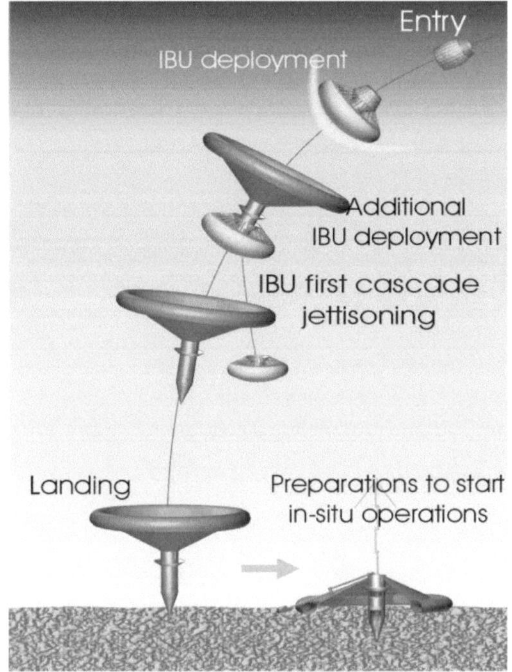

Abbildung 100: Ablauf der Landung

gssensoren in allen drei Raumachsen vorgesehen. Als „Precursor" Mission sollte der MarsNet Lander noch ein Gyroskop zur Stabilisierung enthalten. Später sollte die Instrumentierung um einen Sonnensensor, der die Intensität bei mehreren Wellenlängen bestimmt, einen Staubsensor, der die Abschwächung der Himmelshelligkeit durch Staub misst, ein Dreiachsenmagnetometer und ein Gerät zur Messung der Strahlenbelastung ergänzt werden.

Verschiedene Konzepte wurden untersucht. Das mit der geringsten Belastung beim Eintritt ist das im folgende beschriebene und favorisierte Konzept B3. Der Lander besteht aus einer kleinen Kapsel in Form eines Zylinders mit einem Kegelstumpf. Der eigentliche Landekörper in Form eines Sporns ist von zwei **I**nflatable **B**reaking **U**nits (IBU) umgeben.

Das sind hitzefeste "Airbags", die von einem Gasgenerator aufgeblasen werden. Die Abbremsung erfolgt zuerst mit einem klassischen Hitzschutzschild am Ende des zylindrischen Teils. Beim Eintritt in die dichtere Atmosphäre wird die erste, kleinere, vordere IBU aufgeblasen. Sie bremst den MarsNet Lander auf Mach 0,8 ab. Sie hat eine Oberfläche von 0,78 m². Dann diese IBU abgeworfen, wodurch der Lander um 4,88 kg leichter wird. Zuletzt wird eine zweite, größere, rückwärtige IBU aufgeblasen, mit welcher der Lander weiter abgebremst wird. Die Landung erfolgt mit einer Fallgeschwindigkeit von rund 200 km/h abhängig von der Höhe und Atmosphärendichte. Vorne hat der Lander einen Sporn mit dem er sich im Boden verankert.

Die Stromversorgung erfolgt mit einer Lithiumionen-Batterie und Solarzellen auf der Oberfläche. Für höhere Breiten ist auch eine Versorgung mit RTG angedacht.

Finnland hofft, nach der Erprobungsmission eine ganze Flotte dieser Lander zu starten. Ab 20 Landern würde ein globales Netz von Wetterstationen auf dem Mars zur Verfügung stehen. Durch die so möglichen lokalen Messungen würde das Verständnis des Marswetters und dessen jahreszeitlichen Veränderungen erheblich profitieren. Dieses Projekt läuft unter der Bezeichnung MetNET. Auf Phobos Grunt. war eine Befestigung neben den anderen Experimenten vorgesehen. Der MarsNet Lander hätte selbst die Umlaufbahn soweit absenken müssen, dass er landen könnte. Dazu hätte er einen eigenen Antrieb benötigt, der noch nicht Bestandteil des Projekts ist.

MarsNET	
Länge:	0,54 m
Maximaler Durchmesser:	0,59 m
Gewicht:	22,3 kg, davon IBU-1: 4,88 kg, davon IBU-2: 3,62 kg Landekörper (Sporn): 9,8 kg Experimente und ihre Subsysteme: 4,0 kg
Durchmesser mit IBU-1:	1,00 m
Durchmesser mit IBU-2	0,87 m
Landegeschwindigkeit:	45-57 m/s
Stromversorgung:	0,7 bis 0,8 Watt maximal, 0,3 Watt gemittelt über Tag/Nacht.
Experimente:	Luftfeuchtigkeitsmesser (Genauigkeit ± 2%) Barometer (Auflösung 0,5 Pa) Panoramakamera (Gesichtsfeld: 90 Grad) Messung der solaren Beleuchtungsstärke (11 Spektralkanäle) Magnetometer Staubsensor Beschleunigungsmesser Gyroskop Thermometer

Yinghuo-1

Über den chinesischen Subsatelliten Yinghuo-1 ("Leuchtkäfer") gibt es nur wenige Informationen. Er wird von Phobos Grunt nach Erreichen des ersten Marsorbits ausgesetzt und verbleibt in der hochelliptischen Bahn von 800 bis 79.000 km Entfernung. Er soll drei-achsenstabilisiert sein und über eine 1 m große Parabolantenne mit der Erde kommunizieren.

Eine Betriebszeit von einem Jahr im Orbit wird angestrebt. Es handelt sich um einen sehr einfachen Satelliten, der erst aktiv wird, wenn er von Phobos Grunt ausgesetzt wird. Für China ist er trotzdem ein großer Schritt, der auch riskant ist. So ist die Zuverlässigkeit von 0,65 über die Missionsdauer kein besonders hoher Wert. Das bedeutet, es gibt eine 35%-Chance, dass er vor dem Ablauf dieser Frist ausfallen kann.

Die wissenschaftlichen Ziele von Yinghuo-1 (meist als YH-1 abgekürzt) sind:

* Untersuchung der Magnetosphäre und der Ionosphäre

* Erforschung des Wasserverlustes der Marsatmosphäre

* Vergleichende Studien der erdähnlichen Planeten und wie sich deren Weltraum-umgebung entwickelt hat.

Abbildung 101: Modell von Yinghuo-1 bei einer Ausstellung

Um diese Fragen zu klären, wird Folgendes untersucht:

- Die Weltraumumgebung des Mars, deren Charakteristika und die Plasmaverteilung

- Die Kopplung der Marsionosphäre mit dem Sonnenwind und Energieverteilungsprozesse zwischen Ionosphäre und Sonnenwind.

- Über welchen Mechanismus verlassen Ionen den Mars?

- Untersuchung der Ionosphäre im Marsschatten.

Die Bahn von YH-1 ist für diese Zwecke gut geeignet, weil sie alle wichtigen Teile der Weltraumumgebung des Mars durchquert. So passiert die Sonde nacheinander den Bugschock, die Zone, in der Ionen im Magnetfeld gefangen werden und die Ionosphäre.

Die Mars-Magnetosphäre und die Plasmaumgebung sind bis heute noch wenig erforscht. Die ersten US-Raumsonden suchten nach einem Magnetfeld und konnten mit den damaligen Instrumenten keines nachweisen. Erst mit Phobos 2 gelang der Nachweis eines sehr schwachen Magnetfelds. Ein Magnetfeld schützt einen Planeten vor dem Sonnenwind. Er wird von ihm umgelenkt und kann nur an den Polen bis zur Atmosphäre vordringen, was bei uns die Polarlichter verursacht. Über die Pole gelangen aber auch Teilchen in die Strahlengürtel, wo sie eingefangen werden. Diese Mechanismen gibt es nicht beim Mars. Trotzdem ergaben Untersuchungen von Mars Express, dass man in der Umgebung des Mars Ionen aus dem Sonnenwind findet, aber auch Ionen, die von der Marsatmosphäre stammen. Dadurch ist die Umgebung des Mars wieder interessant geworden. So scheint es möglich, die Verlustrate der Marsatmosphäre auf diesem Wege zu bestimmen. Noch weitergehende Untersuchungen der Grenzschicht Atmosphäre / Weltraum sind auch wesentliche Ziele des nächsten amerikanischen Orbiters MAVEN.

Die Kamera von Yingho-1, von den Wissenschaftlern „Optischer Monitor" genannt, hat die Aufgabe, globale Aufnahmen des Mars und des Marswetters anzufertigen. Das Gesichtsfeld entspricht dem Normalobjektiv einer handelsüblichen Kamera. Aus 13.000 km Entfernung ist der Mars bildfüllend.

Kamera	
Gesichtsfeld:	30 Grad
Pixel:	4 Megapixel
Gewicht:	Je 1,3 kg
Stromverbrauch:	Je 3 Watt
Auflösung im marsnächsten Punkt:	200 m

Das Plasmainstrument soll den Sonnenwind, die Interaktion mit der Marsionosphäre und die Ionen bestimmen, welche den Mars verlassen (O^+, O_2^+, CO_2^+). Aufschlüsse über den Mechanismus der Aufheizung der Ionen und wie sie den Mars verlassen, werden erwartet. Es besteht aus zwei identischen Analysatoren für Ionen, einen Analysator für Elektronen und der gemeinsamen Elektronikbox für alle drei Detektoren.

Alle drei Analysatoren sind elektrostatische Analysatoren. Diese bestehen aus metallenen Eingangsplatten in Glockenform, die das Gesichtsfeld eingrenzen. Das dort angelegte elektrische Feld lässt nur Teilchen mit einem bestimmten Eintrittswinkel passieren. Im Inneren liegt an weiteren Metallplatten ein zweites Feld an, dass nur die Passage von Ionen mit einer bestimmten Energie erlaubt. Durch Variation des ersten Feldes kann die Einfaltsrichtung kontrolliert werden, durch Variation der zweiten Spannung werden nur Teilchen mit einer vorgegebenen Mindestenergie passieren. Werden beide Parameter programmgesteuert variiert, dann werden nacheinander Ionen einer bestimmten Energie aus einer bestimmten Richtung erfasst.

Die Ionen treffen dann auf einen Sensor, der ihre Geschwindigkeit misst. Dazu gibt es zwei Flächen mit angeschlossenen Detektoren. Ein Teilchen trifft auf die erste Fläche („START") durchschlägt diese, produziert einen Impuls im Detektor und erzeugt eine Lawine von Elektronen. Danach trifft es auf die zweite „STOP"-Fläche und erzeugt im Detektor einen neuen Impuls. Dasselbe passiert mit den Sekundärelektronen, die weitere Informationen über die Energie des Teilchens liefern.

Jeder Sensor kann Teilchen aus einer Hemisphäre erfassen, daher gibt es zwei Detektoren an gegenüberliegenden Wänden der Raumsonde.

Der Detektor legt nacheinander 96 Eingangsspannungen an die innere Wand und dann acht Spannungen an die äußere Wand. Er misst dann alle 32,15 ms die eintreffenden Ionen und bestimmt die Anzahl der Teilchen in Gruppen bis 32 atomaren Masseneinheiten (U). Ein Zyklus über alle Energiebereiche und acht Sektoren dauert 24 Sekunden.

Ionendetektor	
Eingangsspannung:	-3500 bis 0 V
Gesichtsfeld pro Detektor:	160 × 360 Grad mit 8 Sektoren
Spannung der inneren Wand relativ zur äußeren Wand:	-3500 bis +20 V
Messbereich:	20 eV bis 15 keV
Energieauflösung:	7% mit 96 Energielevel
Massenauflösung:	Bereiche für Atommasse 1,2,4,8,16 und >32
Messprogramm:	96 Spannungen (innen) × 8 Spannungen (außen) × 32,15 ms pro Messung = 24 s
Datenrate:	18,5 kbit/s
Gewicht:	3,5 kg (mit Elektronendetektor)
Stromverbrauch:	13,6 Watt (mit Elektronendetektor)

Der Analysator für Elektronen ist ähnlich aufgebaut. Elektronen erwartet man vor allem in der Ebene der Ekliptik. Daher gibt es nur einen Detektor, der zur Ekliptik ausgerichtet ist. Sein Gesichtsfeld ist daher auch kleiner. Bei Elektronen wird zudem nicht die Flugzeit gemessen. Es gibt nur einen Detektor, der die Elektronenzahl und Energie misst. Der Elektronendetektor durchläuft das gleiche Programm, nur das es hier nur 32 Levels für die Energie sind. Daher ist eine Messung schon nach 8 s beendet.

Elektronendetektor	
Eingangsspannung:	0 bis 3000 V
Gesichtsfeld pro Detektor:	9 × 120 Grad mit 8 Sektoren
Spannung der inneren Wand relativ zur äußeren Wand:	20 bis +3000 V
Messbereich:	20 eV bis 15 keV
Energieauflösung:	15% mit 32 Gruppen
Messprogramm:	32 Spannungen (innen) × 8 Spannungen (außen) × 32,15 ms pro Messung = 8 s
Datenrate:	1 kbit/s

Das Fluxgate-Magnetometer bestimmt das Magnetfeld des Mars. Es besteht aus zwei Sensoren, welche beide das Magnetfeld in allen drei Raumachsen bestimmen. Sie befinden sich auf einem Solarpanel, damit sie möglichst wenig durch magnetische und elektrische Felder von Yinghuo-1 gestört werden. Um diese weiter zu minimieren, sind die beiden Detektoren 45 cm voneinander entfernt. Das erlaubt es, durch Differenzmessung das eigene Magnetfeld der Raumsonde aus den Messungen herauszurechnen.

Magnetometer	
Dynamischer Messbereich:	± 256 nT („flight operation mode") ± 65536 nT („ground test mode")
Quantisierung:	16 Bit
Eigenrauschen:	$0,01\ \mathrm{nT} \times \mathrm{Hz}^{-1}$
Auflösung:	0,1 nT
Messfrequenz:	10 Vektoren pro Sekunde.
Gewicht:	2,8 kg (davon 0,5 kg für die Sensoren)
Abmessungen:	102 × 50 × 58 mm (Sensoren) 210 × 270 × 58 mm (Elektronikbox)
Datenrate:	1024 Bit/s
Stromverbrauch:	6,8 Watt

Das vierte Experiment ist der USO (**u**ltra**s**tabile **O**szillator), der Bestandteil des Kommunikationssystems ist. Mit ihm soll das Mars-Gravitationsfeld untersucht werden. China hat für diese VLBI-Messungen in den letzten Jahren ein beeindruckendes eigenes Netzwerk aus großen Antennen aufgebaut:

Ort	Antennengröße	Fertigstellung
Shanghai	25 m	1987
Urumqi	25 m	1993
Kumming	40 m	2006
Beijing	40 m	2006

Die maximale Distanz zwischen den Antennen beträgt 3.249 km, die minimale 1.115 km. Dies ist nicht so viel wie die ESA oder NASA mit ihren Antennen auf drei Kontinenten erreichen. Doch immerhin kann mit diesem Netzwerk die Position von Yinghuo auf einen Kilometer genau bestimmt werden. Das Netzwerk wurde von China mit der Mondsonde Chang E'-1 erprobt. Eine Herausforderung ist, dass China keinen Sender hat, der leistungsfähig genug wäre, damit YH-1 sein Signal aufnehmen und erneut abstrahlen kann. Damit ist nur eine einfache Dopplermessung möglich. YH-1 soll daher nur ein stabiles Trägersignal aussenden. Dafür hat er den USO an Bord.

USO	
Sendefrequenz:	8,4 GHz
Frequenzstabilität:	kurzzeitige Abweichungen 10^{-12} der Frequenz, langfristige 10^{-11} der Frequenz.

Ergänzt wird der USO durch einen Empfänger für das Signal von Phobos Grunt. Zusammen mit dem entsprechenden Sender von Phobos Grunt ist dies ein weiteres Experiment. Phobos Grunt sendet mit einem Sender mit 6 Watt Sendeleistung Radiowellen aus. Yinghuo misst die Abschwächung der Signale durch Ionen, wenn die Ionosphäre sich zwischen den beiden Raumsonden befindet. Dieses Bedeckungsexperiment liefert so Daten über die Ionosphäre zwischen 50 und 300 km Höhe.

Satellitenempfänger	
Empfangene Frequenzen:	414 MHz und 833 MHz
Stromverbrauch:	18 Watt
Gewicht:	3 kg

Das VLBI-Netzwerk dient nicht zum Empfang der wissenschaftlichen Daten. Hier unterstützt Russland die chinesische Sonde. Die Messdaten von Yinghuo-1 werden vor allem durch die russische 64-m-Antenne in Kalieyakin empfangen. Als zweite Empfangsmöglichkeit werden Deep Space Antennen der ESA genannt und dann erst folgen chinesische Anlagen. Für das Senden von Kommandos ist China bis 2012 sogar ganz auf Russland und die ESA angewiesen. Erst dann soll eine Antenne in Ostchina mit einer 64 m großen „Schüssel" und einem leistungsstarken Sender fertiggestellt sein.

Abbildung 102: Die einzelnen Komponenten bei der startbereiten Raumsonde

Yinghuo 1	
Abmessungen (vor der Abtrennung):	0,70 × 0,70 × 0,90 m
Gewicht:	110 kg
Stromverbrauch:	Langfristig 150 Watt Kurzfristig: 190 Watt
Stromversorgung:	Zwei Paneele mit einer Gesamtfläche von 4,674 m² mit Gallium-arsenid Solarzellen Spannweite: 7,85 m 30 Ah Lithiumionenbatterie
Umlaufbahn:	Periapsis: 400 – 1.000 km Apoapsis: 74.000 – 80.000 km Bahnneigung: 0 – 25 Grad
Lageregelung:	Dreiachsenstabilisation
Thermalkontrolle:	Passiv
Kommunikation:	Parabolantenne mit 0,95 m Durchmesser CCSDS Standard, 8 – 16.000 Bit/s 12 Watt Sendeleistung Sendefrequenz: 8,4 GHz Empfangsfrequenz: 7,17 GHz
Bordcomputer:	MA 31750 CPU
Zuverlässigkeit:	0,65 (Ende der Primärmission)
Lebensdauer:	1 Jahr
Experimente:	Vier mit einer Gesamtmasse von 12,1 kg.

Experimente

Auf Phobos Grunt gibt es sehr viele Experimente. An der Zahl übertreffen sie das MSL, auch die internationale Beteiligung ist ausgeprägter. Sie können in drei Gruppen eingeteilt werden:

- Experimente die in-situ („vor Ort", auf der Oberfläche oder sehr nahe an der Oberfläche) den Mond Phobos untersuchen.

- Fernerkundungsexperimente, die aus größerer Entfernung eingesetzt werden können und mit denen auch der Mars untersucht wird.

- Experimente zur Untersuchung des Raums um Mars und des interplanetaren Mediums.

Letztere haben bei russischen Raumsonden Tradition: Russland startete nie eigene Raumsonden, um das interplanetare Medium und die Wechselwirkung mit der Sonne zu erforschen. Stattdessen gab es Experimente auf Raumsonden zum Mars und Venus, die während der Reise zum Zielplaneten aktiv waren.

Die Startverschiebung um zwei Jahre bedeutete auch einen Bruch in der Instrumentierung. Es war möglich diese zu überarbeiten und Instrumente auszutauschen. Im Februar 2009 gab Italiens Raumfahrtagentur ASI bekannt, dass ihre beiden Instrumente TIMM und DIAMOND nicht rechtzeitig fertiggestellt werden würden. Trotz der Verschiebung des Starts wurden sie dauerhaft von der Liste der Experimente gestrichen. Dafür kamen als neue Experimente TIMM-2 und MICROMEGA-VIS hinzu. Das Gasanalysepaket konnte durch ein französisches Laser-Spektrometer ergänzt werden.

LASMA

LASMA ist ein Laser-Massenspektrometer. Ein Laser verdampft wie bei ChemCam Gestein. Im Vakuum, das auf Phobos herrscht, kann man die Atome aber direkt untersuchen. Sie werden in einem Massenspektrometer ionisiert und ihre Atommasse bestimmt. LASMA setzt einen ND:YAG Laser (Neodym-dotierter Yttrium-Aluminium-Granat-Laser) ein. Er sendet mit einer Spitzenleistung von 10 kW Pulse auf eine Fläche mit nur 20 µm Durchmesser. Bei einer Frequenz von 10 kHz beträgt die dauerhafte Stromaufnahme des Lasers nur 2,5 Watt. Da jeder Puls nicht mal eine Nanosekunde lang dauert, ist die Energie pro Impuls mit 0.1 µJ sehr gering. Sie entspricht aber einer kurzzeitig einwirkenden Energie von 5 GW/m² und dringt bis zu 100 µm tief in die Oberfläche. Dabei wird das Gestein lokal verdampft und es entstehen pro Impuls rund 10.000 Atome/Ionen. Die Ionen gelangen zu einem parallel zum Laser montierten Flugzeitmassenspektrometer. Dort werden sie durch ein elektrisches Feld unterschiedlich nach Masse/Ladung beschleunigt und die Flugzeit gemessen. Der Laser wird nach der Landung in Betrieb genommen, das unterscheidet ihn von einem ähnlichen Experiment, das Phobos 1+2 mitführte. Bei diesem wurde aus naher Distanz am Mond der Laser eingesetzt. Er musste dafür erheblich leistungsfähiger sein, da durch den Verdünnungseffekt viel weniger Ionen zur Raumsonde gelangten. LASMA wird die chemische Zusammensetzung des Oberflächengesteins bestimmen.

LASMA	
Gewicht:	2,5 kg, davon 1,4 kg für das Massenspektrometer
Abmessungen:	20 × 10 × 5 cm
Messbereich:	Atommassen von 1 bis 250
Auflösung:	1/200 bis 1/600 (im Mittel bei 1/300) der Atommasse
Empfindlichkeit pro Schuss	$5 \times 10^{-6}\,\%$ bis $1 \times 10^{-4}\,\%$
Empfindlichkeit über ein Spektrum (3 Minuten)	$0,2 \times 10^{-6}\,\%$ bis $5 \times 10^{-6}\,\%$
Absolut	$5\text{-}100 \times 10^{-16}$ g
Instrumentengenauigkeit	1%
Wiederholbarkeit der Spektren	>95%

MANAGA-F

Ein zweites Massenspektrometer, MANAGA-F, bestimmt sekundäre Ionen. Es befindet sich auf der Seite der Sonde, die Phobos abgewandt ist. Von LASMA verdampftes Gestein, das hochsteigt und nicht ionisiert wurde, wird durch den Sonnenwind ionisiert. Diese sekundären Ionen werden von MANAGA-F gemessen. Es kann 1 Teilchen pro 1 Million noch unterscheiden und erfasst alle Ionen bis zur Atommasse 300 mit einer Energieauflösung von 1:100. Dieses Instrument kann auch energiereiche Ionen um Phobos und in der Marsumlaufbahn untersuchen, die durch den Sonnenwind entstehen.

NS-HEND

Das Neutronenspektrometer NS-HEND ist eine Weiterentwicklung des HEND (**H**igh **E**nergy **N**eutron **D**etector), der derzeit bei Mars Odyssey im Einsatz ist. Es besteht aus einem Neutronenspektrometer und einem Gammastrahlenspektrometer (PhGES). Er soll eine erheblich bessere Energieauflösung als HEND liefern. Er ist besonders gut geeignet, niederenergetische Neutronen zu detektieren (Energieauflösung 3% bei einer Energie von 662 keV).

Das Gammastrahlenspektrometer nutzt einen Szintillationsdetektor auf Basis eines $5 \times 5 \times 5$ cm und 600 g schweren großen $LaBr_3$ Einkristalls. Gammastrahlen erzeugen in dem Kristall einen Lichtblitz, der von einem Photoelektronen-Vervielfacher detektiert wird. Das ist eine Photokathode mit einem nachgeschalteten Verstärker. Der Lichtblitz bewirkt auf der Photokathode das Aussenden von Elektronen, die dann in mehreren Stufen verstärkt werden. Auch das Neutronenspektrometer hat einen solchen Szintillationsdetektor, allerdings auf Basis eines Cäsiumiodidkristalls. Dieser Kristall detektiert Gammastrahlen. Trifft auf ihn ein Gammastrahlenquant, so sendet er einen Blitz aus. Dieser wird dann durch lichtempfindliche Detektoren registriert.

Für die Neutronen gibt es drei Detektoren, welche für hochenergetische, mittelenergetische und schnelle Neutronen empfindlich sind. Diese Detektoren bestehen aus einem Stilbenkristall und drei Proportionalzählern mit einer Füllung aus ^{3}He, abgeschirmt mit Polyethylen und Cadmium. Das Messprinzip der Proportionalzähler ist das gleiche wie bei DAN. Zusammen mit dem Gammastrahlenspektrometer soll das Instrument den Gehalt an den radioaktiven Elementen Kalium, Thorium und Uran und den Wasserstoffanteil im Regolith bestimmen.

	NS-HEND
Neutronenspektrometer HEND:	3,8 kg
Detektiert:	Neutronen mit 0,4 eV bis 15 MeV Energie Gammastrahlen mit 100 keV bis 10 MeV Energie
Gammastrahlenspektrometer PhGS:	5,5 kg
Detektiert:	Gammastrahlen mit 0,3 bis 9 MeV Energie. 4096 Quantisierungsstufen, spektrale Auflösung: 3,2%
Stromverbrauch:	8 Watt

MIMOS II

Aus Deutschland — von der Uni Mainz — stammt das Mößbauerspektrometer Mimos II. Es ist eine weiterentwickelte Version des Gerätes, das seit 2004 an Bord der beiden amerikanischen Rover auf den Mars Untersuchungen macht. Gegenüber diesem ist es zum einen leichter (320 anstatt 540 g Gewicht durch eine verkleinerte Elektronikplatine mit höher integrierten Bausteinen). Zum anderen bietet es durch einen neuartigen Sensor eine höhere energetische Auflösung. Es nutzt den 1956 von Mößbauer entdeckten kernphysikalischen Effekt aus, der auf der rückstoßfreien Absorption und Emission von Gammaquanten durch Atomkerne beruht.

Auf dem Instrument sendet ein radioaktives Element Gammastrahlung mit einer Energie von 14.4 keV aus. Gammaquanten dieser Energie werden von Fe^{58} Kernen absorbiert. Dies geschieht bei einzelnen (isolierten) Eisenatomen rückstoßfrei. Ist jedoch der Eisenkern in einem Kristallgitter eingebunden, so geht dies nicht. Dieses nimmt den Impuls auf und das Atom gelangt in einen angeregten Zustand. Aus diesem sendet das Atom Gammaquanten mit einer Resonanzfrequenz aus. Diese Teilchen werden detektiert. Die Frequenz ist sehr eng begrenzt und hängt von der Umgebung des Eisenatoms ab. Somit lassen sich verschiedene eisenhaltige Minerale sehr genau voneinander abgrenzen. Weitere Informationen erhält man durch den Dopplereffekt, der dadurch entsteht, dass sich das Spektrometer gegenüber der Probe leicht bewegt. Es ist damit feststellbar, welche eisenhaltigen Minerale im Oberflächengestein vorkommen.

Sollte die Oberfläche aus dem Gestein Basalt bestehen, so wären die eisenhaltigen Mineralien Olivin, Pyroxen, Ilmenit und Magnetit und ihr Gehalt feststellbar. Anders als beim Mars erwartet man bei Phobos als Asteroid nur geringe Eisenmengen im Gestein. Weiterhin ist mit MIMOS II der Oxidationszustand des Eisens im Gestein feststellbar.

Von Vorteil ist, dass das Instrument keine Aufbereitung des Analysenmaterials benötigt und auch bei tiefen Temperaturen arbeiten kann. Es ist daher an dem Roboterarm befestigt. Es muss nur in die Nähe einer Untersuchungsstelle gebracht werden, wo die Gammastrahlen durch ein Austrittsfenster vorne auf das Ziel auftreffen können. Als Strahlenquelle setzt das Experiment einige Mikrogramm Kobalt-57 ein. Dieses radioaktive Isotop zerfällt mit einer Halbwertszeit von 271 Tagen in das stabile Isotop Eisen-57. Dabei sendet es Gammastrahlen aus.

MIMOS II besitzt durch einen neuen Siliziumdrift-Detektor ein zehnmal geringeres Rauschen. Dadurch ist auch die Energieauflösung höher (140-160 eV verglichen mit 1.000-

254

1.500 eV bei MIMOS) und die Integrationszeit (Zeit, bis eine Messung abgeschlossen ist) ist geringer. Darunter versteht man die Messzeit, die notwendig ist, um ein aussagekräftiges Spektrum zu erhalten. Die geringen Mengen an radioaktivem Kobalt, die das Instrument als Strahlenquelle enthält, sorgten nach dem Stranden im Orbit nochmals für Schlagzeilen. Einige Medien prognostizierten eine Strahlenverseuchung beim Wiedereintritt. Dazu war die Menge aber viel zu gering.

MIMOS II	
Abmessungen:	4 × 4 × 9 cm
Gewicht:	0,32 kg
Durchmesser des Austrittsfensters:	15 mm
Eindringtiefe:	0,1 mm
spektrale Auflösung:	140 bis 160 eV

Roboterarm

Der Manipulatorarm, an dem die Mößbauersonde angebracht ist, wird genutzt um eine Bodenprobe mit einem Volumen von 0,5-1,5 cm³ aufnehmen. Russland hat Erfahrungen darin, unbemannt Bodenproben zu entnehmen. Von 1969 bis 1976 startete die Sowjetunion zehn Sonden des Programmes E-8 zum Mond. Nach dem Start wurden diese Luna 15 bis Luna 24 getauft. Von diesen Sonden gingen fünf durch Fehlstarts verloren, zwei weitere bei der Landung. Doch bei den drei erfolgreich gelandeten Raumsonden glückte jedes Mal die Bodenprobennahme und Rückführung zur Erde. Die Menge ist mit der von Phobos Grunt vergleichbar: rund 100 bis 200 g Gestein pro Mission. Allerdings hat sich mittlerweile die Technik beträchtlich weiterentwickelt. Die Luna Sonden setzten einen Bohrer ein, der sich in der Mitte der Sonde 2 m nach unten bohrte. Danach rollte er den Bohrkern auf und beförderte ihn in die Rückkehrkapsel. Eine Selektion, an welchem Ort die Bohrung erfolgte, war nicht möglich.

Der Manipulatorarm von Phobos Grunt wird dagegen nicht eine, sondern 15 bis 20 Bodenproben mit einem Gesamtgewicht von 85 bis 260 g aufnehmen. Er endet in einem röhrenförmigen Probennehmer mit einer Klaue. Sie kann so auch kleinere Steine bis zu 1,2 cm Durchmesser aufnehmen. Ein Kolben befördert dann die Bodenproben in einen Container, der die Form eines Artillerie-Projektils hat. Der Sammelprozess dauert zwischen zwei Tagen bis zu einer Woche. Unterstützt wird er vom 2 kg schweren Bohrmechanismus CHOMIK

("Hamster"). Er wird genutzt, um bei einer harten Oberfläche diese zu zertrümmern, sodass der Greifer die kleinen Bestandteile aufnehmen kann. Der Manipulatorarm entnimmt Proben für das Labor für Vor-Ort Untersuchungen, aber auch die Proben für die Rückkehrkapsel.

Roboterarm	
Gewicht:	3,5 kg
Aktionsradius:	1 m
Länge im ausgefahrenen Zustand:	1000 mm
Geschwindigkeit:	10 ± 3 mm
Positioniergenauigkeit:	5 mm
Geplante Probenzahl	>15
Stromverbrauch:	1,5 Watt

GAP

Die Bodenproben werden nicht nur in die Kapsel transportiert, sondern können auch von der Landesonde selbst untersucht werden. Dazu werden sie einem Gaschromatograph-Komplex (GAP: **G**as **A**nalytical **P**ackage) zugeführt. Es besteht aus vier Bestandteilen:

- Einem Pyrolysator mit einer Gasfalle und einem Wärmeleitfähigkeitsdetektor: Er erhitzt die Probe, sodass gebundene Gase, aber auch Flüssigkeiten verdampfen. Die Probe kann bis auf 1000 Grad Celsius erhitzt werden.

- Einem Gaschromatographen zur Auftrennung des Gemisches.

- Einem Laser-Spektrometer zur Analyse des Gasgemisches (Konzentration)

- Einem Massenspektrometer zur Feststellung, welche Moleküle enthalten sind.

Die Instrumentierung ist damit vergleichbar dem Instrument SAM an Bord von Curiosity, auch wenn es erheblich einfacher aufgebaut und damit auch bedeutend leichter ist.

Der Pyrolysezelle, die nur einen Durchmesser von 4 mm und eine Höhe von 5 mm hat, ist ein Probennehmer vorgeschaltet. Er entnimmt aus den Proben des Greifers eine kleine

Menge heraus, siebt sie, und bringt den feinen Staub in die Pyrolysezelle. Der Kopf ist dabei wie eine Bürste geformt, sodass er auch die Pyrolysezelle reinigen kann. Sie soll mehrfach genutzt werden.

Nach dem Verbrennen der Probe passiert der Gasstrom zuerst ein Laser-Spektrometer. Dieses arbeitet nach einem einfachen Prinzip: Ein Laserstrahl wird durch den Gasstrom geschickt. Auf der andern Seite ist ein lichtempfindlicher Detektor. Moleküle werden durch das Laserlicht angeregt, absorbieren Licht und dies ist messbar. Dadurch erhält man Informationen über die Konzentration der Moleküle. Da ein Laser nur Licht einer Wellenlänge aussendet, kann man mit einem Laser nicht alle Gase bestimmen, sondern im Regelfall nur eines. Daher verfügt das Experiment über vier Zellen mit unterschiedlichen Lasern.

Die **T**unable **D**iode **L**aser **A**bsorption **S**pectroscopy (TDLAS) sucht nach Kohlendioxid und Wasser sowie Bruchstücke dieser Moleküle und Acetylen. Es kann auch mit sehr hoher Präzision die Isotopenverhältnisse feststellen, also das Verhältnis von schwerem Wasserstoff zu normalen und dem durch kosmische Strahlung gebildeten Sauerstoff Isotop-18 zum normalen Sauerstoff.

Beim TDLAS wird eine Messkammer von 19,5 cm Länge und 3 mm Durchmesser mit dem bei der Pyrolyse entstehenden Gas gefüllt und dann jeweils 5 Minuten pro Absorptionsbereich gemessen. Dabei werden 512 Messpunkte aufgenommen. Wie die Bezeichnung "Tunable" verrät, kann die Wellenlänge des Lasers leicht variiert werden. Dadurch wird ein Spektrum in einem sehr schmalbandigen Bereich gewonnen. Das Spektrum ist nicht einmal 10 nm breit. Es ist so auch möglich Isotope zu unterscheiden, da diese durch ihre Masse ganz leicht das Absorptionsmaximum verschieben. Eine Gesamtmessung dauert rund 20 Minuten.

Aus der Instrumentenbeschreibung geht nicht hervor, ob TDLAS parallel zum Gaschromatograph arbeitet oder ihm nachgeschaltet ist.

Der Gaschromatograph trennt die flüchtigen Substanzen nach molekularer Masse auf. Als Trägergas dient Helium. Zwei Tanks mit je 250 cm³ Helium unter 40 Bar Druck befinden sich im Gerät. Dazu gibt es einen Kalibrationstank, der ein Gasgemisch definierter Zusammensetzung zum Test und Kalibrieren der Instrumente enthält. Der Gaschromatograph verfügt über zwei getrennt arbeitende Systeme. Jedes besteht aus einer Gasfalle, welche zuerst die Gase vor der Analyse sammelt (es dauert einige Zeit, bis die ganze Probe verascht ist), einer Trennsäule und einem Wärmeleitfähigkeitsdetektor. Die wesentliche Aufgabe des Wärmeleitfähigkeitsdetektors ist es festzustellen, wann am Ausgang ein Stoff anliegt, damit nur dann das Massenspektrometer eine Messung beginnt. Dies ist ein universeller Sensor, der darauf beruht, dass die Wärmeleitfähigkeit von Helium durch seine geringe Atommasse anders als die anderer Gase ist. Die Methode ist unspezifisch und nicht sehr sensitiv (einige Gase werden schon bei Konzentrationen von 0,001%, andere erst bei einigen Prozent erkannt).

Die einzelnen Fraktionen gelangen dann zum Massenspektrometer. Dieses erfasst die Moleküle mit Atommassen von 1 bis 400, wobei allerdings ab einer Atommasse von 150 die Sensitivität abfällt. Die Empfindlichkeit der Messung beträgt dort nur noch 1 ppb (ein Teilchen pro Milliarde). Frankreich ist an dem Komplex beteiligt. Vom CNES stammen das Laserspektrometer des Gaschromatographen und die Gassäulen, die aus einer gemeinsamen Entwicklung für Phobos Grunt und das MSL entstanden.

GAP	
Gesamtgewicht:	10 kg
Wärmeleitfähigkeits-sensor:	Gewicht: 0,5 kg Genauigkeit: 1 Molekül pro 1000 Trägermoleküle
Laserspektrometer:	Gewicht 1,5 kg Abmessung: 30 × 15 × 15 cm Aufgabe: Bestimmung der Konzentration von Wasser und Kohlendioxid sowie Spaltprodukten (H_2, O_2). Suche nach Acetylen und CH Gruppen in organischen Molekülen. Bestimmung der Isotopenverhältnisse von D/H, O^{17}/O^{16}, C^{13}/C^{12}
Gaschromatograph:	Gewicht: 4,5 kg
Massenspektrometer:	Gewicht: 3,5 kg Abmessung: 25,6 × 18,8 × 12 cm Massenbereich 2- 400 U Massenauflösung: 400 Dynamischer Bereich: 10000 Sensitivität: 3-5 × 10^{-12} hPa für Argon

TIMM / TIMM 2

Im Rahmen der internationalen Beteiligung wollte Italiens Raumfahrtagentur ASI das Instrument TIMM zur Verfügung stellen. Der Thermal Infrared Multisprectral Mapper TIMM ist ein abbildendes Fourierspektrometer. Es sollte ein Bild von Mars und Phobos in grober

Auflösung (90 × 90 Pixel pro Bild) in 35 Spektralkanälen im mittleren (thermischen) Infrarot anfertigen. Das Instrument hatte die Aufgabe, eine spektrale Karte von Phobos mit einer Auflösung von 0,4 bis 1,0 km anzufertigen. Dies ist im infraroten Spektralbereich, wo die thermische Strahlung von Phobos gemessen wird, auch auf der Nachtseite möglich.

TIMM	
Gewicht:	2,5 kg
Abmessungen:	13,5 × 16 × 25 cm
Spektralbereich:	400 bis 1400 cm^{-1} 7,5 bis 16 µm Wellenlänge
spektrale Auflösung:	20 cm^{-1} ~ 0,25 µm pro Punkt
Gesichtsfeld:	9 × 9 Grad
Räumliche Auflösung:	0,1 Grad
Detektor:	90 × 90 Pixel CCD
Messdauer für ein Spektrum:	10 s

Im Februar 2009 wurde bekannt, dass die ASI das Instrument nicht rechtzeitig zum Start fertigstellen kann und es so nicht zum Einsatz kommen würde. Daran änderte auch die Startverschiebung um zwei Jahre nichts.

In die Bresche sprang nun die französische Weltraumagentur CNES, die zusammen mit dem IKI innerhalb von zwei Jahren das Instrument TIMM-2 entwickelte. Es basiert auf dem französischen Instrument SOIR (eingesetzt auf Venus Express) und dem russischen RUSALKA (eingesetzt auf der ISS). TIMM-2 hat mit TIMM aber nur den Namen gemeinsam. Es ist ein IR-Spektrometer, das die Marsatmosphäre untersucht, wenn diese zwischen der Sonne und der Raumsonde steht. Das Instrument schaut auf den Planetenrand, sieht die Atmosphäre also im Querschnitt. Passiert diese nun die Sonne, so regt die Sonnenstrahlung die Moleküle an und sie absorbieren UV-Strahlen. Diese Absorption wird bestimmt. Es ergänzt AOST, hat aber gegenüber diesem Instrument aber eine zehnmal höhere spektrale Auflösung und ein kleineres Gesichtsfeld. TIMM-2 verfügt über einen akustisch-optischen Filter, der es erlaubt, einen Bereich aus dem Spektrum auszublenden.

TIMM-2	
Gewicht:	3,5 kg
Abmessungen:	Max 26 cm
Spektralbereich:	2,4 bis 4,2 µm
Gesichtsfeld:	0,5 × 40 Bogenminuten
spektrale Auflösung:	30 – 150 über das ganze Spektrum >20.000 in 14 Teilbereichen von 14-23,5 nm Breite
Detektor:	256 × 320 Pixel HgCdTe CCD

TIMM-2 soll das Spurengas Methan bestimmen, es ist zwanzigmal empfindlicher als das PFS an Bord von Mars Express, das derzeit beste Instrument im Einsatz. Methan wurde von Mars Express entdeckt. Dies war eine Sensation. Methan entsteht auf der Erde vorwiegend, wenn organisches Material zerfällt oder es Gärungen gibt, es ist aber auch ein Bestandteil vulkanischer Gase. Das Überraschende ist, das Methan in der Marsatmosphäre nicht stabil ist. Es wird durch die Sonnenstrahlung innerhalb von 300 Jahren oxidiert. Da bisher keinerlei vulkanische Aktivität auf dem Mars beobachtbar ist, interessieren sich Wissenschaftler natürlich brennend für dieses Spurengas. TIMM-2 kann Methan bis zu einer Konzentration von 1 Teil pro 5 Milliarden nachweisen. Weitere untersuchte Spurengase sind Wasserdampf, Kohlenmonoxid und Ozon.

Daneben wird das Instrument besser das Verhältnis von Schwerem zu normalem Wasserstoff im Wasserdampf quantifizieren können. Dies ist ein wichtiger Parameter, der Rückschlüsse zulässt, wie viel Wasser der Mars früher hatte, da Deuterium, der schwere Wasserstoff, stärker am Entweichen gehindert wird, als der normale.

Zudem wird das Instrument die Aerosole, ihre Zusammensetzung, Konzentration und Verteilung in der Hochatmosphäre untersuchen.

AOST

Das zweite Spektrometer AOST ist ein nicht abbildendes Spektrometer. Das bedeutet, es misst nur von einem Messpunkt das Spektrum. Die räumliche Auflösung ist daher gering. Das ist aber kein Nachteil, weil es aus nächster Nähe die Oberfläche untersuchen kann und so die geringe Auflösung durch den geringen Abstand kompensiert wird. Der Vorteil ist, dass es einen sehr viel größeren Bereich des infraroten Spektralbereichs abdeckt. AOST wird auch nach der Landung aktiv sein und auf der Oberfläche Spektren gewinnen. Dann erhält man die Auskunft, welche Mineralien innerhalb des nur noch wenige Zentimeter großen Gesichtsfelds vorkommen. So kann man Bodenproben vorselektieren, wenn dies gewünscht ist. Das Instrument ist in einer Achse um 183 Grad und in der anderen Achse um 360 Grad schwenkbar. Das erlaubt es, nach der Landung die gesamte Umgebung der Sonde zu untersuchen.

Auf dem Mars wird das Spektrometer aus der Marsumlaufbahn heraus Atmosphäre und Oberfläche untersuchen. Es bestimmt die Konzentration von Methan, Spurenbestandteilen und Aerosolen. Es soll eine Temperaturkarte des Mars erstellen. Auch soll es nach chemisch gebundenem Wasser suchen. Von Phobos soll eine globale mineralogische Karte entstehen.

AOST wird vom IKI zusammen mit Deutschland und Italien entwickelt.

AOST	
Gewicht:	4,0 kg
Strombedarf:	10 Watt
Spektralbereich:	2,5 bis 25 µm
spektrale Auflösung:	0,9 cm^{-1} (400 Messpunkte pro Spektrum)
Gesichtsfeld:	2,3 Grad
Messdauer pro Spektrum:	5 bis 50 s
Empfindlichkeit:	Nachweis von Spurengasen mit 1 Teil pro Milliarde

Kamerasysteme

Phobos Grunt verfügt über eine ganze Reihe von Kamerasystemen. Nach dem Einsatz kann man zwei Typen unterscheiden: Kameras, die für die Beobachtung von Phobos aus dem Orbit bzw. des Mars eingesetzt werden und Kameras, die nach der Landung aktiv sind und die Oberfläche aufnehmen.

Für die Beobachtung aus der Ferne gibt es zwei Kameratypen: eine Weitwinkel- und eine Telekamera. Beide sind doppelt vorhanden. Je eine Weitwinkel- und eine Telekamera befinden sich an entgegengesetzten Seiten der Raumsonde. Der Abstand von 2 m zwischen den Kameras erlaubt so stereoskope Bilder. Weitwinkel- und Telekamera verwenden unterschiedliche Optiken, aber denselben CCD-Chip und dieselbe Elektronik. Diese Kameras dienen auch der Navigation. Sie sollen also aus dem Zwischenorbit Aufnahmen von Phobos anfertigen und so seine Position feststellen. Wenn die Sonde den Mond umrundet, soll mit beiden Kamerasystemen eine Karte des Mondes entstehen. Die Auflösung beträgt jeweils ein Tausendstel der Bildgröße, also bei 97 km Bildgröße 97 m.

Diese Kameras machen nur Schwarz-Weiß-Aufnahmen. Sie verfügen weder über ein Filterrad noch eine Bayermaske.

	Weitwinkelkamera	Telekamera
Fokuslänge:	18 mm	500 mm
Gesichtsfeld:	23,2 × 23,2 Grad = 202² km aus 500 km Entfernung = 2.635² km aus 6.500 km Entfernung	0,85 × 0,85 Grad = 7,4² km aus 500 km Entfernung = 97² km aus 6.500 km Entfernung
Blende:	2	7
Öffnung:	9 mm	71 mm
Gewicht:	1,7 kg	2,7 kg
Auflösung:	84,8 Bogensekunden	3,05 Bogensekunden
CCD-Sensor:	KODAK KAF-1020	
Chipfläche:	1004 × 1004 Pixel	
Pixelgröße:	7,4 × 7,4 µm	
Quantisierung:	12 Bit/Pixel	
Strombedarf:	8 Watt	
spektrale Empfindlichkeit:	400 – 1000 nm	

Nach der Landung wird die Panoramakamera PANCAM einen Überblick über den Landeplatz anfertigen. Sie befindet sich auf dem Roboterarm und ist schwenkbar. Sie wurde auf Basis von ESA-Instrumenten für den Rosetta-Lander entwickelt. Sie kann auch Farbaufnahmen anfertigen. Dazu setzt sie drei Farbfilter ein. Da der dritte Filter aber das nahe Infrarot durchlässt und ein Grünfilter fehlt, werden die Aufnahmen nicht dem Eindruck entsprechen, den ein Mensch gewinnen würde. Die Auflösung von 3 Bogenminuten ist etwa dreimal schlechter als die des menschlichen Auges.

PANCAM	
Fokuslänge:	12,4 mm
Gesichtsfeld:	64 × 51,2 Grad mit Schwenken: 60 × 360 Grad
Filter:	450 nm (blau) 650 nm (rot) 950 nm (nahes Infrarot)
Chip:	Thomson-CFH TH 888A, 1280 × 1024 Pixel
Auflösung:	180 Bogensekunden
Gewicht:	0,45 kg

Die Verschiebung des Starts führte zur Hinzunahme von zwei weiteren Kameratypen. Das eine sind zwei Stereokameras mit einem Abstand von 80 mm zwischen den beiden Objektiven. Das entspricht dem Abstand unserer Augen, das heißt, diese Kameras werden Bilder anfertigen, die dem entsprechen, was ein Mensch sehen würde.

Das Zweite ist die Mikroskopkamera MicrOmega. Sie sitzt auf dem Arm und macht Detailaufnahmen der Oberfläche wie ein Mikroskop, vergleichbar MAHLI. Allerdings handelt es sich um eine Mischform zwischen Spektroskop und Kamera. Nach der um den Faktor 1,5 vergrößernden Optik kommt ein akustisch-optisch verstellbarer Filter, der einen Spektralbereich auswählt. So wird ein monochromatisches Bild um eine eng begrenzte Wellenlänge angefertigt. Nacheinander werden so 500 Bilder in 500 Spektralkanälen angefertigt, die zusammen einen Datenkubus ergeben. Nimmt man in jedem Bild die Helligkeitswerte eines Pixels an denselben Koordinaten, so erhält man das Spektrum an diesem Messpunkt. Der CCD-Sensor wird auf 110K (-163°C) gekühlt, um das Eigenrauschen im Infrarot zu reduzieren.

MicrOmega	
Blickfeld:	5 x 5 mm, 500 x 500 Pixel
Räumliche Auflösung:	0,02 mm
spektrale Empfindlichkeit:	900 – 3200 nm
Spektralkanäle:	500
spektrale Auflösung:	20 cm^{-1}

DISD und LWR

Phobos Grunt hat zwei Radarsysteme an Bord. DISD dient zur Unterstützung der Landung. Es ist ein Kurzwellenradar, dessen Signale von der Oberfläche abprallen. Es gehört nicht zur wissenschaftlichen Ausrüstung.

Zum Durchleuchten von Phobos und Bestimmung seiner Oberflächengestalt wird das Langwellenradar LWR eingesetzt. Es sendet Radarwellen mit einer Frequenz von 150 (±25) MHz aus und fängt die reflektierten Echos auf. Die Höhenauflösung beträgt 2 m. Es wird ein Oberflächenprofil von Phobos mit dieser Genauigkeit erstellen. Das ist insbesondere deswegen wichtig, weil die Form des Mondes irregulär ist.

Radarwellen haben eine unterschiedliche Eindringtiefe, die von der Wellenlänge abhängt. Je größer die Wellenlänge ist, desto tiefer dringt das Instrument in den Boden ein. Beim LWR erwarten die Wissenschaftler eine Eindringtiefe von 1 bis 100 m. Die Tiefe hängt stark von der vorgefundenen Struktur ab. Der untere Wert gilt für kompaktes und dichtes Gestein. Der obere Wert für eine lockere Schuttschicht und unterirdische Hohlräume und Risse. Damit wird das Instrument nicht nur das Profil des Mondes ermitteln, sondern auch wertvolle Daten über dessen innere Struktur.

Radargeräte	
DISD:	13 kg
LWR:	3,5 kg
Frequenz:	125 – 175 MHz, Zentralfrequenz 150 MHz
Höhenauflösung:	2 m
Eindringtiefe:	1 bis 100 m

Direkte physikalische Untersuchungen der Oberfläche

Am Boden horcht ein Seismometer nach Erschütterungen von Phobos. Es hat drei Sensoren, die einen Messbereich von 10^{-6} — 20 g abdecken. Es kann so Erschütterungen unterschiedlichster Intensität registrieren. Zum einen erzeugt die Sonde selbst Erschütterungen durch ihre Probenaufnehmer, deren Echos man in einem so kleinen Himmelskörper messen kann. Zum anderen wird Phobos durch die Gezeitenkräfte des Mars durchgewalkt, weil er sich nahe der Roche-Grenze befindet. Dies sollte ebenfalls Erschütterungen verursachen. Die

Ausbreitung der seismischen Wellen liefert Informationen über den inneren Aufbau des Marsmondes.

Seismometer	
Sensor SAB (Seismic Acoustic Block):	Empfindlichkeit >60 db Beschleunigungskräfte von 10^{-4} bis 10^{-7} m/s²
Sensor BDSD (Bandwith-Duration Seismic Block):	Empfindlichkeit >60 db Beschleunigungskräfte von 10^{-7} bis 10^{-10} m/s²
GRACE-F (Seismisches Gravimeter):	Empfindlichkeit >100 db Frequenzen von 3×10^{-5} bis 102 Hz

Ein Thermometer (Thermophob) wird nach der Landung in die Oberfläche von Phobos gerammt und misst die Oberflächentemperatur, Wärmekapazität und die elektrische Leitfähigkeit. Der Messbereich beträgt 160-380 K mit einer Genauigkeit von 0,1 Grad. Es wiegt nur 0,3 kg.

Plasmaumgebung des Mars

Die Plasmaumgebung des Mars bestimmt das Plasma-Magnetische Subsystem, das aus drei Einzelinstrumenten besteht. Sie teilen sich eine gemeinsame Datenverarbeitungsanlage. Ein Spektrometer für planetare Ionen bestimmt niederenergetische Ionen. Sie stammen primär vom Mars, wenn der Sonnenwind auf die Atmosphäre trifft, diese ionisiert und die Ionen dann den Planeten verlassen können. Es wird ergänzt durch ein Spektrometer für höhere Energien. Dieses erfasst die Teilchen des Sonnenwinds und der kosmischen Strahlung. Dazu kommen Magnetfeldsensoren. Sie sollen das nur lokal ausgebildete Magnetfeld des Mars genauer charakterisieren. An diesem Instrument sind auch Schweden, Frankreich und die Ukraine beteiligt.

PhPMS	
Magnetfeldsensoren:	Messbereich: 0,1 bis 1000 nT Frequenzen von 10 Hz bis 100 kHz
Spektrometer für planetare Ionen:	3 eV bis 15 keV (höchste Empfindlichkeit zwischen 10 eV und 3 keV)
Spektrometer für hochenergetische Ionen:	10 eV bis 50 keV
Gewicht:	3 kg

Interplanetares Medium

Die folgenden Experimente sind auf der Reise von der Erde zum Mars aktiv.

Zwei Experimente untersuchen Mikrometeoriten und Staub. Der Mikrometeoritendetektor METEOR misst die Masse und Geschwindigkeit von Mikrometeoriten während des Flugs. Er detektiert Teilchen von 10^{-6} bis 10^{-14} g Masse bei Geschwindigkeiten von 3 bis 35 km/s.

Der Staubdetektor DIAMOND besteht aus zwei identischen Detektoren in unterschiedlichen Ausrichtungen. Der eine ist der Flugrichtung angebracht, der andere diametral entgegengesetzt auf der Rückseite montiert. Die Sammelfläche beträgt jeweils 0,01 m². Staub durchschlägt die Sammelfläche. Er verdampft und ein Teil wird ionisiert. Dadurch wird die Ladung eines Gitters unter der Sammelfläche, das unter Strom steht, beeinflusst und dies wird gemessen. Ein ähnliches Messprinzip nutzt auch METEOR.

Das Experiment LIBRATION untersucht die innere Struktur von Phobos, bestimmt das Zentrum der Gravitationskraft, die mittlere Dichte, die Inhomogenität und die Bewegung um den Schwerpunkt. Unter der Libration werden Schwankungen der Bewegung des Himmelskörpers um die mittlere Bewegung bezeichnet. Im Falle von Phobos haben sie ihre Ursachen in der unregelmäßigen Struktur und einer vermuteten Variation der inneren Dichte.

Dazu dienen sieben obskure Kameras (Kameras in einem dunklen Behälter mit einer kleinen Öffnung, ohne optisches System) und einem Gesichtsfeld von nur 1 Bogenminute. Das Bild, das auf CCD-Sensoren mit 1280 × 1024 Pixeln fällt, wird ausgewertet. Dazu genutzt werden auch die Startrackerkameras mit einem Gesichtsfeld von 10 Bogenminuten. Sie messen, wann Phobos das Licht der Sterne verdeckt und dadurch wie er sich bewegt.

Vermessen wird auch das Radiosignal. Dazu gibt es einen ultrastabilen Oszillator (USO). Der nur 0,35 kg schwere USO liefert eine sehr stabile Sendefrequenz. Die Vermessung der Frequenzverschiebung, während die Sonde auf Phobos ist, erlaubt es die Umlaufbahn von Phobos genauer zu bestimmen. So sollte auch die verbleibende Lebensdauer von Phobos präzisiert werden können, da sich der Mond langsam zum Mars hin bewegt. Die Auswertung des Signals liefert auch genauere Daten über die interne Masseverteilung. Auf dem Flug zum Mars kann mit dem USO die Gravitationskonstante genauer bestimmt werden. Das Experiment wird ebenfalls genutzt, um Funksignale zu YH-1 zu senden. Es wird hier für Bedeckungsexperimente genutzt. Das bedeutet, es wird gemessen, wenn das Funksignal die Atmosphäre passiert, wie es von ihr verändert und abgeschwächt wird.

LIFE

Das LIFE-Experiment der Planetary Society ist das Einzige in der Rückkehrkapsel. Da es hier rigide Gewichtsbeschränkungen gibt, ist es sehr klein. Es ist eine zylindrische Kapsel, vergleichbar einem Hockey-Puck, aber kleiner. Sie enthält 30 kleine Kapseln, die die Proben aufnehmen. Sie befinden sich in einem 26 mm großen Gehäuse. Das gesamte Experiment ist versiegelt, damit die Organismen nicht entweichen können. Das Gehäuse ist ausgelegt, eine Beschleunigung von mehr als 4.000 g überstehen zu können.

An den Seiten gibt es miniaturisierte Dosimeter. Sie bestimmen die Gesamtdosis, der das Experiment über die dreijährige Reise ausgesetzt ist. Zehn Organismen werden eingesetzt: Bakterien, echten Zellen und Archaebakterien. Jede Mikrobenspezies befindet sich in jeweils drei Röhrchen.

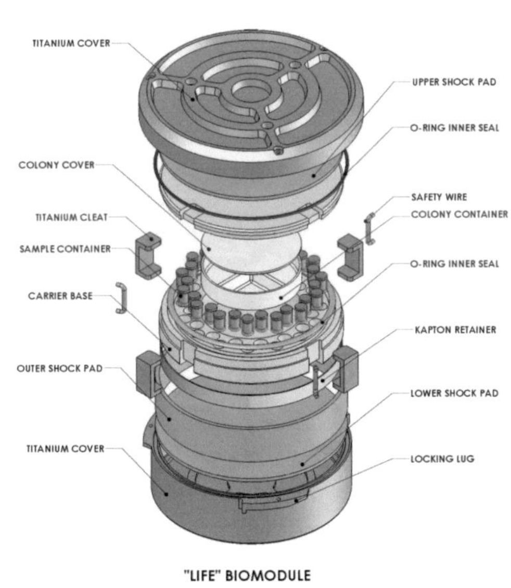

Die Proben decken sehr unterschiedliche Lebensformen ab. So findet man Sporenbildner, das sind widerstandsfähige Bakterien, da die Sporen eine sehr dicke Wand haben, und strahlentolerante Organismen. Andere Organismen kommen mit anderen extremen Umweltbedingungen wie Trockenheit, Nährstoffarmut oder hohen Temperaturen gut zurecht. Zuletzt gibt es auch normale Organismen, die nicht besonders widerstandsfähig sind, wie ein Unkraut und Bierhefe. Von ihnen ist das Erbgut bekannt, sodass eine Sequenzierung des Erbguts nach der Bergung Rückschlüsse auf die Auswirkung von kosmischer Strahlung auf das Erbgut hat. Dies wäre auch für bemannte Missionen wichtig, da durch Erbgutveränderungen (Mutationen) Krebs entstehen kann.

Abbildung 103: Aufbau des LIFE Experiments © Planetary Society

LIFE Experiment		
Gewicht:	0,088 kg	
Abmessungen:	56 mm Durchmesser 18 mm maximale Höhe	
Kapseln:	30 Stück, je 3 mm Durchmesser	
Schockfestigkeit:	Bis 4000 g	
Bakterien:	Bacillus safensis	Organismus, der hochresistent gegen Gamma- und UV-Strahlen ist. Er wurde auf den Oberflächen der letzten Rovern entdeckt, wo er die Sterilisierungsprozedur überstand.
	Bacillus subtilis (2 verschiedene Stämme)	Ubiquitärer Organismus, der im Boden vorkommt und sich in feuchtem Heu vermehrt. Er bildet Endosporen aus und gilt als sehr anpassungsfähig.
	Deinococcus radiodurans	Sehr strahlungstoleranter Organismus, der in Fleischkonserven, Seefisch, aber auch in der Antarktis vorkommt.
Echte Zellen:	Saccharomyces cerevisiae	Bier- oder Bäckerhefe. Verschiedene Stämme werden zur Gärung von Getränken oder Brotherstellung verwendet.
	Arabidopsis thaliana	Acker-Schmalwand: ein sehr weitverbreitetes Unkraut, das in der Genetik ein Modellorganismus ist. Das Genom (Erbgut) wurde inzwischen vollständig sequenziert, ist also genau bekannt.
	Tardigrades	Bärtierchen: bis zu 1 mm große, achtbeinige Tiere. Sie sind in vielen Lebensräumen im Süßwasser, Meer und auf Land anzutreffen. Sie können in einen todesartigen Zustand übergehen, in dem keine Stoffwechselaktivität mehr nachweisbar ist.
Archaebakterien:	Haloarcula marismortui	Eine Art, die hohe Salzkonzentrationen toleriert und unter anderem sich noch im Toten Meer vermehrt.
	Pyrococcus furiosus	Eine Art, die sich noch bei über 100°C vermehren kann. Ihr Genom wurde inzwischen vollständig sequenziert.
	Methanothermobacter wolfeii	Eine anspruchslose Art, die nur Kohlendioxid, Wasserstoff und Salz braucht, um sich zu vermehren.
Bodenprobe:	Bodenprobe aus der Wüste Negev	Als Beispiel für eine an trockene und stark schwankende Temperaturen angepasste natürliche Fauna/Flora.

Gesamtübersicht

Instrument	Funktion	Gruppe	Gewicht
GAP	Gasanalyse, Suche nach flüchtigen Stoffen	in Situ Untersuchungen	8,7 kg
Manipulator	Bodenprobeaufnahme, Untersuchungen der Zusammensetzung	in Situ Untersuchungen	1,3 kg
PhGES	Gammastrahlenspektrometer	in Situ Untersuchungen	5,5 kg
NS-HEND	Neutronenspektometer	in Situ Untersuchungen	4,0 kg
LASMA	Laser/Massenspektrometer	in Situ Untersuchungen	1,4 kg
MANAGA-F	Sekundärionenmassenspektrometer	in Situ Untersuchungen	1,4 kg
TIMM	Abbildendes IR Spektrometer	Fernaufklärung	2,0 kg
AOST	Fourierspektrometer	Fernaufklärung	4,0 kg
NAVCAM	Kamera	Fernaufklärung	1,2 kg
OBSCAM	Kamera	Fernaufklärung	1,8 kg
PANCAM	Kamera	Fernaufklärung	0,45 kg
DPR	Langwellenradar	in Situ Untersuchungen	3,5 kg
MUSS	Seismometer	in Situ Untersuchungen	0,5 kg
THERMOPHOB	Thermalsensor	in Situ Untersuchungen	0,35 kg
FPMS	Plasmawellenexperimente	Astrophysikalische und Umgebungsuntersuchungen	3,0 kg
METEOR	Mikrometeoritendetektion	Astrophysikalische und Umgebungsuntersuchungen	3,5 kg
DUST	Staubdetektion	Astrophysikalische und Umgebungsuntersuchungen	2,5 kg
LIBRATION	Phobos Librationsstudie	Astrophysikalische und Umgebungsuntersuchungen	0,5 kg
USO	Gravitationsfeldmessungen	Astrophysikalische und Umgebungsuntersuchungen	0,35 kg
Gesamt	**19 Experimente**		**45,95 kg**

Insgesamt ist Phobos Grunt, wenn man den sehr hohen Treibstoffanteil der Mission berücksichtigt, sogar noch besser instrumentiert als Curiosity. Die Sonde trägt 19 Experimente anstatt 10. Allerdings sind die meisten deutlich einfacher aufgebaut als die der amerikanischen Marssonde.

ESA Kooperation

Die ESA plante ursprünglich für 2013 die Exomars Mission, die einen Rover auf dem Mars absetzen sollte. In dessen Rahmen sollte Phobos Grunt auch als Kommunikationsrelay dienen. Er hätte die Signale des Rovers aufgefangen und zur Erde weitergeleitet. So verhandelten beide Raumfahrtagenturen über eine Zusammenarbeit bei beiden Missionen.

Es gab von den russischen Wissenschaftlern den Wunsch, schon vor Ankunft der Sonde mehr über Phobos zu erfahren. Das Problem ist, dass die Oberfläche bisher nur unzureichend bekannt ist. Die einzigen direkten Untersuchungen erfolgten im Februar 1977 durch Viking Orbiter 1. Doch dessen Kameras waren nicht hochauflösend. Vor allem gab es gerade von der geplanten Landestelle keine hochauflösenden Aufnahmen. Die späteren amerikanischen Orbiter hatten kaum Gelegenheit, Phobos zu fotografieren. Sie halten sich nur wenige Monate in elliptischen Umlaufbahnen auf, die dann durch Aerobraking schnell abgesenkt werden. Im operationellen Betrieb befinden sie sich in Umlaufbahnen in 300 km Höhe. Von dort aus kann wegen der gebundenen Rotation immer nur eine Seite von Phobos erfasst werden.

Die einzige Raumsonde, die Phobos vor der Ankunft von Phobos Grunt erfassen kann, ist Mars Express. Sie kreuzt bei jedem Umlauf die Bahn des Mondes. So gab es vom IKI die Anfrage, ob die ESA nicht behilflich sein könnte bei der Vorbereitung der Mission. Nach einer ersten „ungezielten" Passage (die Umlaufbahn führte einfach durch Zufall nahe an den Mond heran) veränderten die Ingenieure die Bahn von Mars Express, um bessere Aufnahmen zu gewinnen. Mars Express machte bei einigen Vorbeiflügen an Phobos im Mai/Juni 2008 mit bis zu 97 km Annäherung, die bisher besten Aufnahmen des Mondes. Diese Aufnahmen sollten auch dazu dienen, den Landeplatz genauer festzulegen. Weitere Vorbeiflüge lieferten neue Aufnahme von Phobos und präzisierten die Masse. Bis zum Dezember 2008 hatte alleine die hochauflösende Kamera von Mars Express 84% der Oberfläche erfasst, davon 75% in Stereo. Die Auflösung betrug 5 bis 48 m.

Als die Mission um zwei Jahre verschoben wurde, nutzten IKI und ESA dies für eine zweite Beobachtungskampagne. Im März 2010 erfolgte die bisher nächste Passage von Mars Express in 67 km Entfernung. Dabei gelangen Aufnahmen mit einer Spitzenauflösung von 3,8 m/Pixel. Der Landeplatz konnte mit 4,4 m/Pixel erfasst werden. Die bisher letzte Serie von Passagen im Januar 2011 führte wieder auf unter 100 km an den Mond heran. Sie ergänzte die vorherigen Untersuchungen. Dazu gehört auch das Durchleuchten mit dem Radar MARSIS und die Bestimmung der Masse und ihrer Verteilung mit dem Radio Science Experiment. Das Resultat der Untersuchungen ist ein von dem DLR erstelltes digitales Geländemodell. Es bildet die komplexe dreidimensionale Struktur des Mondes ab. Dieses Model wird nun vom russischen Institut IKI für die Missionsplanung benutzt. So wird Prof. Jürgen Oberst vom DLR das neu gegründete MIIGAik Extraterrestrial Laboratory (MExLab) in Moskau leiten, welches unter anderem die Bilder und kartografischen Daten der Phobos Grunt Mission auswerten wird.

Weiterhin wird die ESA ihr Bodenstationsnetzwerk zur Verfügung stellen, das ab Mitte 2012 aus drei Stationen besteht, genau dann, wenn Phobos Grunt den Mars erreicht. Russland verfügt nur über Empfangsstationen in Russland und damit ist über mehr als einen halben Tag kein Kontakt zur Sonde möglich. Derzeit gibt es zwei Tiefenraumstationen: eine nahe Moskau und eine in Ussurijsk in der Grenzregion China/Japan. 2009 sollte die ESA auch Unterstützung in der frühen Orbitphase mit der Bodenstation in Kourou leisten. Sie hätte aber nur Telemetrie empfangen und nach Moskau weitergeleitet. 2011 war diese Unterstützung nicht mehr vorgesehen – dies sollte sich noch rächen.

Später werden die ESA Deep Space Stationen den Lander von Phobos Grunt verfolgen. Er wird sich über mehrere Monate auf der Oberfläche von Phobos aufhalten. Die Bodenstationen können so praktisch mit einem Funkpeilsender sehr genau die Rotation und die Bahn von Phobos über diesen Zeitraum vermessen. Es ist aber nur die passive Verfolgung geplant, nicht der Empfang von Daten. Neben Daten über Phobos bekommt man auch Daten über die Variation des Gravitationsfelds des Mars. Sie sollen ungefähr 10 bis 100-mal genauer sein als die bisher zur Verfügung stehenden Daten sein. Nach der Vermessung der Umlaufbahn von Phobos mit dem Lander als „Funkfeuer" wird die Bahngeschwindigkeit auf 0,1 mm/s genau bekannt sein und somit das Ende von Phobos genauer berechenbar sein.

Die geplante Mission

Phobos Grunt ist eine Mission mit einer Gesamtdauer von 2,7 Jahren. Davon entfallen jeweils 10 und 11 Monate auf die Hin- und Rückreise, sodass die Sonde sich nur ein Jahr im Marsorbit befinden wird. Dies ist himmelsmechanisch vorgegeben, so kann Phobos Grunt erst starten, wenn Mars wieder in Oppositionsstellung ist, also nach rund 26 Monaten und dann kommen noch einige Monate für die Rückreise hinzu.

Geplant war der Start mit einer Sojus in einen 200 km hohen Parkorbit. Danach hätte die Fregat zum ersten Mal gezündet und einen elliptischen Erdorbit erreicht. Sie trennt nun den Zusatztank ab. Sein Treibstoff wird zuerst verbraucht und so trennt sich die Raumsonde von überflüssigem Gewicht. Beim Durchfliegen des erdnächsten Punktes zündet die MDU erneut und befördert das Raumschiff in eine interplanetare Bahn. Diese Vorgehensweise ist nötig, weil der Schub der MDU sehr gering ist. Während einer langen Brennzeit würde die Sonde ihren erdnächsten Punkt anheben, was energetisch ungünstig ist. Daher wird dieses Manöver in zwei Perioden aufgeteilt und somit die Betriebszeit pro Umlauf verkürzt. Zudem kann so auch der Tank zwischen den beiden Brennzeiten abgetrennt werden. Die Steuerung erfolgt durch die Raumsonde. Sie richtet das gesamte Gespann vor der Zündung korrekt im Raum aus. Sie nimmt dazu ihre Sonnensensoren und Startrackerkameras als Referenz. Sie dreht sich mit Drallrädern und Lageregelungsdüsen vor jeder Zündung in die optimale Position. Ein Eingreifen seitens der Bodenkontrolle war nicht vorgesehen. Das Programm

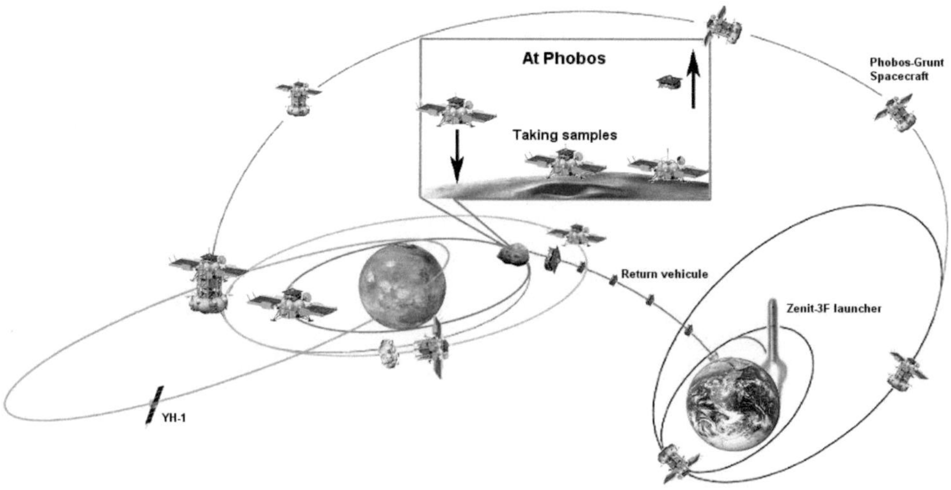

Abbildung 104: Die geplante Mission von Phobos Grunt

sollte durch Zeitgeber automatisch ausgeführt werden. Während dieser Phase sollte die Raumsonde aber Telemetrie zum Boden übermitteln.

Zeitweise wurde auch erwogen, im Erdorbit dreimal zu zünden. Dabei wäre die zweite Zündung in zwei kürzere aufgeteilt worden. Dies hätte den Vorteil gehabt, dass etwas weniger Treibstoff benötigt wird, um die Erde zu verlassen. Die Treibstoffreserven waren aber schließlich doch ausreichend, um mit nur zwei Manövern den Mars zu erreichen.

Nach Verlassen der Erde richtet sich die Raumsonde auf die Sonne aus und behält diese Ausrichtung für die Reise bei. In der Erdumlaufbahn ist das mit der vollbetankten Stufe nicht vorgesehen. Hier fährt Phobos Grunt alle Systeme herunter, um Strom zu sparen, wenn sie auf der Nachtseite angekommen ist.

Anders als das MSL sollte Phobos Grunt auf einer Typ-II Bahn zum Mars aufbrechen. Bei dieser passiert die Raumsonde zuerst den sonnenfernsten Punkt der Bahn, um dann auf dem Rückweg Mars zu begegnen. Die Reisezeit ist daher länger als bei der Typ-I Bahn. Sie beträgt rund elf Monate, während Curiosity schon nach neun Monaten den Mars erreichen wird. Genommen wurde diese Bahn, weil die Ankunftsgeschwindigkeit geringer ist. Das spart Treibstoff ein.

Es waren drei Kurskorrekturen geplant. Das erste Manöver etwa zehn Tage nach dem Start um die größten Fehler zu beseitigen und zwei weitere, 20-30 und 6-10 Tage vor der Ankunft, wenn die Raumsonde noch 6 bzw. 3 Millionen km vom Mars entfernt ist. Sie hätten sichergestellt, dass Phobos Grunt den nur 100 km großen Zielkorridor erreicht. Eine Geschwindigkeitsänderung um 45 bis 60 m/s war während der Reise vorgesehen. Während des Flugs wären die Instrumente aktiv gewesen, welche das interplanetare Medium und seine Interaktion mit dem Sonnenwind erforschen.

Am Mars hätte die letzte Zündung der MDU die Sonde um 800 m/s abgebremst. Damit hätte Phobos Grunt einen ersten Zwischenorbit von 800 × 79.000 km Entfernung mit 0 bis 8 Grad Neigung zum Marsäquator erreicht. Diese erste Bahn hat eine Umlaufsdauer von etwa drei Tagen. Nun wird die ausgebrannte MDU ab-

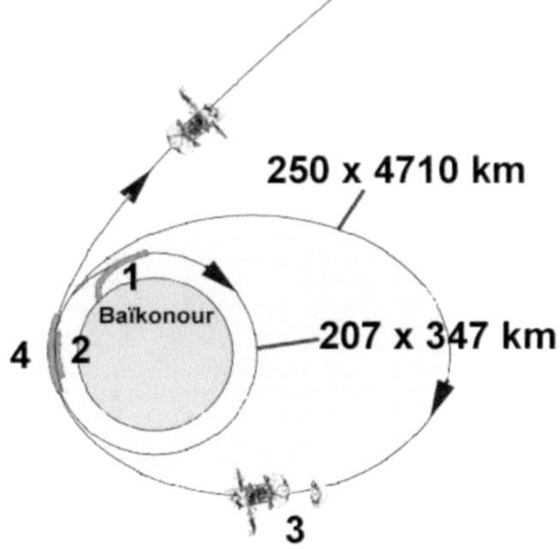

Abbildung 105: So verlässt Phobos Grunt die Erde © der Grafik: Wikipedia

getrennt. Es folgen Yinhuo-1 und der Gitterrohradapter, der die Landestufe und die MDU verbindet. Je nach Dokument findet man auch etwas abweichende Angaben für den Orbit, die Umlaufsdauer von drei Tagen ist aber vorgegeben. Für den Orbit von 800 × 79.000 km Entfernung spricht auch, dass chinesische Dokumente ihn als Umlaufbahn ihres YH-1 Satelliten ausweisen.

In diesem Orbit hätte sich Phobos Grunt einige Wochen aufgehalten. In dieser Zeit hätte sie den Mars besser untersuchen können, da sie sich nun der Oberfläche auf nur 800 km nähert. Auf der anderen Seite entfernt sie sich auch stark vom Planeten. Das erlaubt die Wechselwirkung vom Mars mit dem interplanetaren Medium genauer zu untersuchen, weshalb auch Yinghuo-1 auf dieser Bahn verbleibt, der genauso dies beobachten soll. Auch die gemeinsamen Vermessungen der Ionosphäre mit YH-1 waren für diese Phase vorgesehen.

Nun tritt das Triebwerk der Landestufe zum ersten Mal in Aktion. Es hebt zuerst den marsnächsten Punkt auf die Umlaufbahn von Phobos an. Danach senkt sie den marsfernsten Punkt ab, sodass ein kreisförmiger Orbit resultiert. Dieser neue Orbit in 6.510 km Entfernung von der Oberfläche (9.910 km vom Marszentrum entfernt) ist rund 540 km höher als der Orbit von Phobos. Dies erfordert eine Geschwindigkeitsänderung von 1600 bis 1700 m/s. In

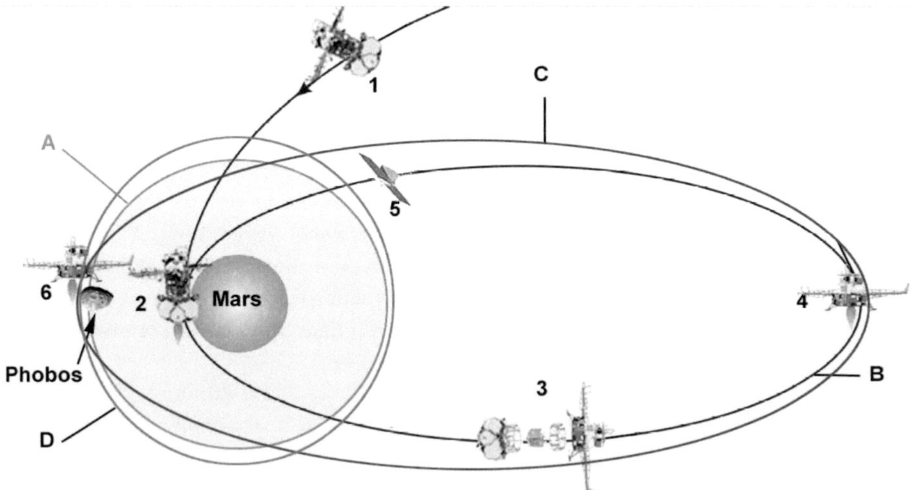

Abbildung 106: Die Bahnmanöver beim Mars: A: Umlaufbahn Phobos, B: erste Umlaufbahn Phobos Grunt, C: nach Anheben des marsnächsten Punktes: D: Annäherungsbahn an Phobos. 1-6: Bahnveränderungen durch Phobos Grunt © der Grafik: Wikipedia

274

dieser Umlaufbahn bleibt die Raumsonde einige Wochen. Sie wird sich nun Phobos nähern und dabei von der Erde verfolgt. Dadurch sollen Fehler beim Einschwenken in die Umlaufbahn um Phobos aufgrund ungenauer Daten über Masse und Position vermieden werden. Auch wird die Position von Phobos anhand der übermittelten Aufnahmen der Kameras genauer bestimmt. Diese Phase dauert dann etwa 30 bis 40 Tage.

Zuletzt schwenkt die Raumsonde in eine Bahn um den Marsmond in 30 bis 70 km Entfernung ein. Dieser Orbit hat eine Umlaufszeit von etwa einem Phobostag, etwas mehr als acht Stunden. Hier wird die Sonde weitere 30-40 Tage verbleiben und die Oberfläche genauestens mit den Fernerkundungsinstrumenten untersuchen. Ein wichtiges Ziel ist es die Oberflächenkarte von Phobos zu verbessern, die bis dahin auf den Aufnahmen von Mars Express beruht. Diese Umlaufbahn wird von den Flugkontrolleuren höchste Aufmerksamkeit erfordern. Es ist durch die ungleichmäßige Form des Monds kein geschlossener Orbit. Schon kleine Störungen können dazu führen, dass die Raumsonde sich entweder Phobos nähert oder den Mond wieder verlässt. Es ist damit zu rechnen, dass hier etliche Korrekturen der Umlaufbahn erfolgen müssen. Auch ist es Ziel der Beobachtungen, das Landgebiet noch

Abbildung 107: Künstlerische Darstellung der Annäherung an Phobos © der Grafik: Roskosmos

detaillierter zu untersuchen und gegebenenfalls auf ein anderes auszuweichen. Das Landegebiet sollte möglichst glatt sein, also nur wenige Felsbrocken aufweisen. Die Aufnahmen von Mars Express können maximal 1 m große Felsbrocken nachweisen. Das ist natürlich zu grob auflösend, denn landet die Sonde auf einem solchen Brocken, so wäre sie wahrscheinlich verloren.

Nach einer Beobachtung von Phobos und Mars aus dieser Bahn erfolgt die Landung auf Phobos.

Das vor dem Start präferierte Zielgebiet lag bei 5°S bis 5°N und 230° bis 235°W. Es umfasst ein Gebiet von etwa 700 mal 350 m Größe. Zwei Landeplätze wurden von Mars Express am 23.8.2008 genauer unter die Lupe genommen. Der erste untersuchte Landeplatz liegt auf der planetenzugewandten Seite von Phobos, die zweite, inzwischen favorisierte Stelle, auf der planetenabgewandten Seite. Da Phobos gebunden rotiert, schaut eine Seite dauernd zum Mars und die andere ins All. Für beide Landeorte gibt es gute Argumente. Der planetenabgewandte Standort braucht weniger Treibstoff, da beim Rückstart automatisch ein höherer Orbit erreicht wird. Weiterhin ist die Kommunikation mit der Erde erleichtert. Der Landeplatz auf der planetenzugewandten Seite erlaubt auch die Beobachtung des Mars. Gerade dann, wenn sich die Raumsonde auf der Nachtseite des Mars befindet, also der Mars als Beobachtungsobjekt ausscheidet, wird sie von der Sonne voll beleuchtet. Sie kann dann die Erde kontaktieren oder auf Phobos Untersuchungen durchführen. So kann die Sonde praktisch dauernd aktiv sein und ihre Betriebszeit auf dem Mond wird optimal ausgenutzt.

Aufgrund der geringen Schwerkraft von Phobos unterscheidet sich die Landung von dem auf größeren Himmelskörpern. Phobos Grunt wird mit einer Zündung die Orbitalgeschwindigkeit neutralisieren und fällt dann nahezu senkrecht auf die Oberfläche. Sie wird die letzten 12 km in nur 40 Minuten zurücklegen (andere Angabe: die letzten 30 km in 30 Minuten). 2010 wurde das Landeschema dahin gehend erweitert, dass die Raumsonde bei der Landung auch Aufnahmen des Landegebiets machen soll. (Analog den MARDI-Aufnahmen von Curiosity). Sie werden nach der Landung zur Erde übertragen. So hat man neben der Bodenperspektive nach der Landung noch eine Vogelperspektive und kann dadurch die Probennahme besser planen.

Noch diffiziler ist die Landung selbst. Aufgrund der geringen Schwerkraft wiegt Phobos Grunt auf Phobos soviel wie eine Masse von nur 400 g auf der Erde. Das bedeutet, dass schon kleine Kräfte große Folgen haben können. Die Sonde wird daher fast vertikal niedergehen, ohne horizontale Bewegungen, da diese beim Aufsetzen dazu führen könnten, dass die Raumsonde umkippt. Die Entfernung zur Oberfläche ermittelt während der ersten Phase der Laserhöhenmesser. Er hat auch die Aufgabe, die Oberflächenrauigkeit zu bestimmen. Der Höhenmesser soll so innerhalb des Landegebiets eine Zone von 10 m Durchmesser mit möglichst ebenem und glattem Gelände selektieren, wohin dann die Sonde gesteuert wird.

Bei geringer werdender Entfernung wird der Höhenmesser jedoch zunehmend ungenauer und es tritt das Landeradar DISD in Aktion. Es misst Distanz und Geschwindigkeit relativ zu Phobos. Sobald ein Bodenkontakt hergestellt ist, zünden die auf der Oberseite angebrachten Steuertriebwerke und pressen die Landestufe auf die Oberfläche. Sie verhindern so, dass die Sonde von Phobos abprallt, sich überschlägt oder unkontrollierte Hüpfer durchführt. Den Kontakt melden Fühler in den drei Landebeinen. Um Probleme mit der Stabilisierung zu begegnen, aber auch, damit auf die Sensoren eine ausreichende Kraft wirkt, wird Phobos Grunt nicht langsam abgebremst, sondern ab einer bestimmten Höhe mit nahezu konstanter Geschwindigkeit fallen.

Nun folgt die eigentliche Mission: Oberflächenuntersuchungen und das Gewinnen von Bodenproben. Auf der Oberfläche sollte der Roboter nach den Planungen für die 2009er Mission noch 13 Monate lang verbleiben. Als 2011 der Wechsel auf die planetenabgewandte Seite beschlossen wurde, wurde auch die Aufenthaltsdauer auf Phobos verkürzt und die Zeit im Marsorbit verlängert. Nun wird der Späher nur noch fünf Monate auf Phobos operieren.

Das Gewinnen der Bodenproben dauert nur zwei bis drei Tage bis maximal eine Woche. Da die Bodenproben das wichtigste Detail an der gesamten Mission sind, gibt es einen Notfallmodus für den Fall, dass die Sonde nach der Landung keine Funkverbindung mit der Bodenstation herstellen kann. Das könnte vorkommen, wenn sie neben einem großen Felsen landet, der das Funksignal absorbiert. In diesem Falle wird sie einige Bodenproben automatisch entnehmen und sofort wieder starten. Obwohl die Raumsonde nur wenig Treibstoff für das Landen und den Rückstart in einen Orbit benötigt, wird sie nur einen Landeplatz besuchen, selbst wenn die Landesonde noch über ausreichende Treibstoffvorräte für mehrere Landungen verfügt. Das spricht dafür, dass die Computerprogramme recht starr sind. Die verschiedenen Instrumente werden nicht alle gleichzeitig aktiv sein können, da zum einen die Raumsonde jeden Tag mindestens für eine Stunde in den Marsschatten eintaucht. Zum andern werden bei dem stationären Landeapparat die Solarzellen nur Mittags senkrecht von der Sonne beschienen und nur dann liefern sie ihre volle Leistung. Die Computer werden daher ein Programm abarbeiten, dass jedes Instrument nur kurzzeitig betreibt und dann wieder abschaltet, um Strom zu sparen.

Die Landestufe verbleibt auf der Oberfläche. Die Rückstartstufe wird zuerst durch Federn von der Sonde weggedrückt. Zwei Zündungen, zuerst vertikaler Aufstieg, dann horizontale Beschleunigung, bringen die Sonde wieder in eine Bahn die 300 km von Phobos entfernt ist. Dafür reichen wegen der kleinen Schwerkraft des maximal 27 km großen Mondes, einmal 10 und einmal 20 m/s Beschleunigung.

Nach insgesamt 13 Monaten beim Mars startet die Rückkehrstufe zurück zur Erde. Weitere Beobachtungen finden nun nicht mehr statt. Die Sonde wird um ihre Achse rotieren und sich so stabilisieren und lediglich Telemetrie übertragen. Kurz vor dem Eintritt in die Atmosphäre wird die Kapsel mit den Bodenproben abgetrennt. Die Rückkehrstufe sorgt vorher mit ihren Triebwerken dafür, dass sie im vorgesehenen Landegebiet niedergeht. Kurz darauf wird sie selbst in der Erdatmosphäre verglühen.

Es gibt keine Abbremsung der Kapsel durch Fallschirme. Auf der Erde wiegt die Rückkehr-kapsel nur noch 6 kg. Sie soll bis zu 230 g Bodenproben von Phobos beinhalten — in etwa dieselbe Menge, wie damals die Lunasonden zur Erde zurückführten.

Verglichen mit dem MSL ist die Mission von Phobos Grunt deutlich aufwendiger. Dies ist schon an den zahlreichen Zündungen des Haupttriebwerks erkennbar. Vorgesehen sind davon vier mit der Landestufe, drei mit der MDU und eines mit der Rückkehrstufe. Dazu gibt es zahlreiche kleine Kurskorrekturen. Der Betrieb im Beobachtungsorbit um Phobos er-fordert dauernde Überwachung der Sonde, da diese Umlaufbahn instabil ist. Die Landung auf einem so kleinen Himmelskörper ohne die Möglichkeit sich zu verankern, ist auch riskant. Zuletzt ist natürlich auch die Bodenprobenentnahme in dieser Form noch nie ver-sucht worden. Als die japanische Raum-sonde Hayabusa 2005 Bodenproben vom Asteroiden Itokawa nehmen sollte, scheiterte dies. Nur durch viel Glück ver-irrten sich 1.500 kleine Staubkörner, keines größer als 0,01 mm, ins Innere.

Abbildung 108: Die Kapsel bei der Erprobung - nun liegt sie auf dem Grund des Pazifiks © Roskosmos

Ereignis	2009 Startfenster	2011 Startfenster
Start:	7.10.2009	8.11.2011
Ankunft beim Mars Δv = 800 m/s, Abtrennung MDU Umlaufbahn 800 × 75,900 km, 1,8 Grad Inklination. Umlaufszeit 3 Tage	29.8.2010	9.10.2012 / 21.9.2012
Erste Zündung Triebwerk Wandererstufe. Umlaufbahn 780 × 74.800 km, 1,5 Grad Inklination. Umlaufszeit: 2 Tage 23 Stunden		30.9.2012
Umlaufbahn 6.510 × 73.352 km, Δv = 110 m/s. 1,1 Grad Inklination, Umlaufszeit: 3 Tage 4 Stunden		8.10.2012
Erster Beobachtungsorbit, Δv = 700 m/s, Umlaufbahn 6.470 km kreisförmig. 8,27 Stunden Umlaufsdauer		14.1. 2013
„quasisynchroner Phobosorbit" 5.850 × 6.100 km, 7,65 Stunden Umlaufsdauer		Nach 3 Monaten Beobachtung
Landung auf Phobos		9.2.2013 / Nach 1 Monat Phobosorbit
Rückstart in einen temporären Orbit in rund 6810 km Entfernung vom Mars. Δv = 10 bis 20 m/s		September 2013
Verlassen des Mars, Δv ~ 2050 m/s Einschlag einer Rückkehrbahn zur Erde.	Ende Juli/Anfang August 2011	September 2013
Landung auf der Erde	15-20.7.2012	August 2014

Die Trägerrakete Zenit-Fregat

Anfang der siebziger Jahre unterbreitete das KB Juschnoje dem Verteidigungsministerium einen Vorschlag für standardisierte Trägerraketen, welche die bisherigen Modelle Kosmos, Sojus, Zyklon und Proton mit ihren Untervarianten ablösen sollten. Es sollten drei Träger gebaut werden:

* 11K55: eine Rakete für kleine Nutzlasten
* 11K77: eine Rakete für mittlere Nutzlasten
* 11K37: ein Träger für große Nutzlasten

Das Militär war nur an der 11K77 interessiert. Sie würde die Lücke zwischen der Sojus und Proton füllen. Von den Vorschlägen für die 11K37 floss später einiges in das Angara-Projekt ein. Im April 1974 stand das erste Design. Dieses sah ein modulares Konzept vor, um die Rakete an verschieden große Nutzlasten anzupassen. Auch diese flexible Lösung fand jedoch keinen Anklang. Das Konzept wurde 1975 verworfen und eine Rakete mit einer Zentralstufe ohne Zusatzraketen entworfen. Am 16. März 1976 gab das Politbüro der KPdSU die Erlaubnis für die Entwicklung der 11K77, die nun den Namen „Zenit" erhielt. Zeitgleich wurde beschlossen, dass die erste Stufe als Booster für die Trägerrakete Energija eingesetzt werden sollte. Der Erstflug war damals für 1982 vorgesehen. Die Zenit wurde in den Jahren 1976 bis 1985 entwickelt. Anders als bisherige russische Träger arbeitet die zweite Stufe mit einer adaptiven Steuerung, die aktiv Flugabweichungen ausgleichen kann. Die erste Stufe arbeitet nach einem starren Schema. Auch wird die Zenit anders als andere russische Träger nicht „heiß gezündet". Die Zündung der zweiten Stufe findet erst nach Abtrennen der Unterstufe statt.

Innerhalb des russischen Raketenarsenals hatte die Zenit die Aufgabe, sehr schnell militärische Satelliten zu starten. Als sie entwickelt wurde, waren die Beziehungen zwischen den USA und Russland sehr schlecht. Präsident Reagan rüstete auf, kündigte die Atomwaffenabwehr aus dem Weltraum an (SDI) und das Shuttle wurde für die Bergung von Satelliten entwickelt und dies könnten auch sowjetische Satelliten sein. So war es die Aufgabe der Zenit sehr schnell Ersatz- oder Killersatelliten zu starten. Die Rakete wurde so entworfen, das alle Startabläufe weitgehend automatisiert sind und die Vorbereitungszeit minimal ist. Dies ermöglichte es später, die Rakete von einer Plattform auf hoher See aus zu starten.

Die Triebwerke RD-171 der ersten Stufe stellten aufgrund ihres hohen Schubs einen großen Entwicklungssprung dar. Hier betrat die Sowjetunion weitgehend Neuland. Es kam zwischen

1981 und 1983 bei Tests mehrfach zu Bränden und die Indienststellung verzögerte sich. Juschnoje, der Hersteller der Rakete, aber nicht der Triebwerke, erwog zeitweise, die Triebwerke durch die noch vorhandenen und eingelagerten NK-33 der N-1 zu ersetzen. Bei der ersten Stufe der Antares Trägerrakete, die ebenfalls von Juschnoje gebaut wird, und bei der viele Teile der ersten Stufe der Zenit verwendet werden, werden diese Triebwerke auch eingesetzt. Weiterhin verlief durch den Niedergang der Ökonomie in der Sowjetunion die Entwicklung langsamer als geplant.

Das Triebwerk RD-171 der ersten Stufe besteht aus vier Brennkammern mit je zwei Gasgeneratoren mit je einer Turbine und Turbopumpe. Wie das Space Shuttle Triebwerk verwendet es einen geschlossenen Kreislauf. Es spritzt also die Abgase des Gasgenerators, nachdem sie die Turbine angetrieben haben, in die Brennkammer zur Nachverbrennung ein. Das RD-171 ist weitgehend bauidentisch zum RD-170. Dieses treibt die Booster der Energija an. Anders als das RD-170 war das RD-171 aber nicht „man rated" und die erste Stufe sollte anders als die Energija-Booster nicht wiederverwendet werden. Die RD-171 Triebwerke sind daher nicht für einen längeren Betrieb oder eine erneute Verwendung ausgelegt und preiswerter in der Produktion. Weiterhin ist jede Brennkammer in zwei Achsen schwenkbar. Bei dem RD-170 ist ein Schwenken nur in einer Achse möglich.

Das Triebwerk ist das Stärkste je gebaute, noch stärker als das F-1 der Saturn V. Der spezifische Impuls ist durch das Hauptstromverfahren mit einem sehr hohen Brennkammerdruck sehr hoch. Die Düsen sind schwenkbar. Dadurch entfallen Verniertriebwerke für Kursänderungen. Das Triebwerk kann auf 74 Prozent der Nominalleistung heruntergefahren werden, um vor Brennschluss die Belastung zu senken. Der hohe Schub des Triebwerks beschleunigt die Zenit mit 1,6 g. Die Entwicklung des Triebwerks machte einige Probleme. Es wurden bis Mitte der achtziger Jahre 200 Stück für Tests gebaut. Eine Variation des RD-171 mit nur zwei Brennkammern, das RD-180, wird seit 2001 in der Atlas III und V eingesetzt. Eine weitere Variante, das RD-191 mit nur einer Brennkammer, soll die Angara antreiben.

Die erste Stufe besteht aus Aluminium und ist verstärkt durch Streben. Zwei getrennte Tanks für Kerosin (88.768 kg, unten) und LOX (233.512 kg, oben) berühren sich in der Mitte. Sie werden an dieser Stelle umgeben von den Heliumflaschen für die Druckbeaufschlagung. Die zweite Stufe besteht ebenfalls aus Aluminium, hier gibt es einen domförmigen Sauerstofftank (58.908 kg) und einen toroidalen („donutförmigen" Kerosintank (22.832 kg), der unter dem Sauerstofftank das Triebwerk umhüllt.

Das Triebwerk RD-120 der zweiten Stufe hat nur eine Brennkammer. Das Triebwerk ist starr eingebaut und nicht schwenkbar. Ein weiteres Triebwerk RD-08 mit vier, um 33 Grad schwenkbaren Brennkammern, wird daher zur Lageregelung eingesetzt. Dieses Verniertriebwerk wird auch zur Korrektur und Feineinstellung der Bahn nach Brennschluss des Haupttriebwerks eingesetzt. Während das Haupttriebwerk nach 360 s ausgebrannt ist, arbeitet das Verniertriebwerk 65 – 900 s lang weiter. Damit erreicht die Zenit auch mit zwei Stufen höhere, kreisförmige Bahnen. Maximal 1.500 km hohe Kreisbahnen sind möglich. Es wurde eine Zeit lang erwogen, das Triebwerk RD-120 in einer modernisierten Sojus-Version, der RUS, einzusetzen. Nach dem Zusammenbruch der Sowjetunion fehlte jedoch das Geld, um diese Pläne umzusetzen. Obgleich das RD-120 wesentlich weniger Schub als das RD-171 entwickelt, war es an den meisten der Fehlstarts beteiligt. Von den ersten neun Fehlstarts entfielen sechs auf das Versagen der zweiten Stufe, zwei auf Fehler der ersten Stufe und einer auf eine fehlerhafte Steuerung.

Die Daten der 1.000 Meßsensoren in der Rakete werden mit 1 Mbit/sec zur Erde übertragen. Über einen Laserlink ist bis zum Start eine Umprogrammierung der Rakete möglich.

Der erste Startkomplex wurde von 1978 bis 1983 gebaut. Erst 1990 wurde eine zweite Startrampe fertiggestellt. Sie wurde aber schon beim zweiten Start bei einer Explosion der Zenit auf der Startrampe zerstört. So steht heute nur eine Startrampe zur Verfügung, die aber bei den wenigen Flügen ausreichend ist. Die Entwicklung der Zenit war nicht einfach und es gab anfangs sehr viele Fehlschläge. Von den ersten sechs Starts erreichten nur zwei den korrekten Orbit. Bis heute erfolgten 77 Starts mit einer Zuverlässigkeit von 87%. Allerdings gab es die meisten Fehlstarts, als die Rakete noch jung war. Von den letzten 26 Missionen gelangen dagegen 24.

Die Zenit ist ursprünglich eine zweistufige Rakete. In dieser Version startet die Rakete militärische Satelliten in sonnensynchrone Bahnen. Für den kommerziellen Transport von Kommunikationssatelliten wurde die Zenit um eine dritte Stufe erweitert.

Die Zenit Fregat basiert auf der Zenit 2M, wobei die M für „modifiziert" steht. Die Rakete bekam ein moderneres Steuersystem und das Triebwerk RD-172 in der ersten Stufe. Es ist etwas schubkräftiger als das RD-171. Die Zenit 2M, die bei anderen Quellen auch als normale Zenit 2 (ohne „M") aufgeführt wird, hatte ihren Erstflug am 29.7.2007 mit Kosmos 2428. Es gibt noch einige andere Bezeichnungen für diese Variante, wie Zenit 2M-Fregat oder Zenit 2-Fregat („Zenit 2F").

Die Zenit 2M kann wahlweise mit der Oberstufe Block DM oder der neuen Oberstufe Fregat SB eingesetzt werden. Der Block DM ist die Standardoberstufe. Er wurde von der Proton übernommen. Mit ihr fanden zahlreiche kommerzielle Starts des Unternehmens

Sealaunch statt. Sie wird von Sealaunch als „Zenit 3SL" oder „Zenit 3LL" vermarktet. Die „3" steht für drei Stufen (die dritte Stufe ist Block DM) und LL bzw. SL für „Land Launch" oder „Sea Launch", also Start von Baikonur aus oder von einer umgebauten Ölbohrplattform nahe des Äquators. Block DM wurde bisher nur für kommerzielle Starts genutzt.

Die Fregat SB Stufe ist die Fregat Oberstufe der Sojus, ergänzt um einen abwerfbaren, toroidalen und 3.390/375 kg (Startgewicht/Trockengewicht) schweren Tank. Auch die Tanks der Fregat Hauptstufe fassen mehr Treibstoff als wie beim Einsatz auf der Sojus. Das Konzept des abwerfbaren Tanks wurde von der Breeze M der Proton übernommen. Der Tank erhöht den Durchmesser auf 3,44 m, die niedrige Bauhöhe der Stufe bleibt jedoch erhalten. Das Datenblatt führt beide Oberstufen auf. Eingesetzt wird aber jeweils nur eine Variante.

Die Nutzlastverkleidung besteht aus einem Aluminiumskelett in Honigwabenbauweise, verkleidet mit Schalen aus CFK-Werkstoffen. Sie hat einen etwas größeren Durchmesser als die Zentralstufe, um auch die Oberstufe Block DM aufzunehmen.

Die Zenit-Fregat hatte ihren Erstflug am 20.1.2011 mit dem russischen Satelliten Elektro-L, dem ersten einer neuen Wettersatellitengeneration. Es folgte am 18.7.2011 der Radioastronomiesatellit Spektr-R. Der Start von Phobos Grunt ist der dritte russische Start der Zenit 2011. Das ist ungewöhnlich, da Russland seit 2001 die Zenit nur zweimal für den Start von zwei

Abbildung 109: Start von Phobos Grunt

schweren militärischen Satelliten des Typs Tselina-2 einsetzte. Sie stellten schon früher die Hauptnutzlast der Zenit.

Die Variante von Phobos Grunt ist allerdings keine normale Zenit Fregat. Vielmehr ist das Antriebssystem mit der Raumsonde verschmolzen. Korrekterweise muss man von einer Zenit 2 sprechen, welche die Kombination Raumsonde mit Antriebseinheit in einen erdnahen Orbit befördert, nicht von einer Zenit-Fregat, da die Antriebseinheit ohne Steuerung keine Fregat Oberstufe mehr ist.

Die zweistufige Version der Zenit könnte 12 t zur Raumstation ISS transportieren. Sea Launch bot 2001 diese Version der NASA als Cargo Transporter für die ISS an. Für kleinere geostationäre Satelliten ist die Zenit 3LL eine Alternative zur SL-Version, da die gesamten Startvorbereitungen kostengünstig in Baikonur erfolgen können. Der Erststart der Zenit 3LL hat sich um einige Jahre verzögert, doch seitdem startet sie genauso oft wie ihre Sea Launch Version. Da bei der Zenit 3LL Variante nur russische und ukrainische Unternehmen involviert sind, konnte diese trotz zeitweiliger Insolvenz von Sea Launch weiter betrieben werden. Inzwischen konnte sich Sea Launch aus dem Chapter 11 des US-Insolvenzrechts wieder lösen und hat seinen Startbetrieb am 24.9.2011 wieder aufgenommen. Das Datenblatt führt nur die aktuelle Version der Zenit auf, die derzeit im Einsatz ist.

Die Zenit startet zuerst senkrecht und dreht sich nach 10 s langsam in die Horizontale. Sie folgt einem vorgegebenen Flugprofil, dass die aerodynamischen Belastung minimieren soll. Sobald eine Beschleunigung von 4 g erreicht wird, werden die Haupttriebwerke auf 50% Schub heruntergefahren. Die Verniertriebwerke der zweiten Stufe zünden vor Brennschluss der zweiten Stufe. Damit deren Abgase entweichen können, sind Erste und zweite Stufe durch einen Gitterrohradapter verbunden. Nach Stufentrennung zündet das Haupttriebwerk. Der Abwurf der Nutzlastverkleidung ist abhängig vom Aufstiegsprofil und findet 3-4 Minuten nach dem Start (30-90 s nach Zündung der zweiten Stufe) statt. Kurz vor Brennschluss wird auch der Schub des RD-120 auf 80% gesenkt, um die Spitzenbeschleunigung zu reduzieren.

Zeit	Erste Stufe	Zeit	Zweite Stufe
0:00	Zündung	2:25	Zündung Verniertriebwerk
0:04	Abheben	2:33	Zündung Haupttriebwerk
0:11	Drehung in die Horizontale	3:51	Abtrennung Nutzlastverkleidung in 118 km Höhe
1:06	Maximale aerodynamische Belastung	7:13	Brennschluss Haupttriebwerk
1:56	Maximale Beschleunigung erreicht	8:31	Brennschluss Verniertriebwerk

Zeit	Erste Stufe	Zeit	Zweite Stufe
2:15	50% Schubniveau erreicht	8:31	Stufentrennung in 180 km Höhe
2:27	Brennschluss		
2:30	Stufentrennung in 68 km Höhe		

Datenblatt Zenit 3 SL/LL / Zenit 2 Fregat

Einsatzzeitraum:	1985 – heute
Starts:	77, davon 9 Fehlstarts
Zuverlässigkeit:	88,3% erfolgreich
Abmessungen:	59,27 m Höhe
	3,90 m Durchmesser
Startgewicht:	461.160 bis 470.150 kg
Maximale Nutzlast:	13.740 kg in einen 200-km-LEO-Orbit mit 51° Inklination
	6.160 kg in einen GTO-Orbit mit Block DM-SL
	4.098 kg auf eine Fluchtbahn mit Block DM-SL
	1.600 kg in einen GSO-Orbit mit Block DM-SL
	2.300 kg in einen GSO-Orbit mit Fregat SB
Nutzlastverkleidung:	11,39 m Länge, 4,15 m Durchmesser.

	Stufe 1	Stufe 2	Block DM-SL	Fregat SB
Länge	32,80 m	10,40 m	5,60 m	2,30 m
Durchmesser:	3,90 m	3,90 m	3,70 m	3,44 m
Startgewicht:	354.582 kg	90.757 kg	19.711 kg	11.600 kg
Trockengewicht:	32.302 kg	9.017 kg	3.861 kg	1.350 kg
Schub Meereshöhe:	7.688,4 kN	-	-	-
Schub Vakuum:	8.354 kN	813 kN + 78,4 kN	80 kN	19,85 kN
Triebwerke:	1 × RD-172	1 × RD-120 + 1 × RD-08	1 × RD-85S	1 × S5.92M
Spezifischer Impuls (Meereshöhe):	3049 m/s	-	-	-
Spezifischer Impuls (Vakuum):	3308 m/s	3432 m/s	3452 m/s	3246 m/s
Brenndauer:	128 s	265 s — 290 s	548 s	1534 s
Treibstoff:	LOX / Kerosin	LOX / Kerosin	LOX / Kerosin	NTO / UDMH

Die kurze Reise von Phobos Grunt

Am 8.11.2011, um 21:16 Uhr mitteleuropäischer Zeit, hob die Zenit mit ihrer wertvollen Fracht von Baikonur aus ab. Ungewöhnlich für westliche Verhältnisse, aber üblich bei russischen Satelliten ist, dass die Mission auf 5 Milliarden Rubel versichert war. Davon entfielen 1,2 Milliarden auf die Raumsonde.

Die Zenit setzte die Raumsonde im vorgesehenen Orbit ab. Mit dem Erreichen des 207 × 346 km hohen Parkorbits war die Mission der Zenit beendet. Danach war Phobos Grunt alleine für den weiteren Ablauf verantwortlich. Die Integration der Fregat in die Raumsonde war die Raumsonde für die Zündung der Fregat zuständig und dies rächte sich nun. Die erste Zündung sollte nach 1,7 Umläufen um 23:55 Uhr erfolgen. 10 Minuten lang sollte das Haupttriebwerk der MDU arbeiten. Danach ist der Treibstoff des Zusatztanks verbraucht. Dieser Zusatztank ist jetzt überflüssig und sollte abgeworfen werden. Die erste Zündung sollte Phobos Grunt auf eine elliptische Erdumlaufbahn von 250 bis 4.150 km Entfernung zur Erdoberfläche bringen. Die zweite Zündung, die 17 Minuten dauert, erfolgt einen Umlauf

Abbildung 110: Die Zenit mit Phobos Grunt vor dem Start © des Bildes: Roskosmos

286

später. Nach den Plänen um 2:02 am 9.11.2011. Sie sollte die Raumsonde auf den Flucht-kurs bringen.

Alle Manöver werden von der Raumsonde autonom durchgeführt. Eine Steuerung durch eine Bodenstation war nicht vorgesehen. Doch die Zündung blieb aus. Nun gab es von Roskosmos keine Neuigkeiten mehr. Es wurde nur bekannt gegeben, dass die Zündung ausgeblieben sei und man sich bemühe, die Raumsonde zu kontaktieren. Einen Tag später wurde bekannt gegeben, dass die beim Start übermittelten Daten ein normales Aussetzen der Raumsonde durch die Zenit signalisierten. Es gab auch Telemetrie der Raumsonde während des ersten Umlaufs. Sie zeigten, dass Phobos Grunt ordnungsgemäß auf die Sonne ausgerichtet war und seine Solarpaneele entfaltet hatte.

Die folgenden Tage versuchte die Raumfahrtagentur Roskosmos die Sonde zu kontaktieren, die Sicherungsprogramme des Bordcomputers zu übergehen und die Zündung direkt zu kommandieren. Ursache des Fehlverhaltens solle sein, dass ein Sensor, der Daten über die Ausrichtung der Raumsonde liefert, ein fehlerhaftes Signal abgibt. Das sollte durch ein Soft-wareupdate lösbar sein.

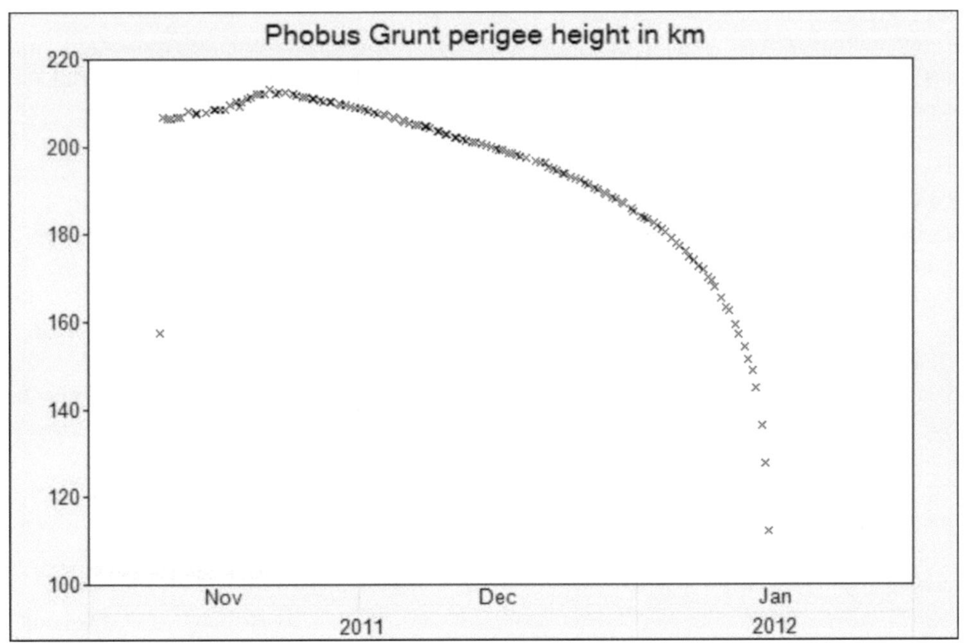

Abbildung 111: Höhe des Perigäums von Phobos Grunt © der Grafik: heavenabove.com

In der Folge gab sich Russlands Raumfahrtagentur Roskosmos mehr und mehr zugeknöpft. Eine Woche nach dem Start gab es von offizieller Seite nur die Information, das Phobos Grunt aktiv sei, die Solarzellen entfaltet und sich korrekt ausgerichtet habe und die Zündung ausblieb, also im Prinzip die gleichen Informationen, die es unmittelbar nach dem Start schon gab. Man würde an einer Lösung arbeiten und hätte dafür bis zum Anfang Dezember Zeit, da die Sonde jeden Tag etwa 2 km absinkt. Wenn der erdnächste Punkt 180 km unterschreitet, wird sie verglühen. Vermessungen der Bahn zeigten, dass Phobos Grunt in den ersten Tagen die Bahn immer wieder kurzzeitig anhob.

Doch alle Versuche, den Roboter zu kontaktieren, scheiterten in den nächsten zwei Wochen. Am 22. November schloss sich das Startfenster zum Mars. Auch Hilfestellungen seitens der ESA halfen lange Zeit nichts, bis am 23. November eine ESA-Bodenstation eine Verbindung zu Phobos Grunt aufbauen konnte. Vorgesehen war ein Kontrakt während dieser Missionsphase nicht. Die Raumsonde ist zu nah an der Erde. Sie bewegt sich zu schnell über den Horizont, sodass es schwierig ist, sie anzufunken und rechtzeitig, bevor sie über das Firmament gezogen ist, Daten zu senden oder zu empfangen. Russlands Kontaktversuche, so wurde nun bekannt, mussten scheitern, weil der Roboter um Strom zu sparen auf der Nachtseite alle nicht wichtigen Systeme herunterfuhr. Darunter war aber auch der Kommandoempfänger. Bedingt durch die Geometrie des Orbits befand sich die Raumsonde aber immer auf der Nachtseite, wenn sie Russland überflog. Auch die ESA musste die Antenne erst umrüsten, damit diese Phobos Grunt folgen konnte.

Am 26. gab Roskosmos bekannt, dass die von der ESA empfangene Telemetrie zumindest teilweise unleserlich wäre. Die Spekulationen über den Ausfall gingen weiter. Inoffizielle Kanäle sprachen von einem ausgefallenen Sternensensor (Star Tracker). Ohne seine Signale würde die Sonde nicht das Triebwerk zünden, weil er Informationen über die räumliche Ausrichtung der Sonde liefert.

Offizielle Kreise, so der Weltraumexperte Nikolai Rodionow fanden jedoch schnell einen Schuldigen: eine US-Radarstation in Alaska. "Die starke elektromagnetische Strahlung könnte die Schaltkreise der Sonde irritiert haben", erklärte der Generalleutnant und frühere Kommandeur der Raketentruppen der Agentur Interfax.

Dass natürlich jemand dafür schuldig sein muss, meinte auch Präsident Dimitri Medwedew: „Unter Sowjetdiktator Stalin wären die Verantwortlichen kurzerhand hingerichtet worden" ... „Ich schlage (aber) nicht vor, sie wie bei Josef Wissarionowitsch (Stalin) an die Wand zu stellen.". Misserfolge wie die Mission von „Phobos Grunt" beeinträchtigten Russlands

Konkurrenzfähigkeit, erklärte er weiter. „Die Schuldigen müssen finanziell oder juristisch zur Verantwortung gezogen werden", forderte Medwedew.

Wissenschaftler des IKI gaben am selben Tag (dem 26.11.2011) an, die Mission sei nun endgültig gescheitert. Nun müsse man die Sonde zu einem kontrollierten Wiedereintritt bringen, auch weil sie noch über 10 t giftigen Treibstoff an Bord hat. Vorher gab es die Idee, sie im Erdorbit für zwei Jahre zu parken, damit sie 2013 zum Mars aufbrechen kann.

Versuche weitere Telemetrie von der Raumsonde in den folgenden Tagen zu empfangen oder mit Befehlssequenzen „blind" die Triebwerkszündung zu initiieren scheiterten. Auch die ESA Bodenstationen empfingen nun keine weiteren Daten. Am 2.12.2011 informierte die ESA Russland, dass sie nun die Bemühungen einstellen würde, Phobos Grunt zu kontaktieren. Am Tag darauf entfernten sich nach US-Radarbeobachtungen zwei kleine Objekte von der Sonde, die bald darauf in der Atmosphäre verglühten.

Es gab dann keine Neuigkeiten mehr, während die Auseinandersetzung um die Ursache des Fehlschlags weiterging. Die Vorwürfe, dass die USA die Mission sabotiert hätte, wurden erneut erhoben. Nachdem schon Laien erkannten, dass ein RADAR bei Alaska nicht die Raumsonde stören konnte, gab es nun Vorwürfe gegen ein RADAR auf den Marschallinseln. Bei dem Wetteradar bei Alaska war aus bahntechnischen Gründen eine Beeinflussung nicht möglich: Phobos Grunts Bahn verläuft bis zum 51,4 Breitengrad. Während des ersten Umlaufs, um den es geht, führt der Kurs nach Süden, weit weg von Alaska, das zudem nördlicher liegt als die Bahn von Phobos Grunt. Erst nach acht Stunden wäre die Raumsonde in die Nähe des nördlichsten Bundesstaats der USA angekommen.

Bei dem Vorwurf gegen die Marshallinseln war die offensichtliche Unmöglichkeit nicht gegeben. Schließlich fühlte sich die NASA, die dort eine RADAR-Station zur Verfolgung von erdnahen Asteroiden unterhielt, sich genötigt die Erklärung abzugeben, dass man dieses Radar während des Starts nicht betrieben hätte. Doch Russland hielt an dieser Version fest: So sollen empfindliche Geräte der Sonde in einem Labor auf ihre Empfindlichkeit gegenüber Radarstrahlung getestet werden. Der Bordcomputer sollte durch die Radarstrahlen abgestürzt sein, und die Versuche ihn neu zu starten hätten die Batterien entleert.

Ende Dezember begann Phobos Grunt schnell an Höhe zu verlieren und trat schließlich am 15.1.2012 in die Erdatmosphäre ein. Die russische Raumfahrtagentur Roskosmos gab an, dass rund 200 kg Trümmer am Boden ankommen könnten. Die Raumsonde verglühte über dem Pazifik, etwa 1.250 km westlich der Insel Wellington.

Woran scheiterte die Mission?

Zeit also den Fehlschlag zu analysieren. Der Bericht der Untersuchungskommission, der schon am 3. Februar vorlag, führt als primäre Ursache den simultanen Reboot von zwei „Arbeitskanälen" (Elektronikmodulen) des Bordcomputers an. Verantwortlich für den Reboot seien Ausfälle von Elektronikkomponenten durch kosmische Strahlung, weil nicht weltraumtaugliche Teile verwendet wurden. Es handelte sich im Detail um 512 K x 32 Bit SRAM-Chips des Typs WS512K32V20G2TM, die in beiden Platinen des Bordcomputers verbaut waren. Diese Chips sind nach Steven McClure vom JPL, Schirmherr der Radiation Effects Group, nicht strahlengehärtet. Es handelt sich um Chips mit höheren Grenzwerten gegenüber Temperatur- und anderen Umgebungseinflüssen. Sie genügen der „Militärspezifikation" für den Einsatz in Flugzeugen oder Lenkwaffen. Das bedeutet, sie sind robuster als die herkömmlichen Exemplare, da sie auch bei sehr hohen und sehr tiefen Temperaturen funktionieren müssen. Sie sind auch etwas strahlentoleranter, da Flugzeuge in der Stratosphäre einer höheren Strahlenbelastung ausgesetzt sind. Sie sind allerdings nicht strahlengehärtet, also für den dauerhaften Einsatz im Weltraum vorgesehen. Der Einsatz wäre nach Steven McClure noch tolerierbar für Kurzzeitmissionen von einigen Tagen Dauer, nicht jedoch für eine mehrjährige Marsmission.

Zehn Tage lang, so führt der Bericht aus, war die Raumsonde unter Kontrolle des Autopiloten. Er hielt die Ausrichtung auf die Sonne und zündete dazu regelmäßig die Lageregelungsdüsen. Dadurch kamen die Anhebungen der Bahn während der ersten Tage zustande. Erst danach gelang die Kommunikation. Dabei wurde bei einem der kurzen Überflüge das Kommunikationssystem nicht abgeschaltet, die Batterien entluden sich und die Ausrichtung auf die Sonne ging verloren. Nun war die Raumsonde verloren. Später stieg durch die einseitige Erhitzung in einem druckbeaufschlagten Elektronikteil der Druck und es explodierte. Das führte zur Ablösung von zwei Teilen.

Wenn der Ausfall der Speicherchips die primäre Ursache war, dann wäre die Mission aber in jedem Falle gescheitert, denn im Parkorbit befand sich die Sonde noch unter den irdischen Strahlungsgürteln. Sie war damit in einer Region, wo sie vor den meisten kosmischen Strahlen durch das Erdmagnetfeld geschützt war. Der Roskomos Chef Popowkin machte nun den Moskauer Hersteller NPO Lawotschkin verantwortlich. Dieser hätte damit rechnen müssen, dass die Strahlung den Betrieb der Sonde stört. Die Verantwortlichen würden bestraft, kündigte Popowkin an.

Inoffizielle Kommentare von Ingenieuren führten aus, dass ein Großteil der 90.000 Chips und Elektronikbauteile weder auf Weltraumtauglichkeit geprüft wurden, noch dafür qualifiziert waren. Weiterhin sei die Software schlampig programmiert worden und viele westliche Experten halten Softwarefehler für die wahrscheinlichere Ursache. Dass nicht weltraumtaugliche Hardware ausfallen kann, wäre möglich, aber das dies schon weniger als zwei Stunden nach dem Start erfolgt, ist dann doch „äußerst unwahrscheinlich". Zwar sind die SRAM-Chips nicht geeignet für lange Missionen, aber das sich so schnell ein Ausfall ereignet, das wäre doch extrem viel Pech. Dass dies bei beiden Bordcomputern gleichzeitig passiert und sie beide in einen Rebootzyklus geraten, ist noch unwahrscheinlicher. Das spricht eher für einen systematischen Fehler, wahrscheinlich in der Software. Wäre dies nur bei einem der Computer vorgekommen, so wäre die Sonde nicht blockiert gewesen.

Unbestritten ist, dass es grundlegende Designmängel gab, die nicht im Bericht genannt wurden. So fällt die Tatsache auf, dass russische Bodenstationen in den ersten Stunden nach dem Start gar keine Möglichkeit hatten, Phobos Grunt zu kontaktieren, solange sie sich in einer Erdumlaufbahn befand. Die Sonde hätte in dieser Form nicht starten dürfen. Stattdessen wäre es sinnvoll gewesen die Mängel zu beseitigen und den Start, um weitere zwei Jahre zu verschieben. Auf der anderen Seite war die nicht getestete Elektronik und die nicht fertiggestellte Software ja schon die primäre Ursache für die Startverschiebung vor zwei Jahren. Warum wurde sie in dieser Zeit dann nicht ausgiebig getestet?

In vielem wird der Kenner der russischen Raumfahrt an frühere Fehlschläge erinnert. Phobos 1+2 gingen verloren, weil die Raumsonden keine Software an Bord hatten, die sie bei Problemen in einen „sicheren Modus" bringen. Derartige Systeme waren schon damals bei der NASA und ESA Standard. Sie tun nichts anderes, als die Raumsonde so zur Sonne auszurichten, dass ihre Energieversorgung gewährleistet ist. Alle nicht notwendigen Systeme werden deaktiviert und die Sonde versucht die Erde zu kontaktieren.

Noch auffälliger ist die Parallele zu Mars 4-7 die bewusst mit Bauteilen gestartet wurden, von denen man wusste, dass sie nach wenigen Monaten durch Korrosion ausfallen würden. Von den vier Sonden konnte auch nur eine Sonde einige Wochen im Marsorbit Daten liefern, bis auch sie ausfiel.

Mars 96 ging verloren, weil die Oberstufe die Raumsonde auf einer falschen Umlaufbahn entließ, nachdem sie kurz nach der Zündung ihren Betrieb einstellte. Die Raumsonde spulte ihr vorgegebenes Programm ab. Sie verschlimmerte damit die Situation noch mehr, da sie nach der Zündung eine Umlaufbahn hatte, die sie beim ersten Durchlaufen des erdnächsten Punktes zerstören würde. Auch bei Mars 96 war kein Eingreifen von außen vorgesehen.

Es zeigen sich Unterschiede in der Auslegung von Raumsonden. Nicht umsonst heißen die Raumsonden in Russland offiziell „automatische Raumsonde". Der Start von Phobos Grunt, wie auch von Mars 96, verliefen nach einem festen Zeitplan. Er sah keinerlei Beeinflussung von außen, sowohl vom Boden, als auch durch äußere Ereignisse vor. Wie bei Mars 96 war es unmöglich, das Problem zu untersuchen und eventuell vom Boden aus eine erneute Zündung zu unternehmen. Phobos Grunt sollte ihre beiden Triebwerkszündungen autonom durchführen. Schlimmer noch, es war niemals geplant, in dieser Phase überhaupt einzugreifen, weswegen die Bodenkontrolle auch nicht Phobos Grunt aktivieren konnte.

Bei den Raumsonden des amerikanischen JPL gibt es vom Start an einen stetigen Datenstrom zur Erde, selbst wenn die Sonde nichts tut und nur passiver Passagier ist. Das ist keine Komfortfunktion, sondern wie der Fall von Phobos Grunt zeigt, notwendig, um selbst wenn eine Mission scheitert, überhaupt zu wissen, was schief geht. Das allerdings auch die NASA Fehler machte, zeigt der Verlust des Mars Polar Landers, bei dem kein Funkkontakt während der letzten Viertelstunde – der eigentlichen Landung — möglich war. Wäre der nächste Lander nicht weitgehend baugleich gewesen, man hätte die Ursache der gescheiterten Landung wohl nie gefunden.

Auch das der Untersuchungsbericht nur in Russisch veröffentlicht wurde, ist ein Rückfall in die Sowjetära. Es gibt auch keine Website in englischer Sprache mehr zu Phobos Grunt und selbst in russisch nur rudimentäre Informationen. Dass man so schnell nach Schuldigen sucht – erst im Ausland, nun wohl bei Lawotschkin und eine Bestrafung ankündigt, zeugt auch nicht von einem souveränen Umgang mit der Situation. Vielmehr sollte man sich fragen, warum nicht weltraumqualifizierte Hardware eingesetzt wurde und wahrscheinlich auch die Software nicht ausgereift war. Passend dazu vergab Roskosmos auch Chancen. Erst 12 Tage nach dem Start wurde die ESA um Hilfe gebeten. NASA und ESA verfügen, anders als Russland, über zahlreiche Bodenstationen auf dem Flugpfad, dem Phobos Grunt während der ersten Umläufe folgt. Sie hätten die Telemetrie der Raumsonde empfangen können. 2009 war dies auch noch vorgesehen.

Der Verlust von Phobos Grunt ist nicht der Einzige, der im russischen Raumfahrtprogramm zu beklagen ist. Die neue Version der Proton, die Proton M, hat bei 50 Starts nur eine Zuverlässigkeit von 90% erreicht. Dies ist ein für heutige Verhältnisse sehr schlechter Wert, vor allem bei einem Modell, das schon seit über 40 Jahren im Einsatz steht. Dann gingen 2011 Satelliten auf der Rockot, einer neuen Trägerrakete, verloren und ein Versorgungsflug zur ISS scheiterte – der Erste in der Geschichte der Progressraumschiffe. Alleine im Juli und August 2011 gingen bei drei Starts die Nutzlasten verloren. 2011 wurde zum schwärzesten Jahr für die russische Raumfahrt seit den frühen sechziger Jahren.

Anatoly Zak, der die, als zuverlässig eingestufte, Website russianspaceweb.com betreibt, berichtet vom Ausbluten der russischen Raumfahrtindustrie, als gemeinsame Ursache für alle Fehlstarts. Demnach verließen viele jüngere Ingenieure und Wissenschaftler das Land, als das russische Raumfahrtprogramm Anfang der neunziger Jahre zusammenbrach. Sie wanderten aus nach Europa und in die USA, wo sie mit ihrer Qualifikation gesuchte Mitarbeiter waren.

Die nationale Raumfahrt war lange Zeit ein Prestigeprogramm für die Sowjetunion. Die Mitarbeiter waren hoch qualifiziert und genossen Privilegien und eine außergewöhnlich hohe Bezahlung. Der Zerfall der Sowjetunion ging einher mit einem wirtschaftlichen Niedergang, der zu diesem Exodus führte. Übrig blieben die älteren Mitarbeiter, die entweder nicht in den Westen abwandern wollten, weil sie familiär gebunden waren oder keinen Job bekamen. Die steigenden Einnahmen durch Öl- und Gasexporte bewirkten zwar einen Aufschwung im russischen Raumfahrtprogramm, doch nun fehlen die qualifizierten Mitarbeiter. Die Lücken wurden mit jungen Anfängern gefüllt. Angesichts dessen, dass ein neu eingestellter Ingenieur bei Lawotschkin nur etwa die Hälfte eines Handyverkäufers in Moskau verdient (340 Euro/Monat), gewinnt man sicher nicht das beste Personal. Nun gingen in den letzten Jahren auch noch die meisten alten Mitarbeiter in Rente und die Folgen sind noch gravierender — es fehlt an Know-how. Weiterhin soll die Technologie kaum weiterentwickelt worden sein. Russische Firmen verdienen sehr gut mit der Vermarktung von Trägerraketen, die seit Jahrzehnten unverändert produziert wurden (Sojus, Proton oder Zenit). Die einzige Neuentwicklung, die Angara, liegt Jahre hinter dem Zeitplan zurück. Eine modifizierte Angara Stufe, die bei der koreanischen KSLV eingesetzt wurde, hatte auch einen Fehlstart. Alle anderen neuen Projekte wie der Raumgleiter Kliper, die geflügelte wiederverwendbare Version der Angara, die Baikal und die überschwere Trägerrakete RUS-M, wurden eingestellt. Kommerzielle Kommunikationssatelliten bestellen russische Unternehmen in Europa und auch die Chips, die ausfielen, wurden im Ausland beschafft.

Das russische Weltraumprogramm soll sich nach Zaks Angaben daher auf veraltete Technologie stützen und den Anschluss an den Stand der Technik verloren haben. So reiht sich der Verlust von Phobos Grunt nur in eine Liste zahlreicher anderer Fehlschläge der letzten Zeit ein.

In dieselbe Kerbe schlägt folgender von news.ru veröffentlichter Brief:

Offener Brief eines führenden Spezialisten der wissenschaftlichen Produktionsvereinigung Lawotschkin (veröffentlicht ein halbes Jahr vor dem Start von Phobos Grunt).

An den Vizepremier Sergej Borisowitsch Iwanow

Sehr geehrter Sergej Borisowtisch,

Vor Kurzem wurde in den Medien ihr Auftritt vor Roskosmos-Kollegium gezeigt, in dem sie sich sehr kritisch zu dem gegenwärtigen Zustand des Industriezweiges äußern, der unter ihrer Aufsicht steht. Natürlich kann ich meinen Kenntnisstand nicht mit dem Ihrigen vergleichen, aber ich war bis vor Kurzem einer der führenden Spezialisten im Versuchskonstruktionsbüro des Staatsbetriebes Lawotschkin. Nach meiner Einschätzung ist die tatsächliche Lage beim Bau von Raumfahrttechnik noch schlechter als es scheinen mag. Da ich unmittelbar mit der Entwicklung von Baugruppen, die auf Raumfahrzeugen installiert werden, beschäftigt war, kann ich wagen, diese pessimistische Einschätzung beizubehalten. Hier einige Beispiele, wie die Entwicklung neuer Technik in der Firma Lawotschkin gehandhabt wird.

Vor Kurzem, im Januar 2011, wurde nach vielen Verzögerungen der Satellit „Elektro-L" gestartet. Den Antrieb der schwenkbaren Antennen auf diesem Satelliten habe ich projektiert. Dieselben Baugruppen werden (mit einigen Änderungen) auch auf dem Satelliten „Spektr" und einem Satelliten für besondere Aufgaben verwendet. Die Projektierung dieser wichtigen Baugruppe wurde ohne technische Projektierung, lediglich auf Grundlage von mündlichen Anweisungen, die sich oft noch widersprachen, durchgeführt. Erst, als die Baugruppen bereits hergestellt waren, folgte die technische Projektierung zu ihrer Herstellung. Im Falle der Antennen erfolgte sie noch später. In diesem Beispiel geht es noch um relativ einfache Baugruppen – tatsächlich ist dieses Vorgehen allgemein gängige Praxis in der Firma Lawotschkin. Eine solche Arbeitsweise dürfte uns auch in der Zukunft weitere Schwierigkeiten bereiten.

Ein weiteres Beispiel. Völlig fehlen theoretische Untersuchungen zu den gewählten technischen Lösungen, die eigentlich erforderlich sind, bevor die Arbeitsdokumentationen erstellt werden können. Die gewählten Kriterien beruhen nicht auf wissenschaftlichen Argumenten, sondern darauf, was dem Chef der Konstruktionsabteilung gefällt oder nicht.

Es wird einfach nach ästhetischen Gesichtspunkten entschieden. Eine technische Debatte auf der Basis rationaler ingenieurtechnischer Lösungen findet nicht statt. Der Chef ordnet an: Ich bin der Chef – du ein Narr. Appelle an die Notwendigkeit klarer Anweisungen gehen ins Leere – das ist ein leeres Blatt Papier, in meinem Fall (als leitender Spezialist) noch nicht einmal das.

294

Besonders unehrlich ist die Firmenleitung bei ihren Angaben zur Zuverlässigkeit (die Zuverlässigkeit unter realen Bedingungen, nicht die unter formalen, als theoretischen). Auf meinen Hinweis, dass die Zuverlässigkeit das entscheidende Kriterium in der Raumfahrttechnik ist, antwortete ein nicht unbedeutender Manager scherzhaft: „Zuverlässigkeit – das ist eine Hure des Imperialismus. ICH muss dem Direktor eine Zahl nennen, und er schreibt dann die Höhe der Zuverlässigkeit auf, die gebraucht wird." Im Grunde genommen läuft es immer so ab, auch mit den Berichten an das ZNIIMasch. Formal werden also alle Bedingungen korrekt erfüllt. Erst der Einsatz zeigt, was funktioniert und was nicht."

Meine persönliche Meinung: Phobos Grunt ist unabhängig von der primären Ursache an zwei Dingen gescheitert. Es war ein zu ambitioniertes Programm mit einem viel zu kleinen Budget.

Zum ersten Punkt: Russland hat zwar bisher 18 Missionen zum Mars entsandt, aber noch keine war richtig erfolgreich. Nun wurde gleich die Bodenprobenahme und Rückführung angegangen. Ein analoges Projekt, die Bodenprobenahme vom Mars taucht seit fast zwei Jahrzehnten in den Langzeitplänen der NASA auf. Es gibt genauso lange keine Finanzierung, da sie wahrscheinlich noch teurer und komplexer als die Mission des MSL sein würde. Dabei kann die NASA auf eine lange Liste von geglückten Missionen zurückblicken. Sie hat sieben Raumsonden erfolgreich auf dem Mars abgesetzt. Fünf Orbiter umrundeten den Planeten. Derzeit sind vier Sonden aktiv, drei haben ihre geplante Betriebsdauer längst überschritten. Russland wäre gut beraten gewesen, eine weniger ambitionierte Mission zu planen. Zum Beispiel einen Orbiter oder einen konservativ ausgelegten Landeapparat. Basierend auf den Erfahrungen und dem gewonnen Wissen hätte man dann später an eine Mission wie Phobos Grunt gehen können.

Das Zweite ist die Finanzierung. Die 120 Millionen Euro, die Phobos Grunt kostete, sind sicher nicht mit den 2,5 Milliarden, die das MSL kostet, zu vergleichen. Raumfahrt ist vor allem sehr arbeitsintensiv. Der größte Teil der Kosten entfällt auf Entwicklungskosten. Es dauert Jahre, die Sonde und ihre Experimente zu planen, alles ins Detail festzulegen, zu simulieren und die Konstruktion durch Computersimulationen zu testen und zu optimieren. Dann werden ein Flugexemplar und einige Testexemplare gebaut. Eine Automatisierung ist dabei nicht möglich. Es ist eine Einzelanfertigung und entsprechend teuer. Die Kosten werden daher vom Lohnniveau bestimmt. Das ist in Russland niedriger als bei uns. Daher kommt die russische Raumfahrtagentur Roskosmos auch mit einem Budget aus, das kleiner als das der japanischen Raumfahrtagentur JAXA ist. Damit führt sie aber pro Jahr über ein Dutzend Starts durch, während es bei der JAXA lediglich zwei bis drei sind. Vor einigen Jahren wurde bekannt, dass eine Proton Trägerrakete in der Fertigung nur 25 Millionen

Dollar kostet. Der kommerzielle Start (der auch weitere Posten beinhaltet) wurde zum selben Zeitpunkt für 90 Millionen Dollar angeboten.

Doch selbst für das niedrige Lohnniveau Russlands dürften 120 Millionen Euro recht wenig sein. Bei Mars 96 machte nur der russische Anteil 300 Millionen Dollar aus. Damit dieses Projekt möglich war, beteiligte sich die ESA mit weiteren 80 Millionen Dollar, um ausstehende Löhne bei Lawotschkin zu zahlen. Seit Mars 96 sind 15 Jahre vergangen und nun kostet Phobos Grunt, mit einem noch ambitionierteren Ziel, nur einen Bruchteil dieser Summe? Es fällt schwer zu glauben, dass dies möglich ist, ohne massiv zu sparen. Es ist am einfachsten möglich zu sparen, indem man an der Qualitätssicherung spart. Charakteristisch für die Technik, die bei in Raumfahrzeugen zum Einsatz kommt, ist, dass man nichts reparieren kann. Also wird alles vom Design bis zum Abflug zigmal getestet. Es werden die Entwürfe durch Simulationen geprüft, es werden Prototypen gebaut und getestet, es wird jeder Arbeitsschritt dokumentiert und von unabhängigen Personen überprüft. Es entsteht die berühmte Tonne Papier zu jeder Tonne Hardware. Das Test- und Prüfprotokoll einer Leuchte, die auf der ISS zum Einsatz kommt, soll z.B. rund 550 Seiten umfassen. Spart man hier, so kann man die Missionskosten natürlich drastisch senken. Vieles spricht dafür, dass dies bei Phobos Grunt so war. So wurden die ausgefallenen Chips nie auf Weltraumtauglichkeit getestet. Dies deutet auch der obige Brief des ehemaligen Lawotschkin Mitarbeiters an. Nach dem Start wurde bekannt, dass weder die Computersoftware einen fehlerfreien Simulationslauf durchlaufen hatte, noch es ein komplettes zweites Modell von Phobos Grunt für Tests gab. Letzteres soll bei russischen Satelliten, die nicht in Serie produziert werden, normal sein. Auch dies ist ein Grund, warum die Raumsonde so viel preiswerter ist als ESA oder NASA Sonden. Dort ist es üblich neben der eigentlichen Raumsonde (im Fachjargon: Flugexemplar) zahlreiche Modelle herzustellen. Viele bestehen nur aus Teilkomponenten wie der Elektronik und Verkabelung zum Test dieser und der Empfindlichkeit gegenüber elektromagnetischer Strahlung (EMV-Tests) oder dem Gehäuse mit Wärmequellen zum Test des Thermalhaushalts. Es wird aber fast immer ein zweites identisches Modell, das Ingenieursexemplar, gebaut. Mit diesem wird die Generalprobe für den Start durchgeführt (es wird auf einem Rütteltisch wie beim Start durchgeschüttelt). Es wird in einer Vakuumkammer den simulierten Weltraumbedingungen ausgesetzt und vieles andere mehr. Der Vorteil ist, dass man dieses Modell dann vor dem Start auseinandernehmen und genauestens prüfen kann und das Flugexemplar nachbessern kann, ohne dieses zu beschädigen. Selbst bei einem Verlust hat man noch das Modell und kann dort Untersuchungen anstellen und so vielleicht die Ursache finden.

Da es weitere Fehlschläge in der letzten Zeit gab, kann man durchaus von einer Serie sprechen. Im Falle des Fehlstarts des ISS-Versorgers Progress M-12M wurde als Ursache eine verstopfte Treibstoffleitung dingfest gemacht. Diesen Fehlstart hätte man durch eine Kontrolle vor dem Start vermeiden können. Von diesen Fehlschlägen unterscheidet sich Phobos Grunt in einem sehr wichtigen Detail: Sie ist eine Neuentwicklung. Wenn schon Starts mit Trägerraketen scheitern, die seit Jahrzehnten weitgehend unverändert produziert werden, um wie viel riskanter ist dann eine neue entwickelte Raumsonde, bei der die Probleme der fehlenden Qualitätssicherung dann nicht nur in der Fertigung, sondern auch der Entwicklung gegeben sind?

Ein weiterer schaler Geschmack bleibt in der Zielsetzung des Projektes. Bisher war es so, dass Russland immer den USA zuvorkommen wollte. Zuerst bei den Vorbeiflügen. Als diese scheiterten und die USA die ersten Orbiter ankündigten, ging die Sowjetunion sofort zu den Orbitern (Mars 69) über. Mars 2+3 sollten dann schon einen Lander absetzen. Die Flotte von vier Marssonden im Startfenster 1973 wurde nur auf den Weg gebracht, um vor den Viking Sonden eine Landung durchzuführen. Dabei war bekannt, dass die Elektronik auf dem Weg zum Ziel mit hoher Wahrscheinlichkeit ausfallen würde. Es folgten Phobos 1+2, um als erste Raumsonde den Marsmond zu besuchen und auch Mars 96 war, als es in der Planung war, noch deutlich ambitionierter. Das Aussetzen eines Ballons oder eines Fahrzeugs als Erstleistung wurde damals erwogen. Selbst in der gestarteten Form wären die Penetratoren eine Erstleistung gewesen. Nun ist wieder eine Mission gescheitert, die eine Erstleistung erbringen sollte. Die Frage ist, ob Phobos Grunt nur angegangen wurde, weil es wieder eine Erstleistung war? Nach Ansicht des Autors spricht viel dafür, denn anders ist kaum zu erklären, warum Russland, das bisher keine einzige gelungene Marsmission vorweisen kann, gleich dieses anspruchsvolle Vorhaben anging.

Wie sich der Fehlschlag von Phobos Grunt auf das zweite aktuelle Raumsondenprojekt Russlands, die Venussonde „Venera D", auswirkt, ist offen. Diese sollte dieselbe Startmethode und ebenfalls die MDU einsetzen, um zur Venus zu gelangen und dort in eine Umlaufbahn einzuschwenken. Weitere Raumsonden, welche dieselbe MDU einsetzen sollen, sind geplant. Ob es überhaupt zu diesen Missionen kommt, dürfte fraglich sein. Alles waren relativ anspruchsvolle Missionen bis hin zur Gewinnung von Marsbodenproben („Mars Grunt"). Auch wenn es für Russland sicher beschämend ist: Es wäre ratsam, das planetare Programm langsam anzugehen, zuerst mit einfachen Missionen, dann mit komplexeren. Eventuell ist es auch sinnvoller, die internationale Zusammenarbeit anders anzulegen: Anstatt eine eigene Raumsonde zu entwickeln, wäre es sinnvoller die leistungsstarken Trägerraketen und Oberstufen anderen Partnern zur Verfügung zu stellen, damit diese größere Raumsonden starten können. Dafür werden russische Experimente mitgeführt. Dies wäre eine gute Synergie.

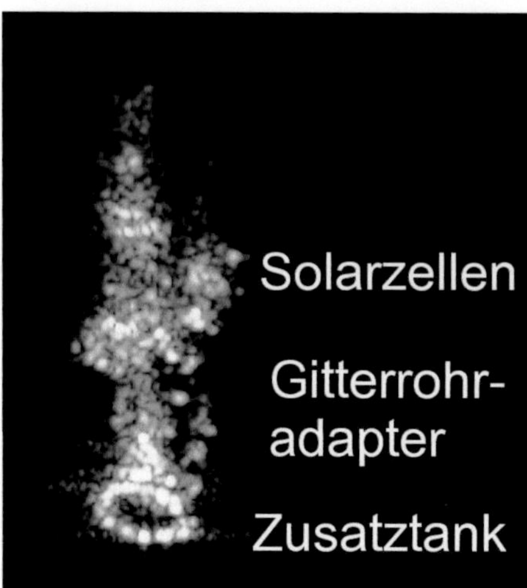

Abbildung 112: Radaraufnahme von Phobos Grunt vor dem Verglühen © des Bildes Fraunhofer FHR

Zu befürchten ist, dass (wie von Medwedew gefordert) nun „Schuldige" gesucht und gefunden werden. Die „Schuldigen" werden wahrscheinlich Ingenieure oder Manager bei Lawotschkin sein. Doch die wirklich Verantwortlichen sitzen woanders – in der Regierung, die zwar spektakuläre Missionen wünscht, aber weder für eine ausreichende Finanzierung sorgt, noch die nötige Geduld hat. Die Raumfahrt muss nach 20 Jahren des Niedergangs erst einmal wieder langsam aufgebaut werden; das die Kette von Fehlschlägen in den letzten Monaten nicht nur technische Gründe hat, dies wollen Medwedew und Putin nicht verstehen.

Im Februar 2012, direkt nach dem Verlust wurde der Vorschlag gemacht, die Raumsonde nachzubauen. Phobos Grunt 2 soll sich in zahlreichen Details unterscheiden. Es entfällt der chinesische Subsatellit und der Gitterrohradapter ist verkürzt. Ein Teil der wissenschaftlichen Instrumente soll auf dem europäischen Exomars Orbiter mitfliegen. Russland will sich bei diesem Projekt beteiligen und stellt eine Proton Trägerrakete zur Verfügung. Da dadurch Phobos Grunt 2 leichter ist und das Startfenster 2020/22, wenn die Sonde starten soll, günstiger ist, kann der externe Tank der MDU entfallen, eventuell wird sie durch eine normale Fregat ersetzt. Phobos Grunt soll so nur noch 3 Milliarden Rubel kosten. Zu Redaktionsschluss ist aber offen, ob diese Sonde nachgebaut wird.

Links

RussianSpaceWeb: Phobos Grunt (die wichtigste Informationsquelle zum Projekt)
http://www.russianspaceweb.com/phobos_grunt.html

Projekt Phobos Grunt past end future of Laser TOF Mass-Reflektion LASMA
http://space.unibe.ch/fileadmin/media/pdf/wp/Seminars/Managadze.pdf

Observations of the Martian Atmosphere from Phobos Grunt Mission
http://www-mars.lmd.jussieu.fr/paris2011/abstracts/korablev_paris2011.pdf

Goal of the Phobos Grunt Mission

http://www.congrex.nl/09m01/papers/08_zhakarov.pdf

The Scientific Rationale for Robotic Exploration of Phobos and Deimos
http://www.lpi.usra.edu/decadal/sbag/topical_wp/murchie_whitepaper_20090910.pdf

Studies of Phobos' Orbit, Rotation, and Shape using Spacecraft Image Data
http://www.isprs.org/proceedings/XXXVII/congress/4_pdf/174.pdf

Phobos Soil Spacecraft
http://sci.esa.int/science-e/www/object/index.cfm?fobjectid=49090

Gamma-ray and Neutron Spectrometer for studying of Phobos regolith onboard "Phobos Grunt" mission
http://www.lpi.usra.edu/meetings/7thmars2007/pdf/3103.pdf

The miniaturised Moessbauer spectrometer MIMOS II: application for the "Phobos Grunt" mission
http://www.lpi.usra.edu/meetings/phobosdeimos2007/pdf/7038.pdf

Geodesy and cartography support for the mission „Phobos Grunt"
http://icaci.org/documents/ICC_proceedings/ICC2009/html/nonref/26_2.pdf

YingHuo-1—Martian Space Environment Exploration Orbiter
http://www.cjss.ac.cn/qikan/manage/wenzhang/2008-05-06.pdf

MicrOmega: an IR Hyperspectral Microscope for the Phobos Grunt Lander
http://www.lpi.usra.edu/meetings/lpsc2011/pdf/1930.pdf

Russische Akademie der Wissenschaften: Opto-Physical department
http://www.iki.rssi.ru/ofo/pdf/booklet_e.pdf

MetNet Homepage
http://metnet.fmi.fi/index.php

Introduction to YingHuo-1
ftp://202.127.24.195/meeting/yhpds_201007/Presentations_Chinese Side/1b_Introduction to Yinghuo-1.pdf

Die nächsten Missionen

Die USA haben seit 1997 bei jedem Startfenster bis auf 2009 eine Raumsonde zum Mars auf den Weg gebracht. Das ist einmalig in der amerikanischen Raumfahrt, aber auch in der Planetenforschung insgesamt. Die Marsforschung hat auch die Kürzungen als Folge von Constellation, das von George W. Bush initiierte „Apollo 2.0" Programm, recht gut überstanden.

Die Wissenschaftler, die an der Erforschung der anderen Planeten oder kleineren Himmelskörper interessiert sind, können von so viel Unterstützung nur träumen. Der Grund dafür ist relativ einfach: durch das Pushen der Möglichkeit, das es vielleicht auf dem Mars Leben geben könnte, und eine Mission vielleicht dieses entdecken könnte, ist es relativ einfach, öffentliche Unterstützung für diese Programme zu erhalten. Auch Politiker sind so leichter überzeugbar und es gibt sogar eigene Organisationen, die für diese Ziele eintreten, wie die Mars Society.

Trotzdem muss nun auch die Marsforschung kürzertreten. Die Einsparungen im US-Haushalt betreffen auch den Etat für die Marsforschung. Während dieses Buch entstand, wurde klar, dass die USA das Exomars-Projekt einstellen werden. Dieses sollte gemeinsam mit der ESA angegangen werden — 2016 ein von den USA gestellter Spurengasorbiter mit einer Landedemonstrationsmission und 2018 der europäische Exomarslander.

Es wurde zwar von Wissenschaftlern darauf hingewiesen, welche Folgen dies hätte, vor allem auch auf die Einstufung der NASA hinsichtlich Zuverlässigkeit (es ist ja nicht der erste Fall, das ein binationales oder multinationales Projekt seitens der USA eingestellt wurde), war aber nicht zu verhindern. Alleine kann die ESA es nicht stemmen. Sie hat schon Probleme, die Finanzierung für ihren Teil zu sichern. Allerdings hat die letzte Planung nichts mehr mit dem ursprünglichen Projekt zu tun. Exomars wurde immer anspruchsvoller. Ursprünglich war an einen europäischen Lander gedacht, der die Komplexität der MER hat. Inzwischen hat sich Exomars zu einem viel aufwendigeren Projekt gemausert. Ob die Absichtserklärungen Russlands, zwei Proton Trägerraketen für den Start der beiden Sonden zur Verfügung stellen zu wollen, das Projekt retten? Man wird sehen...

Die einzige noch anstehende Mission ist MAVEN. MAVEN (**M**ars **A**tmosphere and **V**olatile **E**volutio**N**) unterscheidet sich von den bisherigen US-Orbitern, da er der Erste ist, der kein abbildendes Instrument mitführt. Anstatt spektakuläre Kamerabilder anzufertigen, wird MAVEN direkte Messungen in der Hochatmosphäre durchführen. Die Instrumente bestehen aus Massenspektrometern, Detektoren für Elektronen, Ionen und andere energiereiche Teilchen. Dazu gibt es ein UV-Spektrometer und ein Magnetometer. MAVEN soll die Zusammensetzung der oberen Atmosphäre, ihre Interaktion mit dem Sonnenwind und die Verlustrate bestimmen. Das ist nicht so öffentlichkeitswirksam, wie „pretty nice Pictures", aber es ist wichtig für das Verständnis der Evolution des Mars. Man erhofft sich von der Mission Aufschlüsse wie sich die Marsatmosphäre verändert hat. Manche Autoren meinen, sie wäre in der Vergangenheit sehr viel dichter als heute gewesen. Andere vertreten den Standpunkt, dass der Mars wohl niemals eine sehr dichte Atmosphäre halten konnte.

Ob Russland nun erneut eine ambitionierte Mission angeht, ist bis jetzt noch offen. Sinnvoll wäre meiner Ansicht nach eher eine internationale Zusammenarbeit, wie sie sich nun bei Exomars andeutet.

China hat seit Langem angekündigt, nach dem Mond als nächstes Ziel den Mars anzupeilen. China hat bei der Mondforschung sein Programm sehr zielstrebig verfolgt. Zwei Orbiter wurden in den letzten Jahren gestartet, bald soll die Raumsonde Chang E'3 folgen. Es wird der erste Mondlander seit Luna 24 im Jahr 1976 sein. Allerdings ist das chinesische Raumfahrtprogramm noch weitgehend geheim. Es gibt kaum Informationen über die Missionen, weder vor dem Start noch danach. Yinghuo-1 war hier schon eine rühmliche Ausnahme.

Seit Langem geplant, aber auch ebenso lange schon in die Zukunft projiziert, ist die unbemannte Bodenprobengewinnung. Sie wäre der nächste konsequente Schritt nach einem komplexen Labor wie Curiosity. Sie wäre aber auch mehr als dreimal teurer. Idealerweise wird dazu ein mobiles Labor wie Curiosity gestartet, welches Bodenproben gewinnt und vorselektiert, indem sie diese voruntersucht. Danach werden diese in eine Raketenstufe verladen, die separat gestartet wird. Sie bringt die Kapsel mit Bodenproben in eine Umlaufbahn, wo sie an einen Marssatelliten ankoppelt, der sie wieder zurück zur Erde bringt.

Da die NASA aufgrund der Gesetzgebung — der US-Haushalt muss in den nächsten Jahren um mehrere Billionen Dollar gekürzt werden — kürzertreten muss, gleichzeitig aber neue Kosten für ein bemanntes Programm mit dem MPCV (ehemals Orion) und der Entwicklung der SLS-Schwerlastrakete hinzukommen, kann man sicher sein, dass dieses Programm sicher nicht in den nächsten zehn Jahren angegangen wird.

Eher spricht viel dafür, dass MAVEN für die nächsten Jahre die letzte Mission zum Mars sein wird. Aufgrund der Projektlaufzeiten von vier bis sechs Jahren müsste eine Mission, die 2016/18 starten soll, jetzt genehmigt werden.

Noch viel länger planen die USA eine bemannte Marsexpedition. Nach dem Mond-
programm plante Wernher von Braun als Nächstes die Marslandung, die nach den
damaligen Plänen Anfang bis Mitte der achtziger Jahre des letzten Jahrhunderts erfolgen
sollte. Doch die Prioritäten hatten sich verschoben. Schon das Apolloprogramm wurde um
drei Missionen gekürzt und mit dem Space Shuttle wurde ein Vehikel nur für erdnahe Umlaufbahnen entwickelt. Der letzte Präsident, der an einer Marsmission interessiert war, war
George Bush senior, der 1989 die NASA beauftragte, ein Konzept dafür zu entwickeln.
Doch die ermittelten Kosten von rund 400 Milliarden Dollar führten dazu, dass es nie umgesetzt wurde. Die „Vision for Space Exploration" seines Sohnes sollte nur zum Mond
führen, was schon von Anfang an kritisiert wurde, weil man den Mond ja schon erreicht
hatte. Doch auch dieses Programm wurde inzwischen von Präsident Obama einkassiert. Es
gibt zwar ein Projekt zur Entwicklung einer Schwerlastrakete, aber es gibt nichts, was diese
Rakete transportieren könnte. Mit dem ebenfalls aus der Konkursmasse des Mondprojektes
entnommenen Orion-Raumschiff sind allenfalls Mondumkreisungen möglich.

Warum eine bemannte Marsmission seit Jahrzehnten nicht angegangen wird, sind die
enormen Kosten. Apollo kostete inflationskorrigiert rund 130 Milliarden Dollar. Diese
Summe wurde in weniger als zehn Jahren aufgewendet. Dagegen werden Aufbau und Betrieb der ISS rund 135 Milliarden Dollar kosten. Diese Summe verteilt sich aber auf über
dreißig Jahre und vier Raumfahrtagenturen. Es ist nach Ansicht des Autors unwahrscheinlich,
dass eine Marsexpedition, die nochmals doppelt so teuer wie Apollo ist, in den nächsten
Jahrzehnten angegangen wird.

Befürworter verweisen darauf, dass die Summe immer noch geringer sei als die jährlichen
Militärausgaben der USA. Das ist zwar wahr, aber der Vergleich ist unsinnig. Der Militäretat
der USA ist zwar riesig, aber damit werden auch 1,5 Millionen Soldaten finanziert, die
gesamten Waffen unterhalten, neue Systeme gekauft und nebenher noch zwei Kriege geführt. Niemals würde man den Wehretat einschränken, um Forschung zu betreiben. Selbst
wenn, würden andere Ressorts Ansprüche auf die Gelder anmelden. Denn ein Unterschied
zu den sechziger Jahren ist auch, dass das Apolloprogramm in einer Zeit durchgeführt
wurde, als in den USA die Wirtschaft boomte, die Staatsverschuldung erheblich geringer war
und es nahezu Vollbeschäftigung gab. Man konnte es sich einfach leisten. Zur Spitzenzeit
von Apollo machte der NASA-Etat 0,8% des Bruttoinlandprodukts aus. Heute sind es
weniger als 0,1%.

Eventuell können sich dies China und Indien leisten. China hat eine Absichtserklärung abgegeben, aber kein konkretes Programm in der Vorbereitung. Für China wäre auch der
öffentlichkeitswirksame Nutzen erheblich höher als für die USA, Europa oder Japan. Der

Grund, warum Apollo angegangen wurde, war ja, dass man glaubte, dass die Sowjetunion führend bei der Weltraumtechnik sei. Diese Blamage brachte John F. Kennedy auf die Idee, ein Ziel anzupeilen, bei dem beide Nationen bei Null beginnen müssen. Heute wissen wir aber, wo wir technologisch stehen. Für entwickelnde Nationen, wie China oder Indien, ist der Imagegewinn durch ein solches Unternehmen dagegen beträchtlich. Vor allem China ist in der glücklichen Lage, eine boomende Wirtschaft mit nur geringer Staatsverschuldung zu haben. Sie könnten es sich also viel eher leisten als die etablierten Weltraumnationen.

Ob die Marslandung ein multinationales Unternehmen wird? Es wird oft gewünscht, doch es erscheint unwahrscheinlich. Japan und ESA werden nicht mehr als Juniorpartner sein. Dazu sind ihre Weltraumetats zu klein. Die ESA wäre zu mehr fähig, doch gibt es hier keinen Konsens unter den Mitgliedsstaaten. Für die bemannte Raumfahrt ist vor allem Deutschland. Frankreich und Italien, die anderen beiden Nationen, die viel in den ESA-Etat einzahlen, sind eher an der Trägerraketenentwicklung interessiert. Russlands Raumfahrt ist seit zwei Jahrzehnten im Niedergang, wie auch der Verlust von Phobos Grunt zeigte. Russland startet sein zweites ISS-Labor als Letztes aller Partner, mit mehrjähriger Verzögerung wohl erst 2013. Vorher gab es keine Finanzierung. So ist es unwahrscheinlich, dass Russland sich stark bei einem Marsprogramm beteiligen kann. Indien hat anders als China bisher kein bemanntes Raumfahrtprogramm, steigert aber den Etat der unbemannten Projekte seit Jahren ständig und könnte bald zu China aufschließen. So bleiben derzeit noch China und die USA als Zugpferde. Der NASA ist aber durch Kongressbeschluss verboten worden, mit China zusammenzuarbeiten. Es gab schon Anfragen Chinas, sich bei der ISS zu beteiligen, die aufgrund dieses Mandats abgelehnt wurden.

Wie dürfte ein bemanntes Marsprogramm ablaufen? Es gibt unterschiedliche Pläne. Doch sie haben eines gemeinsam: Man benötigt dazu eine Schwerlastrakete, denn es gilt, etwa 600 bis 1.000 t in einen Erdorbit zu befördern. Ein Großteil davon innerhalb kurzer Zeit während eines Startfensters zum Mars. Es wird dann drei bis vier Flüge zum Mars geben. Einer wird ein Habitat, eine Wohnung und Labor unbemannt auf dem Mars landen. Ein zweiter Flug kann aus Ausrüstung, Vorräten und einem Reaktor für die Energieversorgung bestehen. Ein Dritter bringt die Besatzung zum Mars und ein Vierter die Rückkehrkapsel sowie eine Miniraumstation, um zurück zur Erde zu kommen. 600 bis 1000 t entsprechen fünf bis acht Starts der Saturn V, der größten je entwickelten Rakete. Aber auch bei allen anderen Parametern ist eine Marsmission zehnmal aufwendiger als Apollo. So wird eine Mission etwa 33 Monate dauern – bei Apollo waren es noch 12 Tage. Heute kann die ISS nicht einmal wenige Monate ohne Versorgungstransporte betrieben werden, die Besatzungen bleiben maximal 180 Tage im All. Das zeigt, dass bis zu einem bemannten Marsprogramm noch einiges getan werden muss.

Die Frage nach dem Leben

Wie schon vorne erörtert, nahm man früher an, auf dem roten Planeten gäbe es höheres Leben, ja vielleicht sogar eine Zivilisation. Auch wenn dies seit einem Jahrhundert nicht mehr vertreten wird, so leben von der Vorstellung, dass Marsianer die Erde überfallen, ganze Generationen von Science-Fiction Filmen. Von den Filmen der Fünfziger Jahre, in der die Aliens eine Vorliebe für schreiende Blondinen hatten, bis zu „Mars Attacks", als Persiflage für dieses Genre.

Was noch ungeklärt ist, ist, ob sich auf dem Mars nicht einmal primitives Leben entwickelte, das aber nicht über das Einzellerstadium hinaus kam. Nach den gängigen Vorstellungen über die Frühzeit des Sonnensystems durchliefen Venus, Erde und Mars dieselbe Phase.

Sie entstanden aus dem solaren Urnebel, der auch Wasser enthielt. Wasser ist heute noch im äußeren Sonnensystem allgegenwärtig. Die Oberfläche der meisten Monde von Jupiter bis Neptun besteht aus Eis. Viele haben auch nur eine Dichte knapp über 1. Sie bestehen auch im Inneren aus einer Mischung von Eis und Gestein, sonst müsste die Dichte höher liegen. Das Wasser lagerte sich auf die Staubkörnchen, die dann durch Zusammenstöße und Gravitation zu größeren Felsen wurden. Als die Protoerde eine bestimmte Größe hatte, sammelte sie immer mehr andere Himmelskörper auf, die durch die Anziehungskraft mit hoher Geschwindigkeit aufschlugen. Sie erhitzten sich soweit, dass die Erde zu einem heißen Gesteinklumpen wurde und viel von dem gebundenen Wasser verlor. Ähnlich wird es auch den anderen Planeten im inneren Sonnensystem gegangen sein. Zum Ende dieser Epoche schlug dann ein größerer Brocken auf, der fast die Erde zermalmte. Aus den Bruchstücken formte sich der Mond, der daher ohne Wasser ist.

Doch irgendwann hatten alle erdähnlichen Planeten die meisten größeren Brocken aufgesammelt. Was nun noch einschlug, waren Kometen, von denen es damals auch noch mehr gab. Anders als die Gesteinsbrocken stammen sie nicht aus dem inneren Teil des Sonnensystems, sondern aus dem Äußeren. Sie bestehen vor allem aus Eis. Sie schlugen nicht auf der Oberfläche auf, sondern zerfielen schon in der Atmosphäre und das Wasser verblieb als Wasserdampf in der Luft. Darüber hinaus gab das Gestein beim Abkühlen vorher gebundenes Wasser, aber auch Gase wie Kohlendioxid und Methan, ab. Aus diesen drei Gasen bildete sich die Uratmosphäre. Soweit war die Entwicklung bei allen drei erdähnlichen Planeten noch gleich.

Auf der Erde kühlte vor 3,8 bis 3,5 Milliarden die Oberfläche soweit ab, dass Wasser flüssig blieb. Wenn es regnete, verdampfte das Wasser nicht erneut. Es bildeten sich die Ozeane, welche auch die anderen Gase lösten. Auf der Venus verlief die Entwicklung anders. Sie ist näher an der Sonne und dadurch war der Treibhauseffekt der Atmosphäre viel stärker. Es kam zu einer gefährlichen Rückkopplung. Die höhere Temperatur verhinderte das Auskondensieren des Wassers. Damit blieben aber große Mengen an Wasser und Kohlendioxid in der Atmosphäre. Beide Gase verursachen einen Treibhauseffekt, der zu einer noch höheren Temperatur führt. Dazu kam, dass noch laufend weitere Treibhausgase abgegeben wurden. Unsere Vulkane blasen bis heute Wasserdampf, Kohlendioxid, Kohlenmonoxid und Methan aus. Der Treibhauseffekt verstärkte sich somit weiter. Es kam zu einer starken Erhitzung der Oberfläche. Sie ging so weit, dass sogar die Karbonate Kohlendioxid freisetzten, was zu einer enorm dichten Atmosphäre mit einem heutigen Bodendruck von 90 bar führte. Zum Stillstand kam dies erst, als das glühende Oberflächengestein mit dem Wasserdampf reagierte und dabei oxidierte. Der Wasserstoff konnte von der Venus nicht gehalten werden und ging im Weltraum verloren. Übrig blieb eine Kohlendioxidatmosphäre mit einem Bodendruck von 90 Bar. Ihr Treibhauseffekt heizt die Venusoberfläche auf 480°C auf.

Die Details dieser Theorie sind noch in der Diskussion, was aber gesichert ist, ist, dass die Venus früher über erheblich mehr Wasser als heute verfügte. Das konnte man anhand des Isotopenverhältnisses von Deuterium zu normalem Wasserstoff ermitteln. Die beiden Isotope des Wasserstoffs sind unterschiedlich schwer und daher verliert ein Planet sie unterschiedlich stark. Das Deuterium wird angereichert. Die Anreicherung ist nur gering, wenn der Verlust an Wasserstoff gering ist, wie es bei der Erde der Fall ist. Deuterium, das schwere Isotop, ist dagegen bei der Venus sehr stark angereichert, das spricht dafür, dass die Venus den größten Teil ihres Wasserstoffs verloren hat. Weiterhin ist die Atmosphäre kaum angereichert an Argon-40. Im Urnebel findet man nur die Isotope ^{36}Ar und ^{37}Ar. Das ^{40}Ar entsteht durch den Zerfall von radioaktivem Kalium. Praktisch das gesamte Argon der Erdatmosphäre besteht aus diesem Isotop. Es zeigt an, dass unser Planet heute noch aktiv ist. Es gibt Vulkanausbrüche und schwarze Raucher in der Tiefsee. Bei all diesen Eruptionen wird Gas abgegeben und darunter ist auch das Argon 40, das im Inneren der Erde aus dem Zerfall von Kalium entsteht. Dies führte dazu, dass Argon heute mit einem Gehalt von 0,934% das dritthäufigste Gas in der Atmosphäre ist. 99% des Argons entfallen auf das Isotop ^{40}Ar.

Wenn die Venusatmosphäre kaum an ^{40}Ar angereichert ist, dann ist deren Oberfläche kaum aktiv. In der Tat zeigen Radaraufnahmen nur wenige Strukturen, die man für Vulkane halten könnte. Stattdessen ist die Oberfläche sehr jung, als wäre sie erst von 500 bis 800 Millionen Jahre vollständig neu gebildet worden.

Die Venus ist wahrscheinlich immer schon ein toter Planet gewesen, es war immer zu heiß auf ihr. Leben konnte sich nicht bilden. Doch wie sieht es beim Mars aus? Mars hat zwei

Handicaps. Das eine ist, dass er kleiner ist als die Erde. Die Fluchtgeschwindigkeit beträgt nur 5 km/s anstatt 11 km/s. Das ist wichtig, weil jedes Gasmolekül eine gewisse Geschwindigkeit hat, die von seiner Masse und Temperatur abhängig ist. Für die Moleküle, aus denen unsere Atmosphäre besteht, liegt diese Geschwindigkeit unter 1 km/s. Doch ist dies nur die Durchschnittsgeschwindigkeit. Ein kleiner Anteil ist viel schneller. Diese Moleküle können, wenn sie bis an die Grenze zum Weltraum gelangen und dort auf komische Strahlung treffen, so beschleunigt werden, dass sie die Fluchtgeschwindigkeit überschreiten. Das Phänomen ist in etwa dem vergleichbar, wenn sie im Winter Wäsche zum Trocknen aufhängen. Obwohl Wasser erst bei 100°C verdampft, reicht die Sonnenstrahlung aus, einzelne Moleküle mit soviel Energie zu versorgen, dass sie verdampfen. Selbst zu Eis gefrorene Wäsche wird im Winter trocken – es dauert nur etwas länger als im Sommer.

Die Erde hat eine so hohe Fluchtgeschwindigkeit, dass sie nur die beiden leichtesten Moleküle verliert: Wasserstoff und Helium. Anders sieht es beim Mars aus. Er ist viel kleiner. Er verliert über geologische Zeiträume auch schwerere Moleküle wie Wasser und Methan. Selbst Stickstoff, der als inertes (reaktionsträges) Gas in allen drei Atmosphären vorkommt, ist mit Atommasse 28 in der Marsatmosphäre nur ein Spurengas. Wie die ursprüngliche Atmosphäre des Mars ausgesehen hat, ob sich jemals große Wassermengen auf ihm befanden, sollen die Isotopenuntersuchungen bei Curiosity aufklären helfen. Es gibt nicht nur von Argon mehrere Isotope, sondern auch bei Kohlenstoff und Sauerstoff. Das häufigste Isotop ist bei Kohlenstoff das Isotop mit der Atommasse 12. Bei Sauerstoff ist es das Isotop mit der Atommasse 16. Es gibt auch Isotope mit höheren Atommassen wie ^{13}C, ^{17}O und ^{18}O. Diese stecken auch im Kohlendioxid der Atmosphäre. Da diese Moleküle schwerer sind als das normale Kohlendioxid, verliert der Mars bevorzugt das Molekül mit der kleinsten Atommasse 44. Es besteht aus einem Kohlenstoffatom mit der Masse 12 und zwei Sauerstoffatomen mit den Atommassen 16. Die schwereren Moleküle werden angereichert. Ihre Anreicherung erlaubt dann Rückschlüsse, wie viel Sauerstoff und Kohlenstoff der Mars bei seiner Entstehung enthielt und damit, wie seine Klimageschichte verlief.

Der zweite Nachteil, denn der Mars hat, ist die größere Sonnenentfernung. Damit bei ihm Wasser flüssig bleibt, muss seine Atmosphäre dichter als die der Erde sein. Eine dichtere Atmosphäre bedeutet einen stärkeren Treibhauseffekt. Nun spuckte aber der kleine Planet weniger Gase aus. Der Mars konnte aufgrund der größeren Entfernung und seiner geringeren Masse auch nicht so viele Kometen einfangen, die Wasser lieferten.

In der Geologie unterscheidet man drei Zeitalter auf dem Mars. Die erste Periode, die Noachische, erstreckt sich zwischen 4,1 und 3,8 Milliarden Jahre vor heute. Vorher waren die Gesteine noch nicht erstarrt, weswegen es auch kaum erhaltene Strukturen vor dieser

Zeit gibt. Die Vor-Noachische Epoche zeichnet sich daher durch viele Krater bis zur Sättigungsgrenze aus. Der Beginn der Noachischen Periode deckt sich mit dem Rückgang des Bombardements auf dem Erdmond. Auf unserer Erde sind durch die Plattentektonik alle Spuren dieser Zeit verloren gegangen. Nun konnte sich eine stabile Kruste bilden und Wasser regnete aus. Es gibt Indizien für Vulkanismus, so wurde damals die Tharsis Region aufgefaltet und aus dieser Zeit finden sich starke Erosionsspuren durch flüssiges Wasser. Umstritten ist, ob es während der ganzen Noachischen Periode flüssiges Wasser gab. Dazu wäre eine um den Faktor 180 dichtere Atmosphäre (verglichen mit heute) erforderlich gewesen. Viele Wissenschaftler bezweifeln, dass der Mars jemals eine so dichte Atmosphäre aufwies. Viel eher sind die geologischen Formationen aus dieser Zeit, aber auch später, mit plötzlichen Überflutungsereignissen vereinbar. Es sind nicht die Spuren von Wasserläufen, sondern es sind Überschwemmungsspuren. Sie entstehen, wenn Eis in großer Menge plötzlich auftaut – durch einen Einschlag oder tektonische Aktivität. Es kann aber auch klimatische Gründe haben. Wenn es größere Seen gegeben hat, dann wohl in dieser Periode. Ozeane schließen die meisten Fachleute aus, weil sich in Wasser Karbonate lösen, das sind Salze der Kohlensäure, vor allem mit Calcium und Magnesium. Sie scheiden sich wieder ab, wenn das Wasser verdampft. Hätte es größere Ozeane gegeben, so hätte es sich in den Einschlagbecken auf der Südhalbkugel und den tiefer liegenden Ebenen auf der Nordhalbkugel gesammelt. Dort konnte der Orbiter Mars Global Surveyor aber keine Karbonate feststellen.

Die nachfolgende Periode, das Hesperianische Zeitalter, erstreckt sich von 3,7 bis 3 Milliarden Jahre vor unserer Zeitrechnung. Auf der Erde entstanden zu dieser Zeit die Ozeane und einige Hundert Millionen Jahre später das Leben. Geologisch ist diese Periode auf dem Mars geprägt durch starken Vulkanismus. Olympus Mons wurde zu dieser Zeit aufgefaltet. Es zeigen sich noch mehr die Spuren starker Überflutungen. Die in der noachischen Epoche noch auftretenden Spuren von normal fließendem Wasser, wie ausgetrocknete Flussläufe, fehlen nun völlig. Zu diesem Zeitpunkt muss schon das ganze Wasser zu Eis gefroren sein.

Die amazonische Ära, die vor 3 Milliarden Jahren beginnt und bis heute andauert, ist nun die eines toten Planeten. Es gibt kaum noch vulkanische Aktivität und nur wenige Einschläge. Bis heute gibt es Spuren flüssigen Wassers. So zeigten Aufnahmen von Mars Express einen nur 10 Millionen Jahren alten Krater, der mit Sedimenten aufgefüllt wurde. Über die Ursache wird noch diskutiert. Neben Einschlägen, die kurzfristig den Permafrost aufschmolzen, gibt es noch die Möglichkeit von Klimaschwankungen.

Mars Express konnte mit dem Bodenradar MARSIS zwei Sedimentablagerungen an den Küstenlinien von ehemaligen Seen feststellen. Sedimente haben eine andere Dielektrizitätskonstante und können so von MARSIS noch unterhalb der Oberfläche nachgewiesen werden. Der erste See existierte vor rund 4 Milliarden Jahren auf der Nordhalbkugel. Ein kleinerer wurde vor 3 Milliarden Jahren gebildet, als tektonische Aktivität kurzzeitig den Permafrost aufschmolz. Das Wasser sammelte sich in der polnahen Ebene um Vastitas Borealis. Dort wurden schon große Mengen an Permafrost entdeckt. In dieser Ebene landete auch Phoenix und konnte Eis unter der Oberfläche nachweisen. Der zweite See war nur kurzlebig und muss innerhalb einer Million Jahre wieder verschwunden sein. Auch diese Beobachtung passt zum derzeitigen Bild eines seit 3 Milliarden Jahren weitgehend inaktiven Planeten.

Flüssiges Wasser ist sicher der Schlüssel für die Entstehung von Leben. Existiert es einmal, so kann es auch existieren, wenn die Temperatur unter den Gefrierpunkt sinkt. Dass es Wasser auf dem Mars gibt, ist unbestritten. Es gibt sowohl Gesteinformationen, die an irdischen Permafrost erinnern, wie auch Spuren flüssigen Wassers aus der jüngeren Zeit. Zudem bestehen die Polkappen im Kern aus Wassereis. Wie viel Wasser es ist, darüber wird noch diskutiert. Doch selbst die optimistischen Schätzungen gehen nur von einer globalen Wassersäule von einigen 10 bis maximal 100 m aus. Die meisten Forscher gehen eher von wenigen Metern aus. Die Menge ist es also nicht mit dem Vorkommen auf der Erde vergleichbar. Würde man die Ozeane über die gesamte Erdoberfläche verteilen, so wäre die Erde mit 3.000 m Wasser bedeckt.

Die ältesten Fossilien auf der Erde sind 3,456 Milliarden Jahre alt. Damit gab es auf der Erde mehr als 350 Millionen Jahre Zeit für die chemische Evolution bis zur Bildung der ersten Zellen. Vor etwa 3,8 Milliarden Jahre bildeten sich bei uns die ersten Ozeane. Auf dem Mars war zu diesem Zeitpunkt schon das gesamte Wasser zu Eis ausgefroren. Wenn es Leben gibt, so muss es sich in den Permafrost zurückgezogen haben. Nicht nur, um den Temperaturschwankungen zu entgehen, sondern auch, weil die Oberfläche absolut lebensfeindlich ist.

Die Viking Untersuchungen zeigten, dass die Oberfläche heute steril ist. Die ungefilterte solare UV-Strahlung hat über Jahrmilliarden hinweg zur Bildung von Peroxiden und anderen hochoxidativen Substanzen geführt. Das zeigten auch die Analysen von Phoenix. Dieser Roboter konnte Chlorate nachweisen. Die Oberfläche ist damit in etwa so reaktiv wie Rohr- oder WC-Reiniger. Diese enthalten dieselben Substanzen wie der Marsboden. Weitere Untersuchungen von Phoenix zeigten, dass der Landeplatz seit mindestens 600 Millionen Jahren trocken war. Wasser in flüssiger Form soll es, zumindest an dieser Stelle, nur über insgesamt 5.000 Jahre seit der Bildung der Formation vor Milliarden Jahren gegeben haben.

Die Diskussion um Leben auf dem Mars wurde 1996 erneut angefacht, als die NASA die Untersuchungen des Meteoriten ALH84001 vorstellte. Wenn ein Asteroid auf dem Mars einschlägt, dann kann durch die dünne Atmosphäre und die geringe Gravitation ein Teil des Auswurfmaterials auf die Fluchtgeschwindigkeit beschleunigt werden. Einige Brocken gelangen später als Meteoriten zur Erde.

So kennen wir eine Reihe von „Marsmeteoriten" (das Gestein stammt ursprünglich vom Mars) und auch „Mondmeteoriten". In ALH84001, einem Marsmeteoriten, fanden sich nun bei Untersuchungen mit Elektronenmikroskopen Strukturen, die an Zellen erinnern. Zudem wurden polyzyklische aromatische Kohlenwasserstoffe (PAK) und Ablagerungen von magnetischen Mineralien gefunden.

Dies deutete der untersuchende Forscher als Mikrofossilien. An dieser Schlussfolgerung gab es von Anfang an Zweifel und mittlerweile gibt es auch zahlreiche andere Erklärungsmöglichkeiten für die Phänomene. Vor allem halten Paläontologen die „Nanofossilien" für zu klein. Die fadenähnlichen Strukturen sind nur 0,02 bis 0,1 µm groß. Die kleinsten Fossilien auf der Erde sind etwa zwanzigmal größer. Die meisten heutigen Bakterien sind 1-5 µm lang. Biologen bezweifeln, dass ein so kleiner Organismus lebensfähig ist. Die kleinsten Bakterien sind noch 0,6 µm lang und haben einen Durchmesser von 0,3 µm. Viren sind in etwa so groß wie diese Nanofossilien. Doch sie sind nicht alleine lebensfähig, sondern programmieren eine Zelle so um, dass sie Viren, anstatt eigener Proteine produziert.

Wenn es wirklich fossiles Leben auf dem Mars geben sollte, so wird es schwer zu entdecken sein. Auf der Erde gibt es jede Menge fossiles Leben, die Umstände waren immer günstig und der ganze Planet ist bevölkert mit Forschern. Trotzdem kennen wir nur eine Handvoll Fossilienfunde aus dem frühen Präkambrium. Erst mit der Entstehung von größeren, mehrzelligen, Organismen stieg die Wahrscheinlichkeit, dass ein Organismus auch zum Fossil wurde, drastisch an. Dass ein Organismus zu einem Fossil wird, das ist selbst bei sehr großen Tieren wie Dinosauriern sehr unwahrscheinlich. Von diesen bleiben dann vor allem Knochen erhalten. Ein Bakterium, das über kein Skelett verfügt und sehr klein ist, hat noch schlechtere Chancen.

Die Wahrscheinlichkeit, mit einem Roboter, aber auch mit einem Geologen auf dem Mars fossiles Leben zu finden, schätzte ich als äußerst gering ein, zumal wir zellulare Fossilien nur unter dem Mikroskop sehen können. Die deutlichsten Spuren für Leben sind auf der Erde indirekte. Als es in den Meeren schon vor Organismen wimmelte, veränderten die Lebewesen die Umwelt. So wurde Eisen aus den Meeren ausgefällt, als die Photosynthese Sauerstoff freisetzte. Blaualgen fällten Carbonate aus dem Meer aus und bildeten Stromatolithen –

kleine Säulen aus Kalk mit Jahresringen, bedingt durch die Jahreszeiten. Diese Kalkablagerungen oder Eisenablagerungen beuten wir heute zur Gewinnung von Kalk und Eisen aus. Dies sind meterdicke Schichten, die sich über mehrere Quadratkilometer erstrecken. Sie wären auch von Robotern bei Grabungen leicht entdeckbar. Doch diese Spuren sind alle deutlich jünger als die ältesten Mikrofossilien. Als sie auf der Erde entstanden, war die gesamte Marsoberfläche vollständig gefroren.

Könnte es heute noch Leben auf dem Mars geben? Auch darüber gibt es Diskussionen. Die Befürworter verweisen darauf, dass bei uns das Leben enorm anpassungsfähig ist: Man hat Bakterien in heißen Geysirquellen gefunden, in Salzseen und in Seen, die Schwefelsäure enthalten. Sehr bekannt ist die Fauna rund um die schwarzen Raucher in der Tiefsee, wo mehrere Hundert Grad heißes Wasser austritt. Diese Fauna ist zudem nicht abhängig von der Sonne. Sie wird daher als Modell für Leben unter der Oberfläche propagiert. In der Antarktis findet man Blaualgen in Steinen, wo sie unter der Oberfläche Photosynthese betreiben.

Es gibt aber zwei Unterschiede zum Mars. Das eine ist, dass es auf der Erde Nischen gibt, in denen wie vor Milliarden Jahren Organismen Substanzen für ihren Stoffwechsel nutzen, welche vom Planeten freigesetzt werden. Diese chemoautotrophen Organismen sind weder angewiesen auf Licht wie Pflanzen noch auf andere Organismen wie die Tiere. Sie nutzen zur Energiegewinnung andere Substrate, welcher unser Planet freisetzt wie Schwefel, Schwefelwasserstoff, Methan und Ammoniak. Sie gehören zur Gruppe der Archaebakterien und einige Vertreter befinden sich auch bei den Organismen des LIFE-Experiments in der Rückkehrkapsel von Phobos Grunt.

Doch der Mars ist geologisch inaktiv. Alle Spuren, die man oberirdisch sieht, sind Milliarden Jahre alt. Nach dem gängigen Modell hat er als kleiner Himmelskörper sehr viel weniger Wärme aus seiner Entstehung im Kern gespeichert. Sein Kern ist wahrscheinlich fest, worauf auch das fehlende Magnetfeld hinweist. Er verfügt auch weniger der radioaktiven Elemente Kalium, Thorium und Uran, welche durch ihren Zerfall Wärme liefern. Solange es diese Energiequelle gab, war der Kern auch noch flüssig und der Mars hatte ein Magnetfeld. Dieses schützte ihn bis vor etwa 3,9 Milliarden Jahre vor dem Sonnenwind. Danach traf dieser ungehindert auf die Atmosphäre. Die energiereichen Teilchen übertrugen Energie auf die Atome der Atmosphäre und diese konnten den Planeten verlassen – der Mars verlor so den größten Teil seiner Atmosphäre. Ohne einen aktiven Planeten fehlt aber der Nachschub an Nahrung für die chemoautotrophen Organismen.

Der zweite Unterschied ist, dass bei uns die Oberfläche zwar in Wüsten oder der Antarktis wasserfrei oder zu kalt ist, aber Organismen dort überleben können. Dagegen tötet die UV-Strahlung der Sonne jegliches Leben an der Oberfläche des Mars ab, denn der Mars verfügt nicht über eine Ozonschicht. Leben wäre im Untergrund zwar dann vor diesen widrigen Einflüssen geschützt, aber dort würde sich keine Energiequelle finden. Licht dringt nicht so tief in den Boden und der Vulkanismus, der oxidierbare Substanzen an die Oberfläche befördert, kam schon lange zum Erliegen.

Das Thema „Leben auf dem Mars" dürfte uns aber weiter erhalten bleiben, weil es dadurch leichter möglich ist, Mittel für neue Raumsonden zu erhalten. So startete die NASA seit 1997 neun Raumsonden zum Mars, aber keine Einzige zur Venus, die genauso schnell und einfach erreichbar ist.

Die NASA pusht dieses Thema, indem sie selbst triviale Erkenntnisse groß herausbringt. So die Feststellung, dass man Mineralien an den Landeorten von Spirit und Opportunity fand, die nur in wasserhaltiger Umgebung entstehen konnten. Dabei ist unstrittig, dass es Wasser auf dem Mars gab und gibt. Nur ist zwar Wasser notwendig, damit sich Leben bildet, aber Leben bildet sich nicht automatisch, nur weil Wasser vorhanden ist. So heißt das langfristige Programm der NASA für die Marsforschung „Search for life", dabei kann selbst Curiosity als bisher leistungsfähigste Landesonde Leben nicht direkt nachweisen.

Beobachtungen der Orbiter zeigen, dass es auch recht junge Formationen gibt, die durch ein fließendes Medium – vorgeschlagen wird Schlamm, der z.B. beim Auftauen von Permafrostboden entstehen kann – gebildet wurden. Wie passt dies zu dem heutigen Mars, bei dem die Atmosphäre zu dünn und die Temperaturen zu niedrig sind, um Wasser flüssig zu halten? Mars ist ein kleiner Planet, nahe Jupiter, und er hat noch kleinere Monde.

Dies hat zwei Folgen. Zum einen stört die Anziehungskraft von Jupiter seine Umlaufbahn. Die Exzentrizität schwankt. Es gibt einen Zyklus, der eine Periode von 1,7 Millionen Jahre hat. Dazu kommt ein zweiter Zyklus. Mit einer Periode von 2,5 Millionen Jahren schwankt die Neigung der Rotationsachse. Unser Mond stabilisiert die Neigung der Rotationsachse der Erde. Die kleinen Marsmonde können dies nicht.

Heute hat der Mars eine Bahn mit einer Neigung von 1,85 Grad zur Ekliptik mit einer Exzentrizität von 0,0935. Innerhalb des ersten Zyklus kann die Bahnneigung zwischen 0 und 8 Grad schwanken und die Exzentrizität zwischen 0 und 0,12. Die Neigung der Rotationsachse zur Bahnebene beträgt heute 25,3 Grad. Hier sind die Schwankungen noch höher, mit Extremwerten von 0 bis 80 Grad. So kommt es dazu, dass bei günstiger Kombination beider

Parameter alle paar Millionen Jahre eine Hemisphäre über Monate von der Sonne beschienen wird und gleichzeitig der Mars für diese Zeit nahe der Sonne ist. Das führt dazu, dass kurzfristig die Temperaturen soweit ansteigen, dass der Permafrost auftaut. Das freiwerdende Wasser bildet zusammen mit dem Boden Schlamm. Wird die Polkappe beschienen, verdampft das Kohlendioxideis und die Atmosphäre wird dichter. Das hebt den Sublimationspunkt von Wasser weiter an und steigert den Treibhauseffekt. Es gibt Überflutungen und Sedimentablagerungen. Erreicht der Mars das Aphel, so sinken die Temperaturen und das Wasser friert wieder aus.

Heute hat der Mars eine mittlere Temperatur von 218 K (-55°C), nur 8 K mehr als aufgrund des Abstands von der Sonne zu erwarten wäre. Bei der Erde sind es 288 K (15°C), immerhin 36 K mehr, aufgrund der dichteren Atmosphäre. Diese Differenz ist dem Treibhauseffekt geschuldet. Es ist unwahrscheinlich, dass es auf dem Mars jemals so warm war, dass Wasser über geologische Zeiträume flüssig blieb. Zumal in der Zeit, als der Planet noch eine eigene Aktivität aufwies, die Sonne nur 75% der heutigen Energie abstrahlte. Ohne Treibhauseffekt hätte der Mars vor 4 Milliarden Jahren dann nur eine Temperatur von 196 K (-77°C) besessen. Dass der Mars eine so dichte Atmosphäre aufweist, dass eine Erwärmung um 77°C möglich ist – 0°C, die Temperatur, bei der Wasser flüssig bleibt — das wird von den meisten Forschern ausgeschlossen. Sie müsste dazu erheblich dichter als die heutige Erdatmosphäre sein.

Abbildung 113: Dort sollte Phobos Grunt landen © des Fotos: ESA/DLR/FU Berlin

Abkürzungsverzeichnis

Aphel: sonnenfernster Punkt einer Umlaufbahn um die Sonne.

Apogäum: Der Punkt mit der größten Entfernung bei einer Erdumlaufbahn

APXS: Alpha-Particle X-ray Spectrometer oder Alphapartikel-Röntgenspektrometer: Ein Instrument zur Elementaranalyse von Gestein durch Alphateilchen, die Röntgenstrahlen in den Proben induzieren. Diese werden gemessen.

BKU: Bortovoy Kompleks Upravleniya. Das Steuersystem von Phobos Grunt.

CCB: Common Core Booster: Bezeichnung für die Zentralstufe der Atlas V

CCD: Charge Coupled Devices. Lichtempfindliche Chips, die heute in professionellen Kameras, auch an Bord der Planetensonden eingesetzt werden.

C&DH: Command and Data Handling Subsystem. Bezeichnung für den Bordcomputer und seine Subsysteme (Massenspeicher, Schnittstellen etc.).

CFK: Carbon-faserverstärkter Kunststoff. Leichtgewichtiger und hoch belastbarer Werkstoff.

CHIMRA: Collection and Handling for Interior Martian Rock Analysis: Teil des Probenentnahmesystems von Curiosity, welches Felsen anbohrt und eine Probe entnimmt.

CNES: Centre national d'études spatiales. Die französische Raumfahrtagentur.

CPU: Central Processing Unit: Bezeichnung für den Prozessor eines Computersystems.

DAN: Dynamic Albedo of Neutrons: Experiment zur Suche nach Wasser unterhalb des Rovers.

DEC: Double Engine Centaur: Bezeichnung für die Centaurversion für schwere Nutzlasten mit zwei Triebwerken.

DOR: Differential One-way Range. Bisher modernstes Verfahren zur Feststellung der Position und Geschwindigkeit einer Raumsonde. Dazu werden zwei Empfangsantennen mit möglichst großer Distanz (z.B. auf unterschiedlichen Kontinenten) benötigt.

DLR: Deutsches Zentrum für Luft- und Raumfahrt: Nationale Raumfahrtagentur der BRD.

DPU: Data Processing Unit. Die Elektronik von Experimenten, die für die Verarbeitung der Messdaten zuständig ist.

DRAM: Dynamic Random Access Memory: Bezeichnung für den normalen wiederbeschreibbaren Arbeitsspeicher eines Computers.

DRT: Dust Removal Tool. Teil des Probenaufnahmesystems von Curiosity, welches Felsbrocken von Staub befreit.

EDL: Entry Decent and Landing System: Teil der Raumsonde, welche für die Landung zuständig ist. Dazu gehört vor allem die Abstiegsstufe, aber auch die Aeroshell.

EEPROM: Electric Ereasable Programmable Read-Only Memory: Ein Nur-Lesespeicher, der durch hohe elektrische Spannungen neu programmiert werden kann. Anders als Flash-Speicher muss der Chip dazu in ein spezielles Programmiergerät gesetzt werden, da die Programmierspannung viel höher als die Betriebsspannung ist. Dafür ist dieser Speichertyp robuster als Flash-Speicher.

ESA: European Space Agency: Europäische Weltraumagentur. Die ESA betreibt den Mars Satelliten Mars Express.

GAP: Gas Analytical Package: Experiment an Bord von Phobos Grunt zur Bestimmung von flüchtigen Gasen mit einem Gaschromatographen und einem TDLAS-Spektrometer.

GPHS: General Purpose Heat Source: Name für die Thermoelemente, die bei den RTG genutzt werden, um Strom zu liefern. Sie nutzen dazu die Zerfallswärme von Pu-238.

GPNZ: Gossudarstwenni Kosmitscheski Nautschno-Proiswodstwenni Zentr Imeni: Russische Abkürzung für „Staatliches Kosmisches Forschungs- und Produktionszentrum". Das GPNZ Chrunitschew ist Hersteller der Proton Trägerrakete.

GRS: Gamma-Ray Spectrometer. Allgemeine Bezeichnung für ein Gammastrahlenspektrometer, aber auch Name des entsprechenden Experiments an Bord von Mars Odyssey.

GSO: Geosynchronos Orbit: Umlaufbahn über dem Äquator in 35.887 km Höhe. Im GSO umrundet ein Satellit die Erde alle 24 Stunden, da sich die Erde genauso schnell um ihre Achse dreht, scheint er vom Erdboden aus stillzustehen.

GTO: Geosynchronos Transfer Orbit: Übergangsbahn zwischen einem LEO und dem GTO. Aus energetischen Gründen ist es sinnvoller den GSO nicht direkt anzustreben, sondern zuerst eine Bahn mit einem deutlich niedrigen erdnächsten Punkt und bei Erreichen der Höhe des GSO durch eine weitere Zündung des Antriebs, die Bahn anzuheben.

HEND: High Energy Neutron Detector. Teil des Detektors für Gammastrahlen und Neutronen an Bord von Phobos Grunt.

HGA: High-Gain Antenna. Eine Antenne mit hoher Verstärkungsleistung.

HiRISE: High Resolution Imaging Science Experiment: Die bisher leistungsfähigste Kamera einer Raumsonde an Bord des MRO. HiRISE verfügt über ein Cassegrainteleskop und kann aus 250 km Höhe noch 30-35 cm große Details abbilden.

HRSC: High Resolution Stereo Camera: Kamerasystem des europäischen Mars Express Orbiters. Die Kamera kann dreidimensionale Farbaufnahmen mit bis zu 10 m Auflösung pro Bildpunkt erstellen.

IBU: Inflatable Breaking Units. Bezeichnung für die beiden aufblasbaren Schilde, welchen den meteorologischen Lander abbremsen.

IKI: Institut Kosmitscheski Isledowani: Institut der russischen Wissenschaften für Raumfahrtforschung. Verantwortlich für die Experimente von Phobos Grunt.

ILS: International Launch-System. Firma die lange Zeit, die Proton und Atlas Trägerraketen vermarktete. Inzwischen bietet ILS nur noch die Proton an.

IMU: Inertial Measurement Unit: System einer Raumsonde, welche sie über die Ausrichtung im Raum informiert. Die geschieht mithilfe eines Inertialsystems, also eines Systems, das ein eigenes Referenzsystem für die drei Raumachsen hat.

Ionosphäre: Der oberste Teil der Atmosphäre, in der die Atome durch den Beschuss mit kosmischen Teilchen und energiereicher Strahlung Elektronen verloren haben, also ionisiert sind. Sie beginnt beim Mars in ungefähr 65 km Höhe und geht dann in den Weltraum über.

IR: Infrarot: Bezeichnung für die an den sichtbaren Spektralbereich anschließende langwellige Strahlung mit einer Wellenlänge größer als 780 nm.

ISS: International Space Station: Die von den USA, Russland, Europa und Japan betriebene Raumstation.

JPEG: Joint Photographic Experts Group: Komitee, das Standards für Bild und Videoformate verabschiedet. Bekanntester Standard ist das gleichnamige Bildformat.

JAXA: Japan Aerospace Exploration Agency. Japanische Raumfahrtagentur.

JPL: Jet Propulsion Laboratory: Seit 1961 das Raumfahrtzentrum in den USA, das für die Entwicklung der meisten Raumsonden verantwortlich ist. Auch das MSL wurde am JPL entwickelt.

LASMA: Laser-Massenspektrometer. Bestandteil der Instrumentensuite von Phobos Grunt.

LIBS: Laser-Induced Breakdown Spectrometer: Teilinstrument von Chemcam. Es verdampft mit einem Laser Gestein und nimmt das Emissionsspektrum auf.

LEO: Low Earth Orbit. Bezeichnung für die erdnächsten stabilen Umlaufbahnen für Satelliten oberhalb von 160 km Höhe.

LED: Light Emitting Diode: Bezeichnung für ein sehr zuverlässiges, robustes und energieeffizientes Leuchtmittel. Aufgrund dieser positiven Eigenschaften werden LEDs sehr häufig in der Raumfahrt eingesetzt.

LOX: Liquid Oxygen. Flüssiger Sauerstoff.

MAHLI: Mars Hand Lens Imager: MAHLI ist eine Kamera an dem Arm. Sie soll Vergrößerungen der Region aufnehmen, die gerade bearbeitet wird.

MAVEN: Mars Atmosphere and Volatile EvolutioN: Bezeichnung des nächsten US-Orbiters, der ab 2013 die Ionosphäre des Mars untersuchen soll.

MARSIS: Mars Advanced Radar for Subsurface and Ionosphere Sounding. Langwelliges Radargerät an Bord von Mars, das Eis noch Hunderte Meter unter der Oberfläche nachweisen kann.

MARDI: Mars Descent Imager. Kamera im Boden von Curiosity, die beim Abstieg bis zum Aufsetzen Bilder des Bodens macht.

MCO: Mars Climate Orbiter. Orbiter des Discovery Programms. Er näherte sich unplanmäßig am 23.9.1998 bis auf 57 km dem Mars und verglühte dabei.

MDU: Main Propulsion Unit: Hauptantriebseinheit von Phobos Grunt, entwickelt aus der Fregat Oberstufe.

MEADS: Mars Entry Atmospheric Data System. Dies sind die Drucksensoren im Hitzeschutzschild.

MEDLI: Mars Science Laboratory Entry, Descent, and Landing Instrument: Druck- und Temperatursensoren im Hitzeschutzschild, welche die Belastung bei der Landung messen.

MER: Mars Exploration Rovers. Die Rover „Spirit" und „Opportunity", die 2004 auf dem Planeten landeten und die letzte Generation der Marsrover darstellen.

MGA: Medium Gain Antenna. Bezeichnung für eine Antenne mit mittlerer Verstärkungsleistung.

MGS: Mars Global Surveyor. US-Orbiter mit fünf der sieben MO-Experimente. Er arbeitete über neun Jahre im Marsorbit.

MIMOS: Miniaturised Moessbauer Spectrometer. Deutsches Instrument an Bord von Phobos Grunt zur Bestimmung von eisenhaltigen Mineralien.

MIPS: Millionen Instruktionen pro Sekunde. Geschwindigkeitskriterium für Prozessoren. Heutige PC-Prozessoren erreichen über 10.000 MIPS. Prozessoren für den Weltraumeinsatz sind um den Faktor 100 langsamer.

MISP MEDLI Integrated Sensor Plugs: die Temperatursensoren im Hitzeschutzschild.

MML: Mars Meteorological Lander. Ein finnischer Penetrator, der ursprünglich bei Phobos Grunt mitgeführt werden sollte.

MMRTG: Multi-Mission Radioisotope Thermoelectric Generator. Bezeichnung für den RTG von Curiosity

MO: Mars Observer: US-Raumsonde, die 1993 kurz vor dem Einschwenken in den Orbit verloren ging.

MOC: Mars Observer Camera: Hochauflösende Kamera an Bord des Mars Observers und Mars Global Surveyors. Die MOC konnte Aufnahmen mit bis zu 1,4 m/Pixel Auflösung anfertigen.

MPF: Mars Pathfinder. US-Landesonde, die 1997 auf dem Mars landete und den ersten experimentellen Rover Sojourner mitführte.

MPL: Mars Polar Lander. Am 3.1.1999 bei der Landung verloren gegangene Raumsonde des Discovery Programms.

MRO: Mars Reconnaissance Orbiter. Der aktuelle Marsorbiter. Er umkreist den Planeten seit dem 10.3.2006.

MSL: Mars Science Laboratory: Bezeichnung für die Raumsonde, nur der Rover Curiosity landet auf dem Mars.

MSS: Malin Space Systems: Seit dem Mars Observer Hersteller der meisten Kameras an Bord von US-Marssonden. Alle Kameras von Curiosity wurden von MSS entwickelt.

NASA: National Aerospace Administration: Raumfahrtagentur der USA.

NAVCAM: Navigation Camera: Bezeichnung für die Kameras von Curiosity, die zur Planung der Fahrtroute Aufnahmen anfertigen.

NPO: Naútschno-proiswódstwennoje objedinénije: Experimentalkonstruktionsbüro.

NTO: amerikanische Abkürzung für den Oxidator Stickstofftetroxid (N_2O_4)

OCM: Organic Check Material. Referenzmaterial für das Massenspektrometer von Curiosity. Es besteht aus einem mit fluorierten organischen Stoffen imprägnierten Silikatblock.

Opposition: Zeitpunkt, bei dem zwei Planeten den kleinsten möglichen Abstand in ihrer Umlaufbahn haben. Pro gemeinsamer Periode gibt es genau einen Oppositionspunkt.

PADS: Powder Acquisition Drill System: Probenentnahmesystem von Curiosity für Staub.

PANCAM: Panoramakamera. Sie sollte nach der Landung von Phobos Grunt Aufnahmen des Landeplatzes anfertigen.

Perihel: sonnennächster Punkt einer Sonnenumlaufbahn.

Perigäum: erdnächster Punkt einer Erdumlaufbahn.

Periapsis: nächster Punkt einer Umlaufbahn um einen Himmelskörper.

PFS: Planetary Fourier Spektrometer: Hochauflösendes Spektrometer zur Untersuchung der Marsatmosphäre an Bord von Mars Express.

PICA: Phenolic Impregnated Carbon Ablator. Name des Materials für den Hitzeschutzschild des MSL.

RAD: Radiation Assessment Detector: Experiment an Bord von Curiosity, welche die Strahlenbelastung auf dem Mars bestimmen soll.

QMS: Quadrupol-Massenspektrometer. Teil des SAM Experiments.

RADAR: Radio Detection and Ranging. Methode um die Entfernung zu einem Objekt zu bestimmen. Ein RADAR sendet Radiowellen aus und misst die Signallaufzeit des reflektierten Echos.

RAM: Random Access Memory. Bezeichnung für den „normalen" Arbeitsspeicher eines Computersystems. Er verliert beim Ausschalten seine Informationen.

RCE: Rover Compute Element: Bezeichnung für das Computersystem das Curiosity steuert.

REMS: Rover Environmental Monitoring Station. Die Wetterstation von Curiosity.

RMI: Remote Micro-Imager. Eine Kamera, welche das Zielgebiet von LIBS aufnimmt.

RTG: Radioisotopen-Thermogeneratoren: Stromquelle für das MSL. Der Strom wird durch Ausnutzung des thermoelektrischen Effekts gewonnen. Wärmequelle ist Plutonium-238 mit einer Halbwertszeit von 87,4 Jahren.

SAM: Sample Analysis at Mars. Schwerstes Experiment an Bord von Curiosity. Es untersucht die Atmosphäre und Bodenproben auf flüchtige Elemente.

SDHC: Secure Digital High Capacity. Bezeichnung für den aktuellen Standard bei den populärsten Speicherkarten. SDHC Karten haben nicht die von SD-Karten bekannte Begrenzung der Speicherkapazität auf maximal 4 Gigabyte.

SEC: Single Engine Centaur: Die normale Centaurversion bei Transporten zu den Planeten und in höhere Umlaufbahnen mit nur einem Triebwerk.

SRAM: Statisches RAM. SRAM ist ein Speicher mit besonders schnellem Zugriff. Der interne Speicher in den Prozessoren ist oftmals SRAM. Der normale Arbeitsspeicher besteht meistens aus DRAM, das erheblich preiswerter ist.

SRG: Stirling Radioisotope Generator. Neue Generation einer Stromversorgung durch Nutzung der Zerfallswärme von radioaktiven Isotopen. Anders als bei den RTG übernimmt ein Stirling Motor die Umwandlung der thermischen Energie in elektrische Energie.

SRB: Solid Rocket Booster: Bezeichnung für die Booster der Atlas V

TCM: Trajectory Correction Maneuver. Bezeichnung für die Kurskorrekturen in der interplanetaren Bahn nach dem Start.

TDI: Time Delay Integration. Bezeichnung für eine Technik Aufnahmen von schnell bewegten Objekten anzufertigen, indem die Signale mehrerer Zeilen addiert werden.

TIMM: Thermal Infrared Multisprectral Mapper. Instrument zur Beobachtung des Mars an Bord von Phobos Grunt.

TLS, TLAS, TDLAS: tunable Laser Spectrometer, tunable Laser-Absorptionsspektrometrie, Tunable Diode Laser Absorption Spectroscopy: Drei Abkürzungen für dasselbe Analysenverfahren: Ein Laser dient als Lichtquelle und die Abschwächung durch eine Materialprobe wird gemessen. Die Wellenlänge ist leicht verschiebbar, so erhält man ein sehr fein aufgelöstes Spektrum.

U: atomare Masseneinheit. 1 u entspricht dem Atomgewicht eines Neutrons oder Protons. Die natürlichen Elemente haben ein Atomgewicht von 1 u (Wasserstoff) bis 238 u (Uran).

UHF: Bereich des elektromagnetischen Spektrums zwischen 0,3 und 3 GHz. Auf der Erde funken z.B. WLAN Stationen oder terrestrisches Fernsehen im UHF-Bereich. Das MSL nutzt es zur Kommunikation mit den Mars Orbitern.

UDMH: unsymmetrisches Dimethylhydrazin. Lagerfähiger Treibstoff, der zusammen mit Stickstofftetroxid für Raumsonden und Raketen genutzt wird.

ULA: United Launch Alliance: Gemeinschaftsunternehmen von Boeing und Lockheed-Martin zur Vermarktung ihrer Träger gegenüber der US-Regierung.

USO: Ultrastabiler Oszillator: Gerät das mit einer von Umgebungseinflüssen nur wenig beeinflussten Frequenz schwingt.

UTC: Universal Time Coordinated. Zeitstandard für alle Nationen. Die in Deutschland geltende Zeit ist UTC+1 Stunde, bzw. bei Sommerzeit UTC+2 Stunden.

UV: Ultraviolett: Bezeichnung für die, an den sichtbaren Spektralbereich anschließende, hochenergetische Strahlung unterhalb 380 nm Wellenlänge.

VIS: Visuell. Bezeichnung für den Spektralbereich des sichtbaren Lichts. (380-780 nm)

VLBI: Very Long Base Interferometrie. Methode der Radioastronomie für Messungen mit höchster räumlicher Auflösung und Positionsgenauigkeit.

Literaturempfehlungen

Hier einige Bücher zum Thema Erforschung des Mars mit Raumsonden und zum Mars selbst. Ein Großteil davon ist schon älter und heute nicht mehr im Handel erhältlich. Da es über das Internet heute sehr einfach ist, antiquarische Bücher zu bestellen, habe ich diese Bücher trotzdem aufgeführt, weil viele von ihnen sehr gut geschrieben sind und voller Informationen stecken.

Ernst Stuhlinger: Projekt Viking, die Eroberung des Mars

Dieses 1976 erschienene Buch, heute nur noch antiquarisch erhältlich, informiert sehr ausführlich über das Viking Programm, die Raumsonden, ihre Experimente und Zielsetzungen. Es zeigt auch, wie optimistisch man damals an Leben auf dem Mars glaubte. Das Buch ist für die Allgemeinheit geschrieben und sehr lesenswert.

Holger Heuseler, Ralf Jaumann, Gerhard Neukum: Die Mars Mission

Dieses 1997 erschienene Buch ist auch leider heute nur noch gebraucht erhältlich. Es ist ein sehr gutes Beispiel, wie befruchtend die Zusammenarbeit von Wissenschaftlern und Journalisten sein kann. Jaumann und Neukum sind bei Mars Missionen beteiligt und Heuseler ist bekannter Wissenschaftsjournalist. Herausgekommen ist ein Buch über die Pathfinder Mission aber auch Global Surveyor. Der Leser erfährt viel über die Mission, ihre Ergebnisse, aber auch wie spannend Wissenschaft sein kann. Das Buch ist auch eine kleine Einführung in die Geologie und Klimageschichte des Mars.

Dirk H. Lorenzen: Mission Mars

Das Buch von Lorenzen behandelt die beiden letzten Rover und Mars Express. Es wendet sich noch mehr als die beiden vorherigen Bücher an Einsteiger. Die Informationsdichte ist gering, es ist noch reicher bebildert. Es ist daher gerade auch das ideale Einsteigerbuch für alle, die sich für die Thematik interessieren.

Frank Miles, Nicolad Booth: Aufbruch zum Mars. Die Erkundung des Roten Planeten

Dieses Buch erschien vor dem Start des Mars Observers. Es behandelt im ersten Teil die bisherigen Raumfahrzeuge und stellt dann in der Folge Pläne für eine bemannte Marsmission vor. Mit viel Liebe zum Detail werden die Herausforderungen, die eine solche bemannte Mission stellt, herausgearbeitet und erklärt. Auch dieses Buch ist an eine nicht so stark vorgebildete Allgemeinheit gerichtet.

Jesco von Puttkamer: Jahrtausendprojekt Mars

Jesco von Puttkamer ist sehr bekannt in Deutschland, vor allem für seine Bücher zur bemannten Raumfahrt. Dieses Buch macht da keine Ausnahme. Es geht um die Marsforschung im Allgemeinen im ersten Teil und im zweiten Teil über eine bemannte Marsexpedition. Man lernt sehr viel über die Geschichte der Marsforschung die bisherigen Raumsonden. Es folgen die bisherigen Pläne für bemannte Missionen und ihre Herausforderungen und es endet bei den Möglichkeiten einer Marskolonie. Das Buch enthält viele Fakten und ist sehr lesenswert. Bei den Ausführungen zur bemannten Raumfahrt sollte man im Hinterkopf behalten, dass Puttkamer einer der größten Befürworter dieser ist und sie sehr optimistisch sieht. Das Buch erschien zeitgleich zu Pathfinders Mission und wurde 2012 neu aufgelegt.

Wesley Huntress, Mikhail Marov: Soviet Robots in the Solar System

Dieses englischsprachige Buch behandelt ausführlich die russischen Raumsonden. Wer speziell an diesen Robotern interessiert ist, der findet hier eine Fülle von Daten und Material. Nur für die Marsmissionen lohnt sich der Kauf wahrscheinlich nicht, da die meisten russischen Missionen zum Mond und zur Venus führten.

V.G. Perminov: The difficult Road to Mars
http://history.nasa.gov/monograph15.pdf

Dieses Buch der NASA wurde von dem Designer Perminov geschrieben, der an den Venera und Mars Sonden beteiligt war. Es ist eine Geschichte der russischen Marsforschung ab Mars 1, mit dem Schwerpunkt auf den von Lawotschkin gebauten Sonden. Leider hat es einen typischen russischen Stil, der sehr schwer lesbar ist und der Fokus liegt mehr auf dem Kampf mit der Bürokratie als der Technik und die Mission der Raumsonden. Doch da es frei im Internet herunterladbar ist, sollte man es sich einmal ansehen.

Nach diesen Büchern über Raumsonden und die Erforschung des Mars nun noch zwei Buchtipps für alle, die mehr über den Mars wissen wollen:

Horst W. Köhler: Der Mars, Bericht über einen Nachbarplaneten

Dieses Buch beschreibt im Detail die Viking Mission und deren Ergebnisse. Herausgekommen ist der vollständigste Überblick über den Mars in deutscher Sprache. Leider ist seit 1979, als dieses Buch erschien, kein neues Buch speziell über den Mars mehr erschienen.

Nadine G. Barlow: Mars an Introduction

Wer sich über den heutigen Stand der Marsforschung informieren möchte, kommt sicher an diesem englischsprachigen Buch nicht vorbei. Es wendet sich aber an wissenschaftlich vorgebildete Leser. Die Informationsdichte ist hoch und zahlreiche Literaturverweise machen das Lesen nicht einfacher, erlauben aber dann, dort noch gezielter nach Informationen zu suchen.